U0252580

从新手到高手

WPS Office 办公应用从新手到高手

李岩松◎编著

清华大学出版社
北京

内容简介

本书主要讲解 WPS Office 2019 的三个主要组件 WPS 文字、WPS 表格以及 WPS 演示在办公中的应用，全书共 13 章，主要包括使用 WPS 文字 2019 创建和编辑文档、文章格式编辑与排版、文章的图文排版、文档中的表格应用、文档的高级排版、创建与编辑 WPS 表格、计算表格数据、管理表格数据、分析表格数据、使用 WPS 创建幻灯片、编辑与美化幻灯片、应用多媒体与制作动画以及交互与放映演示文稿等内容。每章最后都以一个完整的应用案例来帮助读者提高对本章知识点的掌握水平，由浅入深，由表及里，指导初学者快速掌握 WPS Office 2019 的基础知识以及操作方法。另外，本书还赠送同步微视频、实例源文件和效果文件，方便读者学习和使用。

本书适用于需要快速掌握 WPS Office 2019 办公应用能力的职场新人，也可以作为各类计算机培训班、大中专院校的相关教材使用。

图书在版编目（CIP）数据

WPS Office办公应用从新手到高手 / 李岩松编著. —北京：清华大学出版社，2020.1（2023.3重印）

（从新手到高手）

ISBN 978-7-302-54284-1

Ⅰ. ①W… Ⅱ. ①李… Ⅲ. ①办公自动化—应用软件 Ⅳ. ①TP317.1

中国版本图书馆CIP数据核字（2019）第269969号

责任编辑： 张　敏
封面设计： 杨玉兰
责任校对： 徐俊伟
责任印制： 沈　露

出版发行： 清华大学出版社
网　　址：http://www.tup.com.cn， http://www.wqbook.com
地　　址：北京清华大学学研大厦A座　　邮　　编：100084
社 总 机：010-83470000　　邮　　购：010-62786544
投稿与读者服务：010-62776969, c-service@tup.tsinghua.edu.cn
质量反馈：010-62772015, zhiliang@tup.tsinghua.edu.cn
印 装 者： 三河市科茂嘉荣印务有限公司
经　　销： 全国新华书店
开　　本： 185mm×260mm　　**印　　张：** 19.75　　**字　　数：** 467千字
版　　次： 2020年1月第1版　　**印　　次：** 2023年3月第6次印刷
定　　价： 69.80元

产品编号：083735-01

前　言

WPS Office 2019 是由金山软件股份有限公司自主研发的一款办公软件套装，可以实现办公软件最常用的文字、表格、演示等多种功能。由于具有内存占用低、运行速度快、体积小巧、强大插件平台支持、免费提供海量在线存储空间及文档模板等特点，深受许多办公人员的青睐，在企事业单位中的应用较为广泛。为帮助读者快速掌握与应用 WPS Office 2019 办公套装软件，以便在日常的学习和工作中学以致用，我们特别编写了此书。

本书为读者快速掌握 WPS 文字、WPS 表格、WPS 演示提供了一个崭新的学习和实践平台，无论从基础知识安排还是实践应用能力的训练，都充分考虑了读者的需求，通过学习本书能够快速达到理论知识与应用能力同步提高的学习效果。本书在编写过程中根据计算机初学者的学习习惯，采用由浅入深、由易到难的方式讲解。全书结构清晰、内容丰富，其主要内容包括以下三个方面。

1. WPS文字

第 1 ～ 5 章，介绍了使用 WPS 文字 2019 创建和编辑文档、文章格式编辑与排版、文章的图文排版，以及在文档中绘制表格、文档的高级排版等知识。

2. WPS表格

第 6 ～ 9 章，全面介绍了创建与编辑 WPS 表格、计算表格数据的操作方法，以及管理表格数据、分析表格数据等知识。

3. WPS演示

第 10 ～ 13 章，全面介绍了使用 WPS 创建幻灯片、编辑与美化幻灯片、应用多媒体与制作动画以及交互与放映演示文稿等知识。

本书实例源文件和效果文件，读者可扫描右方二维码自行下载。

本书由李岩松编著，参与本书编写的还有罗子超、肖微微、许媛媛、高金环、贾丽艳、贾万学、田园、周军等。本书作者将多年积累的办公软件实用案例进行了高效梳理，将作者多年积累的 WPS 应用思路、方法和技巧分享给读者，尤其注重办公软件的实用、巧用和妙用，将办公软件基础性学习变得生动易学。读者通过办公软件技能学习，可以更好地构建职场生活方式，快速有效地从办公入门级选手进阶到办公高手。

编　者

目录

第 10 章 使用 WPS 创建幻灯片 ·························· 211

第 11 章 编辑与美化幻灯片 ·····231

第 1 章
使用 WPS 文字 2019 创建和编辑文档

本章要点☆

- 创建与保存文档
- 输入与编辑文本内容
- 设置文字格式
- 设置段落格式

本章主要内容☆

本章主要介绍创建与保存文档、输入与编辑文本内容和设置文字格式方面的知识与技巧，同时还讲解了如何设置段落格式，在本章的最后还针对实际的工作需求，讲解了快速移动文本、选择连续的文本、选择矩形区域、选择多处不连续的区域和将文档输出为 PDF 格式的方法。通过本章的学习，读者可以掌握使用 WPS 文字 2019 创建和编辑文档的知识，为深入学习 WPS 2019 知识奠定基础。

1.1 创建与保存文档

WPS 是我国自主知识产权的民族软件代表，自 1988 年诞生以来，WPS Office 产品不断变革、创新、拓展，现已在诸多行业和领域超越了同类产品，成为国内办公软件的首选。本节将详细介绍使用 WPS 2019 创建与保存文档的相关知识。

1.1.1 新建空白文档

实例文件保存路径：配套素材 \ 第 1 章 \ 实例 1
实例效果文件名称：新建空白文档 .wps

空白文档是指没有使用过的、没有任何信息和内容的文档。创建空白文档是最基本的创建文档的方法，下面详细介绍在 WPS 2019 中创建空白文档的方法。

Step 01 启动 WPS 2019，选择“新建”选项，如图 1-1 所示。

Step 02 打开“新建”窗口，选择“新建空白文档”模板，如图 1-2 所示。

图 1-1

图 1-2

Step 03 此时，WPS 已经创建了一个名为“文字文稿 1”的空白文档，通过以上步骤即可完成建立空白文档的操作，如图 1-3 所示。

图 1-3

经验技巧

启动 WPS 2019 后，除了可以选择“新建”选项来创建文档外，用户还可以按 Ctrl+N 组合键，也可以直接进入“新建”窗口。

1.1.2 选择和使用模板

实例文件保存路径：配套素材 \ 第 1 章 \ 实例 2

实例效果文件名称：选择和使用模板 .wps

除了创建空白文档外，WPS 还为用户提供了大量的精美模板，用户可以根据需要在“新建”窗口中进行选择。

Step 01 启动 WPS 2019，选择“新建”选项，如图 1-4 所示。

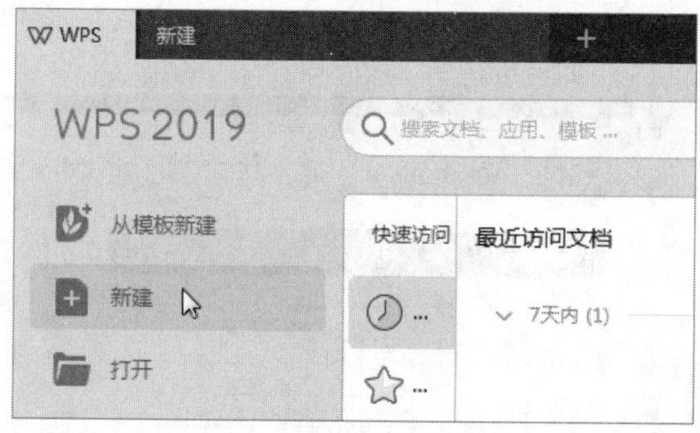

图 1-4

Step 02 打开“新建”窗口，在“品类专区”列表框中选择“免费专区”选项，如图 1-5 所示。

图 1-5

Step 03 进入免费模板页面，选择一个模板如“月度福利工作计划表”，单击“免费使用”按钮，如图 1-6 所示。

Step 04 WPS 创建了一个“月度福利工作计划表”文档，通过以上步骤即可完成选择和使用模板的操作，如图 1-7 所示。

图 1-6

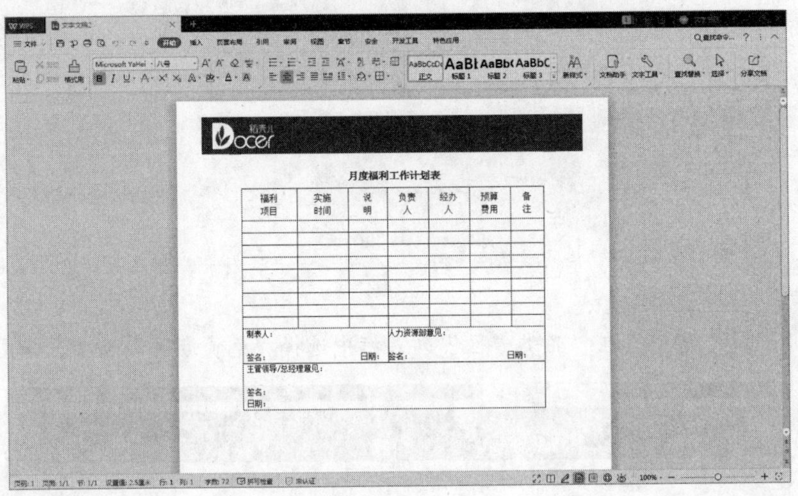

图 1-7

1.1.3 保存文档

	实例文件保存路径：配套素材\第 1 章\实例 3
	实例效果文件名称：简历 .wps

在 WPS 中创建完文档后，可以将文档保存，以便日后修改和编辑，保存文档的操作非常简单，下面详细介绍保存文档的方法。

Step 01 打开名为“文字文稿 3”的素材文档，单击“文件”按钮，在弹出的选项中选择“保存”选项，如图 1-8 所示。

Step 02 弹出“WPS 保存”对话框，选择保存位置，在“文件名”文本框中输入名称，在“文件类型”列表中选择文件类型，单击“保存”按钮，如图 1-9 所示。

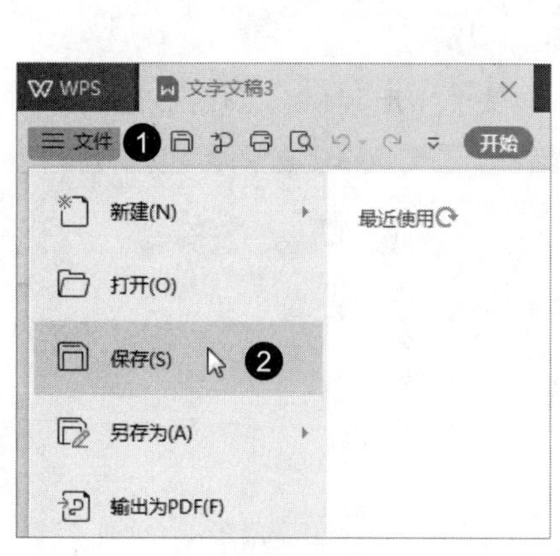

图 1-8

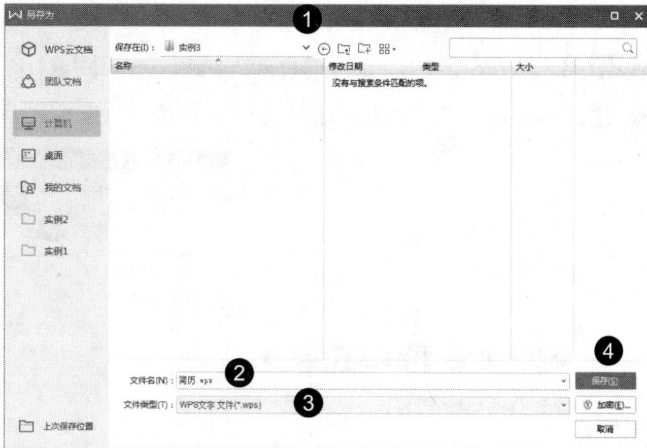

图 1-9

Step 03 可以看到文档的名称已经改变，通过以上步骤即可完成保存文档的操作，如图 1-10 所示。

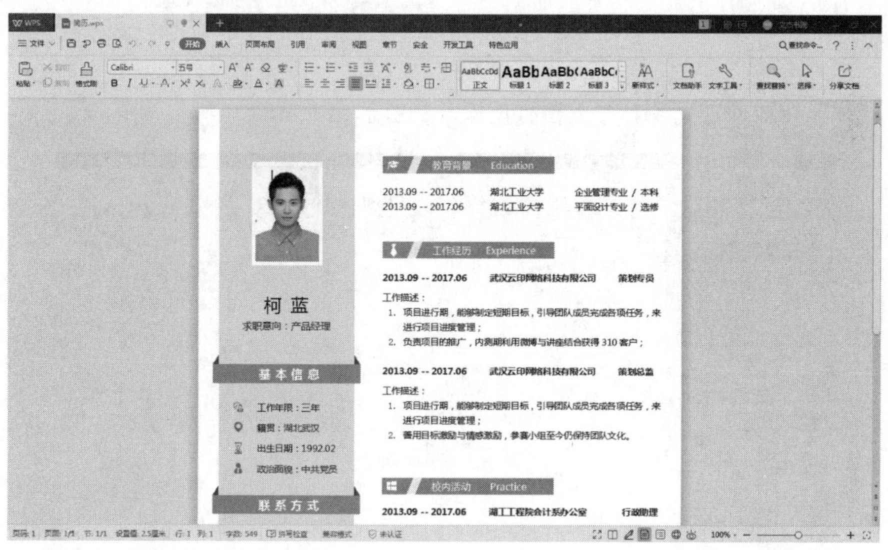

图 1-10

知识常识

除了单击“文件”按钮来保存文档外，用户还可以按 Ctrl+S 组合键，直接打开“WPS 保存”对话框。另外，打开一个文档，编辑完成后想要重新保存一个文档可以选择“文件”→“另存为”命令。

1.1.4　打开和关闭文档

实例文件保存路径：配套素材\第 1 章\实例 4

实例效果文件名称：信纸 .wps

用户可以将计算机中保存的文档打开进行查看和编辑，同样用户可以将不需要的文档关闭，下面介绍打开和关闭文档的操作步骤。

Step 01 启动 WPS 2019，选择“打开”选项，如图 1-11 所示。

Step 02 弹出“打开”对话框，选择文件所在位置，选中文件，单击“打开”按钮，如图 1-12 所示。

图 1-11

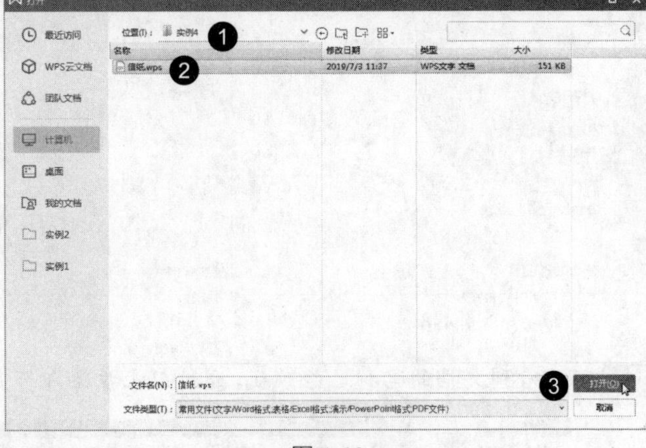

图 1-12

Step 03 通过以上步骤即可完成打开文档的操作，如图 1-13 所示。

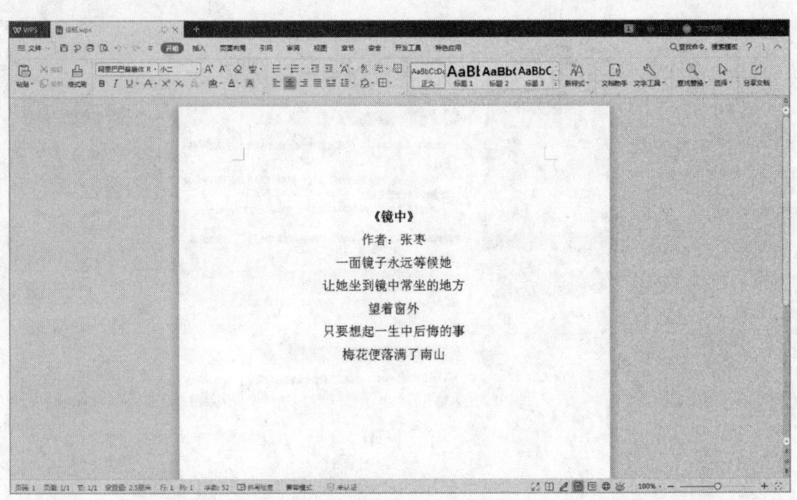

图 1-13

Step 04 如果要关闭文档，单击文档名称右侧的“关闭”按钮即可将文档关闭，如图 1-14 所示。

图 1-14

1.2　输入与编辑文本内容

在 WPS 中创建完文档后，就可以对文档进行编辑操作了，用户可以在文档中输入内容，包括输入基本字符、输入特殊字符、输入数字和日期等等，还可以删除、改写、移动、复制以及替换已经输入的内容。

1.2.1　输入基本字符

实例文件保存路径：配套素材 \ 第 1 章 \ 实例 5

实例效果文件名称：基本字符 .wps

新建完空白文档后，用户就可以在文档中输入内容了，下面详细介绍在文档中输入基本字符的方法。

Step 01 新建 WPS 空白文档，使用搜狗拼音输入法输入“WPS”，如图 1-15 所示。

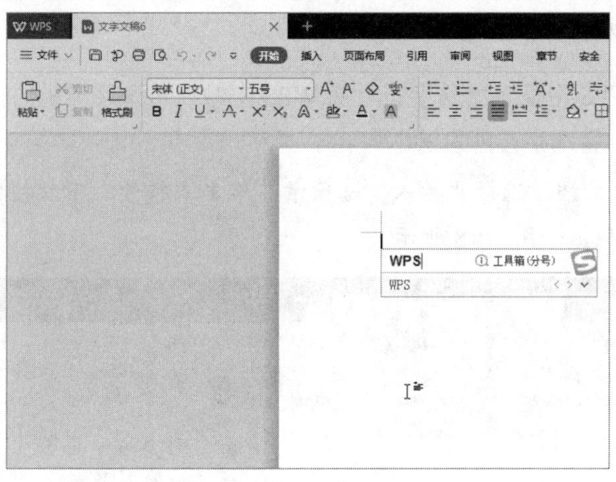

图 1-15

Step 02 按下空格键完成英文输入，再继续输入“文档”的汉语拼音，如图 1-16 所示。

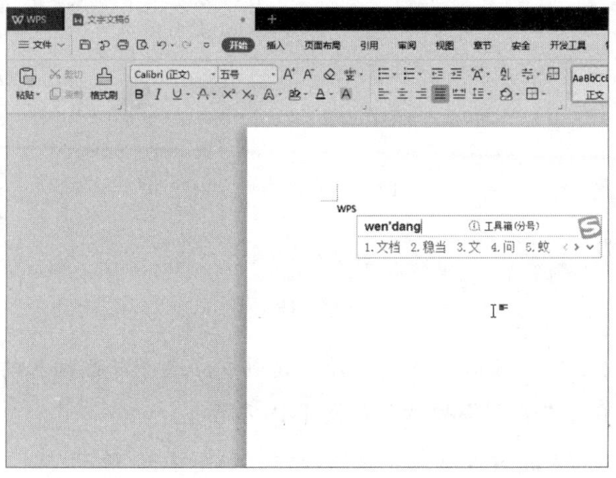

图 1-16

Step 03 按下空格键即可完成输入基本字符的操作，如图 1-17 所示。

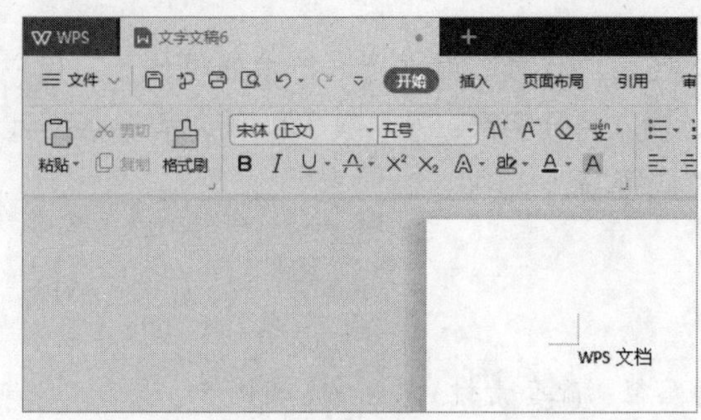

图 1-17

1.2.2 输入特殊字符

实例文件保存路径：配套素材 \ 第 1 章 \ 实例 6
实例效果文件名称：特殊字符 .wps

用户还可以在 WPS 中输入特殊字符，在 WPS 中输入特殊字符的方法非常简单，下面详细介绍在 WPS 中输入特殊字符的方法。

Step 01 新建 WPS 空白文档，选择“插入”选项卡，单击“符号”下拉按钮，在弹出的选项中选择“其他符号”选项，如图 1-18 所示。

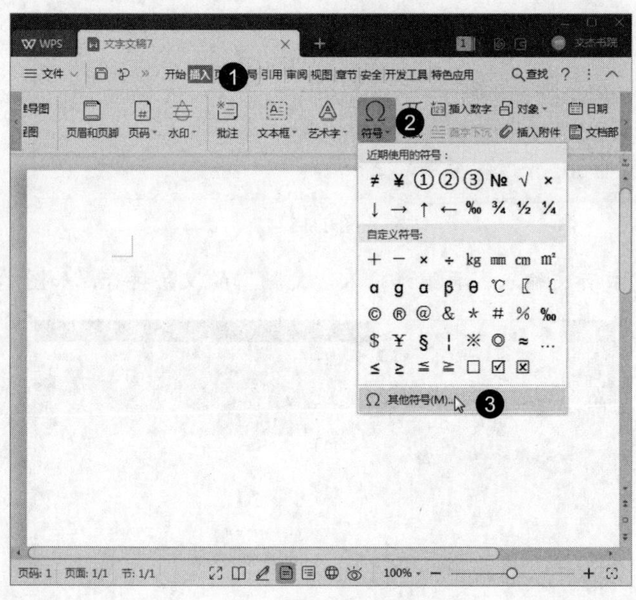

图 1-18

Step 02 弹出“符号”对话框，选择“特殊字符”选项卡，选择准备插入的字符如“小节”，单击“插入”按钮，再单击“关闭”按钮，如图 1-19 所示。

Step 03 通过以上步骤即可完成输入特殊字符的操作，如图 1-20 所示。

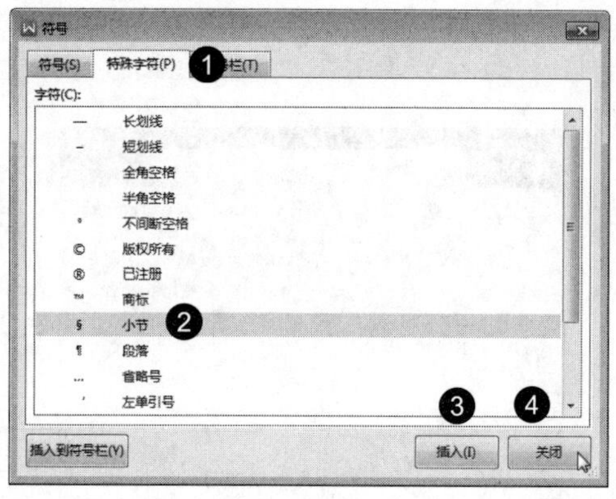

图 1-19

图 1-20

1.2.3　输入时间和日期

	实例文件保存路径：配套素材\第 1 章\实例 7
	实例效果文件名称：时间和日期 .wps

用户还可以在 WPS 中输入时间和日期，在 WPS 中输入时间和日期的方法非常简单，下面详细介绍在 WPS 中输入时间和日期的方法。

Step 01 新建 WPS 空白文档，选择“插入”选项卡，单击“日期”按钮，如图 1-21 所示。

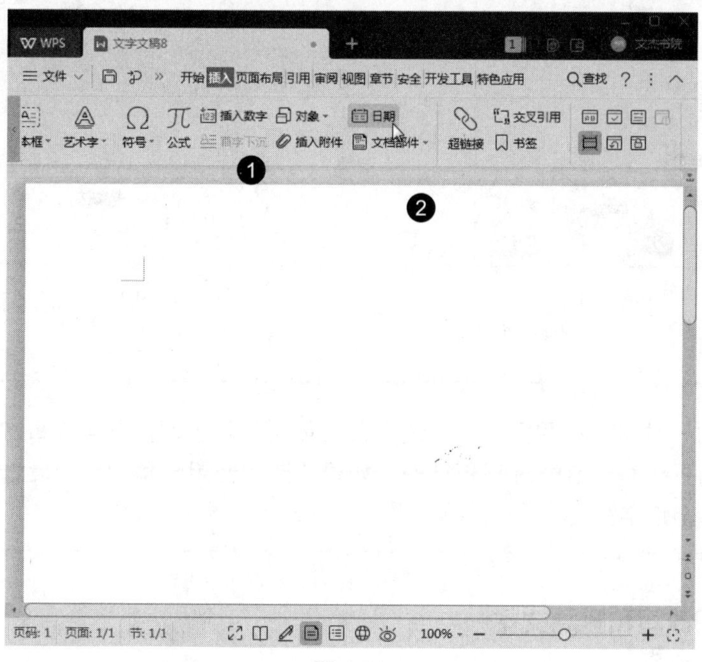

图 1-21

Step 02 弹出“日期和时间”对话框，在“可用格式”列表框中选择一种日期格式，单击“确定”按钮，如图 1-22 所示。

Step 03 通过以上步骤即可完成输入日期的操作，如图 1-23 所示。

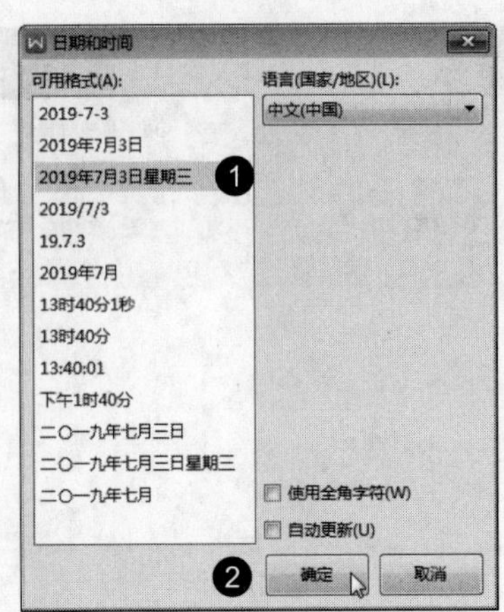
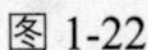

图 1-22

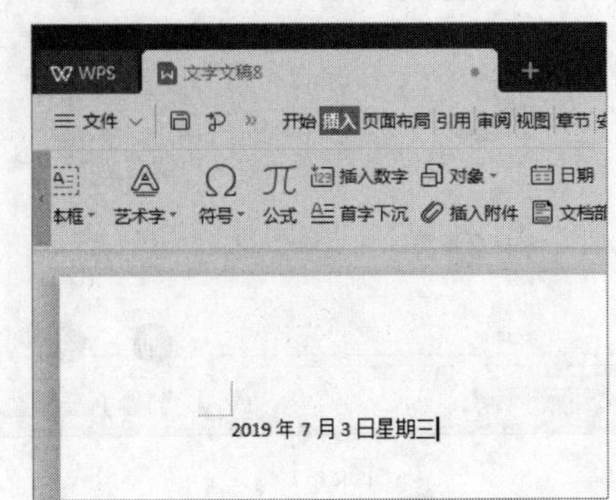

图 1-23

Step 04 再次打开“日期和时间”对话框，在“可用格式”列表框中选择一种时间格式，单击“确定”按钮，如图 1-24 所示。

Step 05 通过以上步骤即可完成插入时间的操作，如图 1-25 所示。

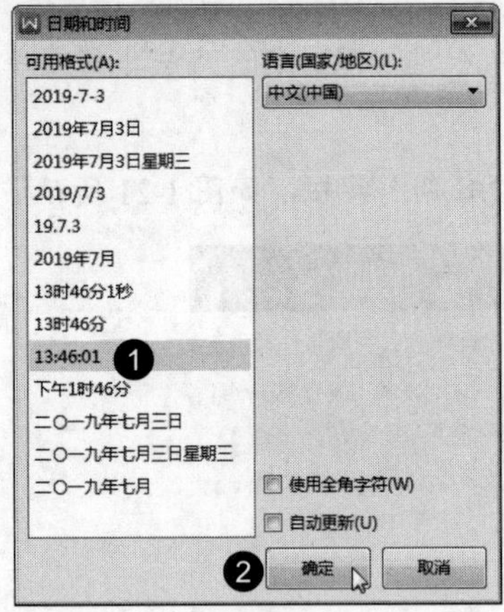

图 1-24

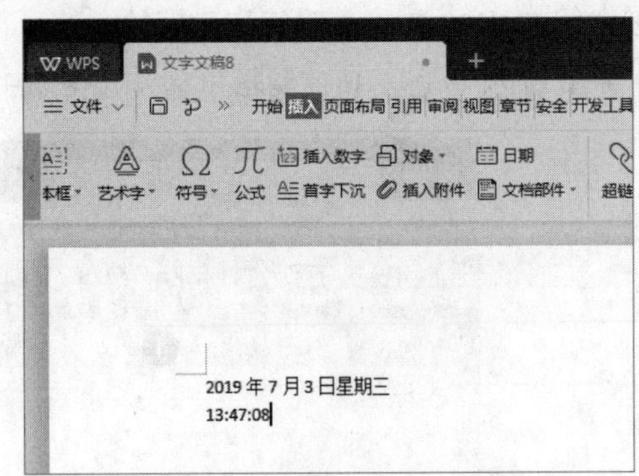

图 1-25

知识常识

在“日期和时间”对话框中，勾选“自动更新”复选框，即可在每次打开该文档时将时间和日期更新为当前的时间和日期；如果勾选“使用全角字符”复选框，输入的时间和日期即为全角字符。

1.2.4 插入、改写和删除文本

实例文件保存路径：配套素材\第 1 章\实例 8

实例效果文件名称：插入、改写和删除文本 .wps

用户在编辑文字时应该注意改写和插入两种状态，如果切换到了改写状态，此时在某一行文字中间插入文字时，新输入的文字将会把原先位置的文字覆盖掉，新手用户需要格外注意这一点。下面介绍插入、改写和删除文本的具体方法。

Step 01 打开名为“天净沙 • 秋思”的素材文档，右击状态栏空白处，在弹出的快捷菜单中选择“改写”菜单项，如图 1-26 所示。

Step 02 将光标定位在最后一行“天”字的右侧，使用输入法输入拼音，如图 1-27 所示。

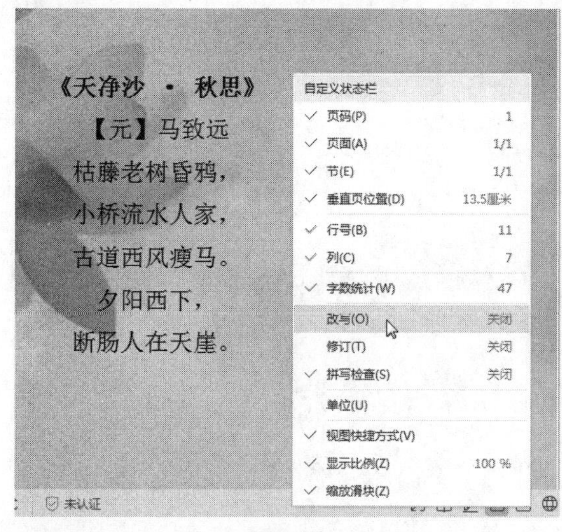

图 1-26

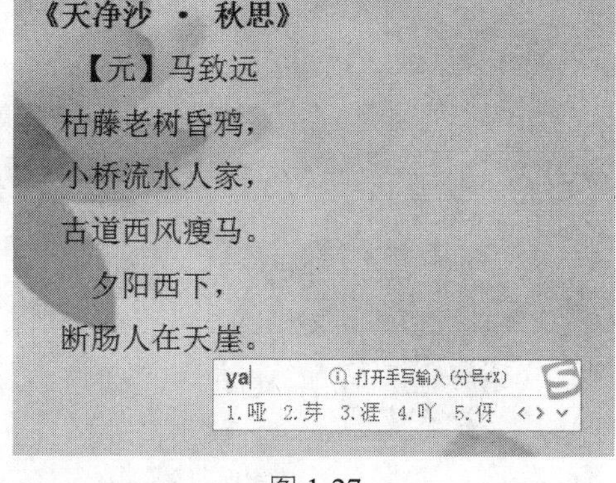

图 1-27

Step 03 按下汉字所在的数字键如“3”，可以看到原来光标右侧的文字已被新的文字替换，通过以上步骤即可完成在改写状态下输入文本的操作，如图 1-28 所示。

Step 04 右击状态栏空白处，在弹出的快捷菜单中选择“改写”菜单项，如图 1-29 所示。

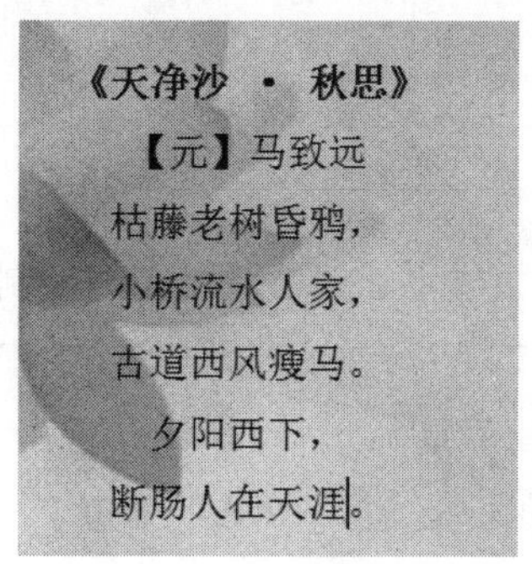

图 1-28

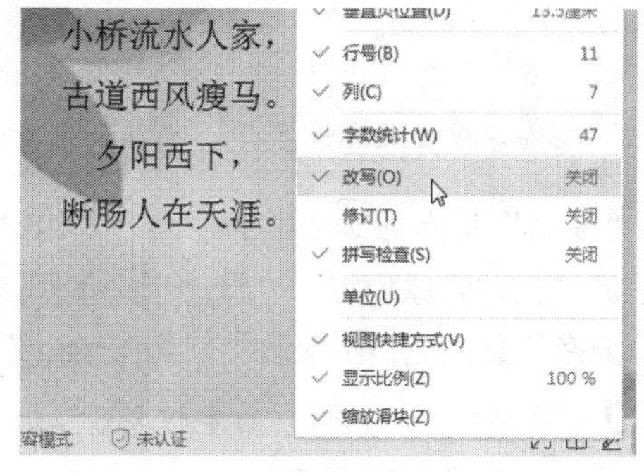

图 1-29

Step 05 将光标定位在最后一行“涯”字的右侧，使用输入法输入拼音，如图 1-30 所示。

Step 06 按下汉字所在的数字键如“2”，可以看到光标右侧已经插入了新的文字，通过以上步骤即可完成在插入状态下输入文本的操作，如图 1-31 所示。

Step 07 将光标定位在最后一行句号的左侧，按下 Backspace 键，即可将多余的“涯”字删除，通过以上步骤即可完成删除文本的操作，如图 1-32 所示。

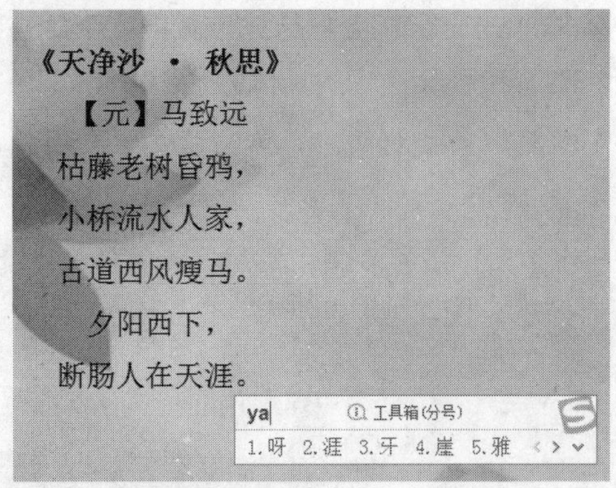

图 1-30

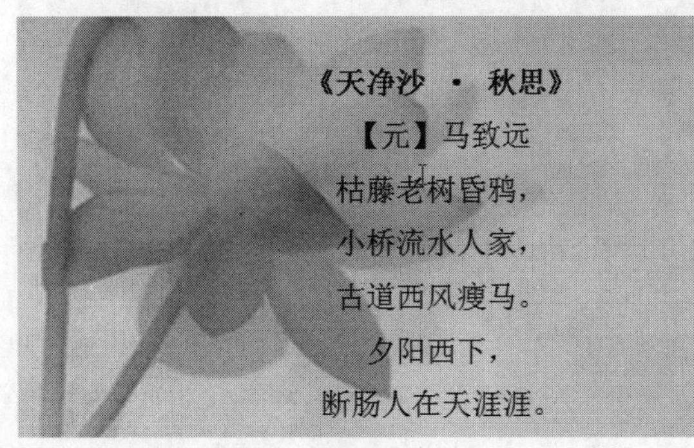

图 1-31

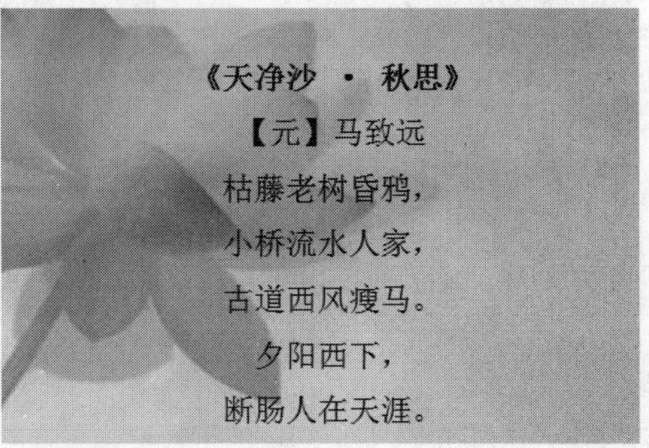

图 1-32

1.2.5 移动和复制文本

实例文件保存路径：配套素材 \ 第 1 章 \ 实例 9
实例效果文件名称：移动和复制文本 .wps

“复制”是指把文档中的一部分“拷贝”一份，然后放到其他位置，而“复制”的内容仍按原样保留在原位置。“移动”文本则是指把文档中的一部分内容移动到文档中的其他位置，原有位置的文档不保留。下面详细介绍与移动文本的方法。

Step 01 打开名为“从前慢”的素材文档，选中准备移动的文本，在“开始”选项卡中单击“剪切”按钮，如图 1-33 所示。

Step 02 将光标定位在最后一行，单击“粘贴”按钮，如图 1-34 所示。

Step 03 可以看到文本已经移动到最后一行，通过以上步骤即可完成移动文本的操作，如图 1-35 所示。

Step 04 选中准备复制的文本，在“开始”选项卡中单击“复制”按钮，如图 1-36 所示。

Step 05 将光标定位在最后一行，单击“粘贴”按钮，如图 1-37 所示。

Step 06 可以看到文本已经复制到最后一行，通过以上步骤即可完成复制文本的操作，如图 1-38 所示。

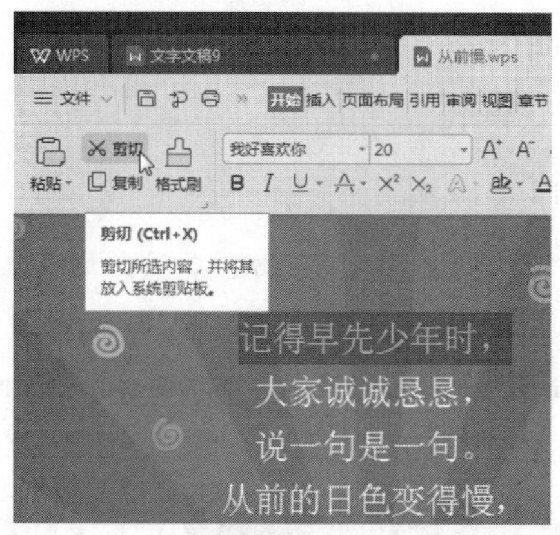

图 1-33

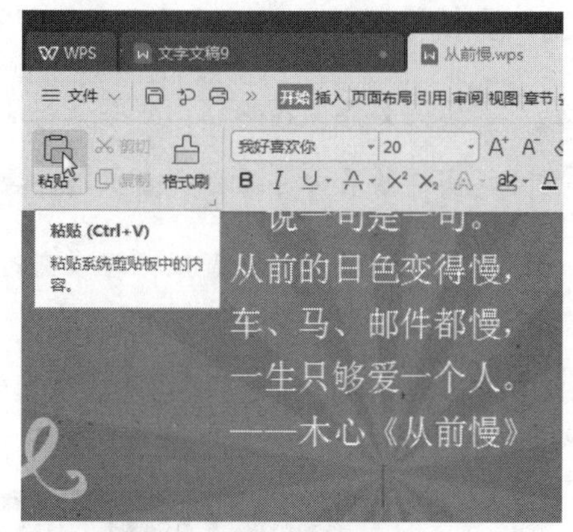

图 1-34

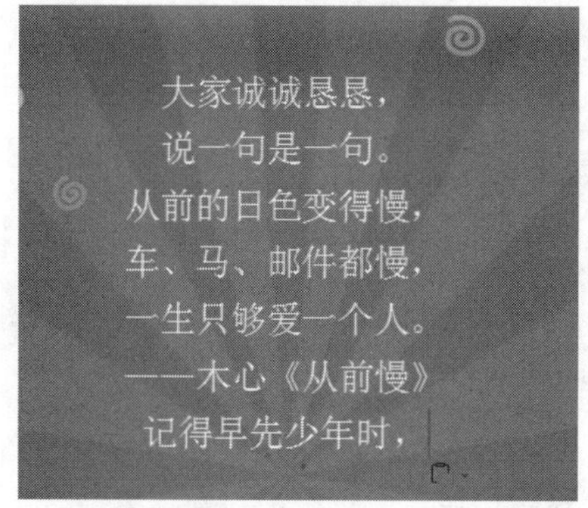

图 1-35

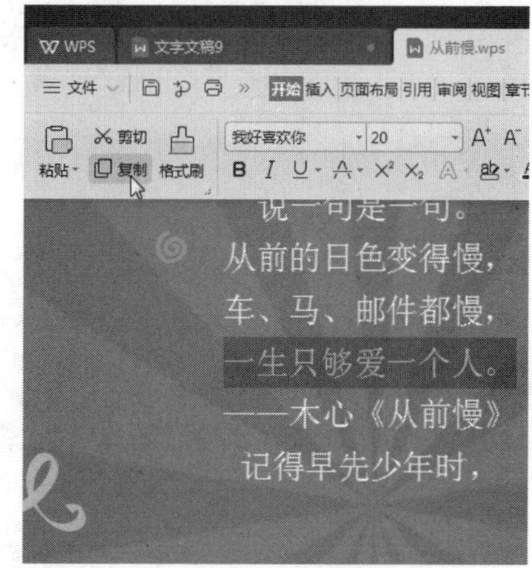

图 1-36

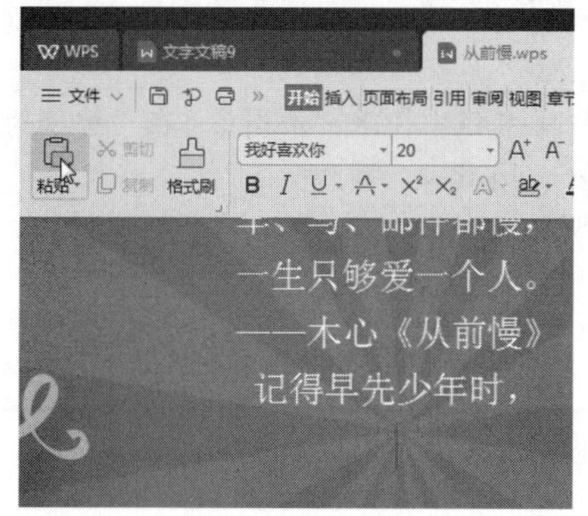

图 1-37

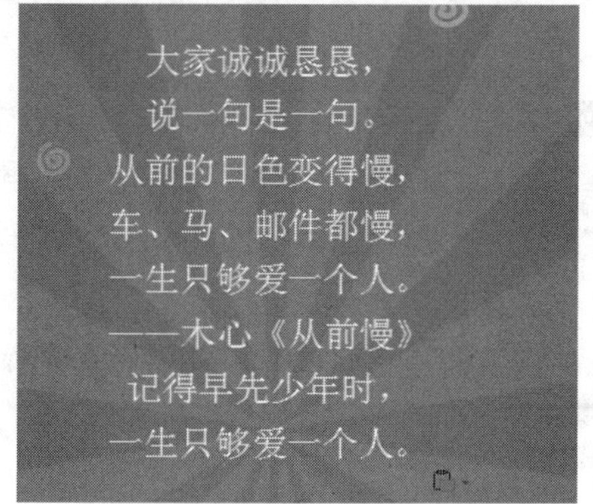

图 1-38

经验技巧

除了使用“开始”选项卡中的“复制”“剪切”和“粘贴”按钮来实现移动和复制文本外，用户还可以使用 Ctrl+C（复制）、Ctrl+X（剪切）和 Ctrl+V（粘贴）组合键来实现移动和复制功能。

1.2.6 查找与替换文本

	实例文件保存路径：配套素材\第 1 章\实例 10
	实例效果文件名称：查找与替换文本 .wps

用户还可以使用 WPS 查找和替换文本，使用 WPS 查找和替换文本的方法非常简单，下面详细介绍使用 WPS 查找和替换文本的方法。

Step 01 打开名为“公司规章要求”的素材文档，在“开始”选项卡中单击“查找替换”下拉按钮，在弹出的选项中选择“替换”选项，如图 1-39 所示。

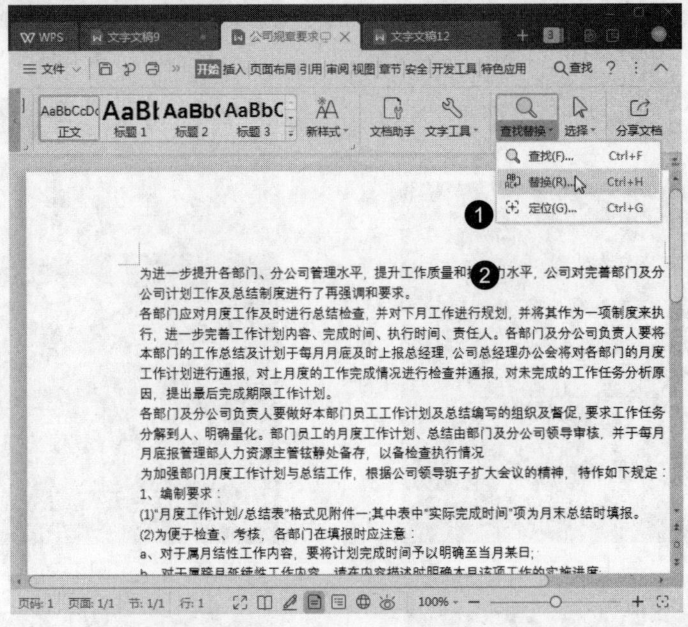

图 1-39

Step 02 弹出“查找和替换”对话框，在“查找内容”文本框中输入“公司”，在“替换为”文本框中输入“企业”，单击“全部替换”按钮，如图 1-40 所示。

Step 03 弹出“WPS 文字”对话框，提示“全部完成。完成 10 处替换。”，单击“确定”按钮即可完成查找与替换文本的操作，如图 1-41 所示。

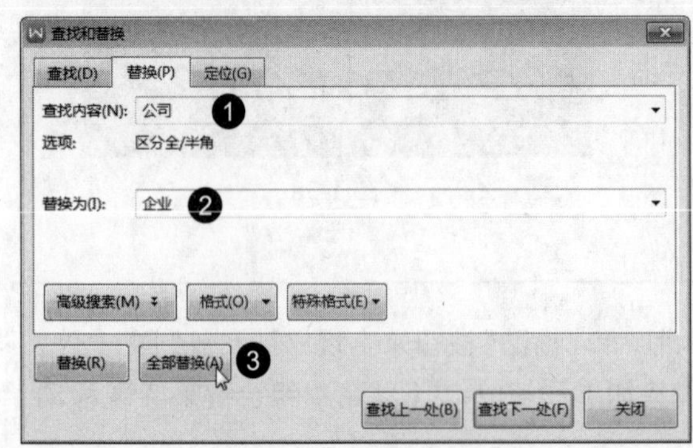

图 1-40

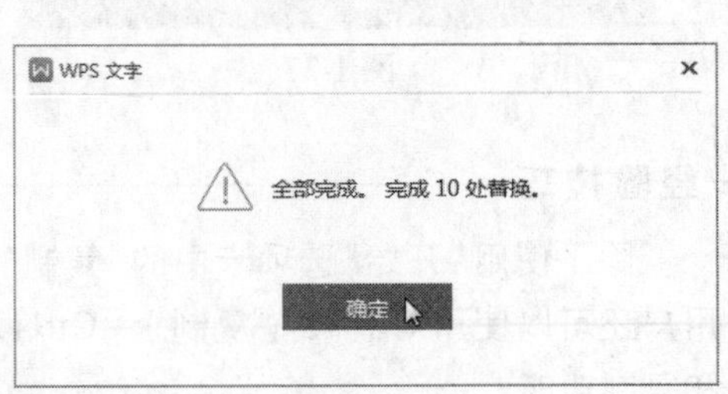

图 1-41

1.3　设置文字格式

文本格式编排决定字符在计算机屏幕上和打印时的出现形式。在输入所有内容之后，用户即可设置文档中的字体格式，并给字体添加效果，从而使文档看起来层次分明、结构工整。本节将详细介绍设置文字格式的操作。

1.3.1　设置字形和颜色

实例文件保存路径：配套素材\第 1 章\实例 11
实例效果文件名称：字形和颜色 .wps

在文档中输入完内容后，用户还可以对文本的字形和颜色进行设置，下面介绍设置字形和颜色的操作方法。

Step 01 打开素材文档，选中文本，在文本旁边会自动显示设置字体的活动窗格，单击“字体”下拉按钮，在弹出的字体库中选择一种字体如“华文琥珀”，如图 1-42 所示。

Step 02 此时字体已经被更改，单击“字号”下拉按钮，在弹出的列表中选择一种字号如“一号”，如图 1-43 所示。

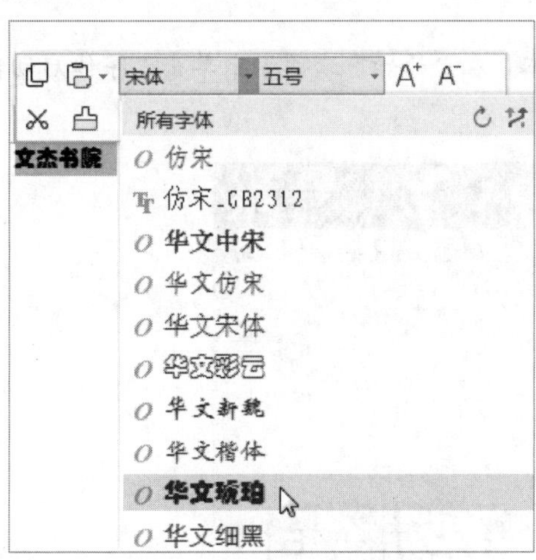

图 1-42

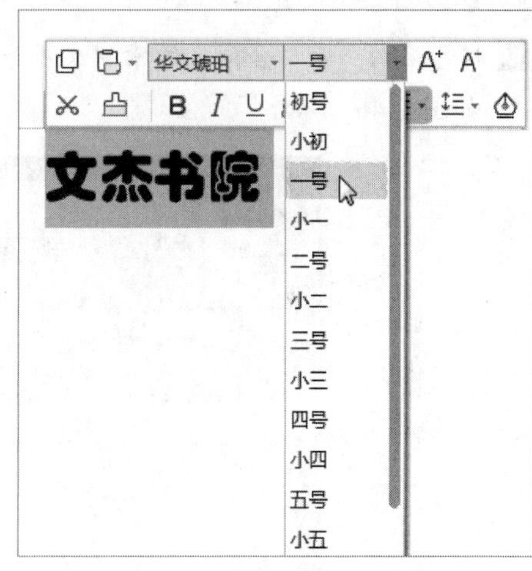

图 1-43

Step 03 此时字号已经被更改，单击“字体颜色”下拉按钮，在弹出的颜色库中选择一种颜色，如图 1-44 所示。

Step 04 此时字体颜色已经被更改，通过以上步骤即可完成设置字形和颜色的操作，如图 1-45 所示。

经验技巧

用户还可以在“开始”选项卡中对文本的字体、字号、颜色以及一些特殊格式进行设置，单击“字体启动器”按钮，可以弹出“字体”对话框，在该对话框中用户可以对文本的字形做详细的设置。

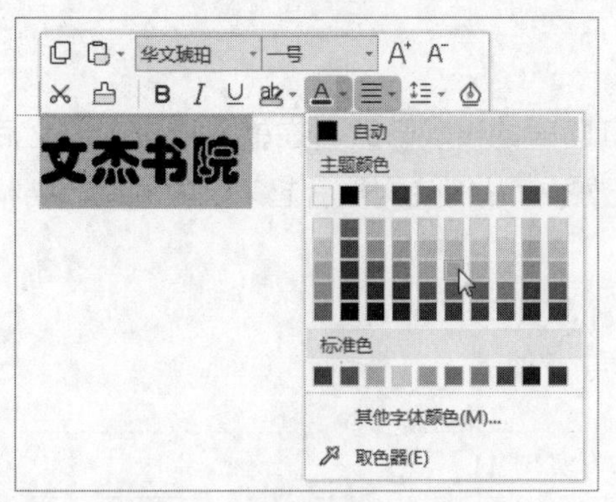

图 1-44

图 1-45

1.3.2 设置字符间距

	实例文件保存路径：配套素材\第 1 章\实例 12
	实例效果文件名称：字符间距 .wps

字符间距是指文本中两个字符间的距离，包括 3 种类型：“标准”“加宽”和“紧缩”。下面介绍设置字符间距的方法。

Step 01 打开名为“劳动合同”的素材文档，选中文本，在“开始”选项卡中单击“字体启动器”按钮，如图 1-46 所示。

图 1-46

Step 02 弹出“字体”对话框，选择“字符间距”选项卡，在“间距”区域右侧选择“加宽”选项，在“值”微调框中输入数值，单击“确定”按钮，如图 1-47 所示。

Step 03 通过以上步骤即可完成设置字符间距的操作，如图 1-48 所示。

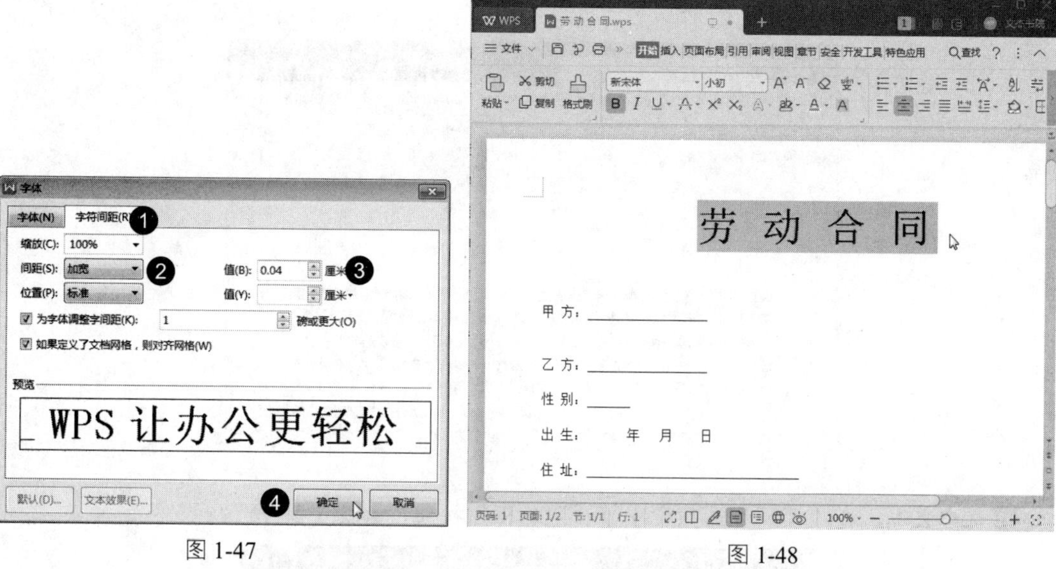

图 1-47　　　　图 1-48

1.3.3　设置字符边框和底纹

实例文件保存路径：配套素材 \ 第 1 章 \ 实例 13
实例效果文件名称：字符边框和底纹 .wps

设置字符边框是指为文字四周添加线型边框，设置字符底纹是指为文字添加背景颜色。下面介绍设置字符边框和底纹的方法。

Step 01 打开名为“出师表”的素材文档，选中文本，在“开始”选项卡中单击“字符底纹”按钮，如图 1-49 所示。

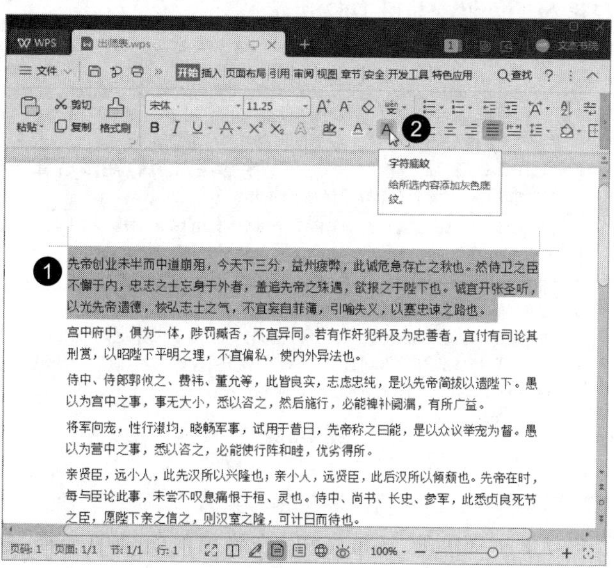

图 1-49

Step 02 选中的文本已经添加了底纹，如图 1-50 所示。

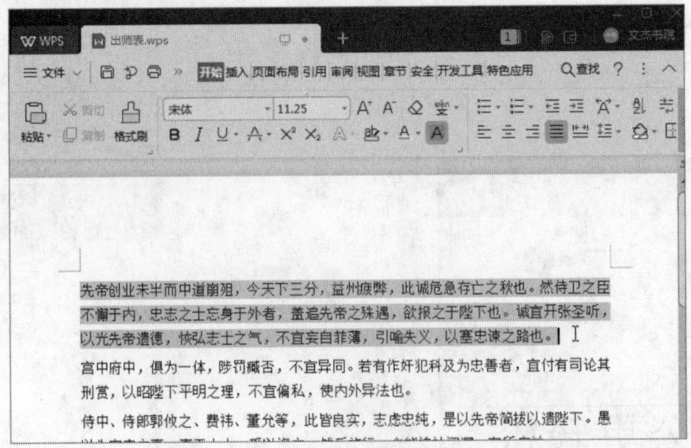

图 1-50

Step 03 选中文本，在“开始”选项卡中单击“边框”按钮，如图 1-51 所示。

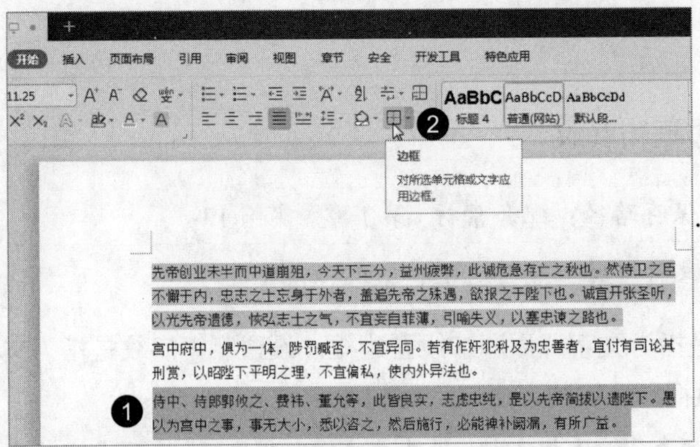

图 1-51

Step 04 选中的文本已经添加了边框，如图 1-52 所示。

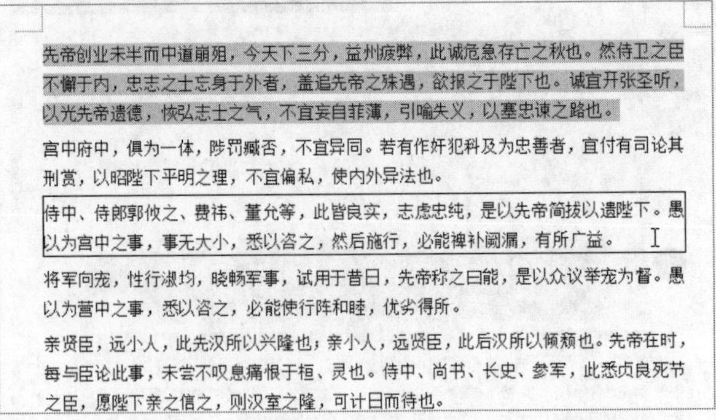

图 1-52

知识常识

在“开始”选项卡中单击“边框”下拉按钮，在弹出的选项中选择“边框和底纹”选项，即可打开“边框和底纹”对话框，用户可以在其中对边框和底纹进行更加详细的设置。

1.4　设置段落格式

段落指的是两个段落之间的文本内容，是独立的信息单位，具有自身的格式特征。段落格式是指以段落为单位的格式设置。设置段落格式主要是指设置段落的对齐方式、段落缩进以及段落间距和行距等。

1.4.1　设置段落的对齐方式

实例文件保存路径：配套素材\第 1 章\实例 14
实例效果文件名称：段落对齐方式 .wps

段落的对齐方式共有 5 种，分别为文本左对齐、居中、文本右对齐、两端对齐和分散对齐。下面介绍设置段落对齐方式的操作。

Step 01 打开名为“出师表”的素材文档，选中文本段落，在“开始”选项卡中单击“居中对齐”按钮，如图 1-53 所示。

Step 02 选中的文本段落已经变为居中对齐显示，如图 1-54 所示。

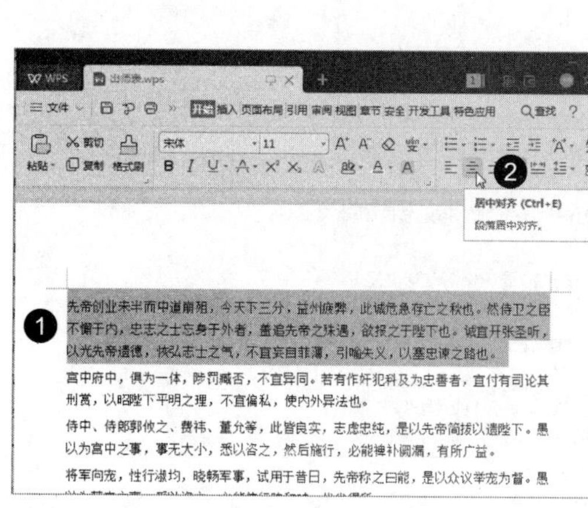

图 1-53

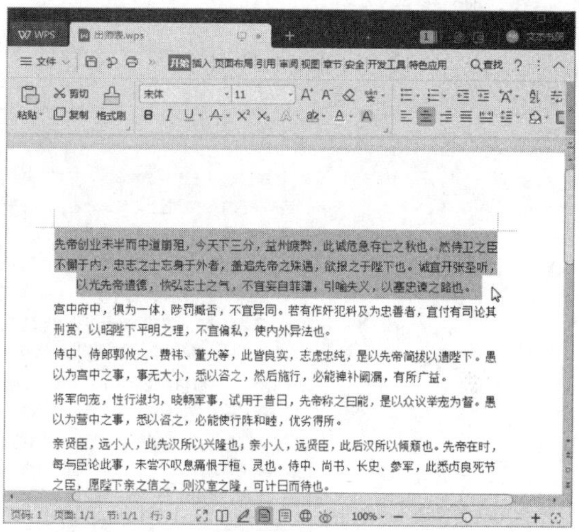

图 1-54

1.4.2　设置段落缩进

实例文件保存路径：配套素材\第 1 章\实例 15
实例效果文件名称：段落缩进 .wps

设置段落缩进可以使文本变得工整，从而清晰地表现文本层次。下面详细介绍设置段落缩进的方法。

Step 01 打开名为“出师表”的素材文档，将光标定位到第一段文本中，在“开始”选项卡中单击“段落启动器”按钮，如图 1-55 所示。

Step 02 弹出“段落”对话框，选择“缩进和间距”选项卡，在“缩进”区域的“特殊格式”下方选择“首行缩进”选项，在右侧的“度量值”微调框中输入数值，这里输入“2”，单击“确定”按钮，如图 1-56 所示。

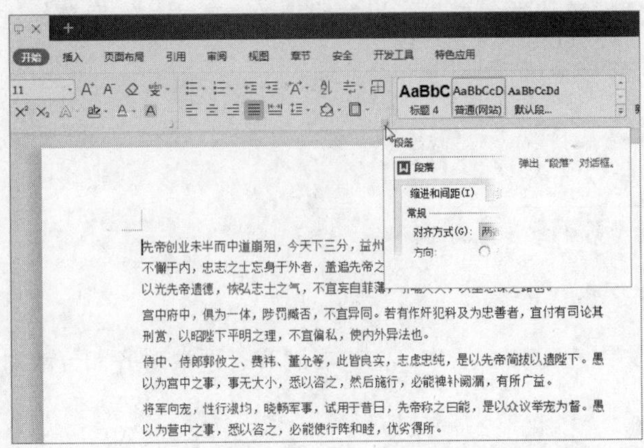

图 1-55

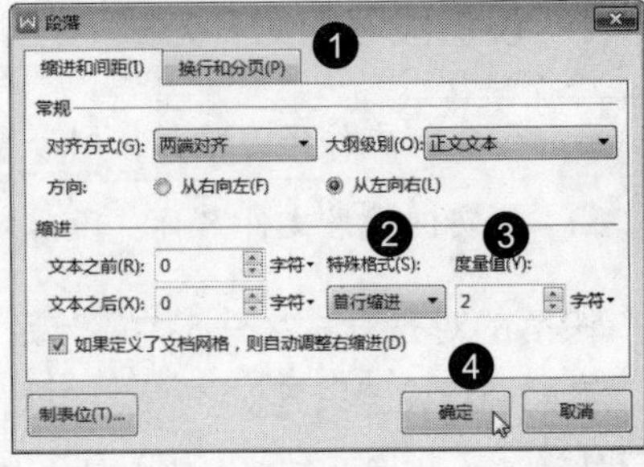

图 1-56

Step 03 此时，光标所在段落已经显示首行缩进 2 字符，通过以上步骤即可完成设置段落缩进的操作，如图 1-57 所示。

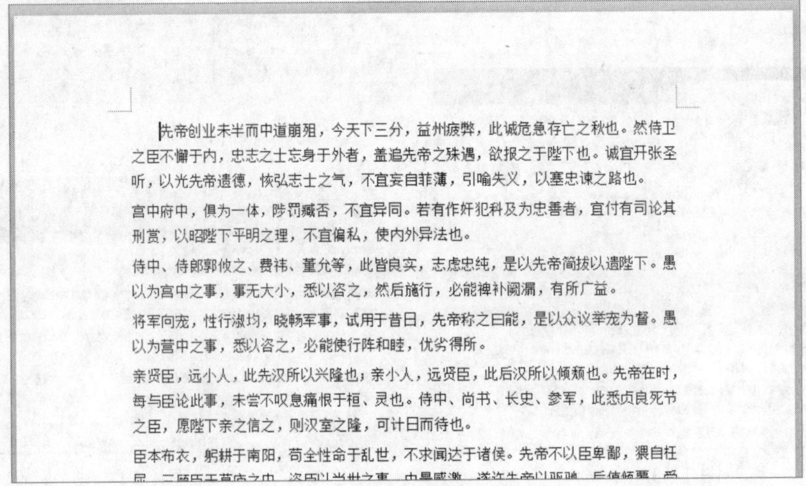

先帝创业未半而中道崩殂，今天下三分，益州疲弊，此诚危急存亡之秋也。然侍卫之臣不懈于内，忠志之士忘身于外者，盖追先帝之殊遇，欲报之于陛下也。诚宜开张圣听，以光先帝遗德，恢弘志士之气，不宜妄自菲薄，引喻失义，以塞忠谏之路也。

宫中府中，俱为一体，陟罚臧否，不宜异同。若有作奸犯科及为忠善者，宜付有司论其刑赏，以昭陛下平明之理，不宜偏私，使内外异法也。

侍中、侍郎郭攸之、费祎、董允等，此皆良实，志虑忠纯，是以先帝简拔以遗陛下。愚以为宫中之事，事无大小，悉以咨之，然后施行，必能裨补阙漏，有所广益。

将军向宠，性行淑均，晓畅军事，试用于昔日，先帝称之曰能，是以众议举宠为督。愚以为营中之事，悉以咨之，必能使行阵和睦，优劣得所。

亲贤臣，远小人，此先汉所以兴隆也；亲小人，远贤臣，此后汉所以倾颓也。先帝在时，每与臣论此事，未尝不叹息痛恨于桓、灵也。侍中、尚书、长史、参军，此悉贞良死节之臣，愿陛下亲之信之，则汉室之隆，可计日而待也。

臣本布衣，躬耕于南阳，苟全性命于乱世，不求闻达于诸侯。先帝不以臣卑鄙，猥自枉

图 1-57

1.4.3 设置段落间距和行距

实例文件保存路径：配套素材 \ 第 1 章 \ 实例 16
实例效果文件名称：段落间距和行距 .wps

设置段落缩进可以使文本变得工整，从而清晰地表现文本层次。下面详细介绍设置段落缩进的方法。

Step 01 打开名为“出师表”的素材文档，选中文本段落，在“开始”选项卡中单击“行距”

下拉按钮，在弹出的选项中选择“1.5”选项，如图 1-58 所示。

Step 02 此时，选中的段落行距已经被改变，通过以上步骤即可完成设置段落行距的操作，如图 1-59 所示。

开始
插入
页面布局
引用
审阅
视图
章节
安全
开发工具
1.0
Ctrl+1
1.5
2.0
Ctrl+2
2.5
3.0
其他(M)...

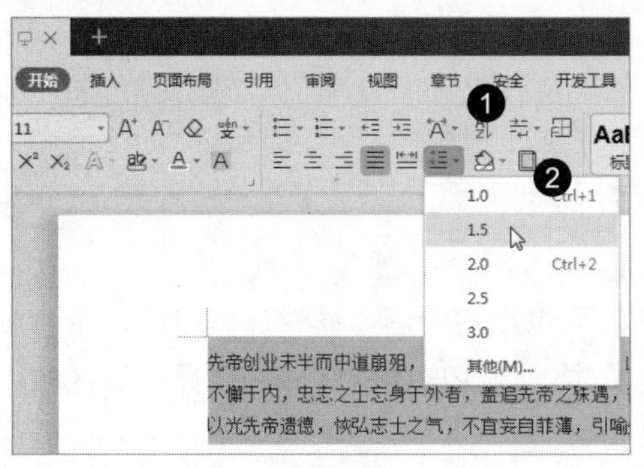

图 1-58

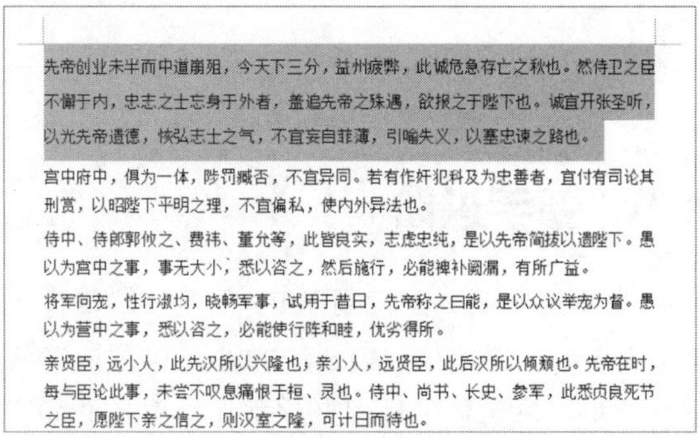

先帝创业未半而中道崩殂，今天下三分，益州疲弊，此诚危急存亡之秋也。然侍卫之臣不懈于内，忠志之士忘身于外者，盖追先帝之殊遇，欲报之于陛下也。诚宜开张圣听，以光先帝遗德，恢弘志士之气，不宜妄自菲薄，引喻失义，以塞忠谏之路也。
宫中府中，俱为一体，陟罚臧否，不宜异同。若有作奸犯科及为忠善者，宜付有司论其刑赏，以昭陛下平明之理，不宜偏私，使内外异法也。
侍中、侍郎郭攸之、费祎、董允等，此皆良实，志虑忠纯，是以先帝简拔以遗陛下。愚以为宫中之事，事无大小，悉以咨之，然后施行，必能裨补阙漏，有所广益。
将军向宠，性行淑均，晓畅军事，试用于昔日，先帝称之曰能，是以众议举宠为督。愚以为营中之事，悉以咨之，必能使行阵和睦，优劣得所。
亲贤臣，远小人，此先汉所以兴隆也；亲小人，远贤臣，此后汉所以倾颓也。先帝在时，每与臣论此事，未尝不叹息痛恨于桓、灵也。侍中、尚书、长史、参军，此悉贞良死节之臣，愿陛下亲之信之，则汉室之隆，可计日而待也。

图 1-59

Step 03 选中段落文本，在“开始”选项卡中单击“段落启动器”按钮，如图 1-60 所示。

Step 04 弹出“段落”对话框，选择“缩进和间距”选项卡，在“间距”区域中设置“段前”和“段后”微调框的数值，单击“确定”按钮，如图 1-61 所示。

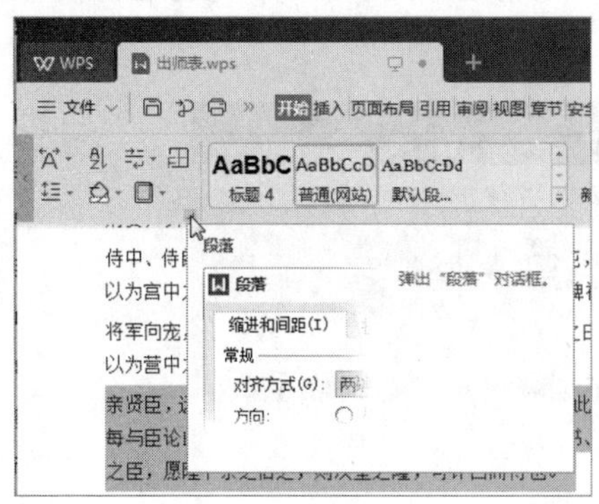

WPS
出师表.wps
文件
开始
插入
页面布局
引用
审阅
视图
章节
AaBbC
AaBbCcD
AaBbCcDd
标题 4
普通(网站)
默认段...
段落
弹出“段落”对话框。
缩进和间距(I)
常规
对齐方式(G):
方向:

图 1-60

段落
缩进和间距(I)
换行和分页(P)
间距
段前(B):
0.5
行
段后(E):
0.5
行
行距(N):
1.5 倍行距
设置值(A):
1.5
倍
如果定义了文档网格，则与网格对齐(W)
预览
制表位(T)...
确定
取消

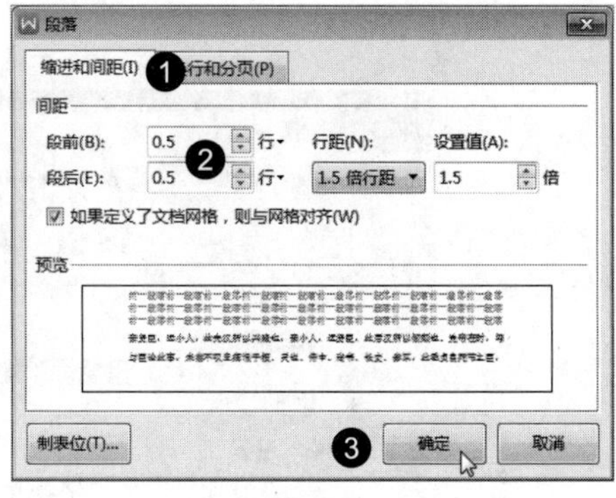

图 1-61

Step 05 此时，选中的段落间距已经被改变，通过以上步骤即可完成设置段落间距的操作，如图 1-62 所示。

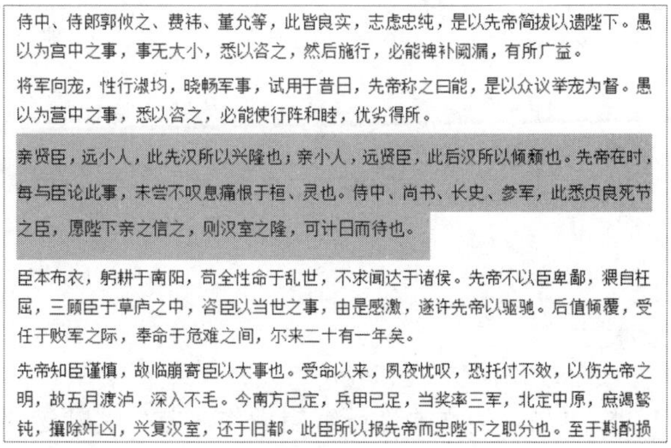

侍中、侍郎郭攸之、费祎、董允等，此皆良实，志虑忠纯，是以先帝简拔以遗陛下。愚以为宫中之事，事无大小，悉以咨之，然后施行，必能裨补阙漏，有所广益。
将军向宠，性行淑均，晓畅军事，试用于昔日，先帝称之曰能，是以众议举宠为督。愚以为营中之事，悉以咨之，必能使行阵和睦，优劣得所。
亲贤臣，远小人，此先汉所以兴隆也；亲小人，远贤臣，此后汉所以倾颓也。先帝在时，每与臣论此事，未尝不叹息痛恨于桓、灵也。侍中、尚书、长史、参军，此悉贞良死节之臣，愿陛下亲之信之，则汉室之隆，可计日而待也。
臣本布衣，躬耕于南阳，苟全性命于乱世，不求闻达于诸侯。先帝不以臣卑鄙，猥自枉屈，三顾臣于草庐之中，咨臣以当世之事，由是感激，遂许先帝以驱驰。后值倾覆，受任于败军之际，奉命于危难之间，尔来二十有一年矣。
先帝知臣谨慎，故临崩寄臣以大事也。受命以来，夙夜忧叹，恐托付不效，以伤先帝之明，故五月渡泸，深入不毛。今南方已定，兵甲已足，当奖率三军，北定中原，庶竭驽钝，攘除奸凶，兴复汉室，还于旧都。此臣所以报先帝而忠陛下之职分也。至于斟酌损

图 1-62

知识常识

打开“段落”对话框，在“缩进和间距”选项卡下的“间距”区域中，用户可以设置“段前”和“段后”间距所用的单位，包括磅、英寸、厘米、毫米、行以及自动 6 个选项单位。

1.5 新手进阶

本节将介绍一些使用 WPS 创建和编辑文档的技巧供用户学习，通过这些技巧，用户可以更进一步掌握使用 WPS 的方法，包括快速移动文本、选择连续的文本、选择矩形区域、选择多处不连续的区域以及将文档输出为 PDF 格式。

1.5.1 快速移动文本

除了上面介绍的使用剪切、粘贴的方法移动文本外，用户还可以使用鼠标拖曳移动文本。选中需要移动的文本，然后按住鼠标左键不放，拖动鼠标指针，将其移至合适的位置，如图 1-63 所示。

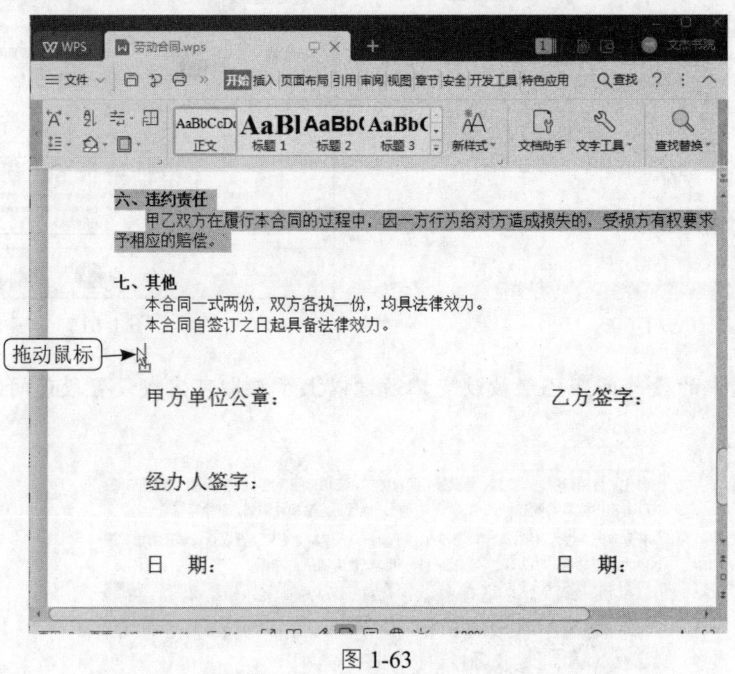

图 1-63

1.5.2 选择连续的文本

如果用户准备对 WPS 文档中的文本进行编辑操作，首先需要选择文本。下面介绍选择文本的一些方法。

- 选择任意文本：将光标定位在准备选择文字的左侧或右侧，单击并拖动光标至准备选取文字的右侧或左侧，然后释放鼠标即可选中单个文字或某段文本。
- 选择一行文本：移动鼠标指针到准备选择的某一行行首的空白处，待鼠标指针变成向右箭头形状 时，单击即可选中该行文本。
- 选择一段文本：将光标定位在准备选择的一段文本的任意位置，然后连续单击鼠标左键三次即可选中一段文本。
- 选择整篇文本：移动鼠标指针指向文本左侧的空白处，待鼠标指针变成向右箭头形状时，连续单击三次即可选择整篇文档；将光标定位在文本左侧的空白处，待鼠标指针变成向右箭头形状 时，按住 Ctrl 键不放的同时，单击即可选中整篇文档；将光标定位在准备选择整篇文档的任意位置，按 Ctrl+A 组合键即可选中整篇文档。
- 选择句子：按住 Ctrl 键的同时，单击准备选择的句子的任意位置即可选择句子。

1.5.3　选择矩形区域

用户只需要在按住 Alt 键的同时，在文本中拖动鼠标指针即可选择矩形文本，如图 1-64 所示。

1.5.4　选择多处不连续的区域

选中一段文本后，按住 Ctrl 键的同时再选定其他不连续的文本即可选定分散文本，如图 1-65 所示。

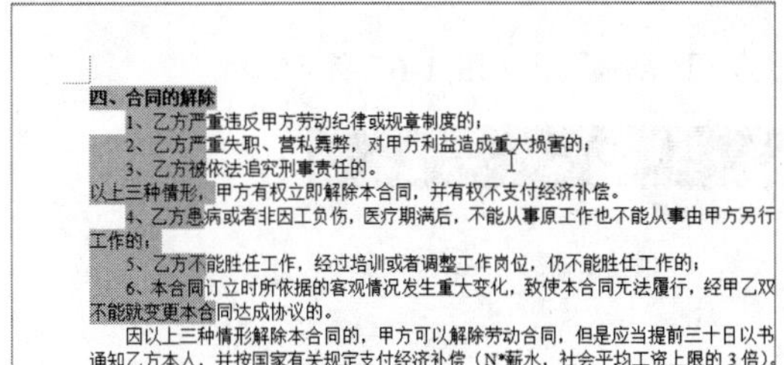

四、合同的解除

1、乙方严重违反甲方劳动纪律或规章制度的；
2、乙方严重失职、营私舞弊，对甲方利益造成重大损害的；
3、乙方被依法追究刑事责任的。
以上三种情形，甲方有权立即解除本合同，并有权不支付经济补偿。
4、乙方患病或者非因工负伤，医疗期满后，不能从事原工作也不能从事由甲方另行工作的；
5、乙方不能胜任工作，经过培训或者调整工作岗位，仍不能胜任工作的；
6、本合同订立时所依据的客观情况发生重大变化，致使本合同无法履行，经甲乙双不能就变更本合同达成协议的。
因以上三种情形解除本合同的，甲方可以解除劳动合同，但是应当提前三十日以书通知乙方本人，并按国家有关规定支付经济补偿（N*薪水，社会平均工资上限的 3 倍）。

图 1-64

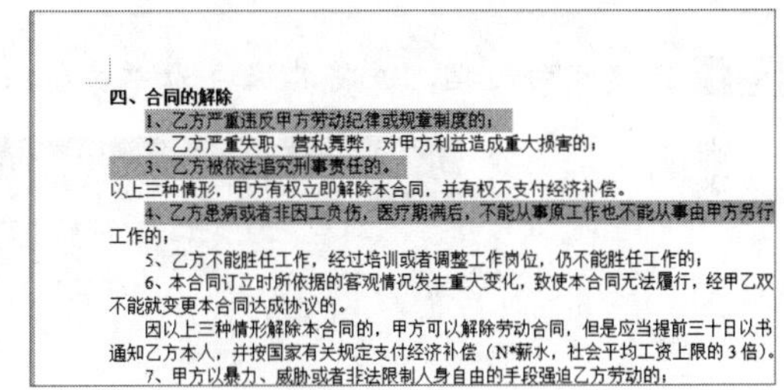

四、合同的解除

1、乙方严重违反甲方劳动纪律或规章制度的；
2、乙方严重失职、营私舞弊，对甲方利益造成重大损害的；
3、乙方被依法追究刑事责任的。
以上三种情形，甲方有权立即解除本合同，并有权不支付经济补偿。
4、乙方患病或者非因工负伤，医疗期满后，不能从事原工作也不能从事由甲方另行工作的；
5、乙方不能胜任工作，经过培训或者调整工作岗位，仍不能胜任工作的；
6、本合同订立时所依据的客观情况发生重大变化，致使本合同无法履行，经甲乙双不能就变更本合同达成协议的。
因以上三种情形解除本合同的，甲方可以解除劳动合同，但是应当提前三十日以书通知乙方本人，并按国家有关规定支付经济补偿（N*薪水，社会平均工资上限的 3 倍）。
7、甲方以暴力、威胁或者非法限制人身自由的手段强迫乙方劳动的；

图 1-65

1.5.5　将文档输出为 PDF 格式

用户还可以将编辑好的文档保存为 PDF 格式，单击“文件”下拉按钮，在弹出的选项中选择“另存为”选项，弹出“另存为”对话框，在“文件类型”列表中选择“PDF 文件格式（*.pdf）”选项，单击“保存”按钮即可完成将文档输出为 PDF 格式的操作，如图 1-66 所示。

图 1-66

1.6 应用案例——制作房屋租赁合同

本节以制作房屋租赁合同为例，对本章所学知识点进行综合运用。制作房屋租赁合同要求内容准确、无歧义的内容，条理要清晰，最好能以条款的形式表明双方应承担的义务及享有的权利，方便查看。

	实例文件保存路径：配套素材\第 1 章\实例 17
	实例效果文件名称：房屋租赁合同 .wps

Step 01 新建空白文档，并将其保存为“房屋租赁合同 .wps”，如图 1-67 所示。

图 1-67

Step 02 根据要求输入房屋租赁合同的内容，并根据需要修改文本内容，如图 1-68 所示。

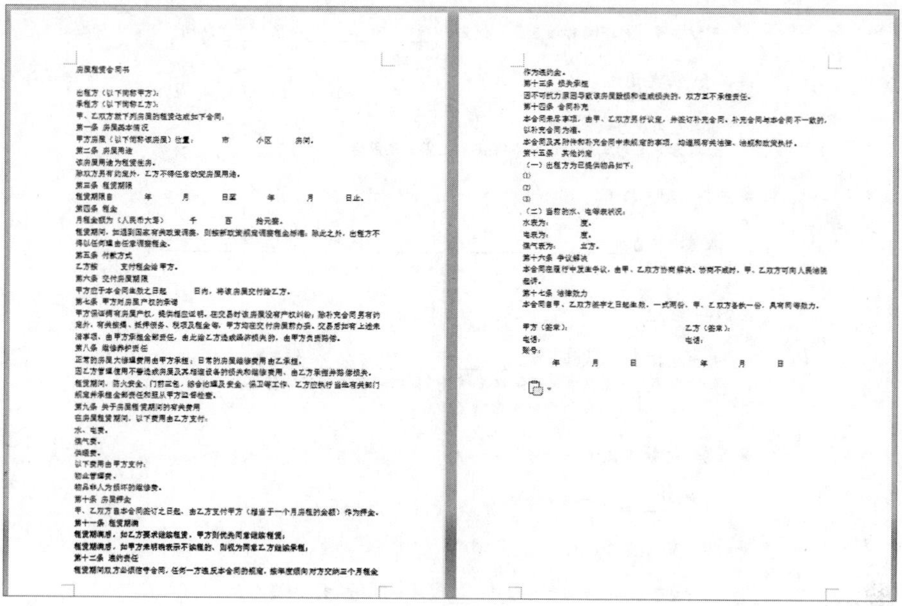
房屋租赁合同书

出租方（以下简称甲方）：
承租方（以下简称乙方）：
甲、乙双方就下列房屋的租赁达成如下合同：
第一条 房屋基本情况
甲方房屋（以下简称该房屋）位置：　　市　　小区　　房间。
第二条 房屋用途
该房屋用途为租赁住房。
除双方另有约定外，乙方不得任意改变房屋用途。
第三条 租赁期限
租赁期限自　　年　　月　　日至　　年　　月　　日止。
第四条 租金
月租金额为（人民币大写）　　千　　百　　拾元整。
租赁期间，如遇到国家有关政策调整，则按新政策规定调整租金标准；除此之外，出租方不得以任何理由任意调整租金。
第五条 付款方式
乙方按　　支付租金给甲方。
第六条 交付房屋期限
甲方应于本合同生效之日起　　日内，将该房屋交付给乙方。
第七条 甲方对房屋产权的承诺
甲方保证拥有房屋产权，提供相应证明。在交易时该房屋没有产权纠纷；除补充合同另有约定外，有关按揭、抵押债务、税项及租金等，甲方均在交付房屋前办妥。交易后如有上述未清事项，由甲方承担全部责任，由此给乙方造成经济损失的，由甲方负责赔偿。
第八条 维修养护责任
正常的房屋大修理费用由甲方承担；日常的房屋维修费用由乙承担。
因乙方管理使用不善造成房屋及其相连设备的损失和维修费用，由乙方承担并赔偿损失。
租赁期间，防火安全、门前三包，综合治理及安全、保卫等工作，乙方应执行当地有关部门规定并承担全部责任和服从甲方监督检查。
第九条 关于房屋租赁期间的有关费用
在房屋租赁期间，以下费用由乙方支付：
水、电费。
煤气费。
供暖费。
以下费用由甲方支付：
物业管理费。
物品非人为损坏的维修费。
第十条 房屋押金
甲、乙双方自本合同签订之日起，由乙方支付甲方（相当于一个月房租的金额）作为押金。
第十一条 租赁期满
租赁期满后，如乙方要求继续租赁，甲方则优先同意继续租赁；
租赁期满后，如甲方未明确表示不续租的，则视为同意乙方继续承租；
第十二条 违约责任
租赁期间双方必须信守合同，任何一方违反本合同的规定，按年度须向对方交纳三个月租金作为违约金。
第十三条 损失承担
因不可抗力原因导致该房屋毁损和造成损失的，双方互不承担责任。
第十四条 合同补充
本合同未尽事项，由甲、乙双方另行议定，并签订补充合同。补充合同与本合同不一致的，以补充合同为准。
本合同及其附件和补充合同中未规定的事项，均遵照有关法律、法规和政策执行。
第十五条　其他约定
（一）出租方为已提供物品如下：
(1)
(2)
(3)
（二）当前的水、电等表状况：
水表为：　　度。
电表为：　　度。
煤气表为：　　立方。
第十六条 争议解决
本合同在履行中发生争议，由甲、乙双方协商解决。协商不成时，甲、乙双方可向人民法院起诉。
第十七条 法律效力
本合同自甲、乙双方签字之日起生效，一式两份，甲、乙双方各执一份，具有同等效力。

甲方（签章）：　　　　乙方（签章）：
电话：　　　　电话：
账号：
年　　月　　日　　　　年　　月　　日

图 1-68

Step 03 设置标题的字体为楷体、字号为 20，加粗，如图 1-69 所示。

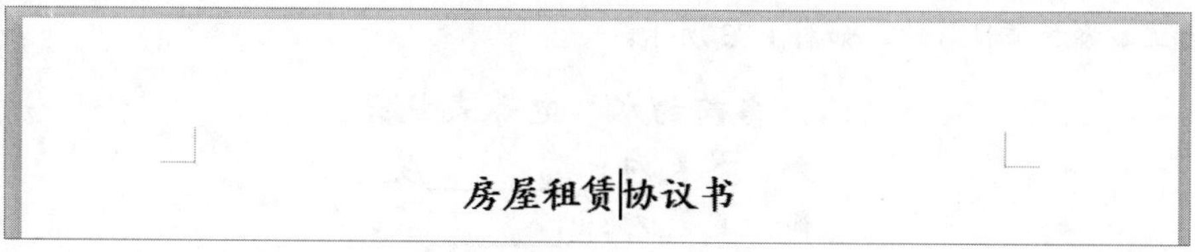

图 1-69

Step 04 设置第二、三行的字体为楷体、字号为三号，加粗，如图 1-70 所示。

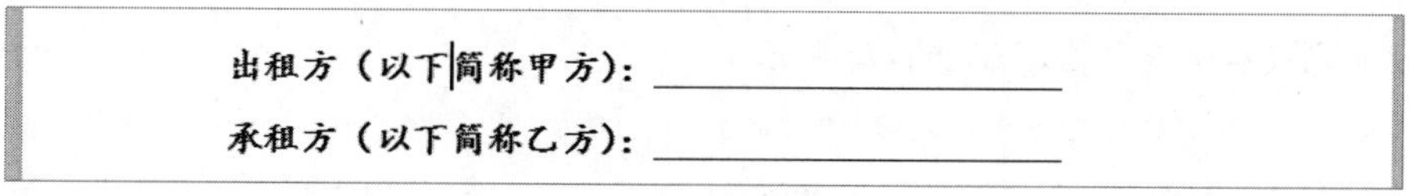

图 1-70

Step 05 设置第四行的字体为楷体、字号为四号，加粗，如图 1-71 所示。

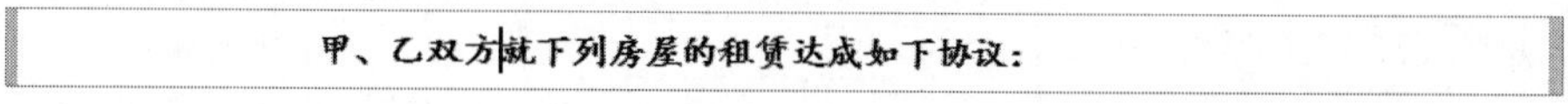

图 1-71

Step 06 设置每一条条款标题字体为楷体、字号为四号，条款下方的内容字体为楷体、字号为小四，如图 1-72 所示。

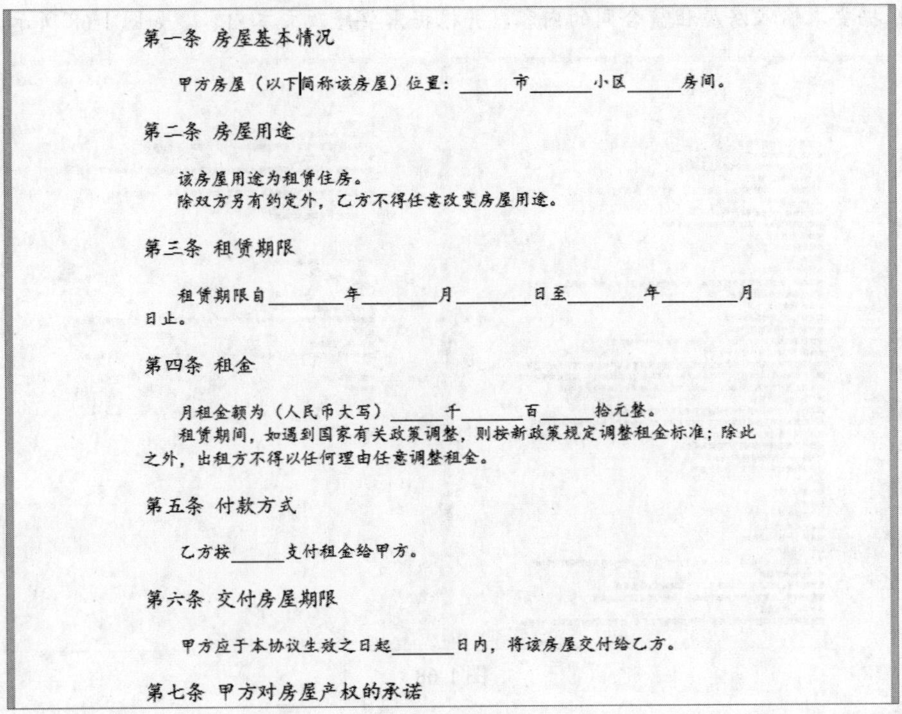

第一条 房屋基本情况

甲方房屋（以下简称该房屋）位置：_____市_____小区_____房间。

第二条 房屋用途

该房屋用途为租赁住房。
除双方另有约定外，乙方不得任意改变房屋用途。

第三条 租赁期限

租赁期限自_____年_____月_____日至_____年_____月_____日止。

第四条 租金

月租金额为（人民币大写）_____千_____百_____拾元整。
租赁期间，如遇到国家有关政策调整，则按新政策规定调整租金标准；除此之外，出租方不得以任何理由任意调整租金。

第五条 付款方式

乙方按_____支付租金给甲方。

第六条 交付房屋期限

甲方应于本协议生效之日起_____日内，将该房屋交付给乙方。

第七条 甲方对房屋产权的承诺

图 1-72

Step 07 为文本添加项目符号，如图 1-73 所示。

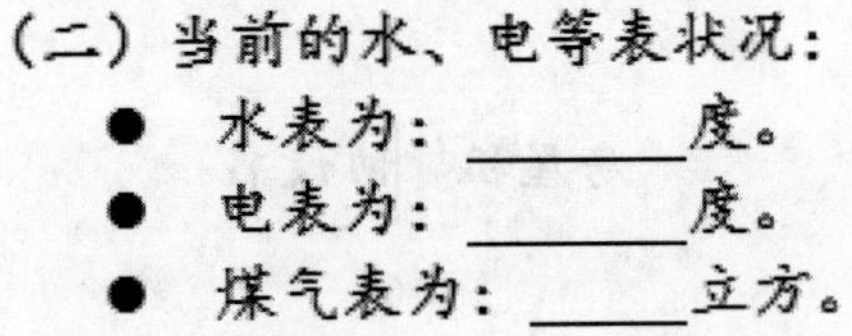

（二）当前的水、电等表状况：

- 水表为：_____度。
- 电表为：_____度。
- 煤气表为：_____立方。

图 1-73

Step 08 设置完成后保存文档，如图 1-74 所示。

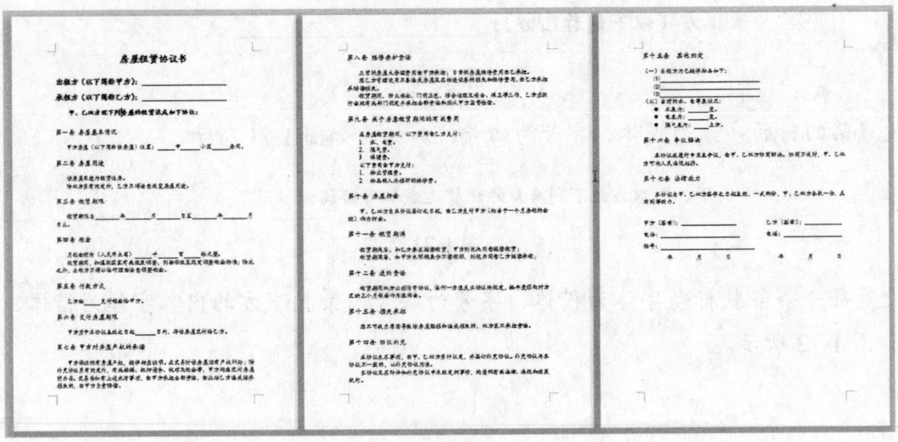

图 1-74

第 2 章 文章格式编辑与排版

本章要点☆

- 调整文档页面格式
- 设计页眉页脚
- 制作目录
- 打印文档

本章主要内容☆

本章主要介绍调整文档页面格式、设计页眉页脚和制作目录方面的知识与技巧，同时还讲解了如何打印文档，在本章的最后还针对实际的工作需求，讲解了分栏显示、自动编号、项目符号、交叉引用和应用书签的方法。通过本章的学习，读者可以掌握使用 WPS 编辑文章格式与排版方面的知识，为深入学习 WPS 2019 知识奠定基础。

2.1 调整文档页面格式

新建一个文档后，用户可以根据需要对文档的页面大小、页边距、显示方向等进行设置，还可以为文档添加水印，设置页面和边框效果，这些效果在文档打印时都会显示在纸张上，使文档看起来更加美观。

2.1.1 设置页面大小

	实例文件保存路径：配套素材 \ 第 2 章 \ 实例 1
	实例效果文件名称：页面大小 .wps

默认情况下，WPS 中的页面大小为 A4 大小，默认方向为纵向。用户可以根据需要将纸

张尺寸设置为其他尺寸，下面介绍设置页面大小的方法。

Step 01 新建空白文档，选择“页面布局”选项卡，单击“纸张大小”下拉按钮，在弹出的选项中选择“6 号信封”选项，如图 2-1 所示。

Step 02 此时，页面大小已经改变，通过以上步骤即可完成设置页面大小的操作，如图 2-2 所示。

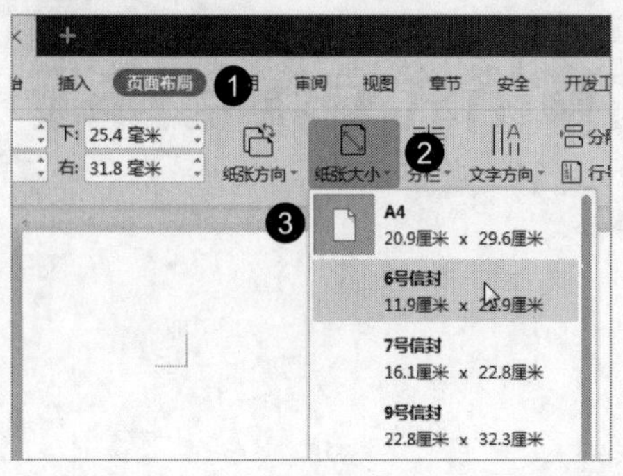

图 2-1

图 2-2

知识常识

在“页面布局”选项卡中单击“页面设置启动器”按钮，弹出“页面设置”对话框，选择“纸张”选项卡，用户也可以在其中对页面大小进行详细的设置。

2.1.2 调整页边距

	实例文件保存路径：配套素材 \ 第 2 章 \ 实例 2
	实例效果文件名称：页边距 .wps

文档的版心主要是指文档的正文部分，用户在设置页面属性过程中可以通过对页边距进行设置以达到控制版心大小的目的。

Step 01 打开名为“培训须知”的素材文档，选择“页面布局”选项卡，单击“页边距”下拉按钮，在弹出的选项中选择“自定义页边距”选项，如图 2-3 所示。

Step 02 弹出“页面设置”对话框，在“页边距”选项卡下的“页边距”区域中将“上”“下”“左”和“右”选项的数值都设置为“2”，单击“确定”按钮即可完成调整页边距的操作，如图 2-4 所示。

知识常识

在“页面布局”选项卡中单击“页边距”下拉按钮，在弹出的选项中已经直接显示了几个预设好的页边距选项，包括“普通”“窄”“适中”和“宽”选项，用户也可以直接选择这些选项来调整页边距。另外，使用“页面设置”对话框调整完页边距后，再次单击“页边距”下拉按钮，在弹出的选项中会显示上次自定义设置的页边距，方便用户直接选择。

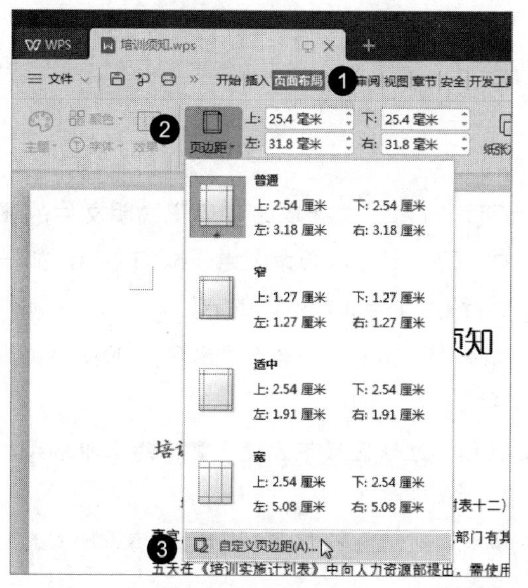

图 2-3

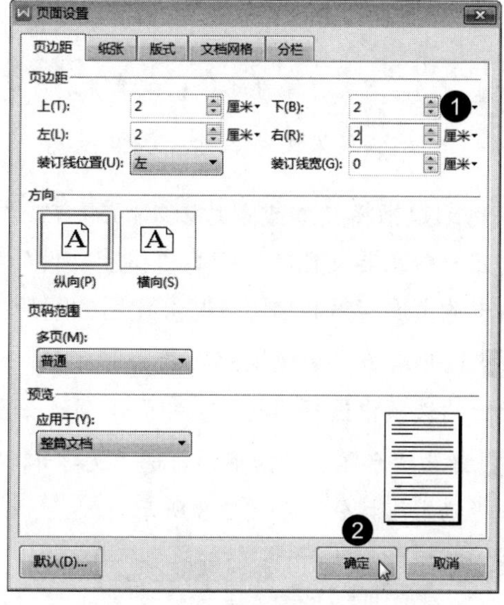

图 2-4

2.1.3　文档横向显示

实例文件保存路径：配套素材 \ 第 2 章 \ 实例 3
实例效果文件名称：横向显示 .wps

在文档中，纸张方向默认为纵向，但有时需要将其设置为横向，下面详细介绍设置文档横向显示的方法。

Step 01 打开名为“证书”的素材文档，选择“页面布局”选项卡，单击“纸张方向”下拉按钮，在弹出的选项中选择“横向”选项，如图 2-5 所示。

Step 02 此时，纸张已经变为横向显示，如图 2-6 所示。

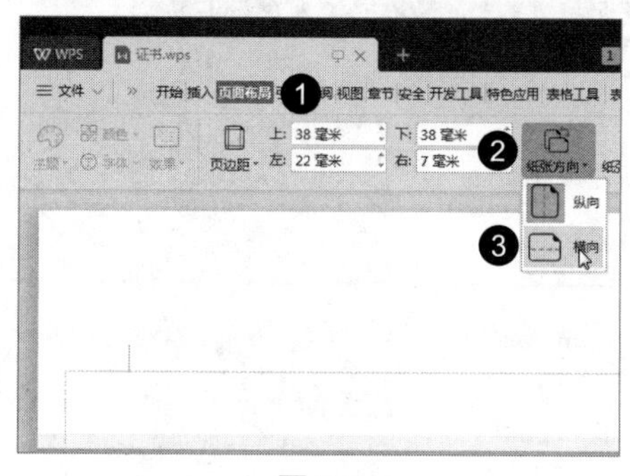

图 2-5

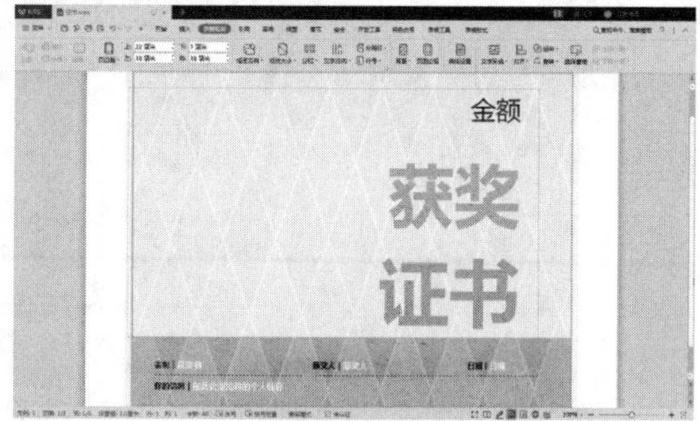

图 2-6

经验技巧

在“页面布局”选项卡中单击“页边距”下拉按钮，选择“自定义页边距”选项，弹出“页面设置”对话框，在“页边距”选项卡中用户也可以设置文档的显示方向。

2.1.4 添加水印

	实例文件保存路径：配套素材\第 2 章\实例 4
	实例效果文件名称：水印 .wps

水印是指将文本或图片以水印的方式设置为页面背景。文字水印多用于说明文件的属性，如一些重要文档中都带有“机密文件”字样的水印。图片水印大多用于修饰文档，如一些杂志的页面背景通常为一些淡化后的图片。下面介绍为文档添加水印的方法。

Step 01 打开名为“管理制度”的素材文档，选择“插入”选项卡，单击“水印”下拉按钮，在弹出的选项中选择“插入水印”选项，如图 2-7 所示。

Step 02 弹出“水印”对话框，勾选“文字水印”复选框，在该区域下方设置具体的水印格式，单击“确定”按钮，如图 2-8 所示。

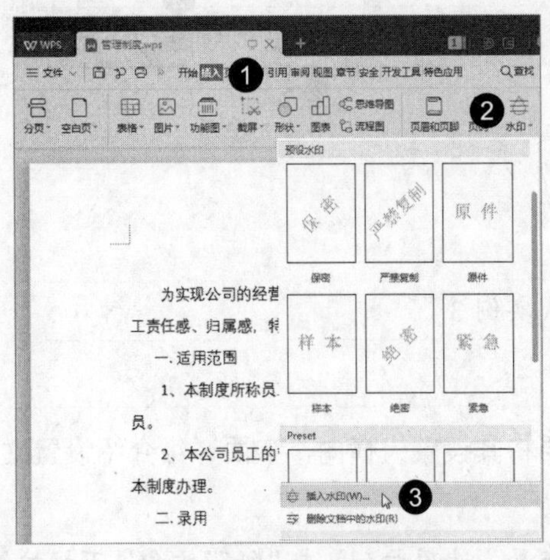

图 2-7

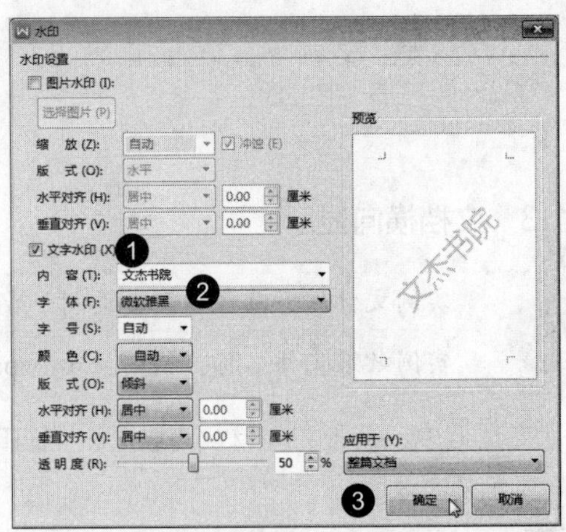

图 2-8

Step 03 通过以上步骤即可完成添加水印的操作，如图 2-9 所示。

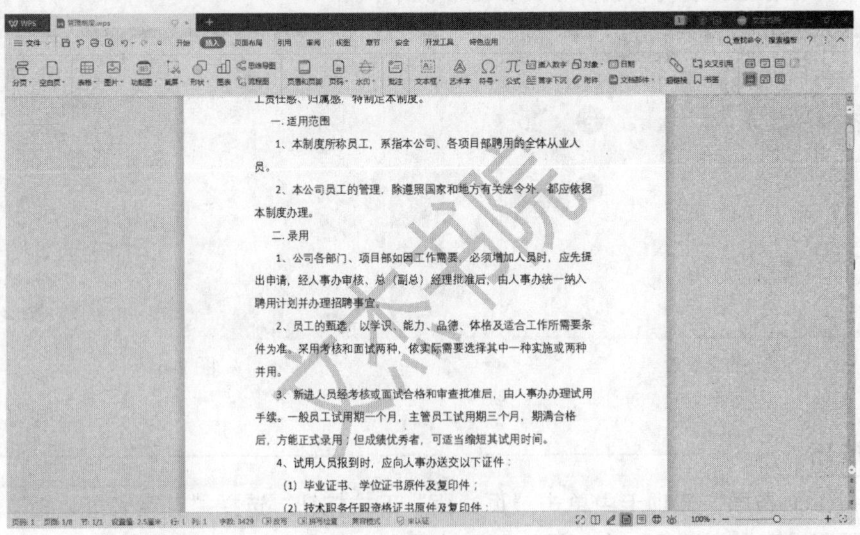

图 2-9

2.1.5　设置边框效果

	实例文件保存路径：配套素材\第 2 章\实例 5
	实例效果文件名称：边框效果 .wps

在 WPS 中，为了让文档更具有实用性，还可以为文档页面设置边框，下面介绍为文档页面设置边框的方法。

Step 01 打开名为“宣传单”的素材文档，选择“页面布局”选项卡，单击“页面边框”按钮，如图 2-10 所示。

Step 02 弹出“边框和底纹”对话框，在“页面边框”选项卡中的“设置”区域选择“方框”选项，在“线型”列表框中选择一种线型，在“颜色”库中选择一种颜色，在“宽度”列表中选择“0.5 磅”选项，单击“确定”按钮，如图 2-11 所示。

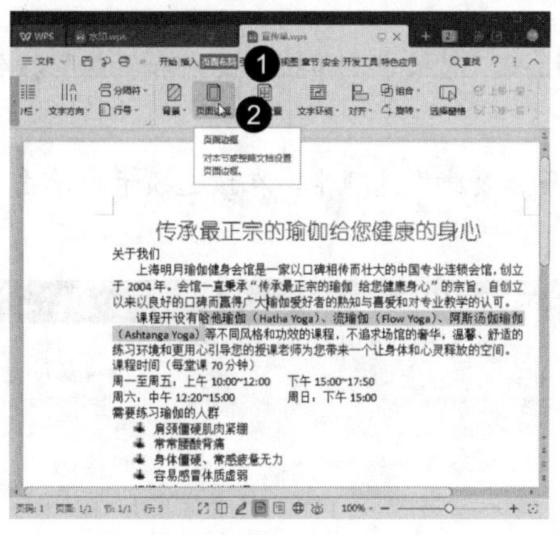

图 2-10

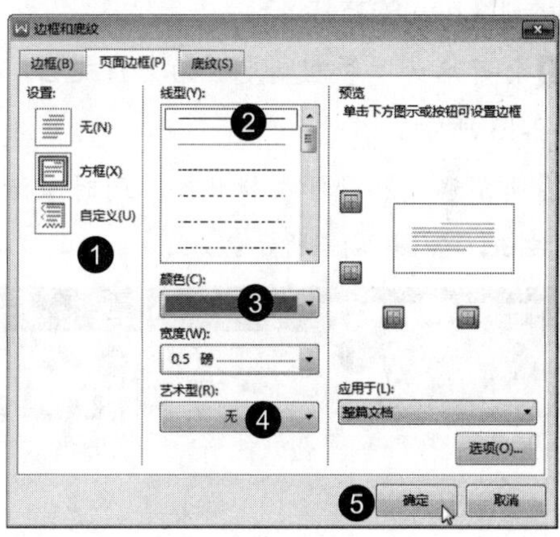

图 2-11

Step 03 通过以上步骤即可完成设置边框效果的操作，如图 2-12 所示。

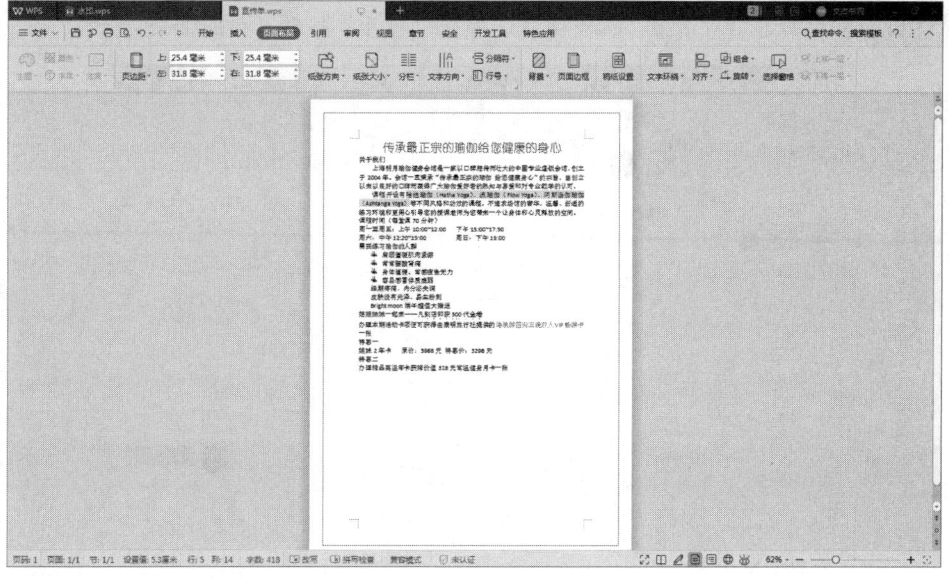

图 2-12

2.2 设计页眉页脚

页眉是每个页面页边距的顶部区域，以书籍为例，通常显示书名、章节等信息。页脚是每个页面页边距的底部区域，通常显示文档的页码等信息。对页眉和页脚进行编辑，可起到美化文档的作用。本节将介绍设计页眉和页脚的知识。

2.2.1 在页眉中插入Logo

实例文件保存路径：配套素材\第 2 章\实例 6
实例效果文件名称：在页眉中插入 Logo.wps

为了使制作的文档看起来更加专业、正规，需要为其在页眉中添加 Logo，下面介绍在页眉中添加 Logo 的方法。

Step 01 打开名为“管理制度”的素材文档，选择“插入”选项卡，单击“页眉和页脚”按钮，如图 2-13 所示。

Step 02 页眉和页脚处于编辑状态，同时激活了“页眉和页脚”选项卡，在该选项卡中单击“图片”按钮，如图 2-14 所示。

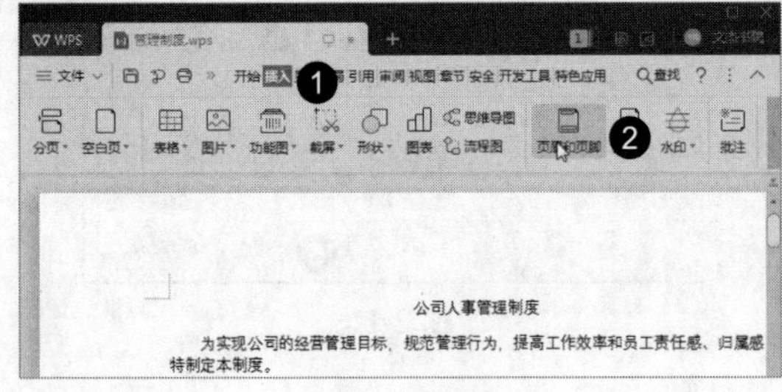

图 2-13

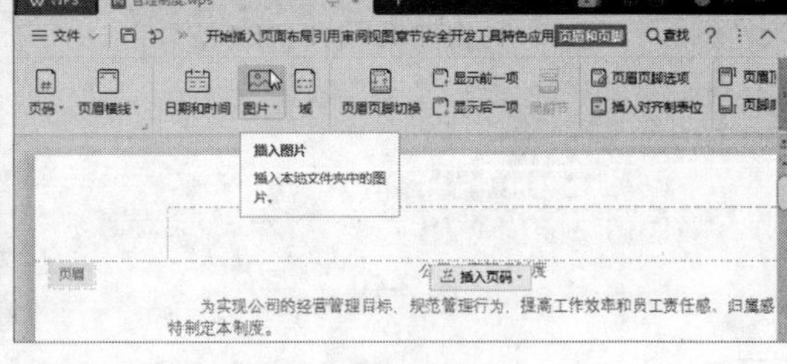

图 2-14

Step 03 弹出“插入图片”对话框，选中图片，单击“打开”按钮，如图 2-15 所示。

图 2-15

Step 04 返回到编辑区，可以看到图片已经插入到页眉中，在“图片工具”选项卡中调整图片的“高度”和“宽度”分别为“0.90 厘米”，如图 2-16 所示。

Step 05 单击文档空白处，返回到“页眉和页脚”选项卡，单击“关闭”按钮即可完成在页眉中插入 Logo 的操作，如图 2-17 所示。

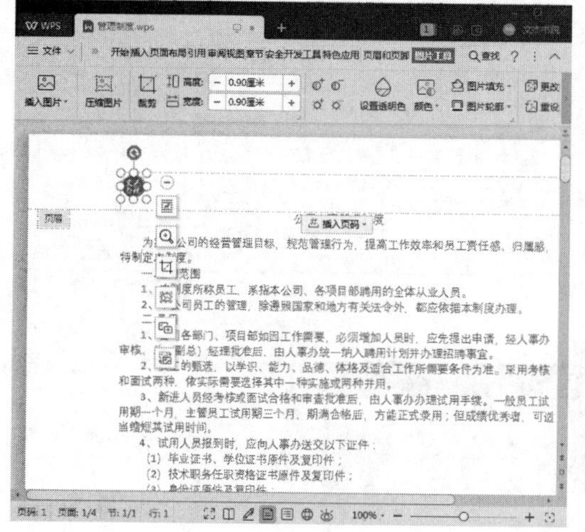

图 2-16

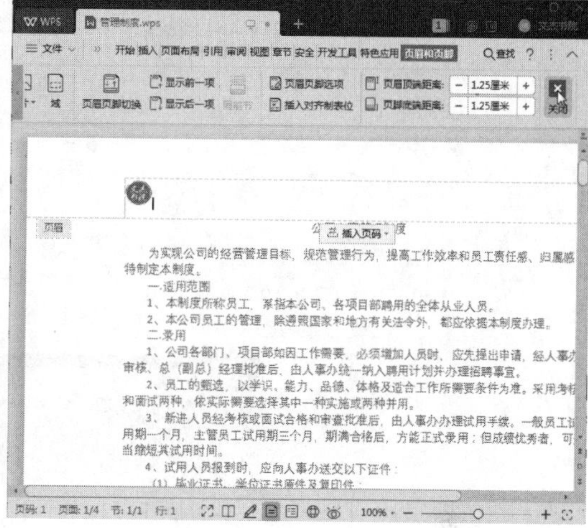

图 2-17

知识常识

用户也可以在图片上右击，在弹出的快捷菜单中选择“其他布局选项”菜单项，打开“布局”对话框，在“大小”选项卡中设置图片的“宽度”和“高度”值。

2.2.2　页眉页脚首页不同

实例文件保存路径：配套素材\第 2 章\实例 7

实例效果文件名称：页眉页脚首页不同 .wps

用户在文档中插入页眉或页脚时，有时不需要显示文档首页的页眉或页脚，这时就需要将其删除，下面介绍设置页眉页脚首页不同的方法。

Step 01 打开名为“招标文件”的素材文档，可以看到首页添加了页眉“招标文件［20161001］”，在页眉处双击，进入编辑状态，在“页眉和页脚”选项卡中单击“页眉页脚选项”按钮，如图 2-18 所示。

Step 02 弹出“页眉 / 页脚设置”对话框，勾选“首页不同”复选框，单击“确定”按钮，如图 2-19 所示。

Step 03 返回编辑区，关闭页眉和页脚，可以看到首页的页眉已经被删除，其余页的页眉依然存在，如图 2-20 所示。

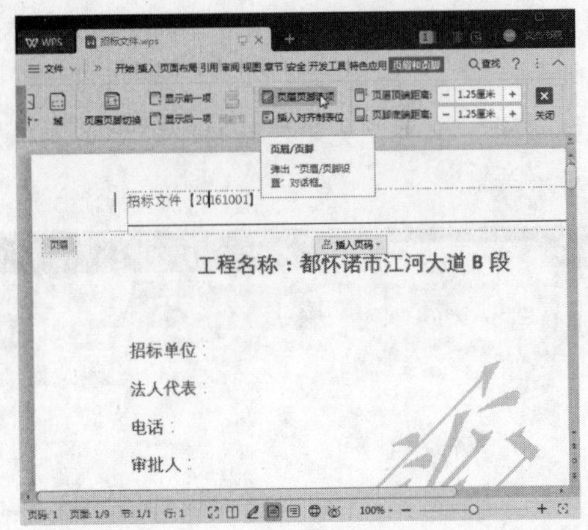

图 2-18

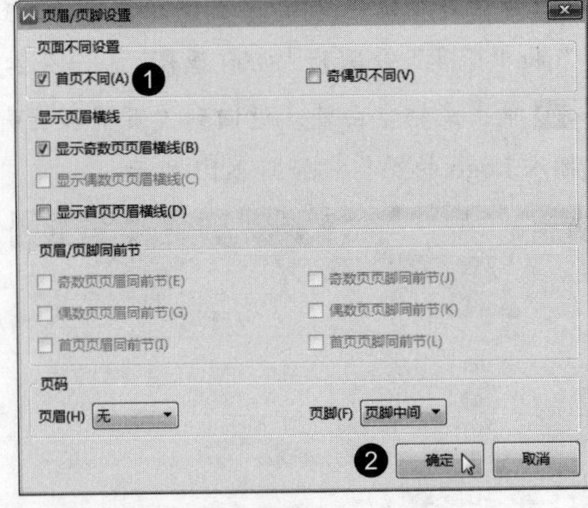

图 2-19

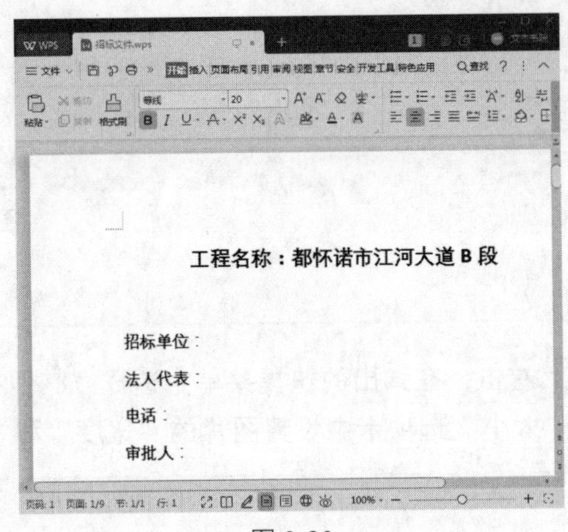

图 2-20

2.2.3 页眉页脚奇偶页不同

	实例文件保存路径：配套素材\第 2 章\实例 8
	实例效果文件名称：页眉页脚奇偶页不同 .wps

在文档中默认添加的页眉页脚都是统一的格式，但有时需要将奇数页和偶数页的页眉页脚设置为不同，下面介绍设置的具体方法。

Step 01 打开名为“管理制度”的素材文档，选择“插入”选项卡，单击“页眉和页脚”按钮，切换至“页眉和页脚”选项卡，单击“页眉页脚选项”按钮，如图 2-21 所示。

Step 02 弹出“页眉 / 页脚设置”对话框，勾选“奇偶页不同”复选框，单击“确定”按钮，如图 2-22 所示。

Step 03 返回编辑区，将光标定位在奇数页页眉中，在“页眉和页脚”选项卡中单击“图片”按钮，如图 2-23 所示。

Step 04 弹出“插入图片”对话框，选择图片，单击“打开”按钮，如图 2-24 所示。

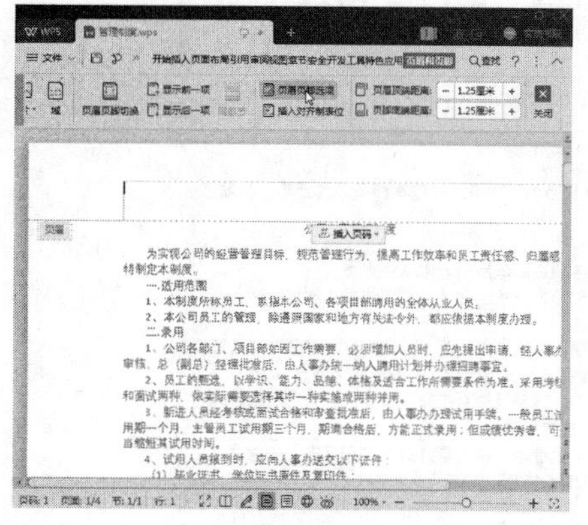

图 2-21

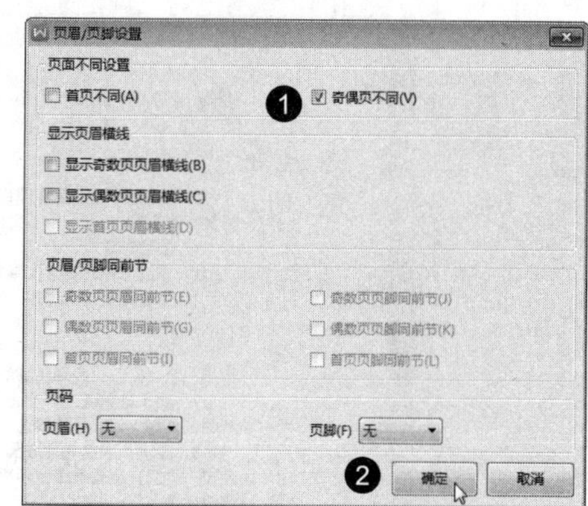

图 2-22

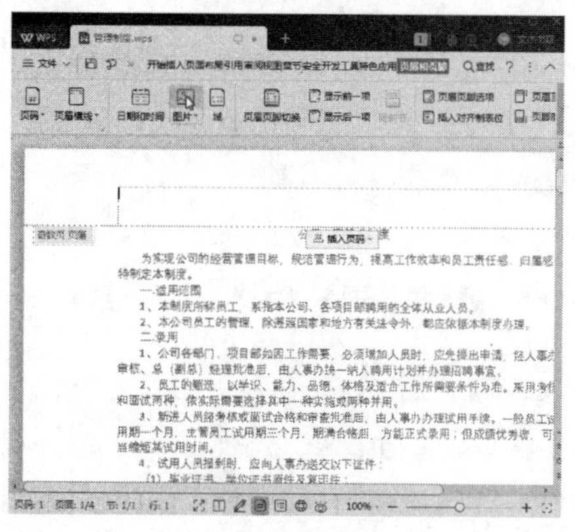

图 2-23

图 2-24

Step 05 返回编辑区，可以看到奇数页页眉中已经插入了图片，适当调整图片的大小即可，如图 2-25 所示。

Step 06 将光标定位在偶数页页眉中，输入文本“文杰书院”，并设置页眉文字的字体格式，如图 2-26 所示。

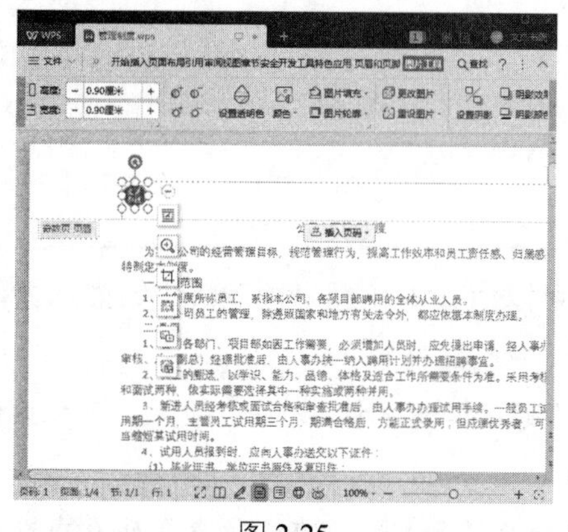

图 2-25

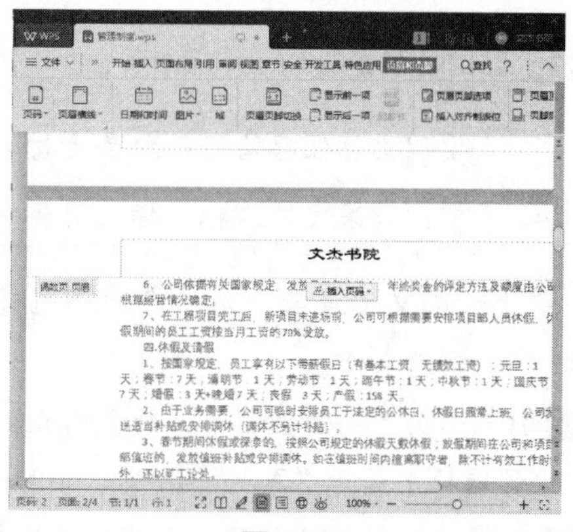

图 2-26

Step 07 设置完成后关闭页眉和页脚，可以看到奇数页页眉添加了图片，偶数页页眉添加了文字，如图 2-27 和图 2-28 所示。奇偶页页脚的设置方法与页眉相同，这里不再赘述。

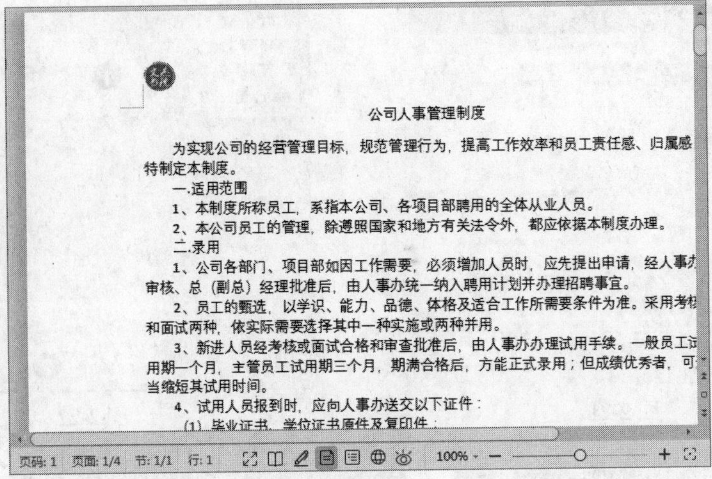

公司人事管理制度

为实现公司的经营管理目标，规范管理行为，提高工作效率和员工责任感、归属感
特制定本制度。

一.适用范围

1、本制度所称员工，系指本公司、各项目部聘用的全体从业人员。

2、本公司员工的管理，除遵照国家和地方有关法令外，都应依据本制度办理。

二.录用

1、公司各部门、项目部如因工作需要，必须增加人员时，应先提出申请，经人事办
审核、总（副总）经理批准后，由人事办统一纳入聘用计划并办理招聘事宜。

2、员工的甄选，以学识、能力、品德、体格及适合工作所需要条件为准。采用考核
和面试两种，依实际需要选择其中一种实施或两种并用。

3、新进人员经考核或面试合格和审查批准后，由人事办办理试用手续。一般员工试
用期一个月，主管员工试用期三个月，期满合格后，方能正式录用；但成绩优秀者，可
当缩短其试用时间。

4、试用人员报到时，应向人事办送交以下证件：

页码: 1 页面: 1/4 节: 1/1 行: 1 100%

图 2-27

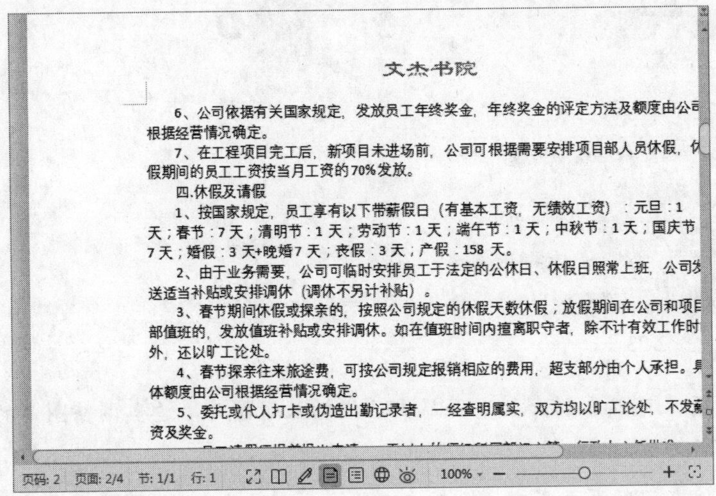

文杰书院

6、公司依据有关国家规定，发放员工年终奖金，年终奖金的评定方法及额度由公司
根据经营情况确定。

7、在工程项目完工后，新项目未进场前，公司可根据需要安排项目部人员休假，休
假期间的员工工资按当月工资的70%发放。

四.休假及请假

1、按国家规定，员工享有以下带薪假日（有基本工资，无绩效工资）：元旦：1
天；春节：7天；清明节：1天；劳动节：1天；端午节：1天；中秋节：1天；国庆节
7天；婚假：3天+晚婚7天；丧假：3天；产假：158 天。

2、由于业务需要，公司可临时安排员工于法定的公休日、休假日照常上班，公司发
送适当补贴或安排调休（调休不另计补贴）。

3、春节期间休假或探亲的，按照公司规定的休假天数休假；放假期间在公司和项目
部值班的，发放值班补贴或安排调休。如在值班时间内擅离职守者，除不计有效工作时
外，还以旷工论处。

4、春节探亲往来旅途费，可按公司规定报销相应的费用，超支部分由个人承担。具
体额度由公司根据经营情况确定。

5、委托或代人打卡或伪造出勤记录者，一经查明属实，双方均以旷工论处，不发薪
资及奖金。

页码: 2 页面: 2/4 节: 1/1 行: 1 100%

图 2-28

2.2.4 插入页码

	实例文件保存路径：配套素材\第 2 章\实例 9
	实例效果文件名称：插入页码 .wps

对于长篇文档来说，为了方便浏览和查找，可以为其添加页码，下面介绍插入页码的方法。

Step 01 打开名为“商业策划书”的素材文档，选择“插入”选项卡，单击“页码”下拉按钮，在弹出的选项中选择“页码”选项，如图 2-29 所示。

Step 02 弹出“页码”对话框，在“样式”列表中选择合适的样式，在“位置”列表中选择合适的位置，单击“确定”按钮，如图 2-30 所示。

Step 03 可以看到文档每页的底部已经添加了页码，如图 2-31 所示。

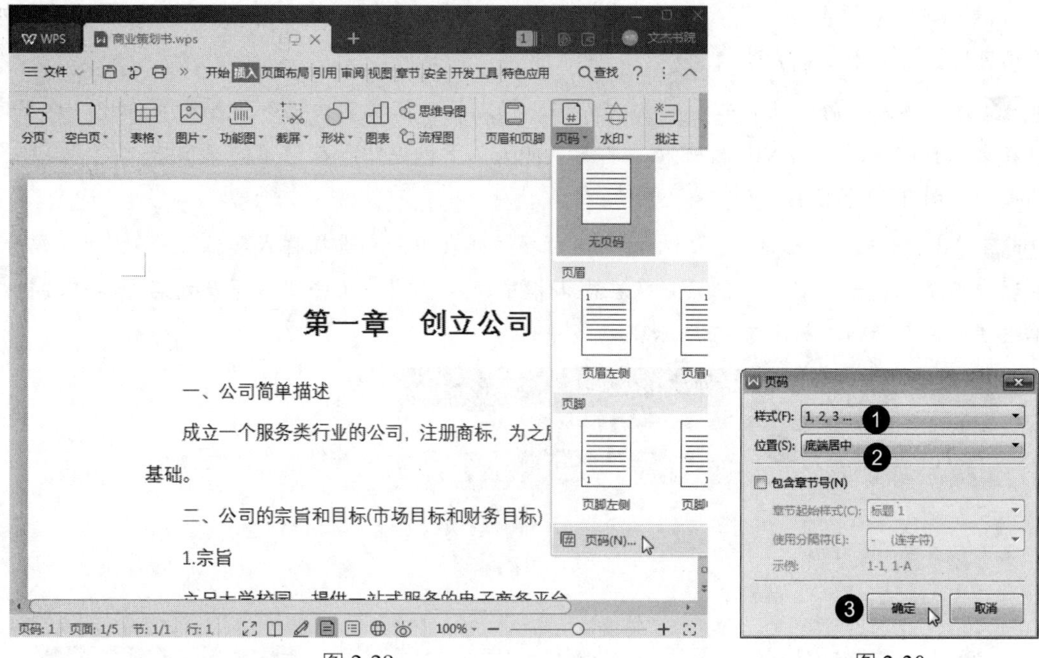

图 2-29　　　　　　图 2-30

五、公司发展目标

在前期阶段以租赁，校园社区，爱心 90 后为主要推广目标，大力发展，迅速占据市场。后期以回收，商品购物，兼职实习等为补充，形成大型校园社区网站。地域前期以北京为主，后期推向全国。

六、市场概况和营销策略

图 2-31

2.2.5　从指定位置开始插入页码

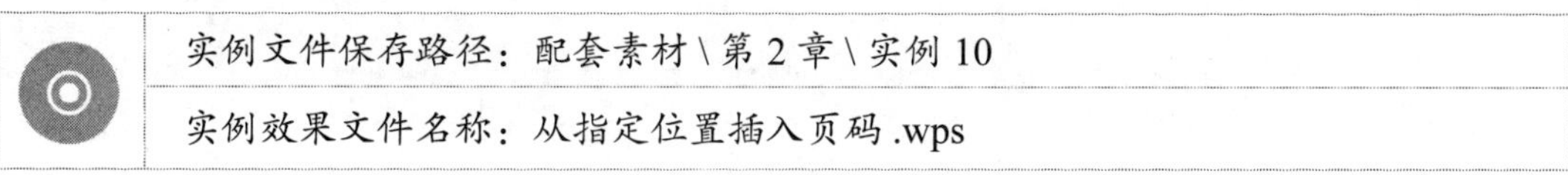

实例文件保存路径：配套素材\第 2 章\实例 10

实例效果文件名称：从指定位置插入页码 .wps

除了可以从首页开始插入页码外，用户还可以从指定位置开始插入页码，下面介绍从指定位置开始插入页码的方法。

Step 01 打开名为“商业策划书”的素材文档，将光标定位在需要插入页码的页面中，这里定位在第 3 页，选择“插入”选项卡，单击“页码”下拉按钮，在弹出的选项中选择“页码”选项，如图 2-32 所示。

Step 02 弹出“页码”对话框，在“样式”和“位置”列表中分别选择样式和位置，在“页码编号”区域中单击“起始页码”单选按钮，在微调框中输入“1”，单击“本页及之后”单选按钮，单击“确定”按钮，如图 2-33 所示。

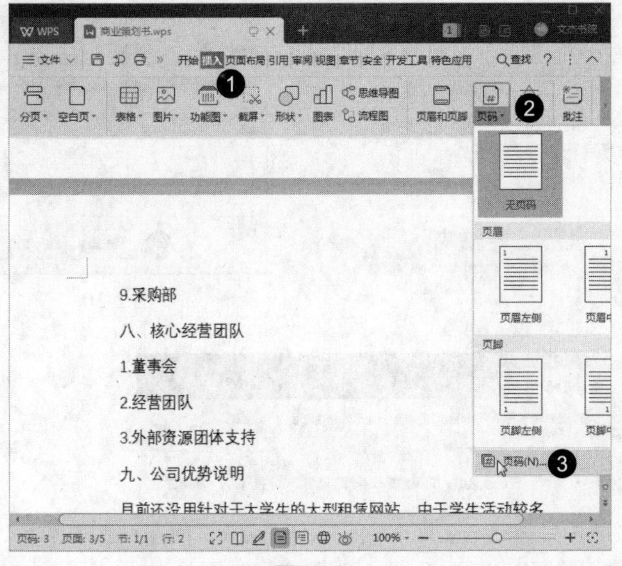

图 2-32

图 2-33

Step 03 返回编辑区，可以看到已经从指定页面开始插入了页码，如图 2-34 所示。

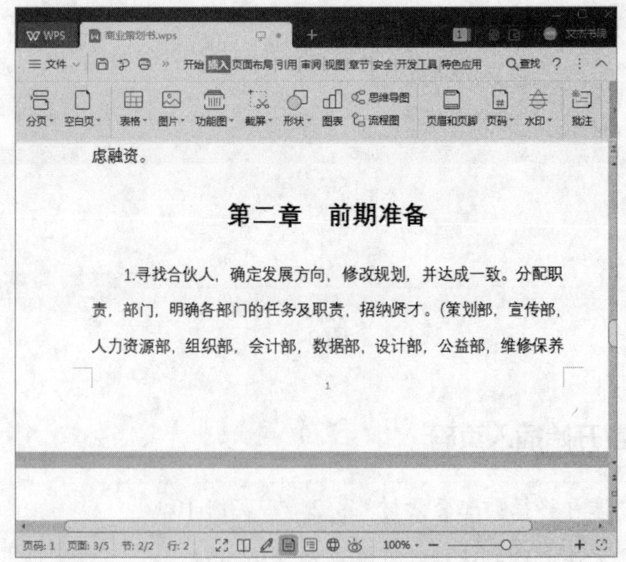

图 2-34

2.2.6　添加分栏页码

如果用户将文档进行了双栏排版，还可以为每个页面中的每一栏添加页码，下面详细介绍添加分栏页码的方法。

实例文件保存路径：配套素材 \ 第 2 章 \ 实例 11
实例效果文件名称：分栏页码 .wps

Step 01 打开名为“考勤管理制度”的素材文档，选择“插入”选项卡，单击“页眉和页脚”按钮，如图 2-35 所示。

Step 02 页眉页脚处于编辑状态，将光标定位在页脚处，按空格键，将光标移至文档左栏中间位置，如图 2-36 所示。

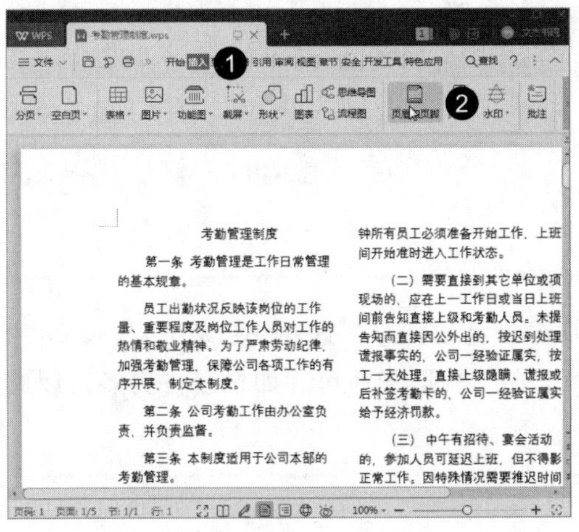
图 2-35

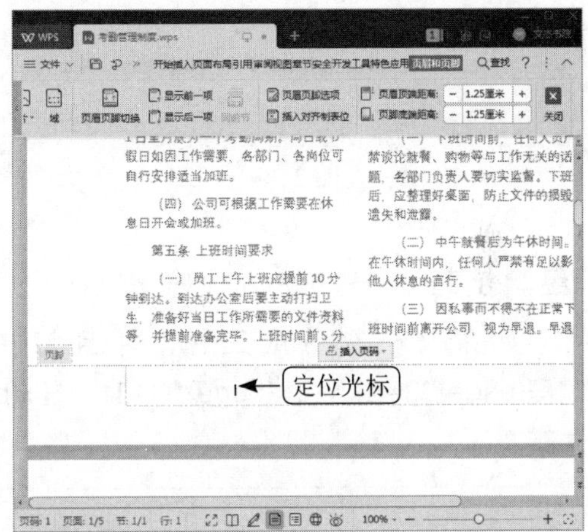

图 2-36

Step 03 先输入“第”和“页”，然后将光标定位在“第”和“页”中间，按两次 Ctrl+F9 组合键，此时在光标位置会显示两对大括号“{{}}”，如图 2-37 所示。

Step 04 输入“{={page}*2-1}”，如图 2-38 所示。

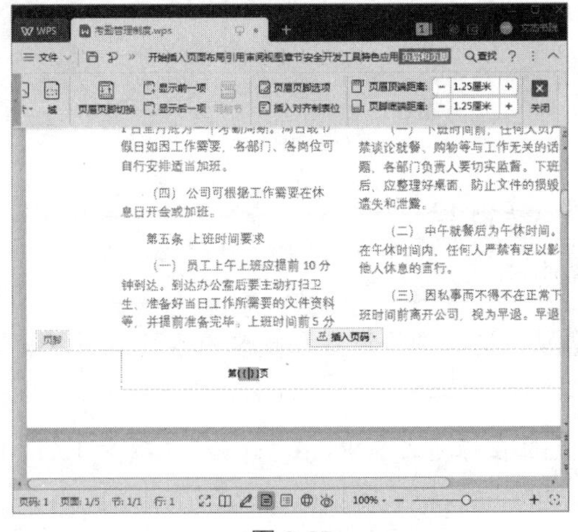
图 2-37

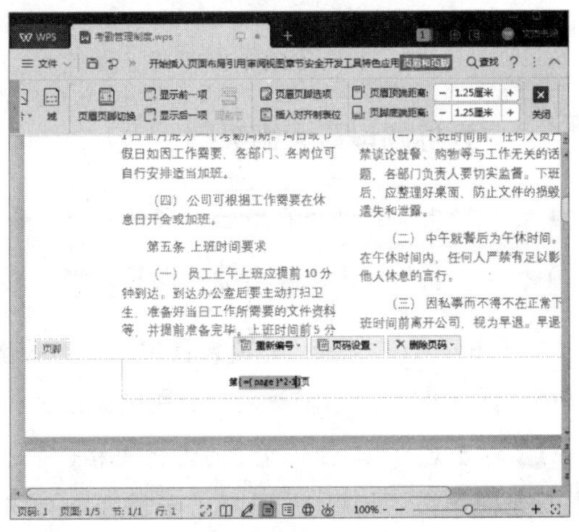
图 2-38

Step 05 按 F9 键进行更新，即可显示实际的页码，如图 2-39 所示。

Step 06 将左栏域代码复制到右栏，然后将其修改为“{={page}*2}”，更新后即可显示为实际的页码，如图 2-40 所示。

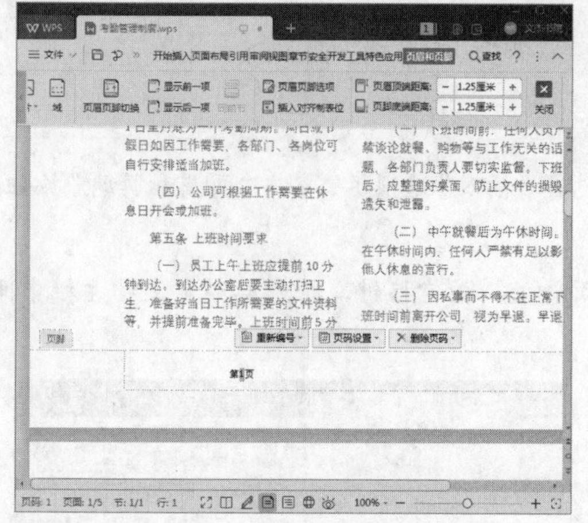

图 2-39

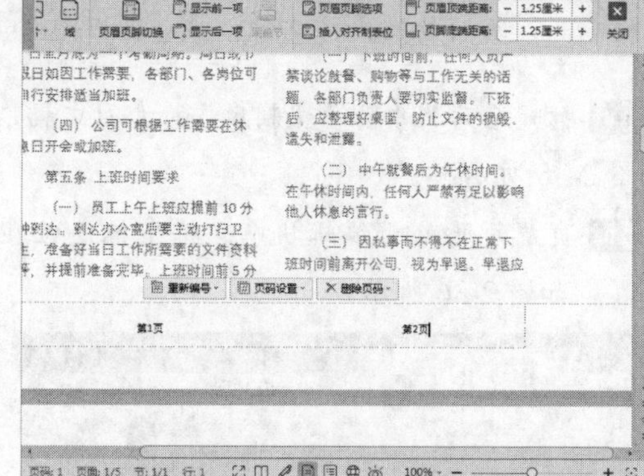

图 2-40

经验技巧

如果文档被分成三栏，并且每栏都要显示页码，这时将域代码修改为“{={page}*3-2}”“{={page}*3-1}”“{={page}*3}”的形式即可。如果分栏更多，以此类推。

2.3 制作目录

目录通常位于正文之前，可以看作是文档或书籍的检索机制，用于帮助阅读者快速查找想要阅读的内容，还可以帮助阅读者大致了解整个文档的结构内容。本节将详细介绍在文档中制作目录的相关知识。

2.3.1 为标题设置大纲级别

	实例文件保存路径：配套素材 \ 第 2 章 \ 实例 12
	实例效果文件名称：设置大纲级别 .wps

制作好长文档后，需要为其中的标题设置级别，这样便于查找和修改内容，下面以设置一级标题为例，介绍设置大纲级别的方法。

Step 01 打开名为“毕业论文”的素材文档，将光标定位在标题文本中，在“开始”选项卡下的“样式”组中单击“标题 1”选项，如图 2-41 所示。

Step 02 通过以上步骤即可完成设置大纲级别的操作，如图 2-42 所示。

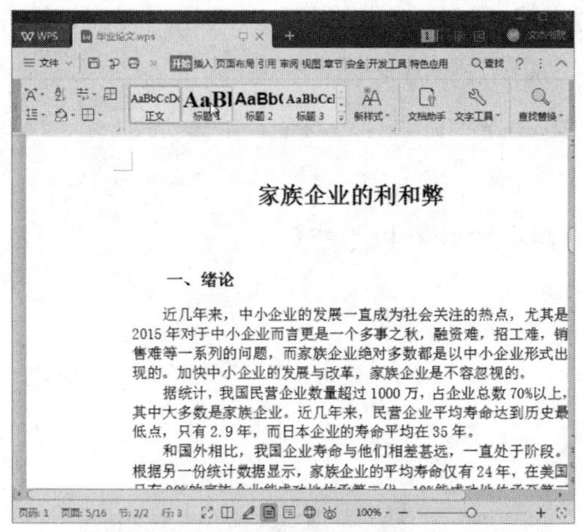

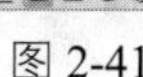
图 2-41

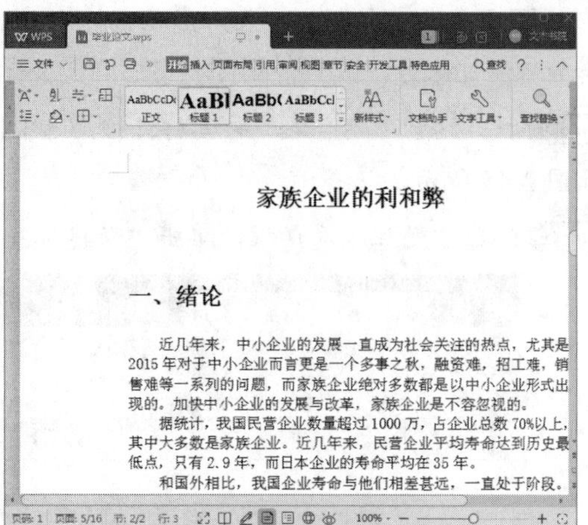

图 2-42

2.3.2　快速提取目录

实例文件保存路径：配套素材 \ 第 2 章 \ 实例 13
实例效果文件名称：提取目录 .wps

为文档设置大纲级别后，用户就可以提取目录了，下面详细介绍快速提取目录的操作方法。

Step 01 打开名为“毕业论文”的素材文档，将光标定位在需要插入目录的位置，选择“引用”选项卡，单击“目录”下拉按钮，在弹出的选项中选择需要的目录样式，如图 2-43 所示。

Step 02 通过以上步骤即可完成快速提取目录的操作，如图 2-44 所示。

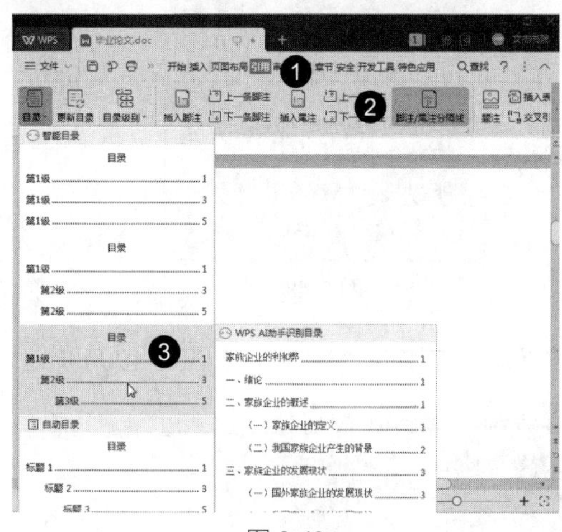

图 2-43

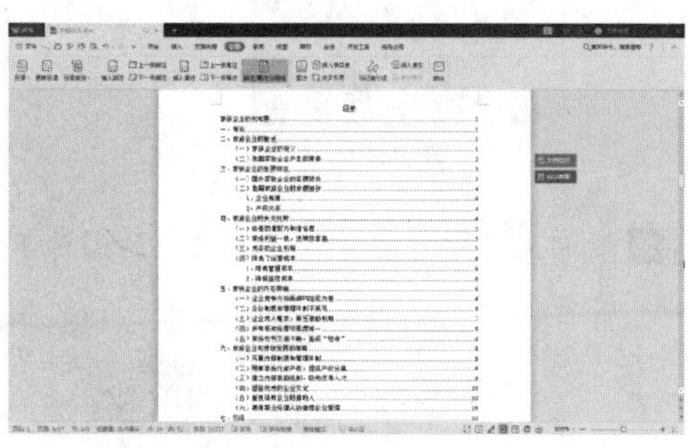
图 2-44

2.3.3　自动添加题注

实例文件保存路径：配套素材 \ 第 2 章 \ 实例 14
实例效果文件名称：添加题注 .wps

题注是指出现在图片上方或下方的一段简短描述。当文档中的图片或表格过多时，通常会为其添加题注，以方便阅读。下面介绍为图片添加题注的方法。

Step 01 打开名为“销售表”的素材文档，选中图片，选择“引用”选项卡，单击“题注”按钮，如图2-45所示。

Step 02 弹出“题注”对话框，单击“新建标签”按钮，如图2-46所示。

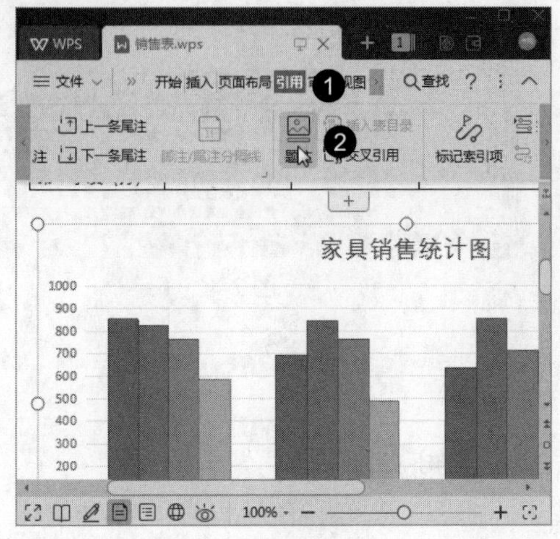

图2-45

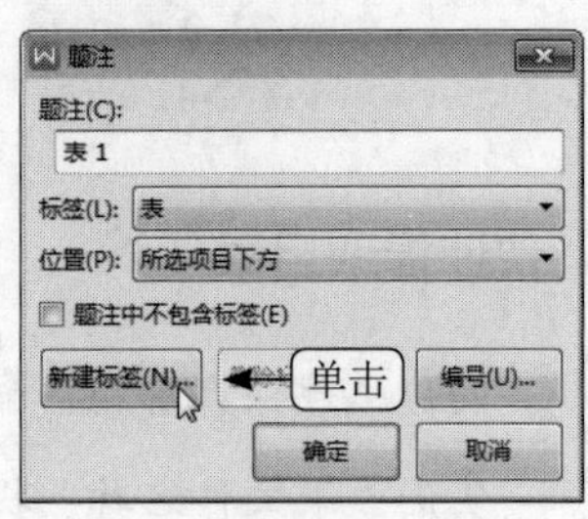

图2-46

Step 03 弹出“新建标签”对话框，在“标签”文本框中输入名称，单击“确定”按钮，如图2-47所示。

Step 04 返回“题注”对话框，单击“确定”按钮，如图2-48所示。

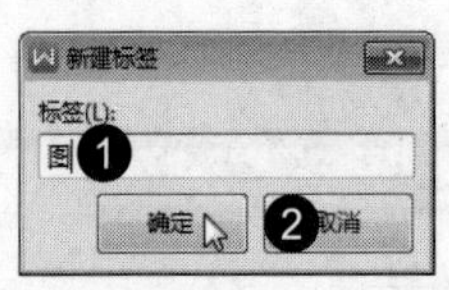

图2-47

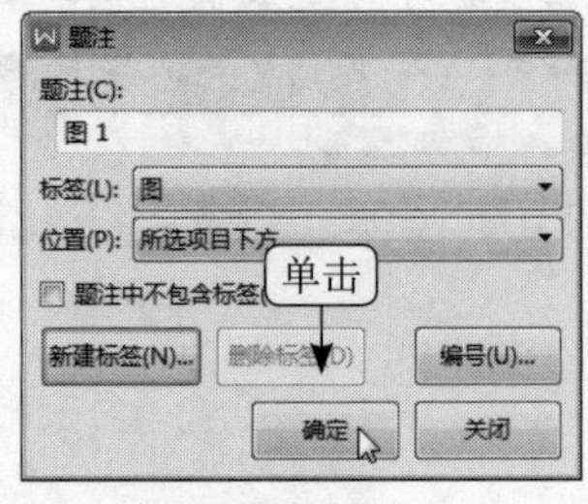

图2-48

Step 05 返回文档中可以看到，在选中的图片下方自动添加了题注“图1”，如图2-49所示。

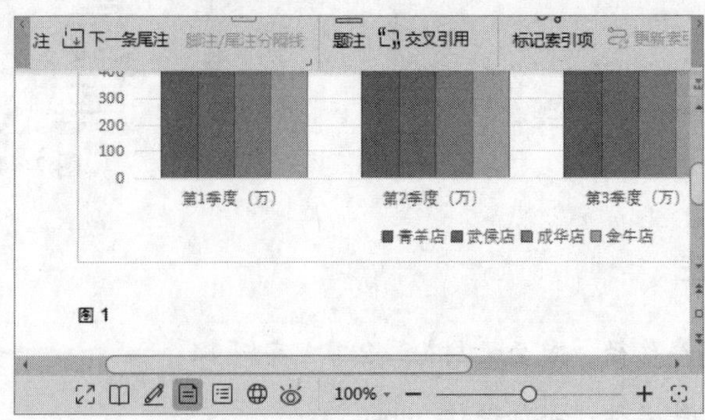

图2-49

知识常识

如果需要对图片设置说明信息，用户可以在“题注”对话框的“题注”文本框中输入图片的说明文字。如果用户想要为表格添加题注，也可以使用相同的方法，选中表格，在“引用”选项卡中单击“题注”按钮，在弹出的“题注”对话框中进行设置即可。

2.3.4　在脚注中备注信息

实例文件保存路径：配套素材\第 2 章\实例 15
实例效果文件名称：在脚注中备注信息 .wps

在编辑文档时，用户还可以为文档中的某个内容添加脚注，对其进行解释说明。下面介绍为文档添加脚注的方法。

Step 01 打开素材文档，将光标定位至需要插入脚注的位置，选择“引用”选项卡，单击“插入脚注”按钮，如图 2-50 所示。

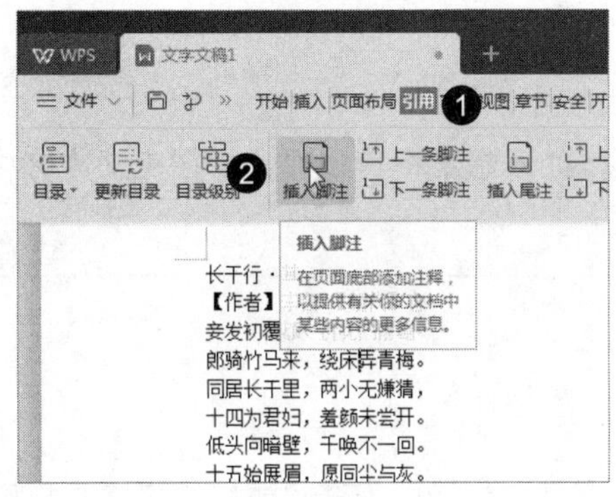

图 2-50

Step 02 在文档的底端出现了一个脚注分隔线，在分隔线下方直接输入脚注内容即可，如图 2-51 所示。

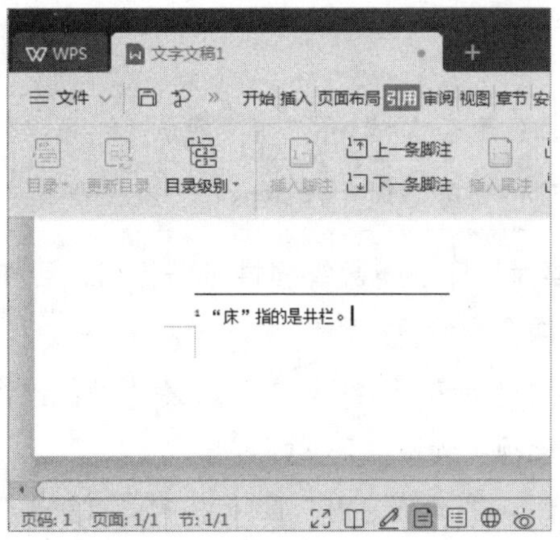

图 2-51

Step 03 输入完成后，将光标移至插入脚注的文本位置，可以查看脚注内容，如图 2-52 所示。

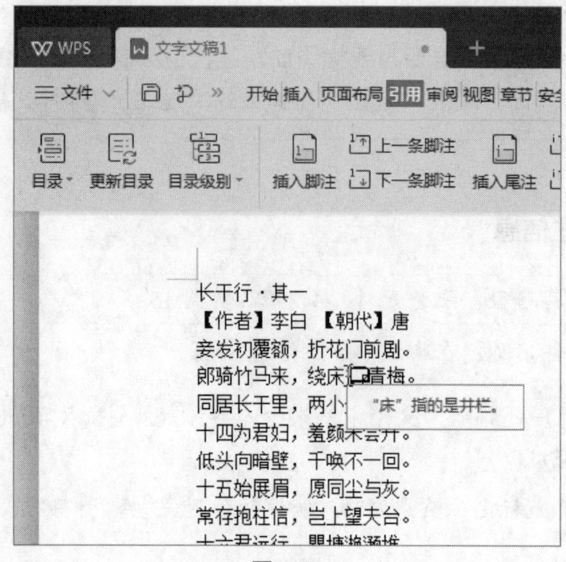

图 2-52

经验技巧

在文档中插入脚注后，如果想要将其删除，则在正文内容中选中引用标记，然后按 Delete 键，即可删除脚注。

2.4 打印文档

当用户编辑制作好的文档后，为了便于查阅或提交可将其打印出来。在文档打印前为了避免打印文档时出错，一定要先预览文档被打印在纸张上的效果，当调整好打印效果后，最后通过打印设置，来满足不同用户、不同场合的打印需求。

2.4.1 设置打印参数

实例文件保存路径：配套素材\第 2 章\实例 16

实例素材文件名称：公司培训资料 .wps

在打印文档前通常需要对打印的份数等属性进行设置，否则可能出现文档内容打印不全，或浪费纸张的情况。下面介绍设置打印参数的方法。

Step 01 打开名为“公司培训资料”的素材文档，单击“文件”下拉按钮，在弹出的选项中选择“打印”选项，选择“打印”子选项，如图 2-53 所示。

Step 02 弹出“打印”对话框，在“页码范围”区域中单击“全部”单选按钮，在“份数”微调框中输入数值，单击“确定”按钮即可完成设置打印参数的操作，如图 2-54 所示。

图 2-53

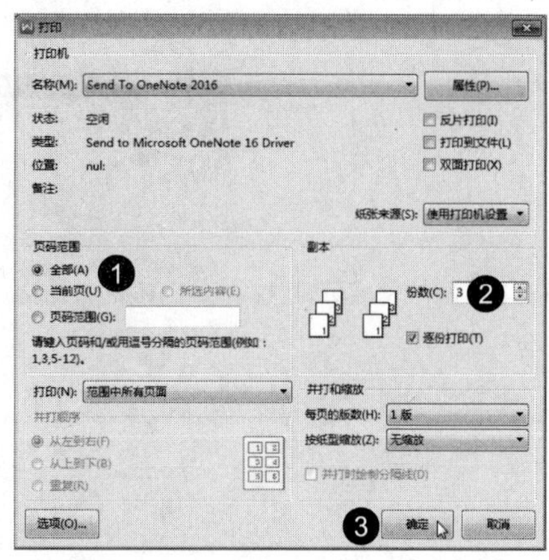

图 2-54

2.4.2　打印预览

实例文件保存路径：配套素材 \ 第 2 章 \ 实例 17

实例素材文件名称：公司培训资料 .wps

在打印文档前，首先应该预览文档的打印效果，以保证打印出的文档准确无误。下面介绍查看打印预览的方法。

Step 01 打开名为“公司培训资料”的素材文档，单击“文件”下拉按钮，在弹出的选项中选择“打印”选项，选择“打印预览”子选项，如图 2-55 所示。

Step 02 打开“打印预览”选项卡，此时鼠标指针变为放大镜的形状，表示文档进入预览状态，单击“单页”按钮，在“显示比例”列表中选择“100%”选项，如图 2-56 所示。

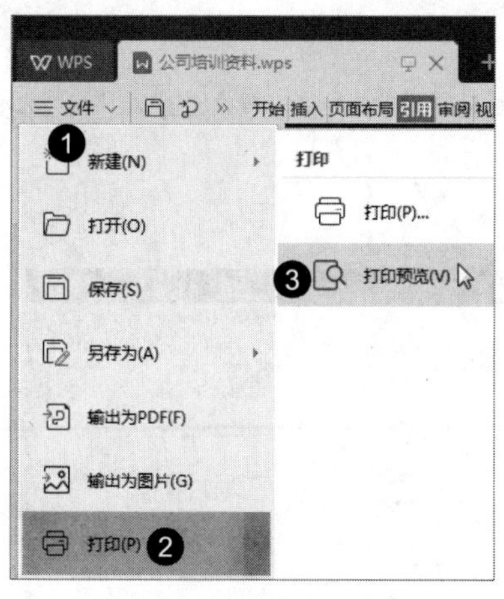

图 2-55

图 2-56

2.4.3　打印文档

预览无误后，用户就可以将文档打印出来了，在“打印预览”选项卡中单击“直接打印”下拉按钮，在弹出的选项中选择“打印”选项即可，如图 2-57 所示。

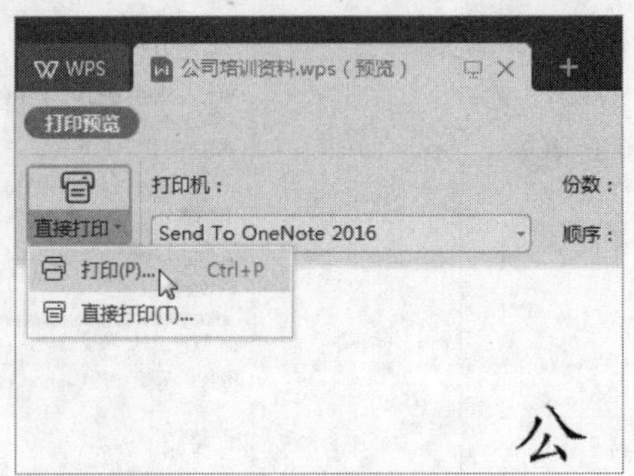

图 2-57

2.5 新手进阶

本节将介绍一些使用 WPS 编辑文章格式与排版的技巧供用户学习，通过这些技巧，用户可以更进一步掌握使用 WPS 的方法，包括分栏显示、自动编号、项目符号、交叉引用以及应用书签。

2.5.1 分栏显示

	实例文件保存路径：配套素材\第 2 章\实例 18
	实例效果文件名称：分栏显示 .wps

使用 WPS 提供的分栏功能，可以将版面分成多栏，从而提高文档的阅读性。下面介绍设置文档分栏显示的方法。

Step 01 打开名为“考勤管理制度”的素材文档，选择“页面布局”选项卡，单击“分栏”下拉按钮，在弹出的选项中选择“两栏”选项，如图 2-58 所示。

Step 02 文档已经分成两栏显示，如图 2-59 所示。

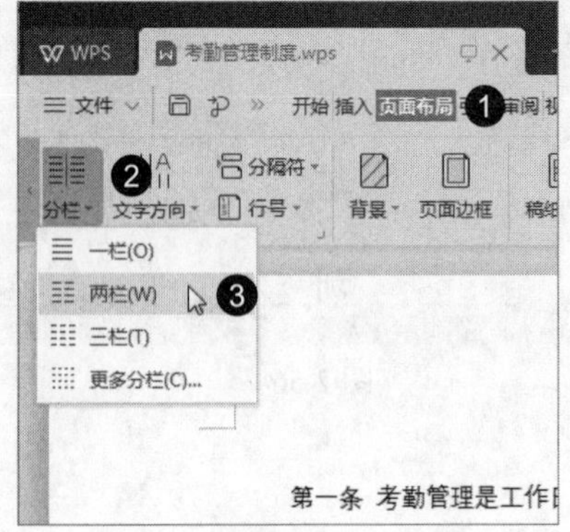

图 2-58

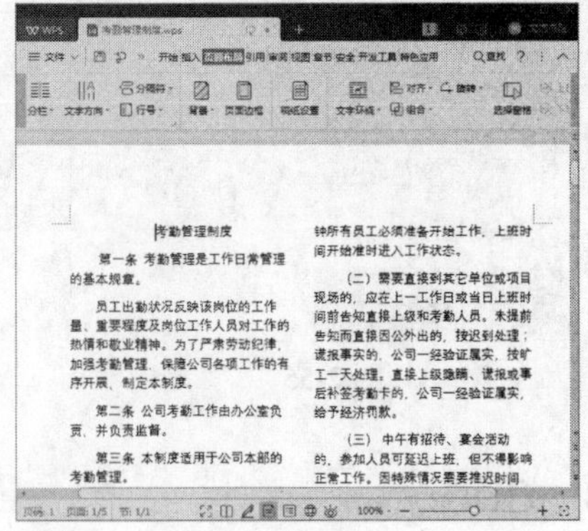

图 2-59

2.5.2　自动编号

	实例文件保存路径：配套素材\第 2 章\实例 19
	实例效果文件名称：自动编号 .wps

在制作规章制度、管理条例等方面的文档时，可以使用编号来组织内容，从而使文档的层次结构更清晰、更有条理。下面介绍设置自动编号的方法。

Step 01 打开名为“管理制度”的素材文档，选中需要添加编号的文本，在“开始”选项卡中单击“编号”下拉按钮，在弹出的选项中选择编号样式，如图 2-60 所示。

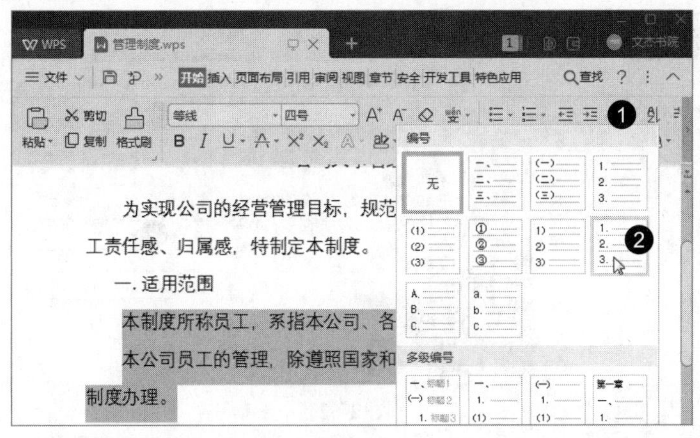

图 2-60

Step 02 此时选中的文本已经添加了编号，如图 2-61 所示。

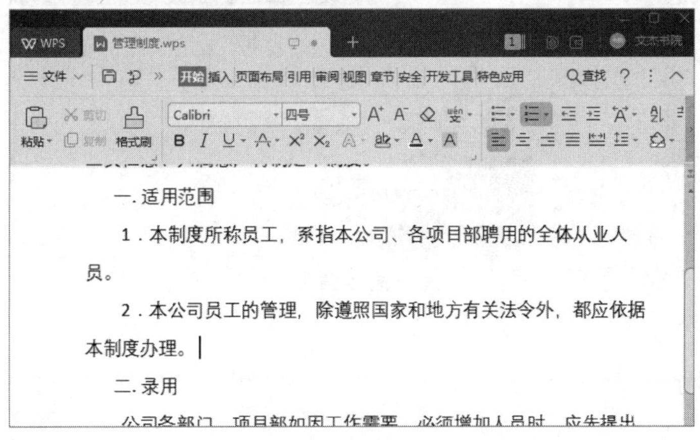

图 2-61

知识常识

用户还可以在“编号”下拉列表中选择“自定义编号”选项，打开“项目符号和编号”对话框，在“编号”选项卡中选择一种合适的编号样式，然后单击“自定义”按钮，打开“自定义编号列表”对话框，在该对话框中可以设置编号的格式和样式。

2.5.3 项目符号

实例文件保存路径：配套素材\第 2 章\实例 20

实例效果文件名称：项目符号 .wps

项目符号是指添加在段落前的符号，一般用于并列关系的段落。下面介绍为文本添加项目符号的方法。

Step 01 打开名为“宣传单”的素材文档，选中需要添加项目符号的文本，在“开始”选项卡中单击“项目符号”下拉按钮，在弹出的选项中选择符号样式，如图 2-62 所示。

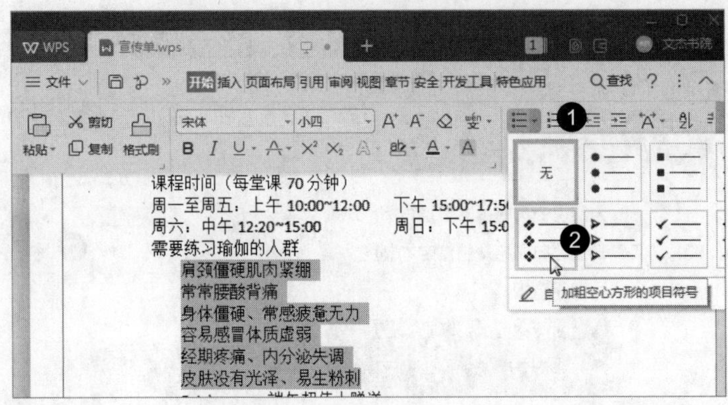

图 2-62

Step 02 此时选中的文本已经添加了项目符号，如图 2-63 所示。

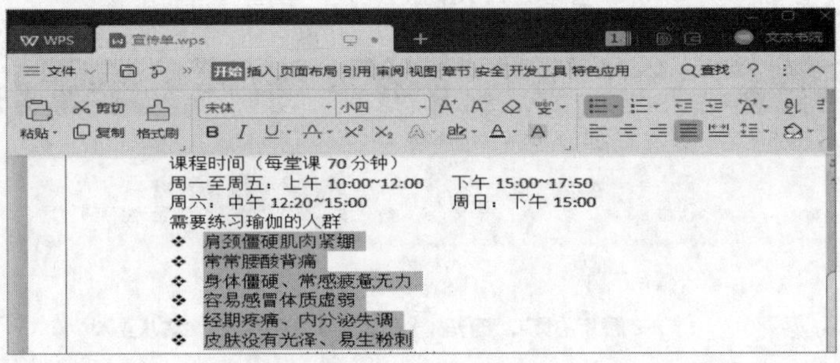

图 2-63

2.5.4 交叉引用

实例文件保存路径：配套素材\第 2 章\实例 21

实例效果文件名称：交叉引用 .wps

在处理大型文档时，经常需要在某个位置引用其他位置上的内容，例如可能会添加类似“请参考 ×× 节的内容”这样的文字，用户可以使用 WPS 提供的交叉引用功能，即使引用位置发生改变，也可以自动进行更新。下面介绍使用交叉引用的方法。

Step 01 打开名为“毕业论文”的素材文档，将光标定位至需要插入交叉引用的位置，输入引用文字“（具体内容请参考‘’）”，接着将光标定位在引号之间，选择“插入”选项卡，单击“交叉引用”按钮，如图 2-64 所示。

Step 02 弹出“交叉引用”对话框，在“引用类型”列表中选择“标题”选项，在“引用内容”列表中选择“标题文字”选项，在“引用哪一个标题：”列表框中选择要引用的内容，单击“插入”按钮，如图 2-65 所示。

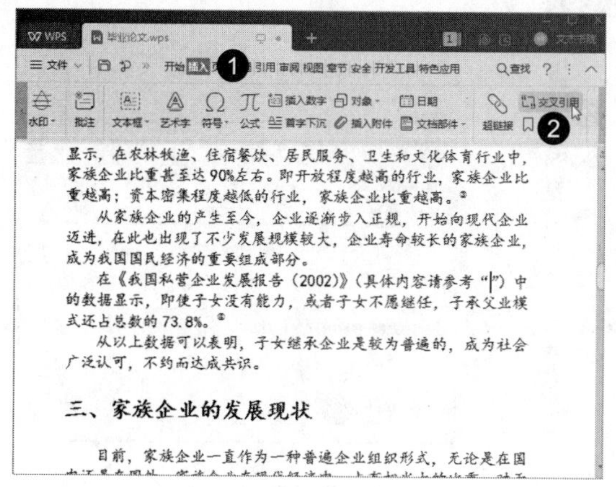

图 2-64

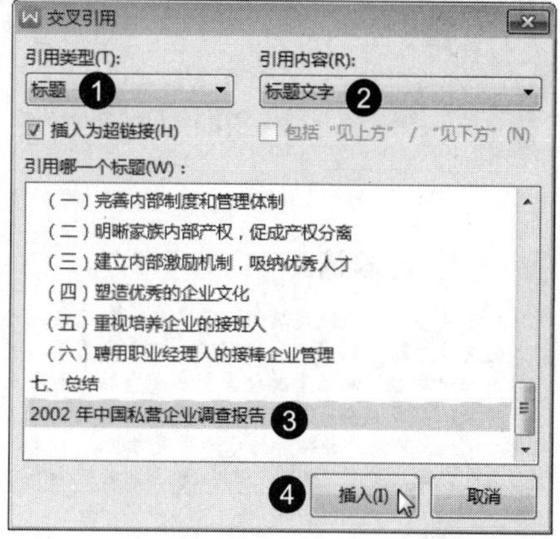

图 2-65

Step 03 在光标所在处自动插入了引用的内容，单击该引用内容，会显示灰色底纹，如图 2-66 所示。

Step 04 按住 Ctrl 键的同时，单击引用内容，即可快速跳转到引用位置，如图 2-67 所示。

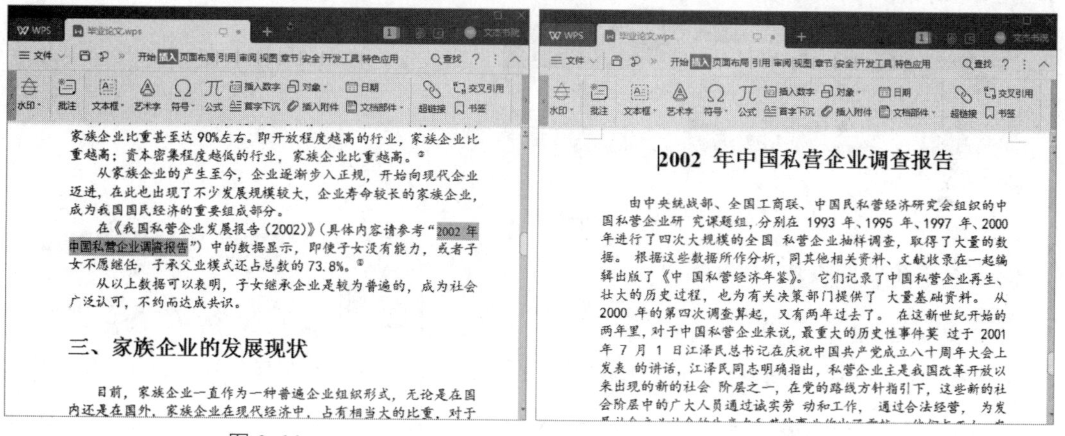

图 2-66　　图 2-67

2.5.5　书签的应用

	实例文件保存路径：配套素材 \ 第 2 章 \ 实例 22
	实例效果文件名称：应用书签 .wps

在文档中使用书签，可以标记某个范围或插入点的位置，为以后在文档中定位提供方便。下面介绍在文档中使用书签的方法。

Step 01 打开名为“毕业论文”的素材文档，将光标定位至需要插入书签的位置，选择“插入”选项卡，单击“书签”按钮，如图 2-68 所示。

Step 02 弹出“书签”对话框，在“书签名”文本框中输入名称，单击“添加”按钮，如图 2-69 所示。

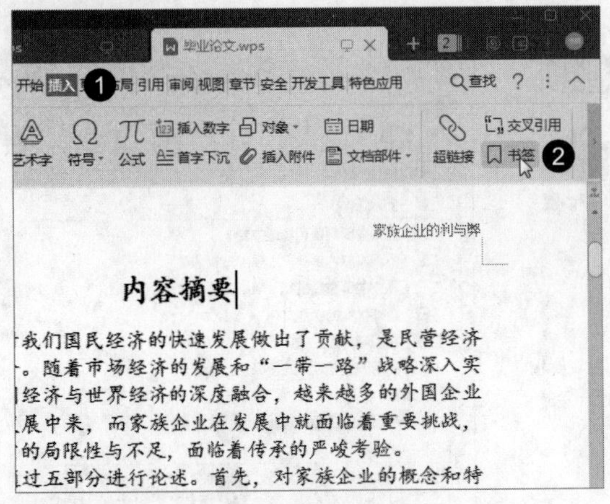

图 2-68

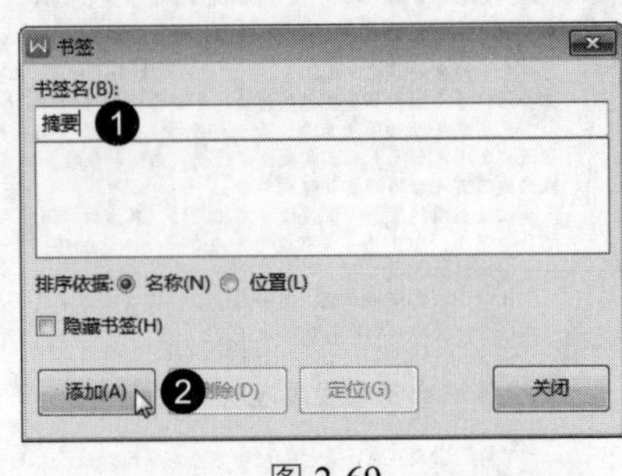

图 2-69

Step 03 返回到编辑区，无论光标插入点处于文档的哪个位置，都可以快速定位到书签所在的位置，在“插入”选项卡中单击“书签”按钮，如图 2-70 所示。

Step 04 弹出“书签”对话框，在列表框中选择与要定位的位置对应的书签名，单击“定位”按钮，如图 2-71 所示。

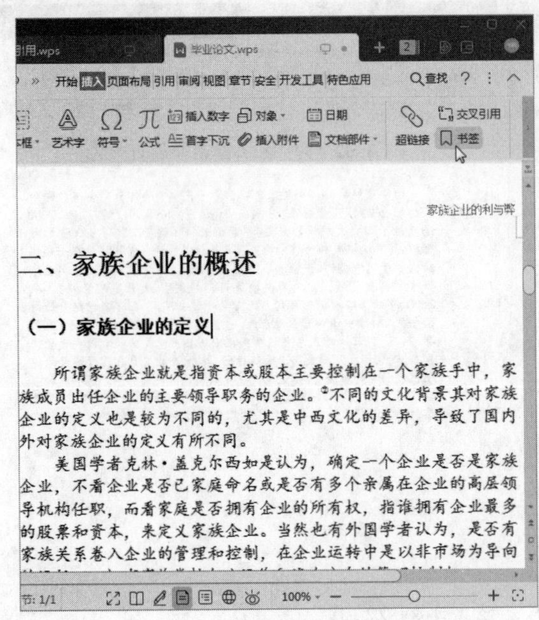

图 2-70

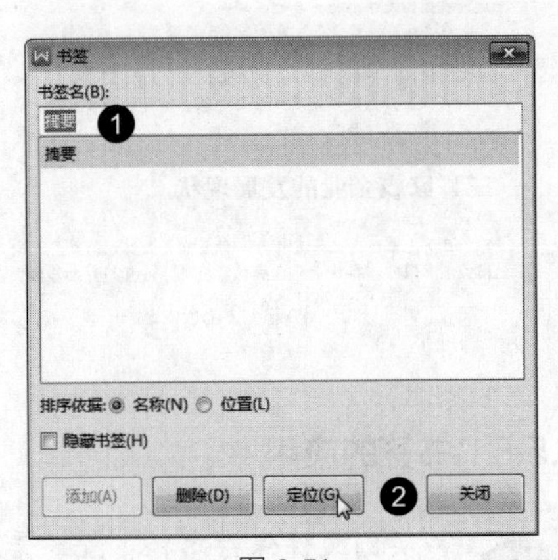

图 2-71

Step 05 系统自动跳转到书签所在的位置，最后单击“关闭”按钮，关闭“书签”对话框即可，如图 2-72 所示。

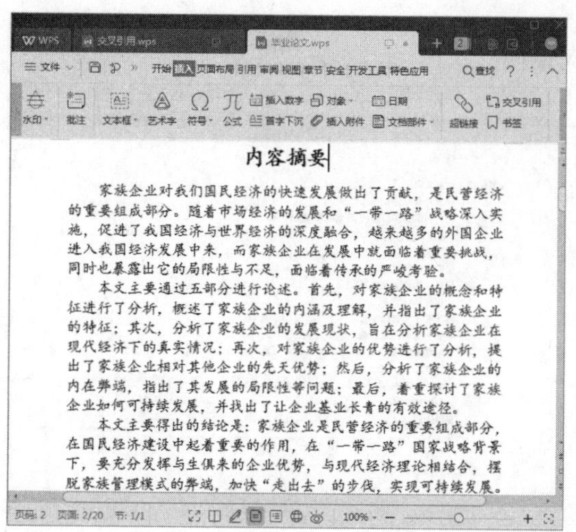

图 2-72

2.6　应用案例——编辑“商业策划书”文档

本节以编辑“商业策划书”文档为例，对本章所学知识点进行综合运用。本节需要给“商业策划书”文档设置大纲级别，添加目录，添加图片与文字页眉，添加页码。

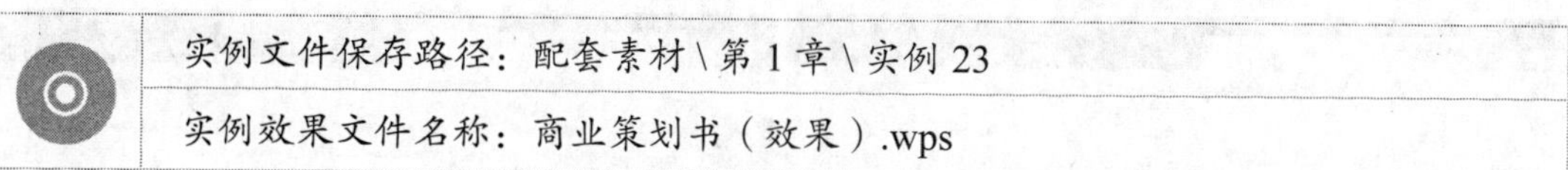

实例文件保存路径：配套素材\第 1 章\实例 23

实例效果文件名称：商业策划书（效果）.wps

Step 01 打开名为“商业策划书”的素材文档，给章标题和段标题设置大纲级别，如图 2-73 所示。

Step 02 在第一页之前添加一页空白页，将光标定位在空白页页首，选择“引用”选项卡，单击“目录”下拉按钮，在弹出的选项中选择一个目录样式，如图 2-74 所示。

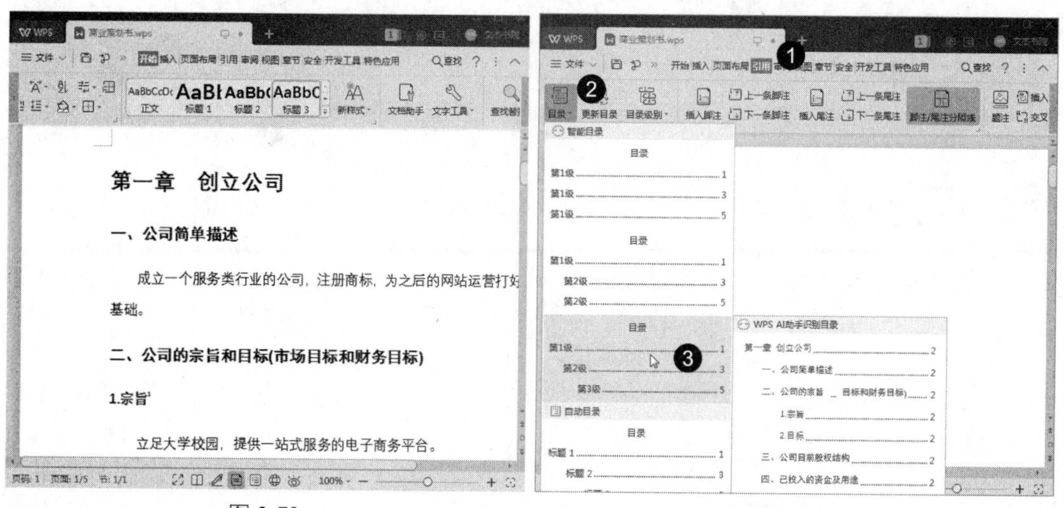

图 2-73　　图 2-74

Step 03 此时目录添加完成，如图 2-75 所示。

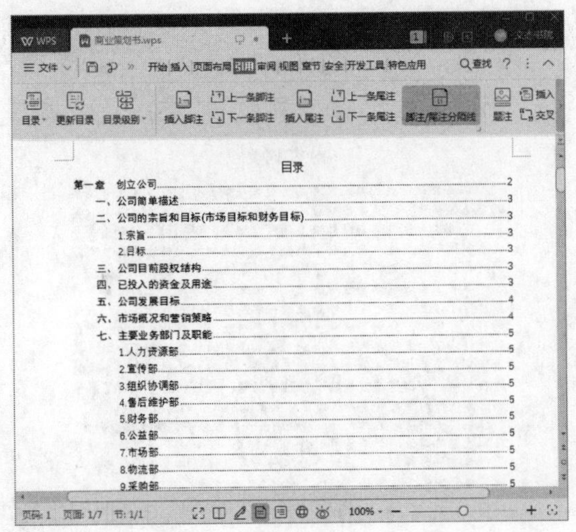

图 2-75

Step 04 双击页眉进入页眉页脚编辑状态，在左上角插入提供的 Logo 图片，并调整图片大小，再输入文本“商业策划书”，将其居中显示，如图 2-76 所示。

Step 05 切换至第 2 页页脚区域，将光标定位在页脚中，单击“页码设置”下拉按钮，在“位置”区域选择“居中”选项，在弹出的选项中单击“本页及之后”单选按钮，单击“确定”按钮，设置完成后单击“关闭”按钮，关闭“页眉和页脚”选项卡即可完成操作，如图 2-77 所示。

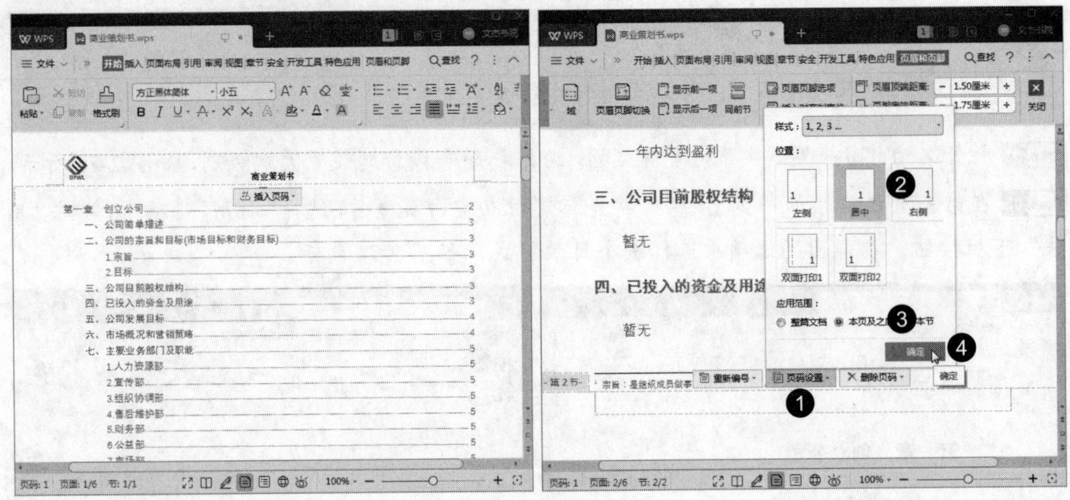

图 2-76　　图 2-77

第 3 章 文章的图文排版

本章要点☆

- 图片的插入与编辑
- 艺术字的插入与编辑
- 形状的插入与编辑
- 二维码的插入与编辑
- 使用文本框
- 插入各式图表

本章主要内容☆

本章主要介绍图片的插入与编辑、艺术字的插入与编辑、形状的插入与编辑、二维码的插入与编辑和使用文本框方面的知识与技巧，同时还讲解了如何插入各式表格，在本章的最后还针对实际的工作需求，讲解了设置首字下沉、带圈字符、双行合一、插入屏幕截图、插入地图和插入智能图形的方法。通过本章的学习，读者可以掌握使用 WPS 2019 进行图文排版方面的知识，为深入学习 WPS 2019 知识奠定基础。

3.1 图片的插入与编辑

在制作文档的过程中，有时需要插入图片配合文字解说，图片能直观地表达需要表达的内容，既可以美化文档页面，又可以让读者轻松地领会作者想要表达的意图，给读者带来精美、直观的视觉冲击。

3.1.1 插入计算机中的图片

实例文件保存路径：配套素材 \ 第 3 章 \ 实例 1
实例效果文件名称：插入计算机中的图片 .psd

在文档中插入计算机中的图片的方法非常简单，下面详细介绍插入计算机中的图片的方法。

Step 01 打开名为“产品宣传单”的素材文档，将光标定位在需要插入图片的位置，选择“插入”选项卡，单击“图片”下拉按钮，在弹出的选项中选择“本地图片”选项，如图 3-1 所示。

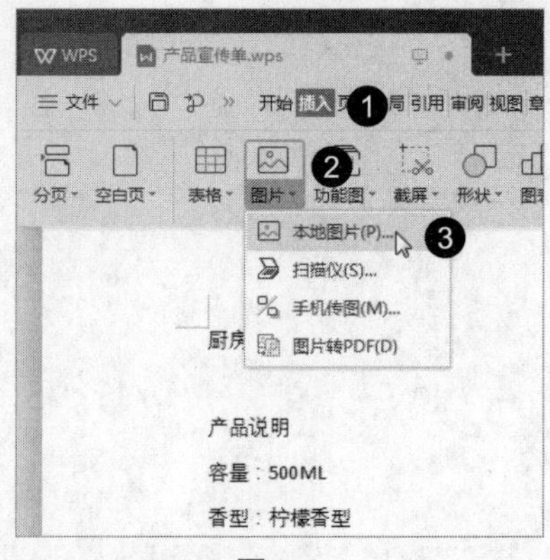

图 3-1

Step 02 弹出“插入图片”对话框，选中准备插入的图片，单击“打开”按钮，如图 3-2 所示。

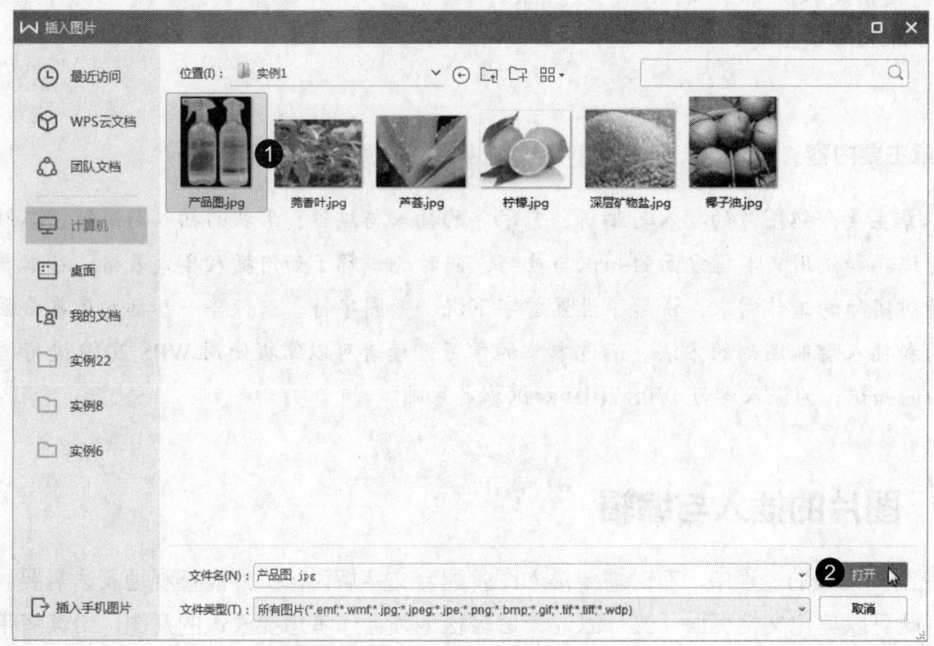

图 3-2

Step 03 此时图片已经插入到文档中，通过以上步骤即可完成在文档中插入计算机中的图片的操作，如图 3-3 所示。

图 3-3

3.1.2　按形状裁剪图片

实例文件保存路径：配套素材\第 3 章\实例 2
实例效果文件名称：按形状裁剪图片 .wps

在文档中插入图片后，有时需要对其进行裁剪操作，即将图片中不需要的部分删除。下面介绍按形状裁剪图片的操作方法。

Step 01 打开名为“产品宣传单”的素材文档，选择“插入”选项卡，单击“形状”下拉按钮，在弹出的选项中选择一种形状，如图 3-4 所示。

Step 02 此时鼠标指针变为十字形状，在文档中单击并拖动指针绘制形状，至适当位置释放鼠标，如图 3-5 所示。

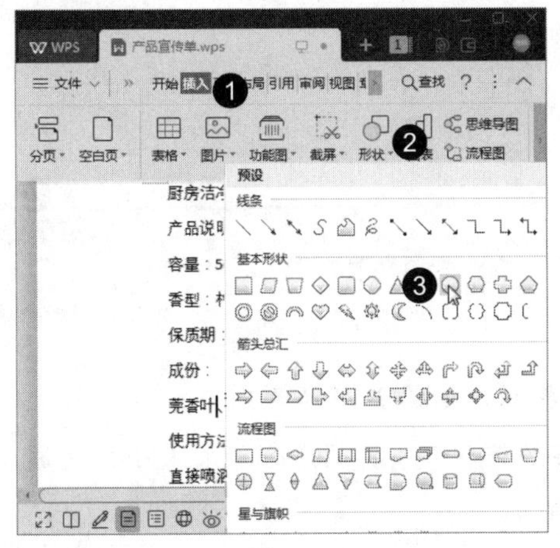

图 3-4

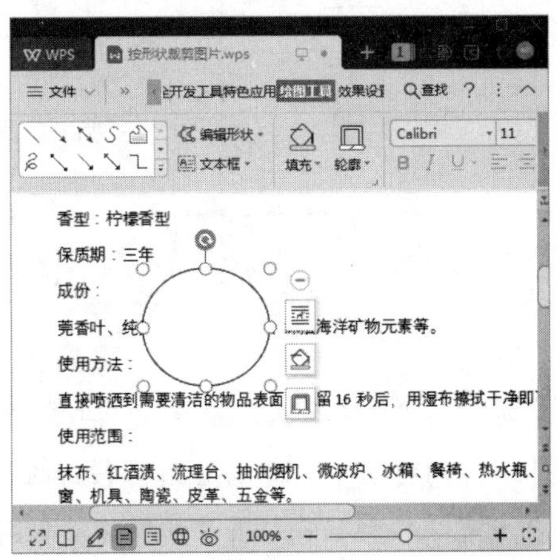

图 3-5

Step 03 选中形状，在“绘图工具”选项卡中单击“轮廓”下拉按钮，在弹出的选项中选择“无线条颜色”选项，如图 3-6 所示。

Step 04 在“绘图工具”选项卡中单击“填充”下拉按钮，在弹出的选项中选择“图片”选项，如图 3-7 所示。

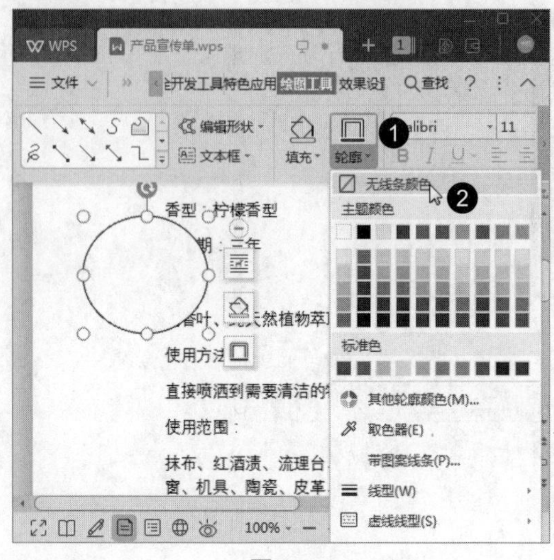

图 3-6

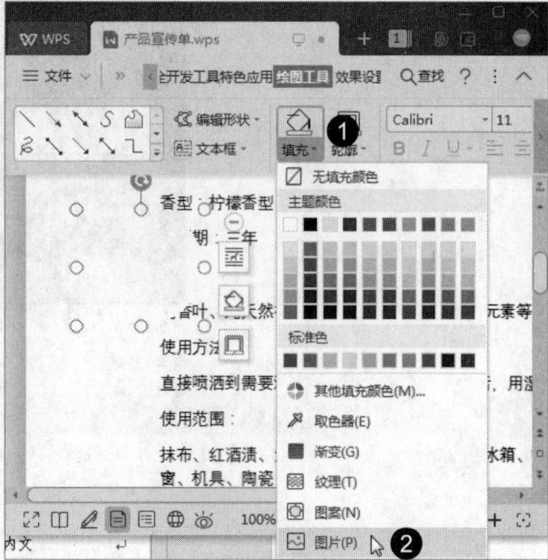

图 3-7

Step 05 弹出“填充效果”对话框，在“图片”选项卡中单击“选择图片”按钮，如图 3-8 所示。

Step 06 弹出“选择图片”对话框，选中图片，单击“打开”按钮，如图 3-9 所示。

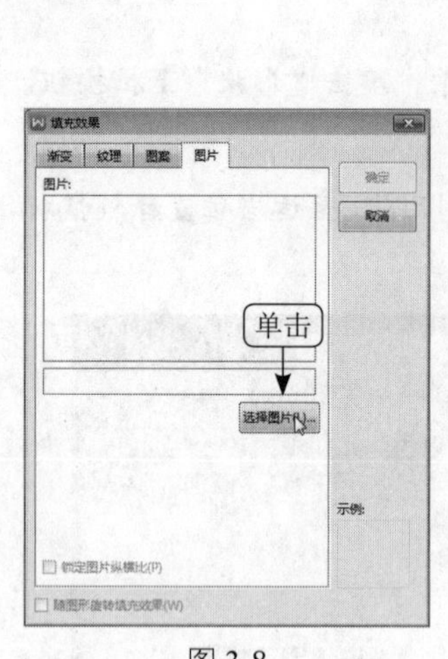

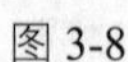

图 3-8

图 3-9

Step 07 返回到“填充效果”对话框，单击“确定”按钮，如图 3-10 所示。

Step 08 返回到文档中，可以看到插入的图片已经按照形状裁剪，再适当调整大小，通过以上步骤即可完成按形状裁剪图片的操作，如图 3-11 所示。

图 3-10

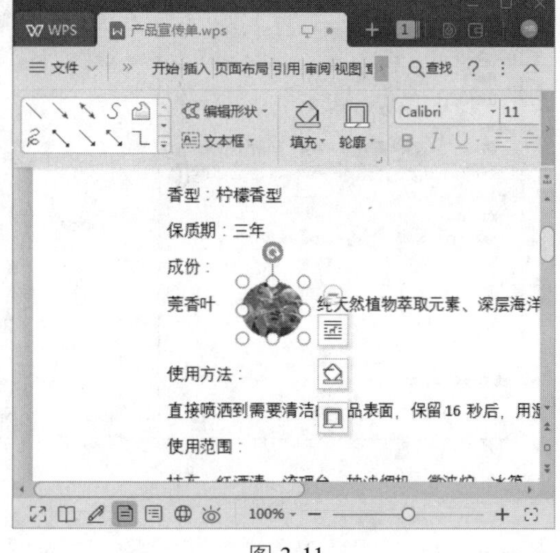

图 3-11

3.1.3　为图片添加轮廓

实例文件保存路径：配套素材 \ 第 3 章 \ 实例 3

实例效果文件名称：为图片添加轮廓 .wps

为了使插入的图片更加美观，还可以为图片添加轮廓效果。下面详细介绍为图片添加轮廓的方法。

Step 01 打开名为“产品宣传单”的素材文档，选中图片，单击“图片工具”选项卡中的“设置形状格式启动器”按钮，如图 3-12 所示。

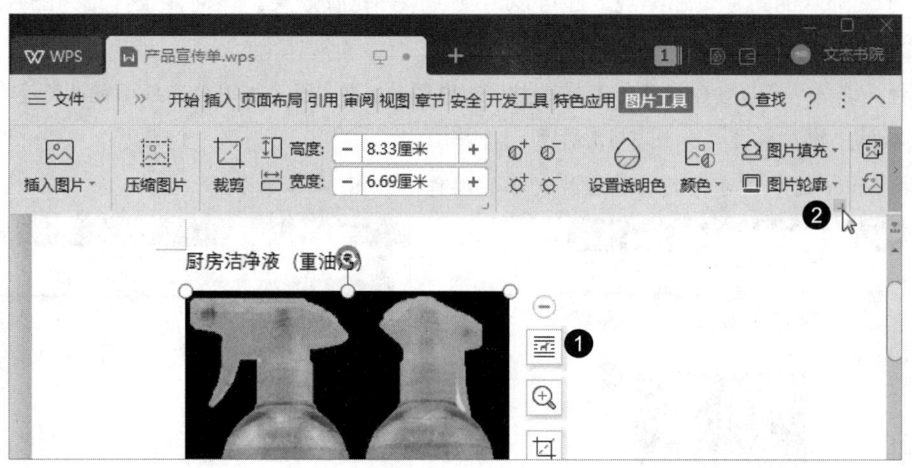

图 3-12

Step 02 弹出“设置对象格式”对话框，在“颜色与线条”选项卡中的“线条”区域设置轮廓的粗细、颜色、虚实等选项，单击“确定”按钮，如图 3-13 所示。

Step 03 通过以上步骤即可完成为图片添加轮廓的操作，如图 3-14 所示。

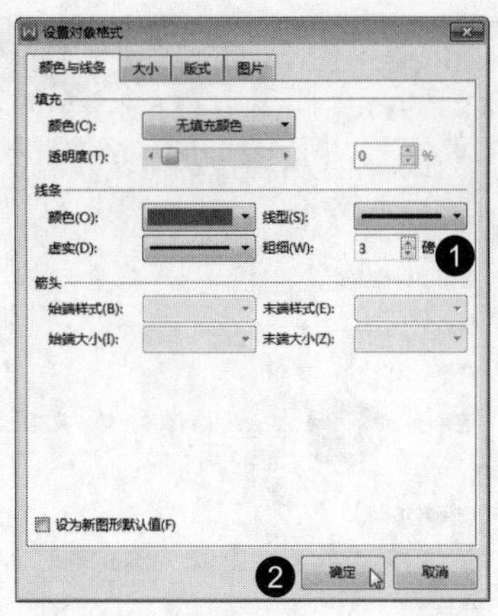
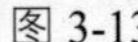
图 3-13

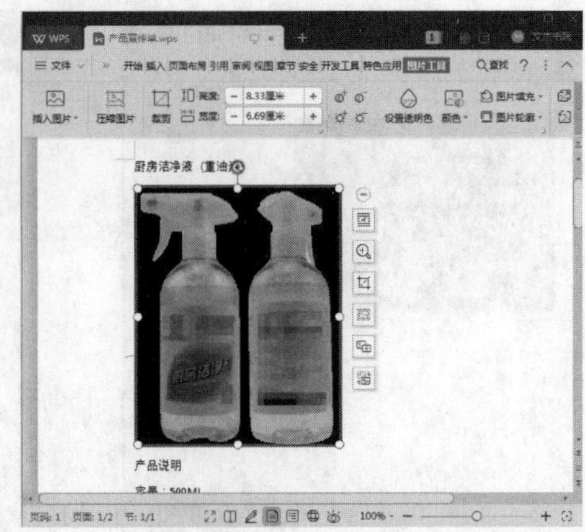
图 3-14

知识常识

如果图片裁剪得不满足要求，可以将图片恢复至插入时的状态，然后再重新进行设置。恢复图片至插入状态时的方法为：首先选中图片，然后单击“图片工具”选项卡中的“重设图片”按钮，即可快速将图片恢复至插入状态。

3.1.4 调整图片大小

实例文件保存路径：配套素材 \ 第 3 章 \ 实例 4
实例效果文件名称：调整图片大小 .wps

为了使插入的图片更加美观，还可以为图片添加轮廓效果。下面详细介绍为图片添加轮廓的方法。

Step 01 打开名为“产品宣传单”的素材文档，选中图片，在“图片工具”选项卡的“高度”和“宽度”文本框中输入数值，如图 3-15 所示。

Step 02 按 Enter 键，即可完成调整图片大小的操作，如图 3-16 所示。

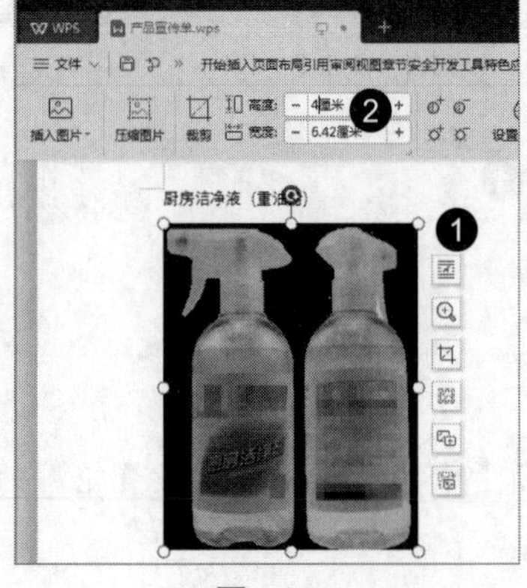
图 3-15

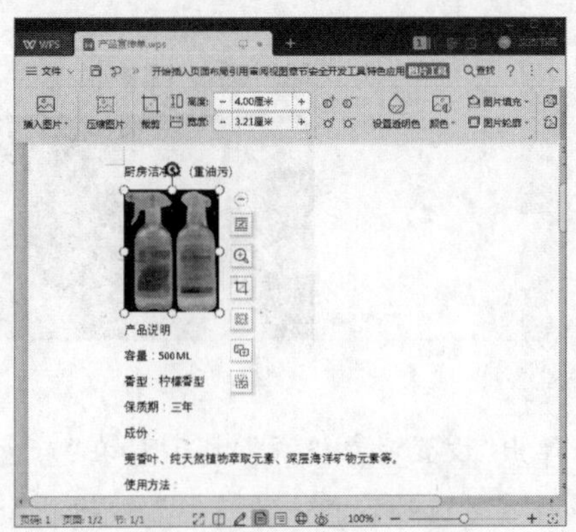
图 3-16

3.1.5　设置图片的环绕方式

	实例文件保存路径：配套素材 \ 第 3 章 \ 实例 5
	实例效果文件名称：设置环绕方式 .wps

在文档中直接插入图片后，如果要调整图片的位置，则应先设置图片的文字环绕方式，再进行图片的调整操作。下面详细介绍设置图片环绕方式的操作方法。

Step 01 打开名为“产品宣传单”的素材文档，选中图片，在“图片工具”选项卡中单击“文字环绕”下拉按钮，选择“浮于文字下方”选项，如图 3-17 所示。

Step 02 此时可以看到图片已在文字的下方，如图 3-18 所示。

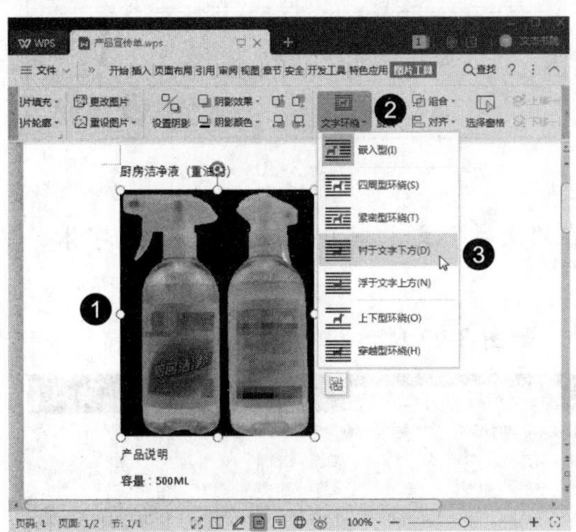

图 3-17

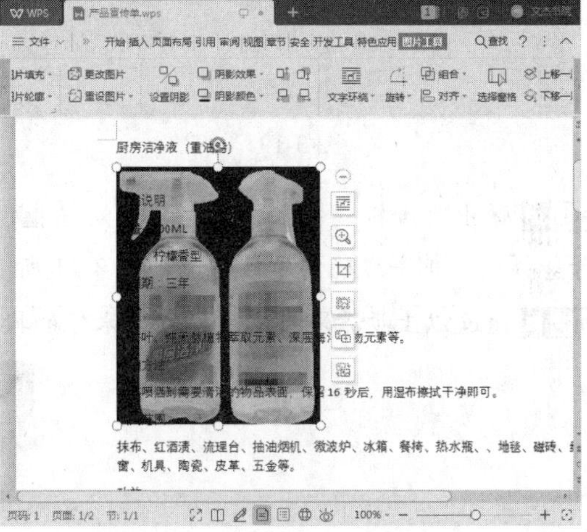

图 3-18

3.2　艺术字的插入与编辑

为了提升文档的整体效果，在文档内容上常常需要应用一些具有艺术效果的文字。WPS 中提供了插入艺术字的功能，并预设了多种艺术字效果以供选择，用户还可以根据需要自定义艺术字效果。

3.2.1　插入艺术字

	实例文件保存路径：配套素材 \ 第 3 章 \ 实例 6
	实例效果文件名称：插入艺术字 .wps

在文档中插入艺术字可有效地提高文档的可读性，WPS 文字提供了 15 种艺术字样式，用户可以根据实际情况选择合适的样式来美化文档。下面介绍插入艺术字的方法。

Step 01 新建空白文档，将其保存为“插入艺术字”，选择“插入”选项卡，单击“艺术字”按钮，如图 3-19 所示。

Step 02 弹出“艺术字库”对话框，选择一种艺术字样式，单击“确定”按钮，如图 3-20 所示。

图 3-19

图 3-20

Step 03 弹出“编辑‘艺术字’文字”对话框，在“文字”文本框中输入内容，设置字体、字号等样式，单击“确定”按钮，如图 3-21 所示。

Step 04 通过以上步骤即可完成插入艺术字的操作，如图 3-22 所示。

图 3-21

图 3-22

3.2.2 编辑艺术字

	实例文件保存路径：配套素材\第 3 章\实例 7
	实例效果文件名称：编辑艺术字（效果）.wps

插入艺术字后，如果对艺术字的效果不满意，可重新对其进行编辑，主要是对艺术字的填充颜色、边框颜色、填充效果等进行设置。下面介绍编辑艺术字的方法。

Step 01 打开素材文档，选中艺术字，选择“艺术字”选项卡，单击“竖排”按钮，如图 3-23 所示。

图 3-23

Step 02 此时艺术字变为竖排显示，单击“艺术字形状”下拉按钮，选择一种形状，如图 3-24 所示。

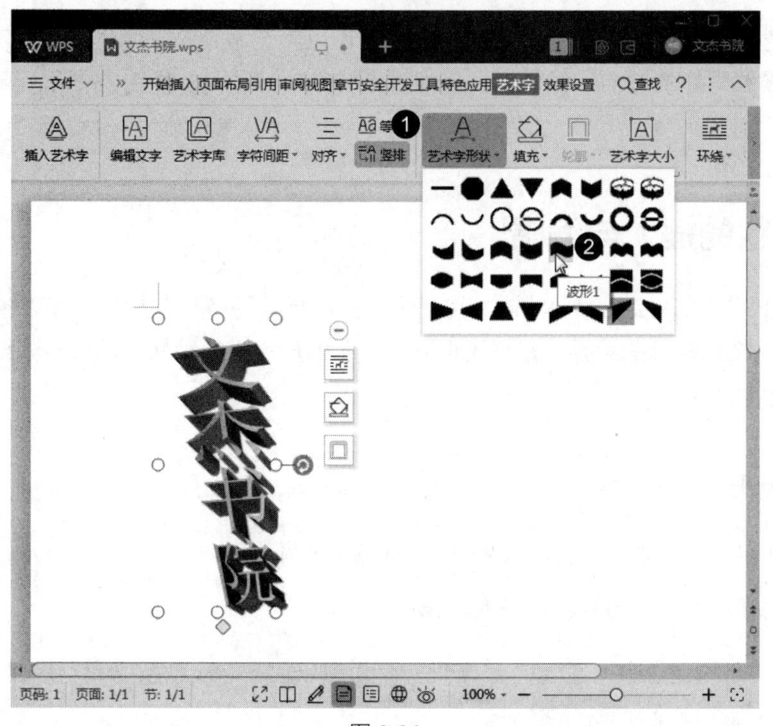

图 3-24

Step 03 通过以上步骤即可完成编辑艺术字的操作，如图 3-25 所示。

图 3-25

知识常识

选中艺术字，选择“效果设置”选项卡，可以为艺术字添加阴影效果和三维效果，用户可以设置阴影的方向和颜色以及三维效果的方向、深度、颜色、照明、表面等参数。

3.3 形状的插入与编辑

通过 WPS 提供的绘制图形功能，用户可以绘制出各种各样的形状，如线条、椭圆和旗帜等，以满足文档设计的需要。用户还可以对绘制的形状进行编辑。本节将介绍在文档中插入与编辑形状的知识。

3.3.1 绘制形状

实例文件保存路径：配套素材 \ 第 3 章 \ 实例 8

实例效果文件名称：绘制形状 .wps

在制作文档的过程中，适当地插入一些形状，既能使文档简洁，又能使文档内容更加丰富、形象。下面介绍绘制形状的方法。

Step 01 新建空白文档，将其保存为“绘制形状”，选择“插入”选项卡，单击“形状”下拉按钮，在弹出的形状库中选择一种形状，如图 3-26 所示。

Step 02 当鼠标指针变为十字形状时，在文档中单击并拖动指针绘制形状，至适当位置释放鼠标，如图 3-27 所示。

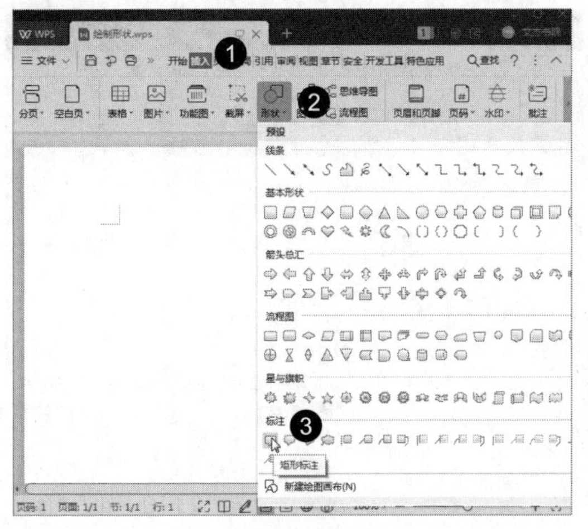

图 3-26

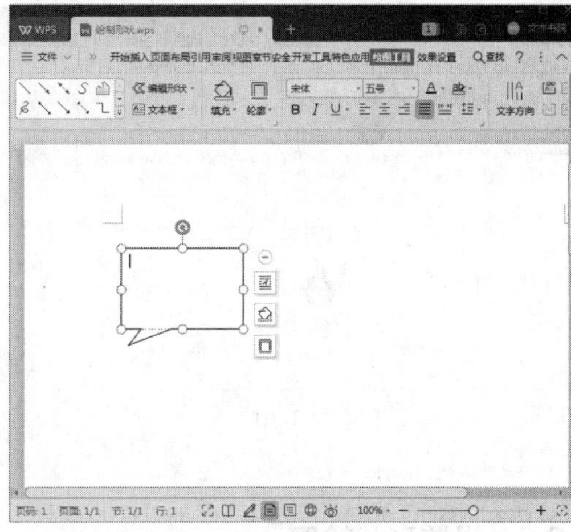

图 3-27

Step 03 使用输入法输入内容，如图 3-28 所示。

Step 04 按空格键完成输入即可完成绘制形状的操作，如图 3-29 所示。

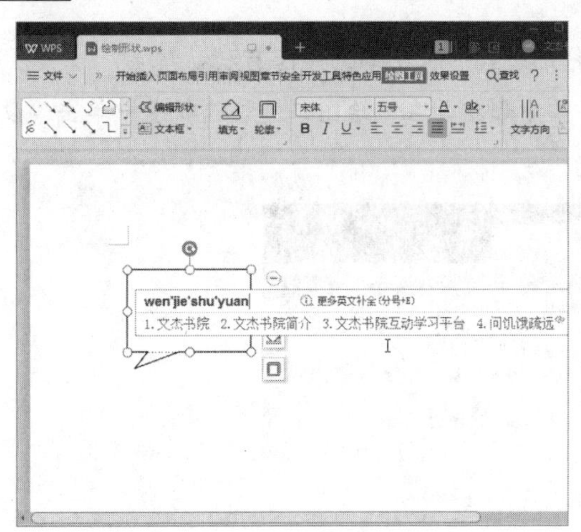

图 3-28

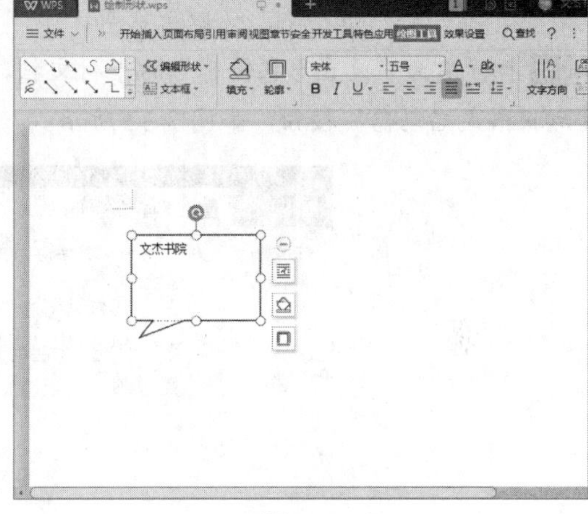

图 3-29

3.3.2　更改形状

实例文件保存路径：配套素材\第 3 章\实例 9

实例效果文件名称：更改形状（效果）.wps

插入形状图形后，如果用户对形状不满意，还可以进行更改。下面介绍更改形状的操作方法。

Step 01 打开名为“更改形状”的素材文档，选中形状，在“绘图工具”选项卡中单击“编辑形状”

下拉按钮，选择“更改形状”选项，在形状库中选择一种形状，如图 3-30 所示。

Step 02 此时形状已经被更改，通过以上步骤即可完成更改形状的操作，如图 3-31 所示。

图 3-30　　图 3-31

3.3.3 设置形状轮廓

实例文件保存路径：配套素材\第 3 章\实例 10

实例效果文件名称：设置形状轮廓（效果）.wps

用户还可以对插入的形状设置轮廓，下面介绍设置形状轮廓的操作方法。

Step 01 打开名为“设置形状轮廓”的素材文档，选中形状，在“绘图工具”选项卡中单击“设置形状格式启动器”按钮，如图 3-32 所示。

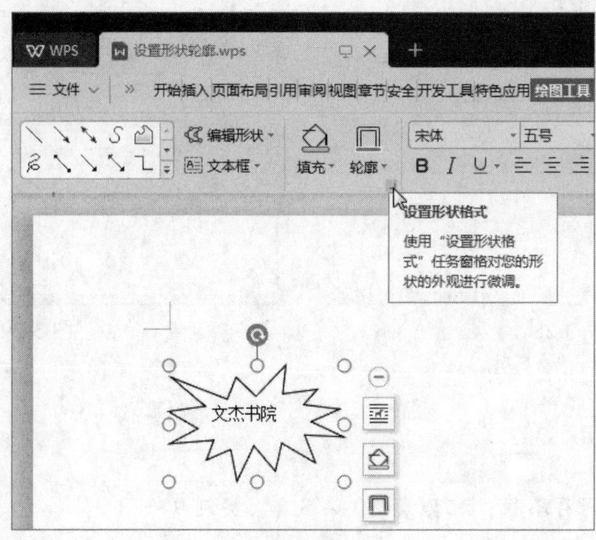

图 3-32

Step 02 弹出“设置对象格式”对话框，在“线条”区域中设置轮廓的颜色、线型、虚实和粗细等样式，单击“确定”按钮，如图 3-33 所示。

Step 03 通过以上步骤即可完成设置形状轮廓的操作，如图 3-34 所示。

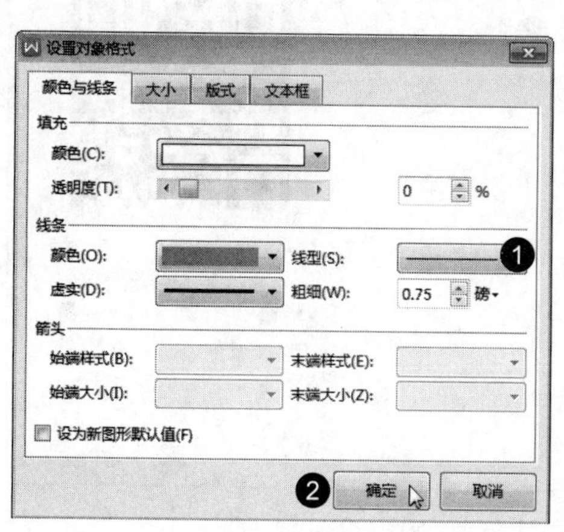

图 3-33

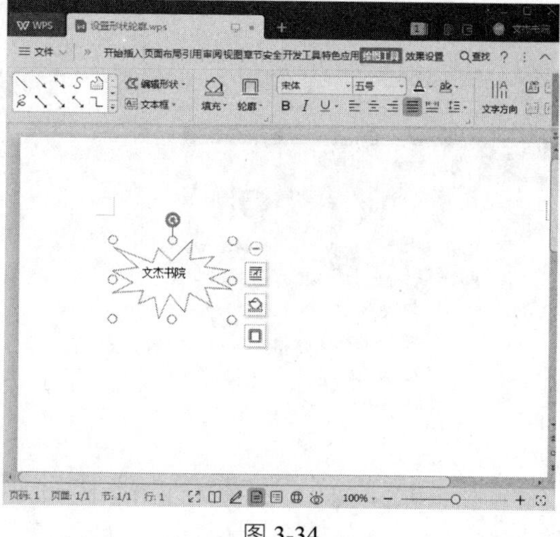

图 3-34

> **知识常识**
>
> 用户还可以设置轮廓的形状填充效果，在“绘图工具”选项卡中单击“填充”下拉按钮即可设置填充效果。形状填充是利用颜色、图片、渐变和纹理来填充形状的内部；形状轮廓是指设置形状的边框颜色、线条样式和线条粗细等。

3.4　二维码的插入与编辑

二维码又叫二维条形码，它是利用黑白相间的图形记录数据符号信息的，使用电子扫描设备如手机、平板电脑等，便可自动识读以实现信息的自动处理。本节将介绍二维码的插入与编辑知识。

3.4.1　插入二维码

	实例文件保存路径：配套素材\第 3 章\实例 11
	实例效果文件名称：插入二维码 .wps

二维码具有储存量大、保密性高、追踪性高、成本便宜等特性，二维码可以存储包括网址、名片、文本信息、特定代码等各种信息。下面介绍插入二维码的方法。

Step 01 新建空白文档，选择“插入”选项卡，单击“功能图”下拉按钮，在弹出的选项中选择“二维码”选项，如图 3-35 所示。

Step 02 弹出“插入二维码”对话框，在“输入内容”文本框中输入网址，单击“确定”按钮，如图 3-36 所示。

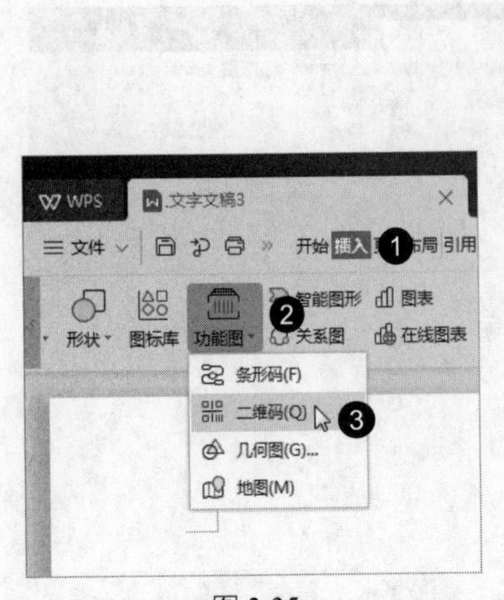

图 3-35

图 3-36

Step 03 通过以上步骤即可完成设置插入二维码的操作，如图 3-37 所示。

图 3-37

经验技巧

名片、电话号码和 WiFi 也可以生成二维码，打开“插入二维码”对话框，在左上角选择不同的选项即可，然后根据提示输入相应的内容，单击“确定”按钮，就可以生成相应的二维码图片。

3.4.2　编辑二维码

实例文件保存路径：配套素材\第 3 章\实例 12
实例效果文件名称：编辑二维码（效果）.docx

二维码默认都是黑色的正方形样式，用户可以对二维码的颜色、图案样式、大小等进行编辑。下面介绍编辑二维码的方法。

Step 01 打开名为“编辑二维码”的素材文档，选中二维码，单击右侧的“编辑扩展对象”按钮，如图 3-38 所示。

Step 02 弹出“插入二维码”对话框，选择右下角“颜色设置”选项卡中的“前景色”按钮，在打开的列表中选择一种颜色，如图 3-39 所示。

图 3-38

图 3-39

Step 03 选择“图案样式”选项卡，将鼠标指针移至“定位点样式”按钮上，在打开的列表中选择一种样式，单击“确定”按钮，如图 3-40 所示。

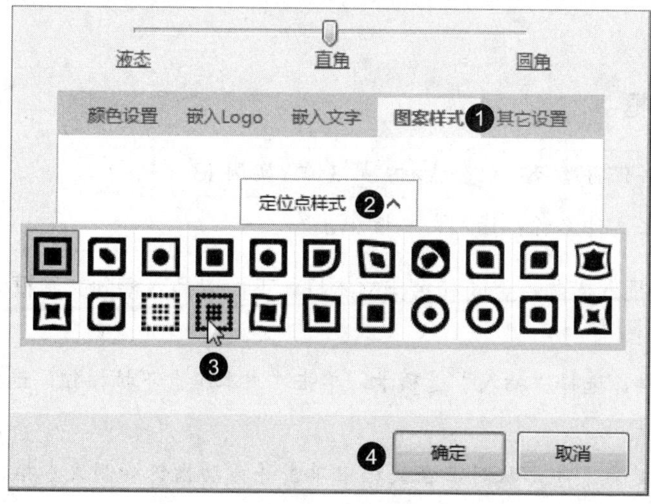

图 3-40

Step 04 通过以上步骤即可完成编辑二维码的操作，如图 3-41 所示。

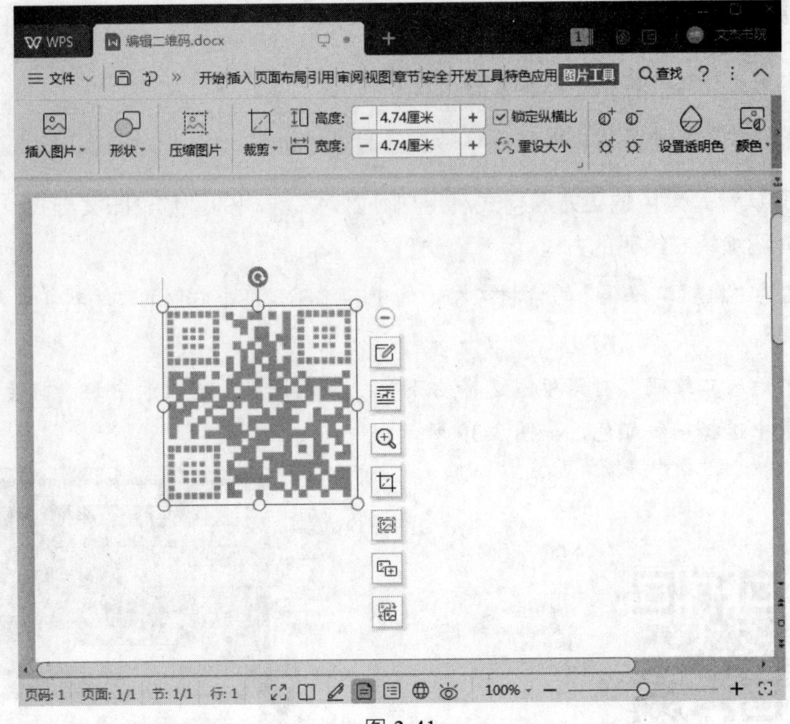

图 3-41

3.5 使用文本框

若要在文档的任意位置插入文本，可以通过文本框实现，WPS 提供的文本框进一步增强了图文混排的功能。通常情况下，文本框用于插入注释、批注或说明性文字。本节将介绍使用文本框的知识。

3.5.1 插入文本框

实例文件保存路径：配套素材 \ 第 3 章 \ 实例 13
实例效果文件名称：插入文本框 .wps

在文档中可以插入横向、竖向和多排文本框，下面以插入横向文本框为例，介绍插入文本框的方法。

Step 01 新建空白文档，选择“插入”选项卡，单击“文本框”下拉按钮，选择“横向”选项，如图 3-42 所示。

Step 02 当鼠标指针变为十字形状时，在文档中单击并拖动指针绘制文本框，至适当位置释放鼠标，如图 3-43 所示。

Step 03 使用输入法输入内容，如图 3-44 所示。

Step 04 按下空格键完成输入，通过以上步骤即可完成插入文本框的操作，如图 3-45 所示。

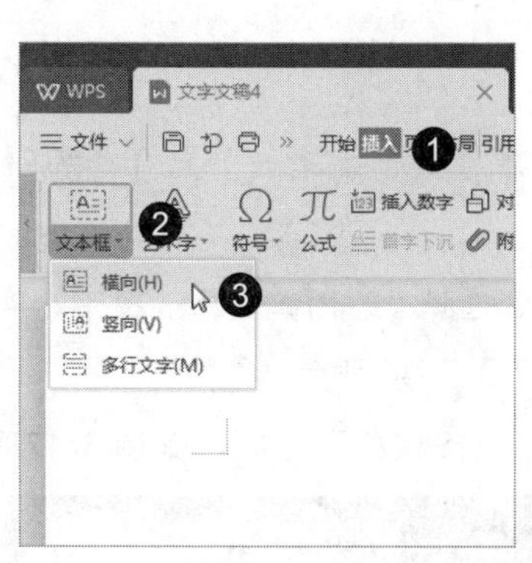

图 3-42

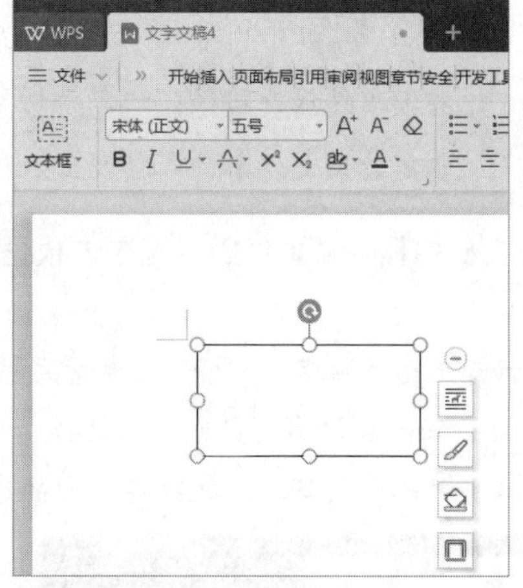

图 3-43

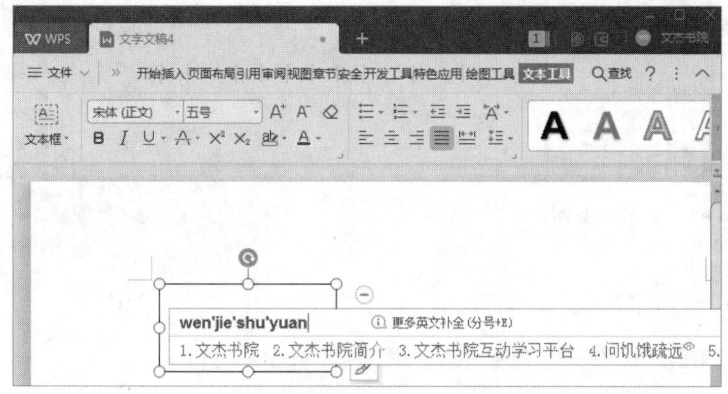

图 3-44

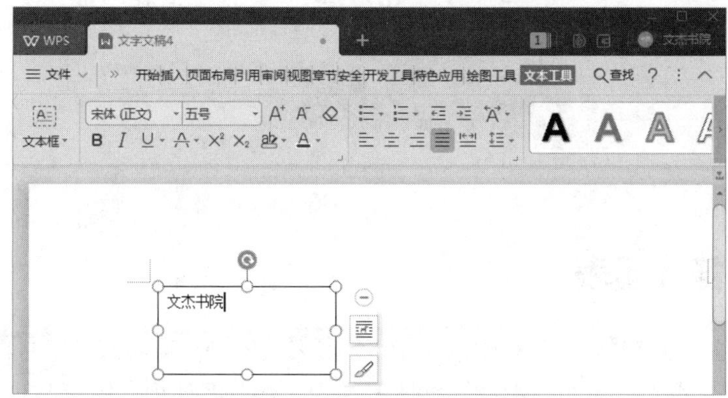

图 3-45

知识常识

横向文本框中的文本是从左到右，从上到下输入的，而竖向文本框中的文本则是从上到下，从右到左输入的。单击“文本框”下拉按钮，在弹出的选项中选择“竖向”选项，即可插入竖向文本框。

3.5.2 编辑文本框

	实例文件保存路径：配套素材\第 3 章\实例 14
	实例效果文件名称：插入文本框 .wps

在文档中插入文本框后，还应该根据实际需要对文本框进行编辑。下面介绍编辑文本框的方法。

Step 01 打开名为“编辑文本框”的素材文档，选中文本框，选择“绘图工具”选项卡，单击“填充”下拉按钮，在弹出的颜色库中选择一种填充颜色，如图 3-46 所示。

Step 02 单击“轮廓”下拉按钮，在弹出的选项中选择“无线条颜色”选项，如图 3-47 所示。

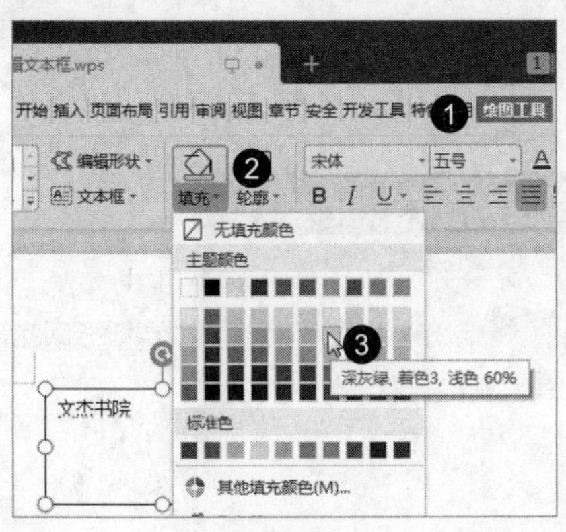

图 3-46

图 3-47

Step 03 选中文本内容，设置字体和字号，如图 3-48 所示。

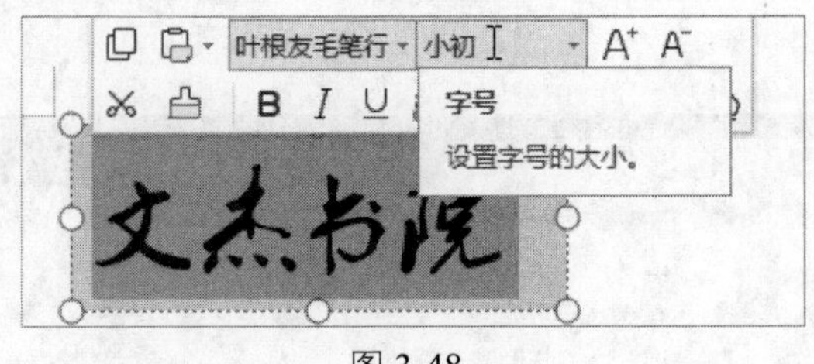

图 3-48

3.6 插入各式图表

WPS 2019 为用户提供了各种图表，用以丰富文档内容，提高文档的可阅读性。用户可以在文档中插入关系图、思维导图和流程图等图表。本节将详细介绍在 WPS 2019 中插入各类图表的知识。

3.6.1 插入关系图

	实例文件保存路径：配套素材\第 3 章\实例 15
	实例效果文件名称：插入关系图 .wps

在文档中插入关系图的方法非常简单，下面详细介绍在文档中插入关系图的方法。

Step 01 新建空白文档，选择“插入”选项卡，单击“关系图”按钮，如图 3-49 所示。

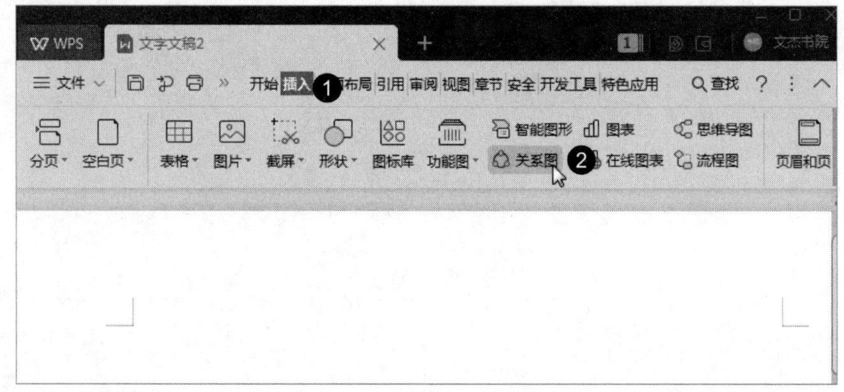

图 3-49

Step 02 弹出关系图模板窗口，选择一个合适的模板，单击“插入”按钮，如图 3-50 所示。

Step 03 此时关系图已经插入到文档中，用户可以根据需要添加文本内容，如图 3-51 所示。

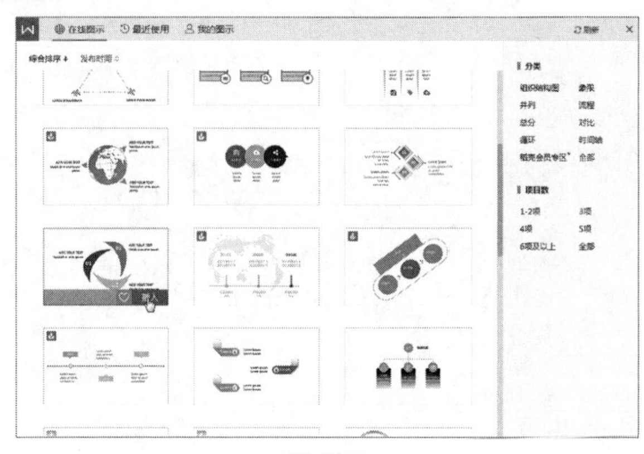
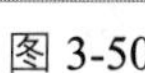

图 3-50

图 3-51

3.6.2　插入流程图

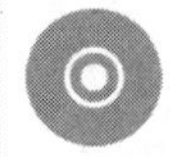

实例文件保存路径：配套素材 \ 第 3 章 \ 实例 16

实例效果文件名称：蜂窝组织结构图 .jpg

在文档中插入流程图的方法非常简单，下面详细介绍在文档中插入流程图的方法。

Step 01 新建空白文档，选择“插入”选项卡，单击“流程图”按钮，如图 3-52 所示。

Step 02 弹出搜索流程图窗口，在搜索框中输入关键字，单击“新建”按钮，如图 3-53 所示。

Step 03 进入流程图模板选择界面，选择一个模板，单击“使用该模板”按钮，如图 3-54 所示。

Step 04 新建了一个名为“蜂窝组织结构图”文档，用户可以对结构图进行编辑，包括输入内容，调整结构图颜色、形状等，设置完成后单击“文件”→“另存为”命令进行保存，这里保存成“*.jpg”的图片格式，如图 3-55 所示。

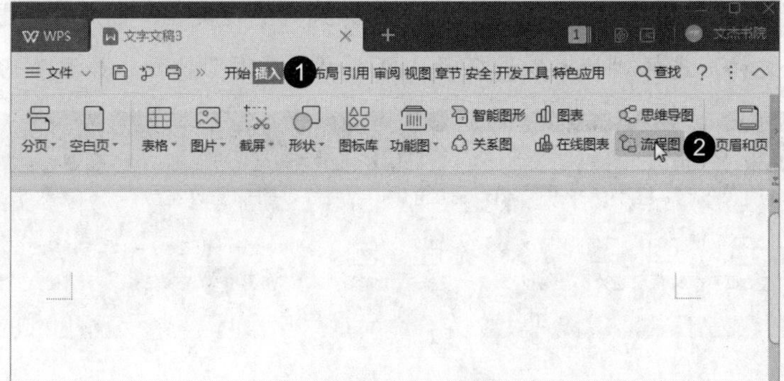

图 3-52

图 3-53

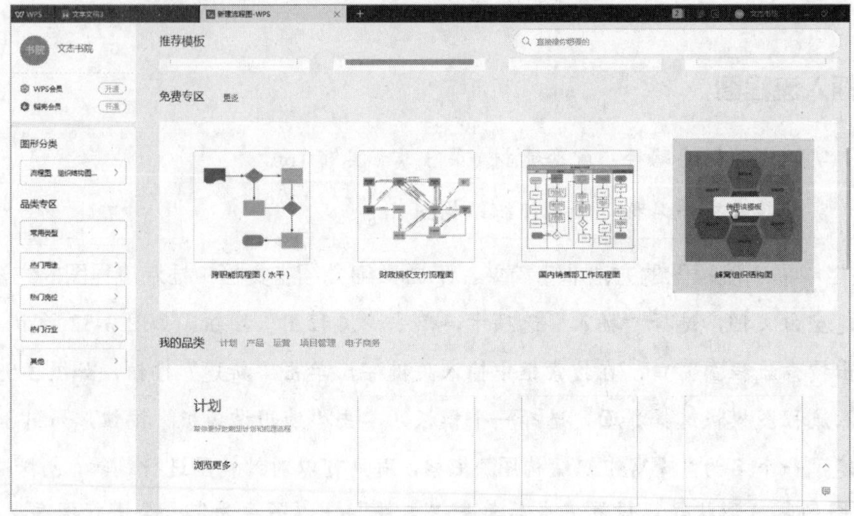

图 3-54

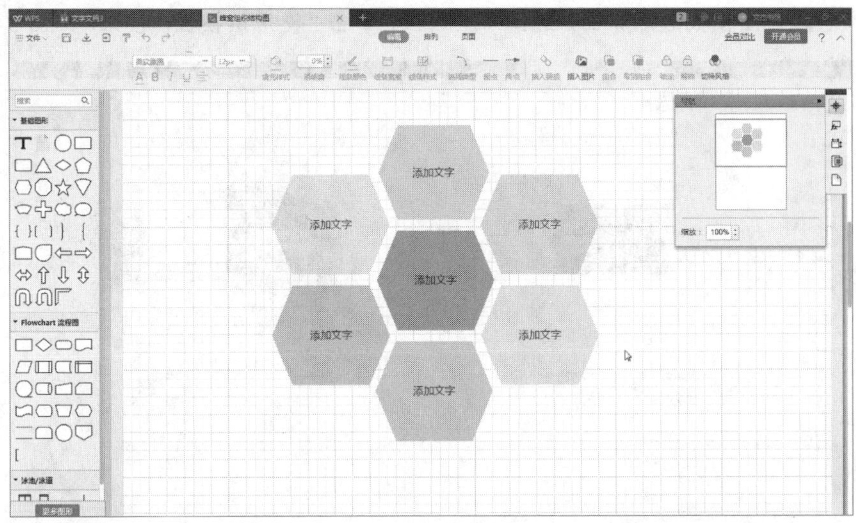

图 3-55

3.6.3　插入思维导图

实例文件保存路径：配套素材\第 3 章\实例 17

实例效果文件名称：蜂窝组织结构图 .jpg

在文档中插入思维导图的方法非常简单，下面详细介绍在文档中插入思维导图的操作方法。

Step 01 新建空白文档，选择“插入”选项卡，单击“思维导图”按钮，如图 3-56 所示。

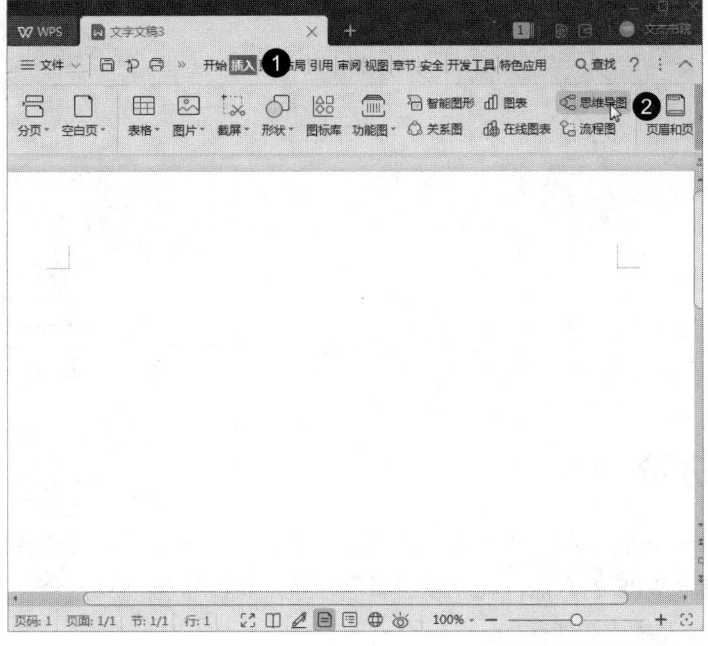

图 3-56

Step 02 进入思维导图模板选择界面，选择一个模板，单击“使用该模板”按钮，如图 3-57 所示。

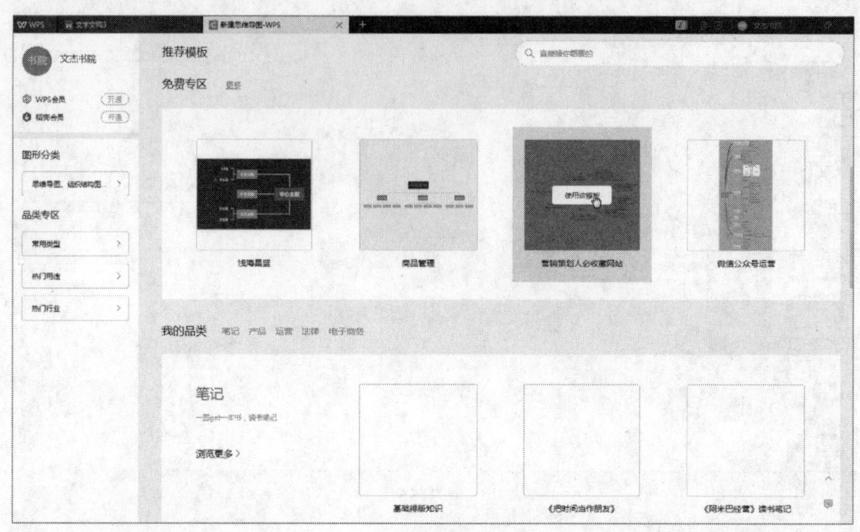

图 3-57

Step 03 新建了一个名为“营销策划人必收藏网站”文档，用户可以对导图进行编辑，包括输入内容，调整导图颜色、形状等，所有设置完成后单击“文件”→“另存为”命令进行保存，这里保存成“*.jpg”的图片格式，如图 3-58 所示。

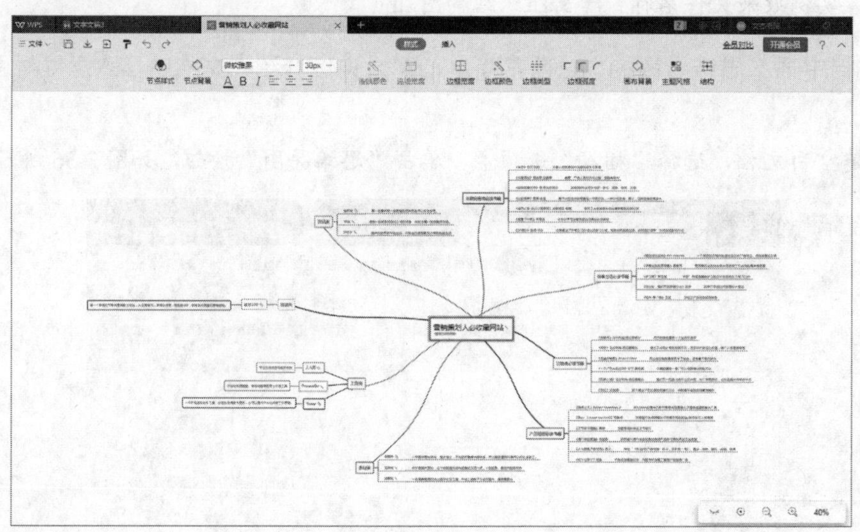

图 3-58

3.7 新手进阶

本节将介绍一些使用 WPS 进行图文排版的技巧供用户学习，通过这些技巧，用户可以更进一步掌握使用 WPS 的方法，包括设置首字下沉、带圈字符、双行合一效果、插入屏幕截图、插入地图以及插入智能图形。

3.7.1　首字下沉

实例文件保存路径：配套素材\第 3 章\实例 18
实例效果文件名称：首字下沉 .wps

在看杂志或宣传单时，排版段落开头第一个字常常都是增大之后显示的，这种排版方式就是首字下沉。下面介绍设置首字下沉效果的方法。

Step 01 打开名为"礼仪知识"的素材文档，选中第一段第一个字，选择"插入"选项卡，单击"首字下沉"按钮，如图 3-59 所示。

Step 02 弹出"首字下沉"对话框，在"位置"区域选择"下沉"选项，在"字体"列表中选择一种字体，如"方正古隶简体"，在"下沉行数"微调框中输入数值，单击"确定"按钮，如图 3-60 所示。

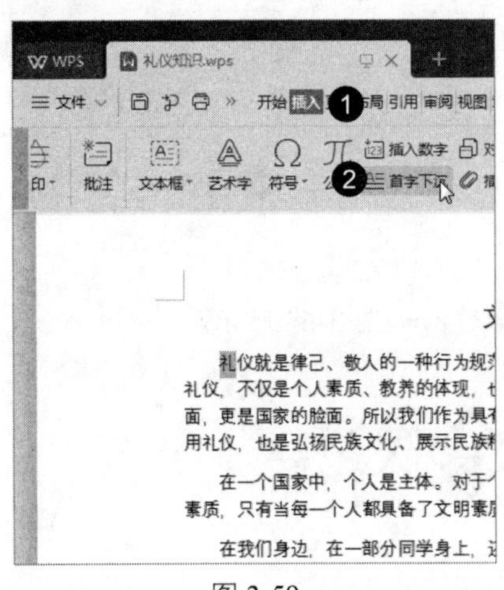

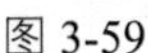

图 3-59

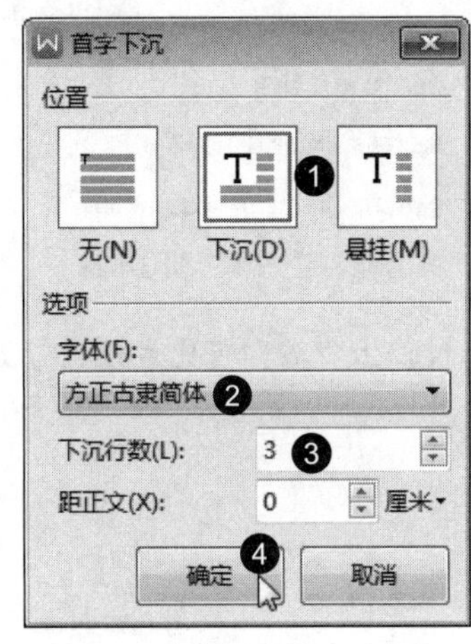

图 3-60

Step 03 通过以上步骤即可完成设置首字下沉效果的操作，如图 3-61 所示。

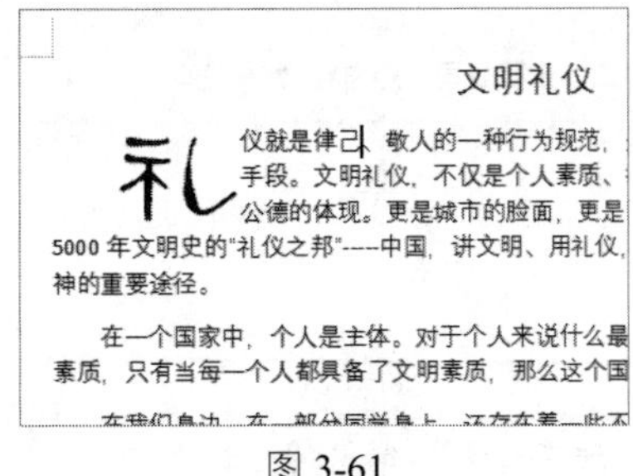

图 3-61

3.7.2　带圈字符

实例文件保存路径：配套素材\第 3 章\实例 19
实例效果文件名称：带圈字符 .wps

在编辑文档的过程中，有时需要在文档中添加带圈字符以起到强调文本的作用。下面介绍设置带圈字符的方法。

Step 01 打开名为“会议纪要”的素材文档，选中文本，一次只能选中一个字符，在“开始”选项卡中单击“拼音指南”下拉按钮，在弹出的选项中选择“带圈字符”选项，如图 3-62 所示。

Step 02 弹出“带圈字符”对话框，在“样式”区域中选择“增大圈号”选项，在“圈号”列表框中选择一种样式，单击“确定”按钮，如图 3-63 所示。

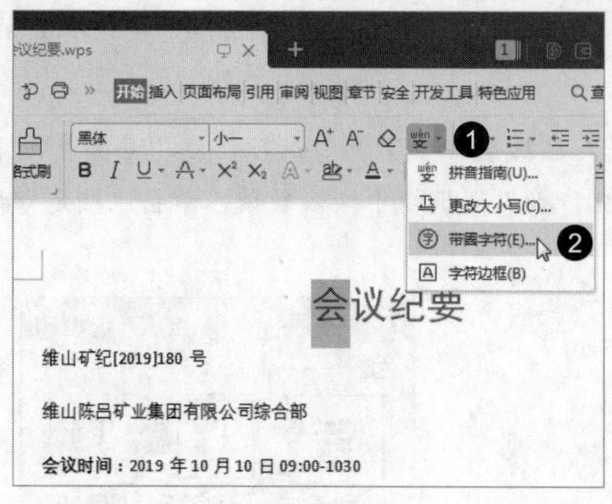

图 3-62

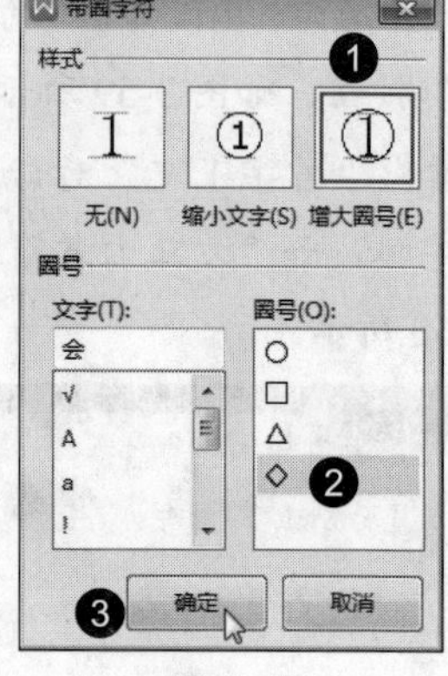

图 3-63

Step 03 通过以上步骤即可完成设置带圈字符效果的操作，如图 3-64 所示。

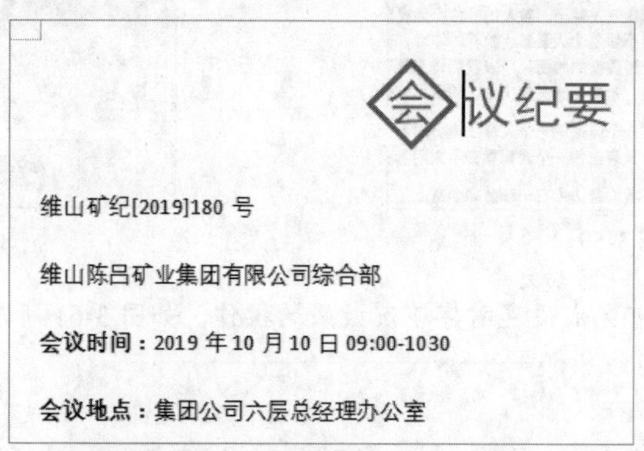

图 3-64

3.7.3 双行合一

	实例文件保存路径：配套素材 \ 第 3 章 \ 实例 20
	实例效果文件名称：双行合一 .wps

双行合一效果能使位于同一文本行的内容平均地分为两部分，前一部分排列在后一部分的上方，达到美化文本的作用。下面介绍设置双行合一的方法。

Step 01 打开名为“联合声明”的素材文档，选中文本，在“开始”选项卡中单击“中文版式”下拉按钮，在弹出的选项中选择“双行合一”选项，如图 3-65 所示。

Step 02 弹出“双行合一”对话框，勾选“带括号”复选框，在“括号样式”列表中选择一种样式，单击“确定”按钮，如图 3-66 所示。

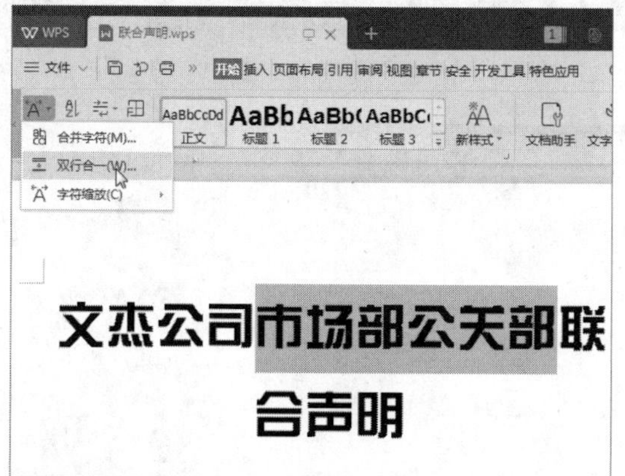

图 3-65

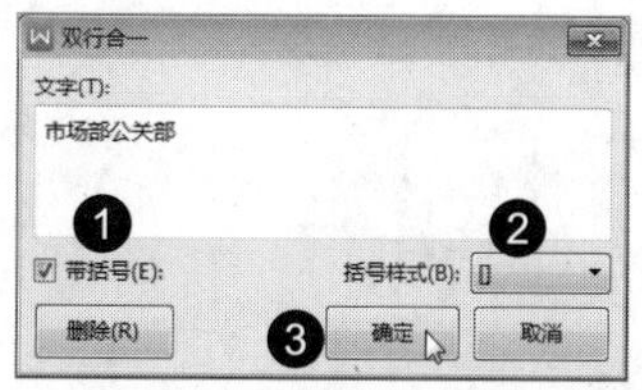

图 3-66

Step 03 通过以上步骤即可完成设置双行合一效果的操作，如图 3-67 所示。

图 3-67

3.7.4　插入屏幕截图

	实例文件保存路径：配套素材\第 3 章\实例 21
	实例效果文件名称：屏幕截图 .wps

屏幕截图是 WPS 文字软件非常实用的一个功能，它可以快速而轻松地将屏幕截图插入到文档中，以此来捕捉信息，且不需要退出正在使用的程序。下面介绍插入屏幕截图的方法。

Step 01 新建空白文档，选择“插入”选项卡，单击“截屏”下拉按钮，在弹出的选项中选择“屏幕截图”选项，如图 3-68 所示。

Step 02 进入截屏模式，按住鼠标左键并拖动，框选截图区域，如图 3-69 所示。

Step 03 释放鼠标，弹出工具栏，如果对截图满意单击“完成”按钮，如果不满意单击“退出截图”按钮，如图 3-70 所示。

图 3-68

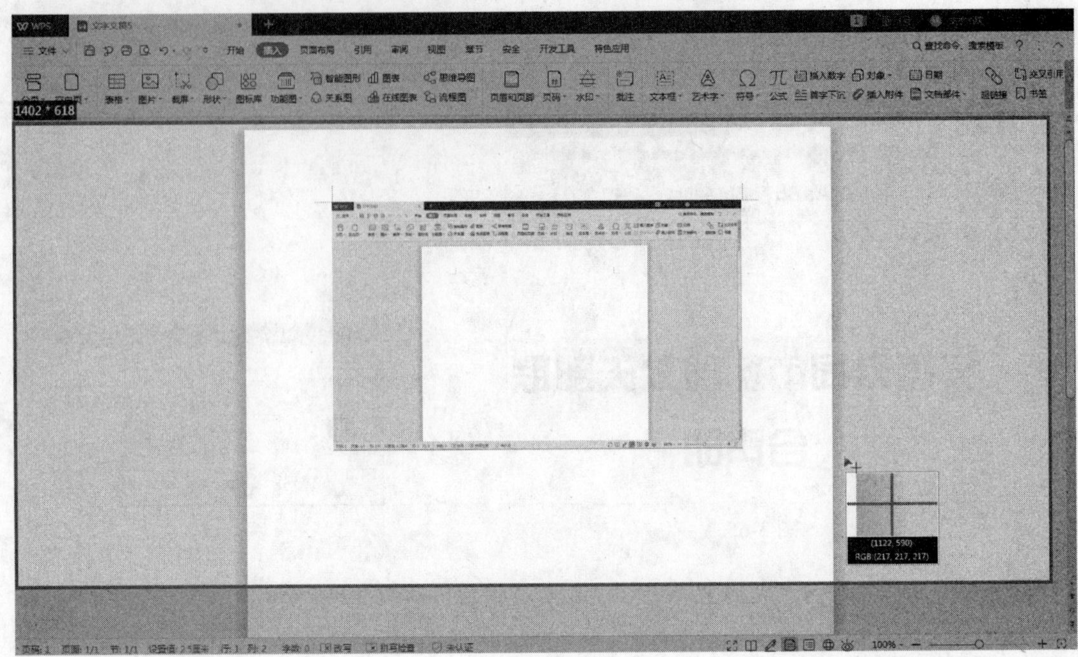

图 3-69

图 3-70

Step 04 返回到文档中，可以查看图片，如图 3-71 所示。

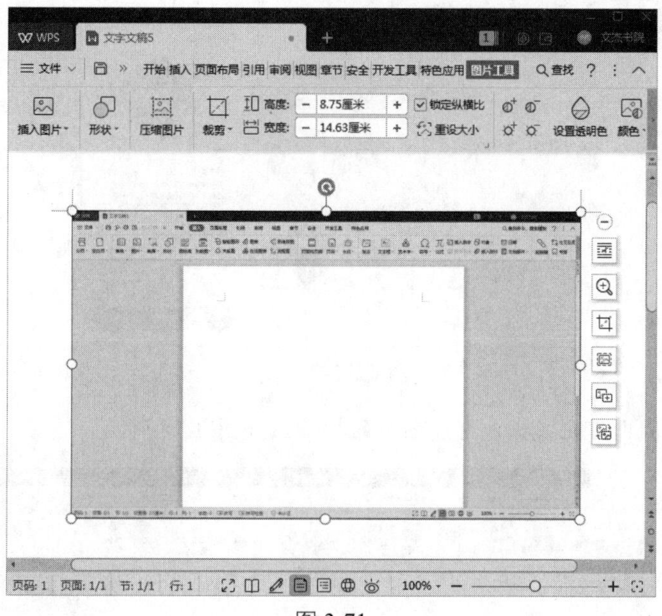

图 3-71

3.7.5　插入智能图形

实例文件保存路径：配套素材 \ 第 3 章 \ 实例 22

实例效果文件名称：插入智能图形 .wps

WPS 提供的智能图形可以使文字之间的关联性更加清晰、生动，避免了逐个插入并编辑形状的麻烦。下面介绍插入智能图形的方法。

Step 01 新建空白文档，选择“插入”选项卡，单击“智能图形”按钮，如图 3-72 所示。

图 3-72

Step 02 弹出“选择智能图形”对话框，选择“循环矩阵”选项，单击“确定”按钮，如图 3-73 所示。

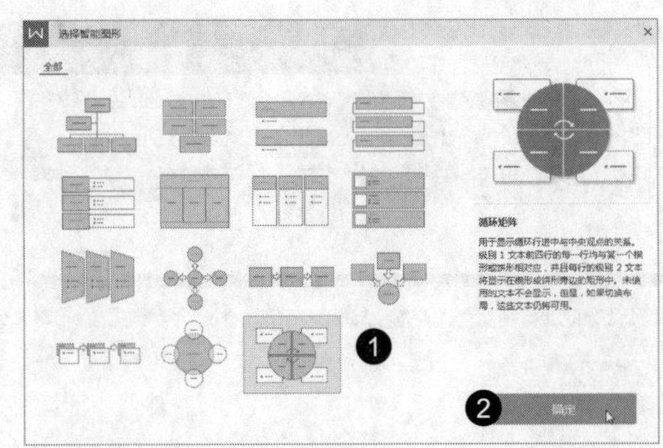

图 3-73

Step 03 通过以上步骤即可完成插入智能图形的操作，如图 3-74 所示。

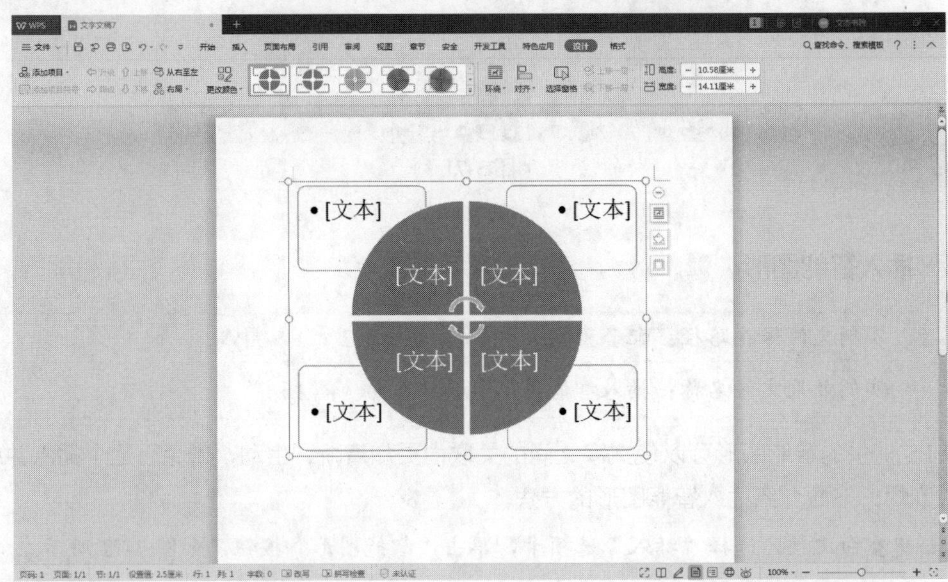

图 3-74

3.8 应用案例——制作企业培训流程图

本节以制作企业培训流程图为例，对本章所学知识点进行综合运用。制作流程图时，要做到色彩统一、图文结合、编排简洁，使读者能把握重点并快速获取需要的信息。

	实例文件保存路径：配套素材\第 3 章\实例 23
	实例效果文件名称：企业培训流程图 .docx

Step 01 新建空白文档，将其命名为“企业培训流程图”，设置流程图的页面边距、页面大小、插入背景等，如图 3-75 所示。

Step 02 选择“插入”选项卡，单击“艺术字”下拉按钮，在文档中插入艺术字标题“企业培训流程图”，并设置文字效果，如图 3-76 所示。

图 3-75

图 3-76

Step 03 根据企业的培训流程，在文档中插入自选图形，如图 3-77 所示。

Step 04 在插入的形状中，根据企业的培训流程添加文字，并对文字与形状的样式进行调整，如图 3-78 所示。

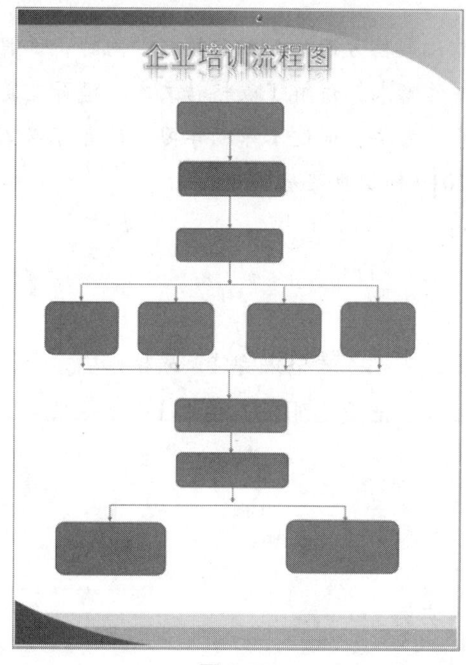

图 3-77

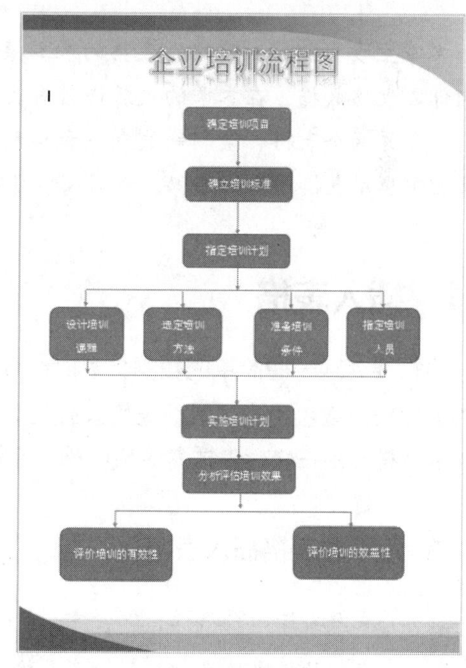

图 3-78

第 4 章 文档中的表格应用

本章要点☆

- 插入表格
- 表格的基本操作
- 美化表格
- 计算表格数据

本章主要内容☆

本章主要介绍插入表格、表格的基本操作和美化表格方面的知识与技巧，同时还讲解了如何计算表格数据，在本章的最后还针对实际的工作需求，讲解了表格转文本、跨页重复标题行、合并两个表格、绘制斜线表头和单元格编号的方法。通过本章的学习，读者可以掌握在文档中应用表格方面的知识，为深入学习 WPS 2019 知识奠定基础。

4.1 插入表格

当需要处理一些简单的数据信息时，可以在文档中插入表格来完成。表格是由多个行或列的单元格组成，用户可以在编辑文档的过程中向单元格中添加文字或图片，来丰富文档内容。本节将介绍在文档中插入表格的相关知识。

4.1.1 用示意表格插入表格

	实例文件保存路径：配套素材\第 4 章\实例 1
	实例效果文件名称：用示意表格插入表格 .wps

在制作 WPS 文档时，如果需要插入表格的行数或列数均未超过 10，那么，可以利用示意表格快速插入表格。下面介绍使用示意表格插入表格的方法。

Step 01 打开名为"销售表"的素材文档，选择"插入"选项卡，单击"表格"下拉按钮，在弹出的列表中利用鼠标指针在示意表格中拖出一个 5 行 5 列的表格，如图 4-1 所示。

Step 02 通过以上步骤即可完成使用示意表格插入表格的操作，如图 4-2 所示。

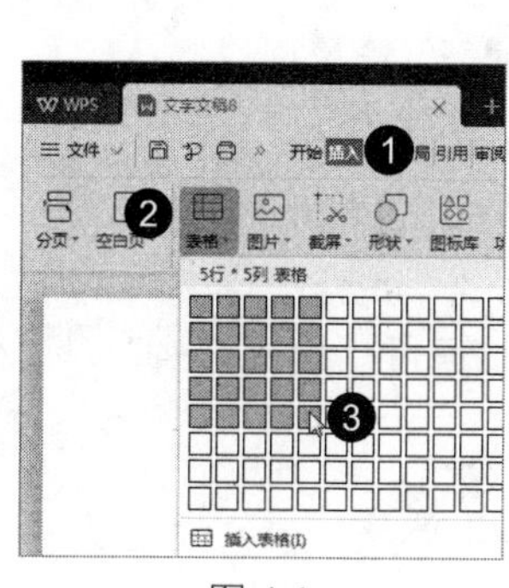

图 4-1

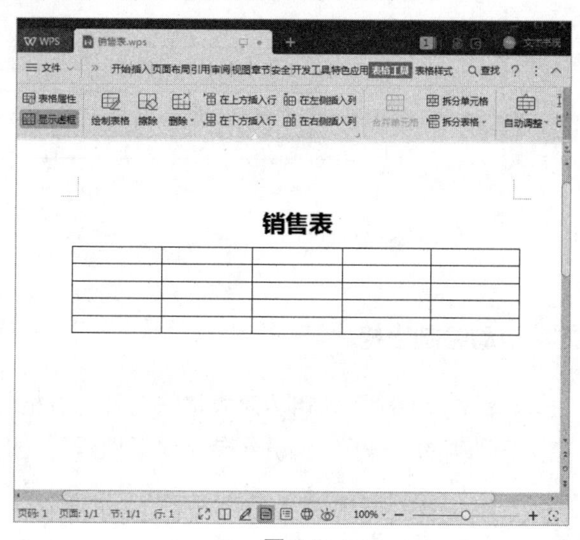

图 4-2

4.1.2　通过对话框插入表格

在 WPS 文档中除了利用示意表格快速插入表格外，还可以通过"插入表格"对话框，插入指定行和列的表格。下面介绍使用对话框插入表格的方法。

实例文件保存路径：配套素材 \ 第 4 章 \ 实例 2

实例效果文件名称：通过对话框插入表格 .wps

Step 01 新建空白文档，选择"插入"选项卡，单击"表格"下拉按钮，在弹出的选项中选择"插入表格"选项，如图 4-3 所示。

Step 02 弹出"插入表格"对话框，在"列数"和"行数"微调框中输入数值，单击"确定"按钮，如图 4-4 所示。

图 4-3

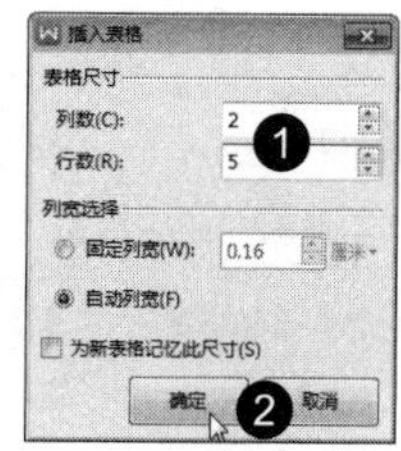

图 4-4

Step 03 通过以上步骤即可完成通过对话框插入表格的操作，如图 4-5 所示。

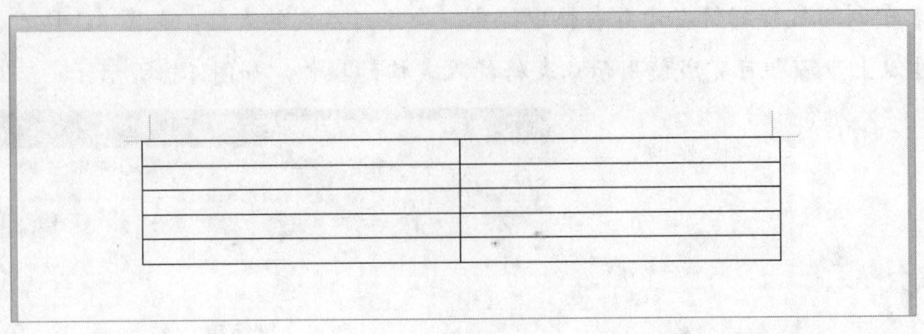

图 4-5

4.1.3 手动绘制表格

在 WPS 文档中除了利用示意表格快速插入表格外，还可以通过“插入表格”对话框，插入指定行和列的表格。下面介绍使用对话框插入表格的方法。

	实例文件保存路径：配套素材 \ 第 4 章 \ 实例 3
	实例效果文件名称：绘制表格 .wps

Step 01 新建空白文档，选择“插入”选项卡，单击“表格”下拉按钮，在弹出的选项中选择“绘制表格”选项，如图 4-6 所示。

Step 02 当光标变为铅笔样式时，按住鼠标左键不放，在文档合适位置绘制 13 行 7 列的表格，如图 4-7 所示。

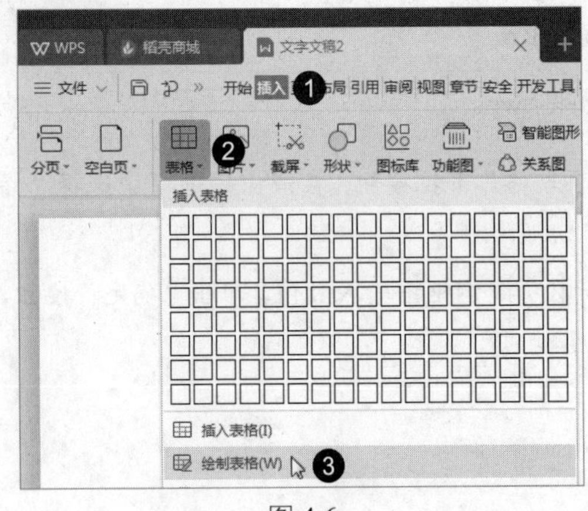

图 4-6

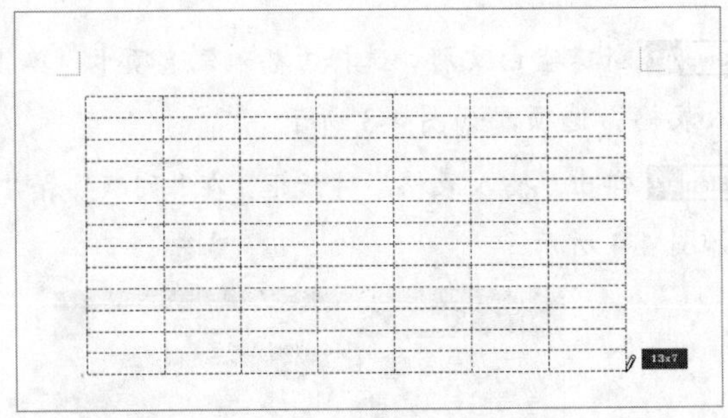

图 4-7

知识常识

如果想要删除表格，可以选中表格，文档自动切换到“表格工具”选项卡，在该选项卡中单击“删除”下拉按钮，在弹出的选项中选择“表格”选项即可删除表格。

4.2　表格的基本操作

在文档中插入表格后，用户还可以对表格中的行、列和单元格等对象进行插入或删除操作，以制作出满足需要的表格。表格的基本操作包括插入或删除行与列、合并与拆分单元格和输入数据等。

4.2.1　插入或删除行与列

实例文件保存路径：配套素材 \ 第 4 章 \ 实例 4

实例效果文件名称：插入或删除行与列 .wps

在编辑表格的过程中，有时需要在表格中插入或删除行与列，下面详细介绍在表格中插入或删除行与列的方法。

Step 01 打开名为“办公用品表”的素材文档，选中第 9 行单元格，在“表格工具”选项卡中单击“在上方插入行”按钮，如图 4-8 所示。

Step 02 在选中行的上方已经插入了一行空白单元格，如图 4-9 所示。

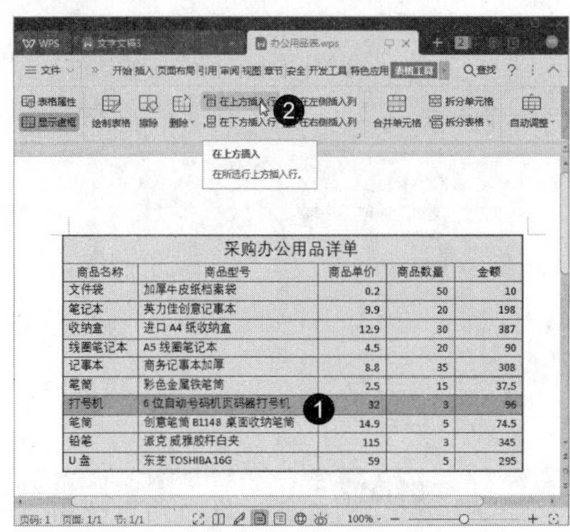

采购办公用品详单

商品名称	商品型号	商品单价	商品数量	金额
文件袋	加厚牛皮纸档案袋	0.2	50	10
笔记本	英力佳创意记事本	9.9	20	198
收纳盒	进口 A4 纸收纳盒	12.9	30	387
线圈笔记本	A5 线圈笔记本	4.5	20	90
记事本	商务记事本加厚	8.8	35	308
笔筒	彩色金属铁笔筒	2.5	15	37.5
打号机	6 位自动号码机页码器打号机	32	3	96
笔筒	创意笔筒 B1148 桌面收纳笔筒	14.9	5	74.5
铅笔	派克威雅胶杆白夹	115	3	345
U 盘	东芝 TOSHIBA16G	59	5	295

图 4-8

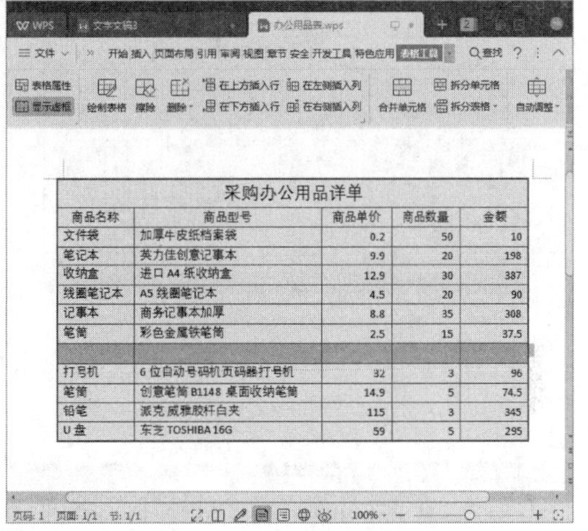

采购办公用品详单

商品名称	商品型号	商品单价	商品数量	金额
文件袋	加厚牛皮纸档案袋	0.2	50	10
笔记本	英力佳创意记事本	9.9	20	198
收纳盒	进口 A4 纸收纳盒	12.9	30	387
线圈笔记本	A5 线圈笔记本	4.5	20	90
记事本	商务记事本加厚	8.8	35	308
笔筒	彩色金属铁笔筒	2.5	15	37.5
打号机	6 位自动号码机页码器打号机	32	3	96
笔筒	创意笔筒 B1148 桌面收纳笔筒	14.9	5	74.5
铅笔	派克威雅胶杆白夹	115	3	345
U 盘	东芝 TOSHIBA16G	59	5	295

图 4-9

Step 03 选中第 3 列单元格，在“表格工具”选项卡中单击“在左侧插入列”按钮，如图 4-10 所示。

Step 04 在选中列的左侧已经插入了一列空白单元格，如图 4-11 所示。

Step 05 选中最后一行单元格，在“表格工具”选项卡中单击“删除”下拉按钮，在弹出的选项中选择“行”选项，如图 4-12 所示。

Step 06 可以看到最后一行单元格已经被删除，如图 4-13 所示。

Step 07 选中最右侧一列单元格，在“表格工具”选项卡中单击“删除”下拉按钮，在弹出的选项中选择“列”选项，如图 4-14 所示。

Step 08 可以看到最右一列单元格已经被删除，如图 4-15 所示。

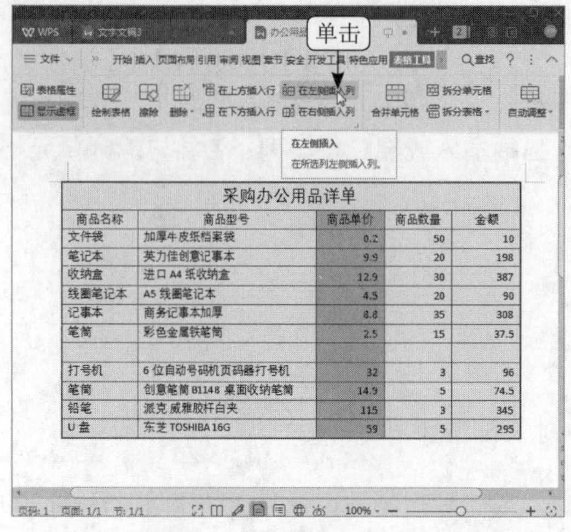

图 4-10

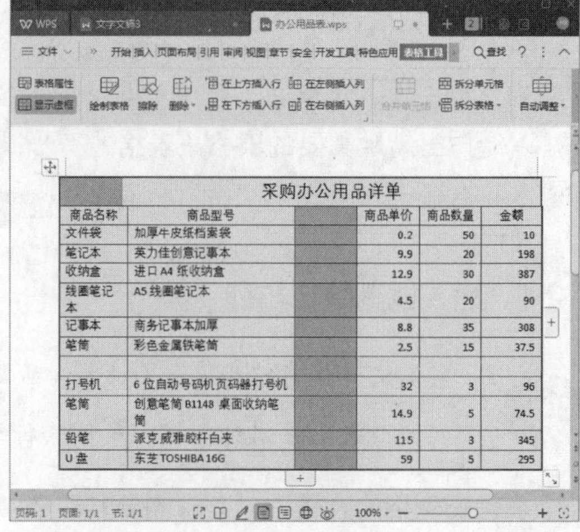

图 4-11

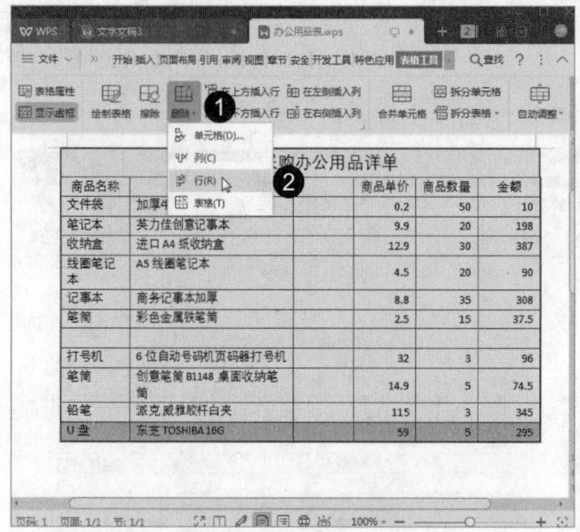

图 4-12

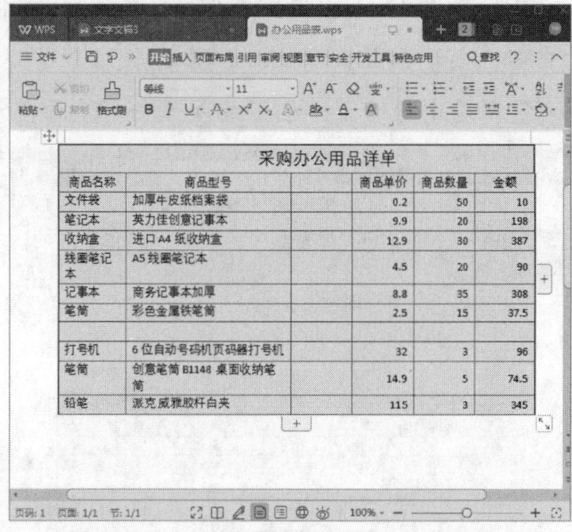

图 4-13

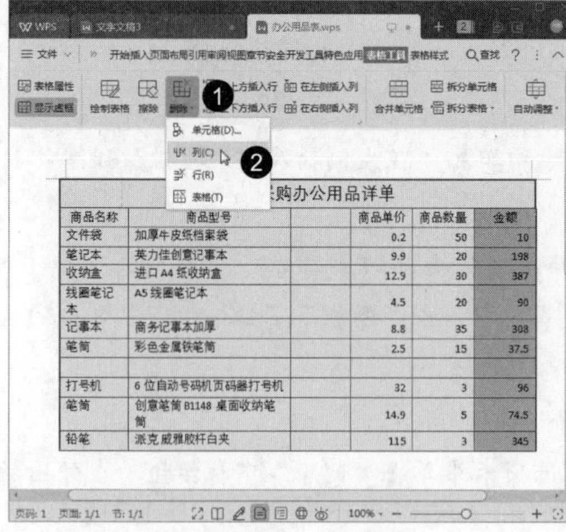

图 4-14

图 4-15

知识常识

将鼠标指针移至表格左侧的边框上，此时左侧边框将会自动显示“删除”按钮⊖和“增加”按钮⊕，单击其中的“删除”按钮，可快速删除所对应的行；单击“增加”按钮，则可在“增加”按钮对应行的上方增加一个空白行。如果想要在表格中增加或删除列，则应将鼠标指针移至表格上方的边框上，当同样出现“增加”按钮和“删除”按钮后，按照相同的操作方法也可以实现列的增加或删除操作。

4.2.2　合并与拆分单元格

	实例文件保存路径：配套素材\第 4 章\实例 5
	实例效果文件名称：单元格合并与拆分 .wps

在编辑表格的过程中，经常需要将多个单元格合并为一个单元格，或者将一个单元格拆分为多个单元格，此时就要用到合并和拆分功能。下面详细介绍合并与拆分单元格的操作方法。

Step 01 打开名为“办公用品申购表”的素材文档，选中倒数第 2 行单元格，在“表格工具”选项卡中单击“合并单元格”按钮，如图 4-16 所示。

Step 02 此时单元格已经被合并，如图 4-17 所示。

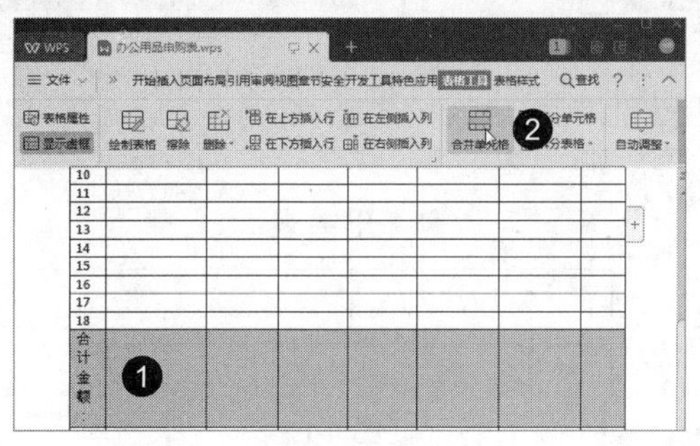

图 4-16

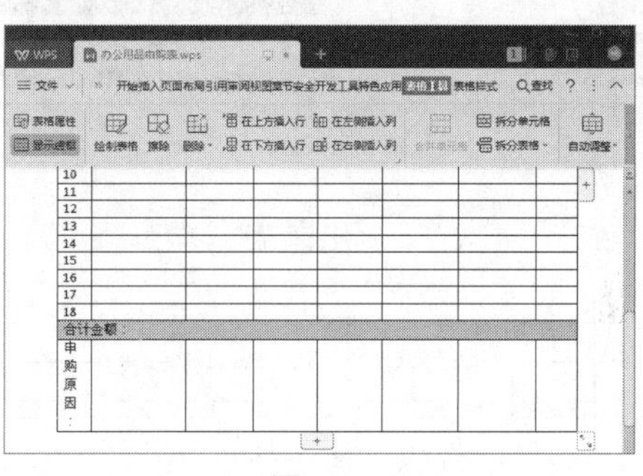

图 4-17

Step 03 将光标定位在准备进行拆分的单元格内，在“表格工具”选项卡中单击“拆分单元格”按钮，如图 4-18 所示。

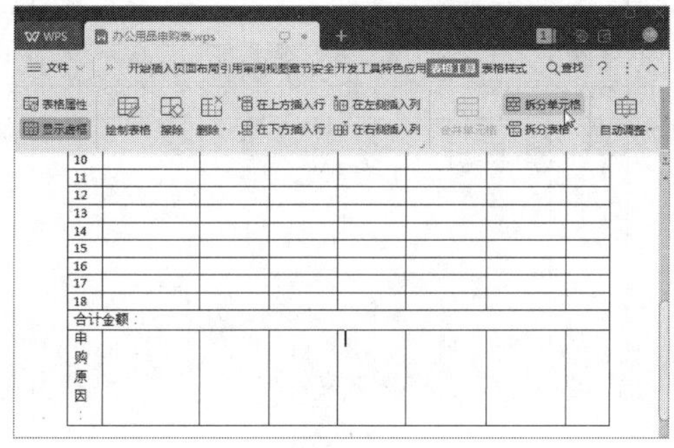

图 4-18

Step 04 弹出“拆分单元格”对话框，在“列数”和“行数”微调框中输入数值，单击“确定”按钮，如图 4-19 所示。

Step 05 单元格拆分完成，如图 4-20 所示。

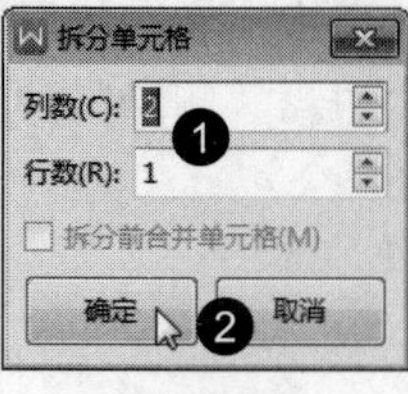

图 4-19

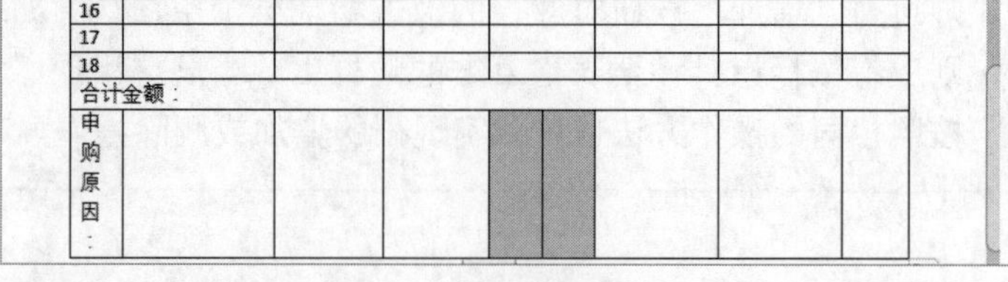

图 4-20

4.2.3 输入数据

实例文件保存路径：配套素材\第 4 章\实例 6
实例效果文件名称：输入数据 .wps

在表格中输入数据是制作表格最重要的一步，下面介绍输入数据的方法。

Step 01 打开名为“出差表”的素材文档，定位光标，使用输入法输入内容，如图 4-21 所示。

Step 02 按下空格键完成输入，如图 4-22 所示。

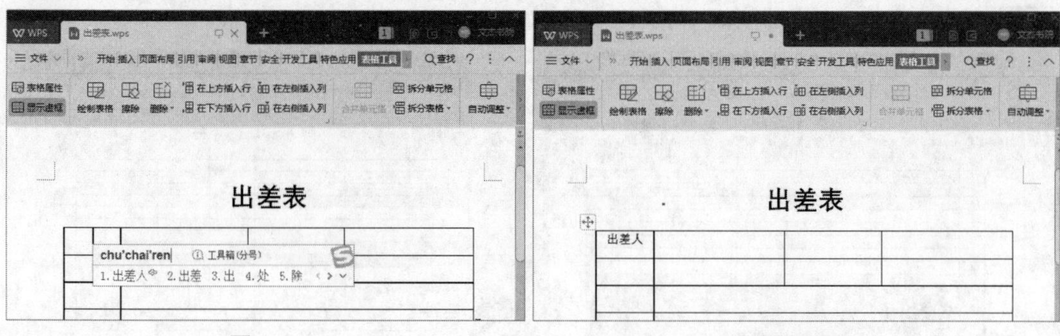

图 4-21　　图 4-22

Step 03 此时完成整个表格的输入，如图 4-23 所示。

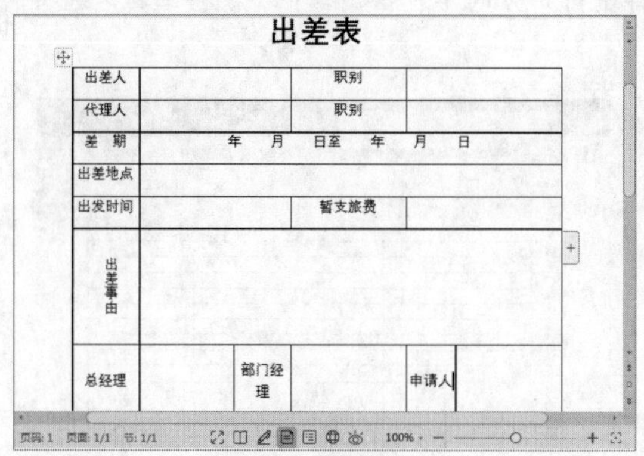

图 4-23

4.3　美化表格

在 WPS 文档中插入表格后，用户还可以对表格应用样式，设置表格中文字的对齐方式以及调整文字的方向，还可以对表格的底纹和边框进行设置。本节将详细介绍美化表格的相关知识。

4.3.1　应用表格样式

实例文件保存路径：配套素材\第 4 章\实例 7

实例效果文件名称：应用表格样式 .wps

用户可以给表格应用 WPS 自带的一些表格样式，达到快速美化表格的目的。下面介绍应用表格样式的方法。

Step 01 打开名为“库存盘点表”的素材文档，选中整个表格，选择“表格样式”选项卡，在“表格样式”库中选择一个样式，如图 4-24 所示。

Step 02 表格已经应用了样式，如图 4-25 所示。

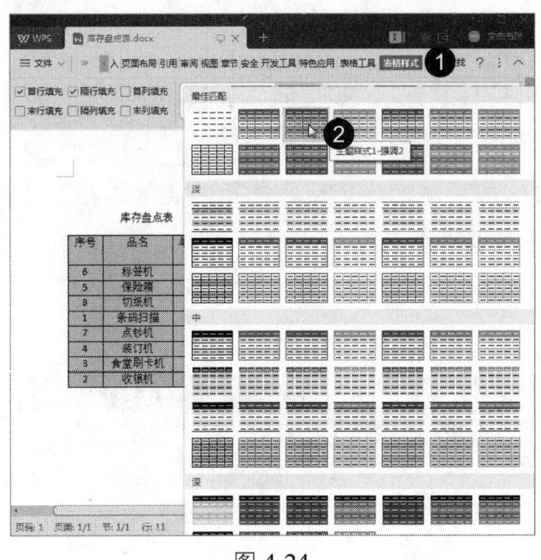

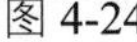

图 4-24

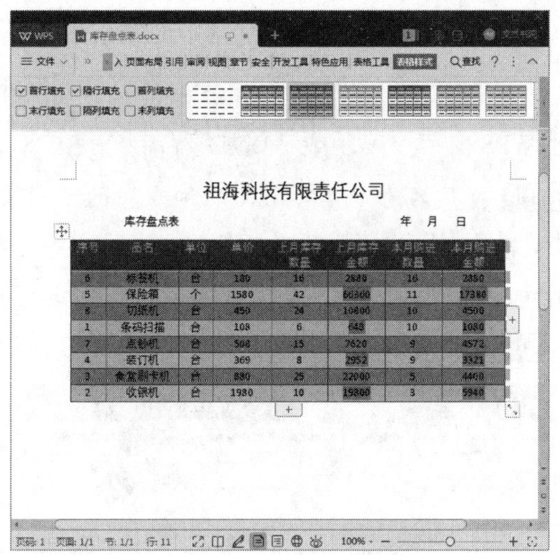

图 4-25

4.3.2　设置对齐方式

实例文件保存路径：配套素材\第 4 章\实例 8

实例效果文件名称：设置对齐方式 .wps

表格的对齐方式，主要是指单元格中文本的对齐，包括水平居中、靠上右对齐、靠下右对齐、靠上居中对齐等不同方式。下面介绍设置对齐方式的方法。

Step 01 打开名为“销售表”的素材文档，选中整个表格，选择“表格工具”选项卡，单击“对齐方式”下拉按钮，在弹出的选项中选择“水平居中”选项，如图 4-26 所示。

Step 02 表格文本已经水平居中显示，如图 4-27 所示。

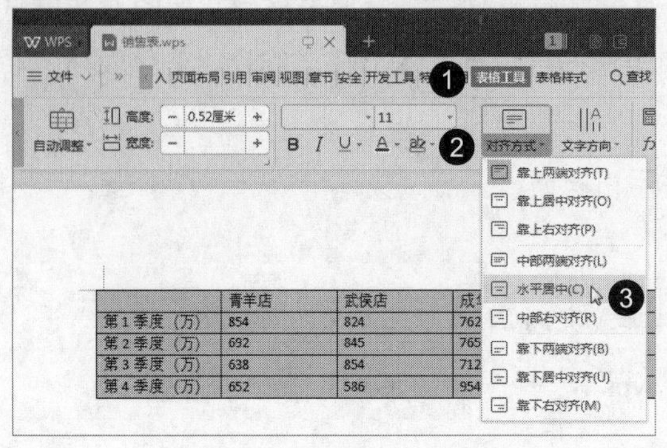

图 4-26

	青羊店	武侯店	成华店	金牛店
第 1 季度（万）	854	824	762	584
第 2 季度（万）	692	845	765	489
第 3 季度（万）	638	854	712	548
第 4 季度（万）	652	586	954	852

图 4-27

4.3.3 调整文字方向

实例文件保存路径：配套素材 \ 第 4 章 \ 实例 9
实例效果文件名称：调整文字方向 .wps

在制作表格的过程中，有时会用到文字的各种排版样式，如横向、竖向和倒立等，从而让 WPS 文字更美观或者更加符合制作需求。下面介绍调整文字方向的方法。

Step 01 打开名为“办公用品明细表”的素材文档，选中单元格区域，选择“表格工具”选项卡，单击“文字方向”下拉按钮，在弹出的选项中选择“垂直方向从右往左”选项，如图 4-28 所示。

Step 02 表格文本已经垂直显示，如图 4-29 所示。

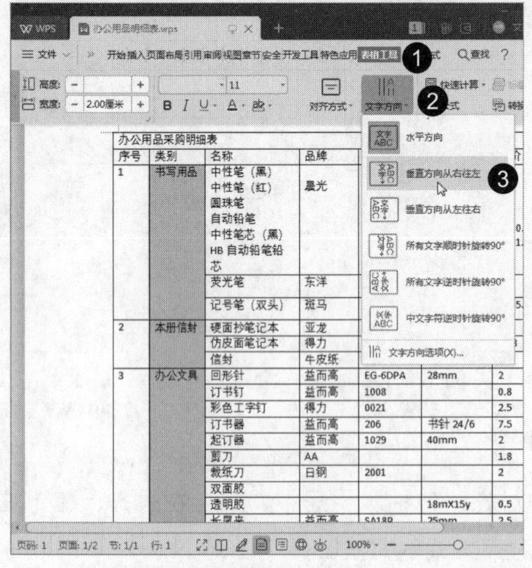

图 4-28

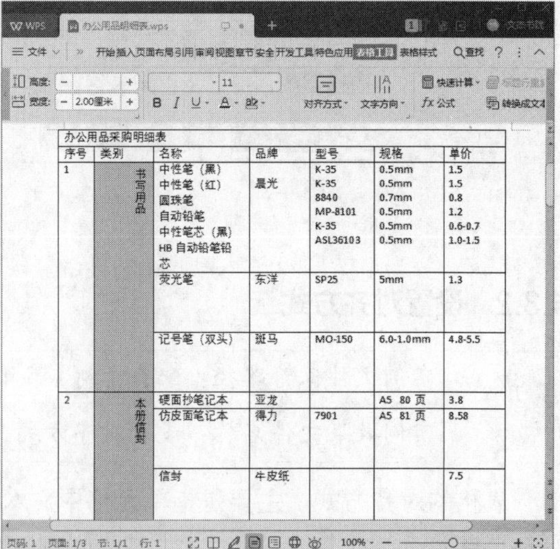

图 4-29

4.3.4 设置表格的边框和底纹

实例文件保存路径：配套素材\第 4 章\实例 10
实例效果文件名称：边框和底纹 .wps

用户不仅可以为表格设置边框和底纹，还可以为单个单元格设置边框和底纹。下面介绍设置边框和底纹的方法。

Step 01 打开素材文档，选中第 1 行单元格，选择“表格样式”选项卡，单击“底纹”下拉按钮，在弹出的选项中选择一种颜色，如图 4-30 所示。

Step 02 选中的单元格区域已经添加了底纹，如图 4-31 所示。

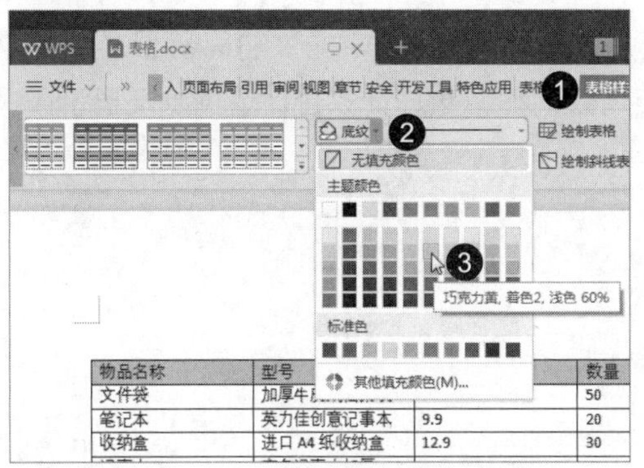

图 4-30

办公用品表格

物品名称	型号	单价	数量
文件袋	加厚牛皮纸档案袋	0.2	50
笔记本	英力佳创意记事本	9.9	20
收纳盒	进口 A4 纸收纳盒	12.9	30
记事本	商务记事本加厚	8.8	35
笔筒	彩色金属铁笔筒	2.5	15

图 4-31

Step 03 将光标定位在表格中，在“表格样式”选项卡中单击“边框”下拉按钮，在弹出的选项中选择“边框和底纹”选项，如图 4-32 所示。

Step 04 弹出“边框和底纹”对话框，在“边框”选项卡的“设置”区域选择“全部”选项，在“线型”列表框中选择一种线条类型，在“颜色”库中选择一种颜色，在“宽度”列表中选择“1.5 磅”选项，单击“确定”按钮，如图 4-33 所示。

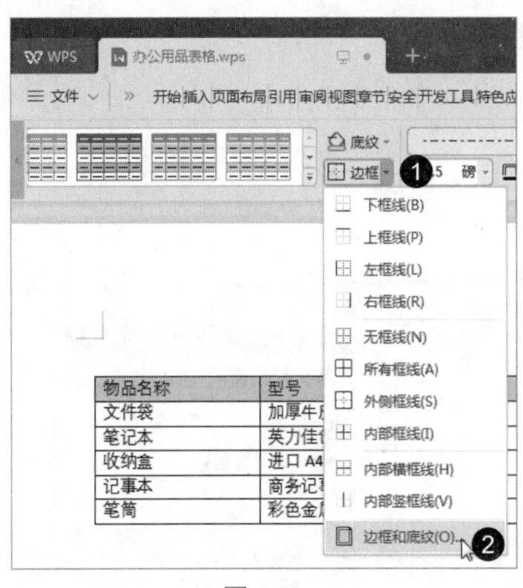

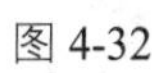

图 4-32

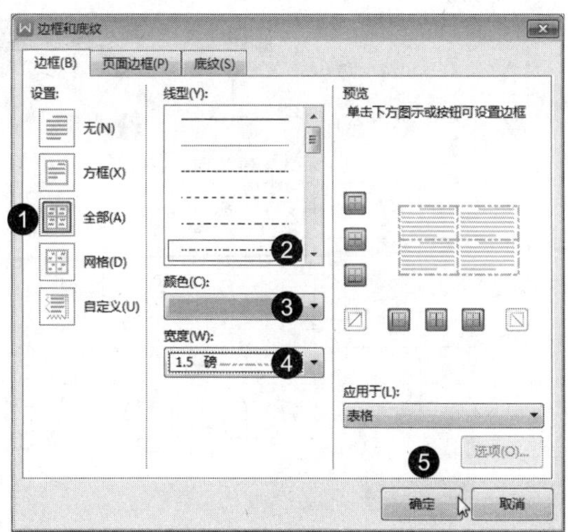

图 4-33

Step 05 通过以上步骤即可完成设置边框的操作，如图 4-34 所示。

办公用品表格			
物品名称	型号	单价	数量
文件袋	加厚牛皮纸档案袋	0.2	50
笔记本	英力佳创意记事本	9.9	20
收纳盒	进口 A4 纸收纳盒	12.9	30
记事本	商务记事本加厚	8.8	35
笔筒	彩色金属铁笔筒	2.5	15

图 4-34

4.4 计算表格数据

制作好表格的框架并输入相关的数据后，用户可以利用 WPS 提供的简易公式计算功能，自动填写合计金额。本节将介绍在表格中使用公式和函数、计算合计金额以及显示人民币大写金额的方法。

4.4.1 在表格中使用公式和函数

实例文件保存路径：配套素材 \ 第 4 章 \ 实例 11

实例效果文件名称：使用公式和函数 .wps

在 WPS 文档中，不仅可以制作表格，还可以对表格中的数据进行计算，下面介绍在表格中使用公式和函数计算数据的操作。

Step 01 打开名为"员工考核成绩统计表"的素材文档，将光标定位在单元格中，选择"表格工具"选项卡，单击"公式"按钮，如图 4-35 所示。

Step 02 弹出"公式"对话框，"公式"文本框中为默认的求和公式，在"数字格式"选项中选择合适的数字格式，单击"确定"按钮，如图 4-36 所示。

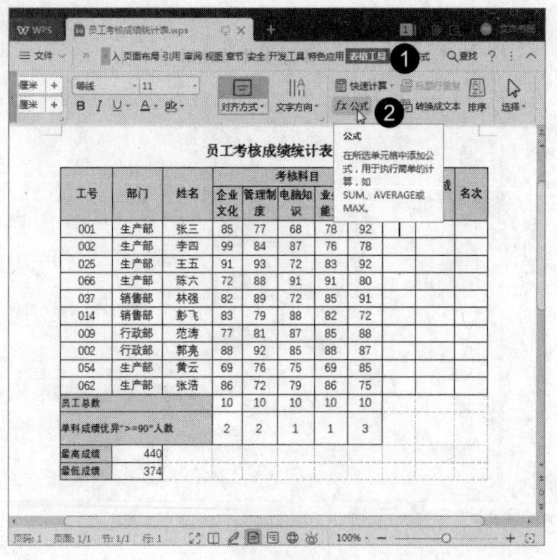

图 4-35

图 4-36

Step 03 返回编辑区，可以看到单元格中已经显示出计算结果，然后按照同样的方法，计算其他人的总成绩，如图 4-37 所示。

员工考核成绩统计表

工号	部门	姓名	考核科目					总成绩	平均成绩	名次
			企业文化	管理制度	电脑知识	业务能力	团体贡献			
001	生产部	张三	85	77	68	78	92	401		
002	生产部	李四	99	84	87	76	78	424		
025	生产部	王五	91	93	72	83	92	431		
066	生产部	陈六	72	88	91	91	80	422		
037	销售部	林强	82	89	72	85	91	419		
014	销售部	彭飞	83	79	88	82	72	404		
009	行政部	范涛	77	81	87	85	88	418		
002	行政部	郭亮	88	92	85	88	87	440		
054	生产部	黄云	69	76	75	69	85	374		
062	生产部	张浩	86	72	79	86	75	398		

图 4-37

Step 04 计算平均分。选中单元格区域，单击“快速计算”下拉按钮，在弹出的选项中选择“平均值”选项，如图 4-38 所示。

Step 05 单元格中已经显示计算结果，按照同样的方法，计算其他人的平均分，如图 4-39 所示。

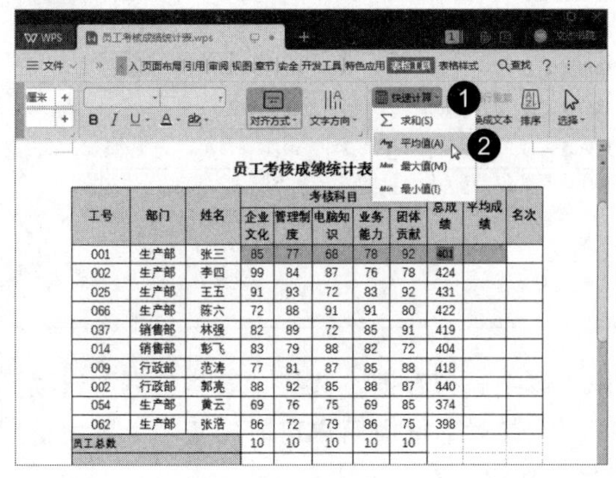

图 4-38

员工考核成绩统计表

工号	部门	姓名	考核科目					总成绩	平均成绩	名次
			企业文化	管理制度	电脑知识	业务能力	团体贡献			
001	生产部	张三	85	77	68	78	92	401	133.5	
002	生产部	李四	99	84	87	76	78	424	141.3	
025	生产部	王五	91	93	72	83	92	431	143.6	
066	生产部	陈六	72	88	91	91	80	422	140.6	
037	销售部	林强	82	89	72	85	91	419	139.6	
014	销售部	彭飞	83	79	88	82	72	404	134.6	
009	行政部	范涛	77	81	87	85	88	418	139.3	
002	行政部	郭亮	88	92	85	88	87	440	146.6	
054	生产部	黄云	69	76	75	69	85	374	124.6	
062	生产部	张浩	86	72	79	86	75	398	132.6	
员工总数			10	10	10	10	10			
单科成绩优异">=90"人数			2	2	1	1	3			
最高成绩	440									
最低成绩	374									

图 4-39

4.4.2　显示人民币大写金额

实例文件保存路径：配套素材\第 4 章\实例 12
实例效果文件名称：人民币大写金额 .wps

一些表格中的金额需要大写显示，WPS 也能通过公式来实现。下面介绍显示人民币大写金额的方法。

Step 01 打开名为“差旅费统计表”的素材文档，将光标定位在单元格中，选择“表格工具”选项卡，单击“公式”按钮，如图 4-40 所示。

Step 02 弹出“公式”对话框，在“公式”文本框中输入公式，在“数字格式”选项中选择“人民币大写”选项，单击“确定”按钮，如图 4-41 所示。

Step 03 返回编辑区，可以看到单元格中已经显示出计算结果，如图 4-42 所示。

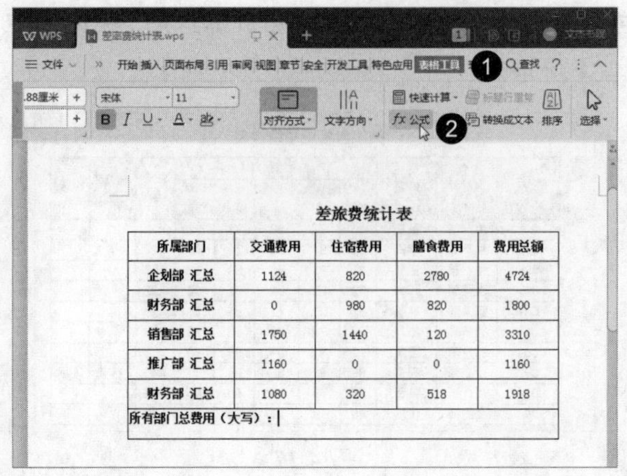

图 4-40

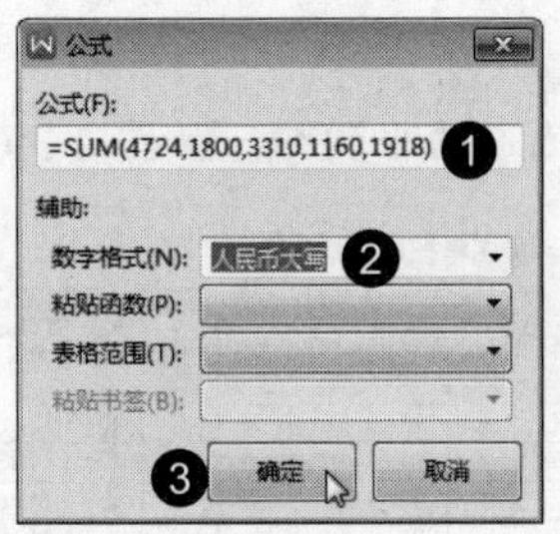

图 4-41

差旅费统计表

所属部门	交通费用	住宿费用	膳食费用	费用总
企划部 汇总	1124	820	2780	4724
财务部 汇总	0	980	820	1800
销售部 汇总	1750	1440	120	3310
推广部 汇总	1160	0	0	1160
财务部 汇总	1080	320	518	1918
所有部门总费用（大写）：壹万贰仟玖佰壹拾贰元整				

图 4-42

知识常识

用户还可以对表格中的数据进行排序操作，选中一列数据，选择“表格工具”选项卡，单击“排序”按钮，弹出“排序”对话框，在该对话框中用户可以设置“主要关键字”“次要关键字”和“第三关键字”选项来进行排序。

4.5 新手进阶

本节将介绍一些使用 WPS 设置表格的技巧供用户学习，通过这些技巧，用户可以更进一步掌握使用 WPS 的方法，包括设置表格转文本、跨页重复标题行、合并两个表格、绘制斜线表头以及单元格编号。

4.5.1 表格转文本

实例文件保存路径：配套素材\第 4 章\实例 13

实例效果文件名称：表格转文本 .wps

使用 WPS 制作表格时，允许将表格转换成文本。下面详细介绍在 WPS 中将表格转换为文本的操作。

Step 01 打开素材文档，选择“表格工具”选项卡，单击“转换成文本”按钮，如图 4-43 所示。

Step 02 弹出“表格转换成文本”对话框，在“文字分隔符”区域单击“制表符”单选按钮，单击“确定”按钮，如图 4-44 所示。

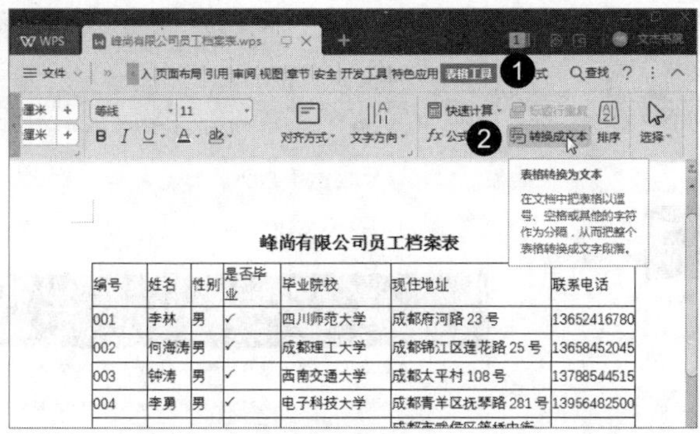

图 4-43

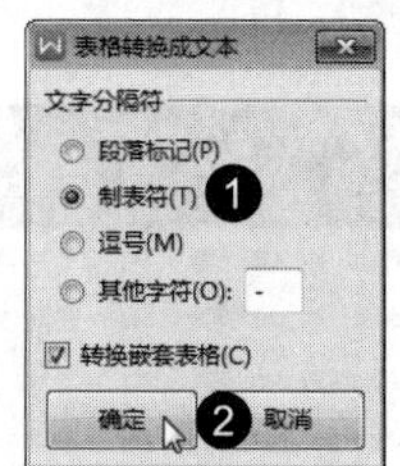

图 4-44

Step 03 通过以上步骤即可完成将表格转换为文本的操作，如图 4-45 所示。

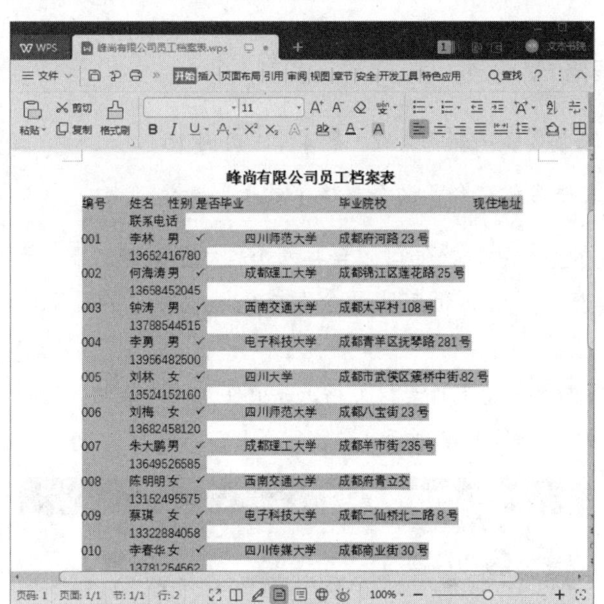

图 4-45

4.5.2 跨页重复标题行

实例文件保存路径：配套素材\第 4 章\实例 14
实例效果文件名称：跨页重复标题行 .wps

当表格内容较长时，可能会需要两页甚至更多页才能完整显示表格内容，但是从第二页开始，表格就没有标题行了，非常不便于表格数据的查看，用户可以利用 WPS 中的标题行

重复功能来解决这一问题。下面介绍跨页重复标题行的方法。

Step 01 打开名为“客户信息管理表”的素材文档，将光标定位在标题行中，选择“表格工具”选项卡，单击“标题行重复”按钮，如图 4-46 所示。

Step 02 可以看到第 2 页页首添加了标题行，如图 4-47 所示。

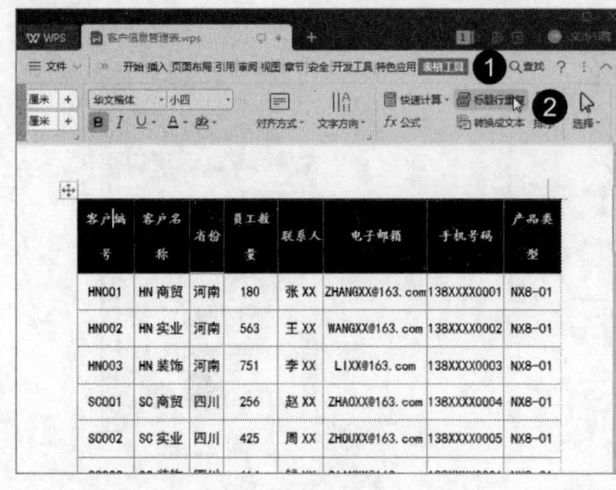

图 4-46

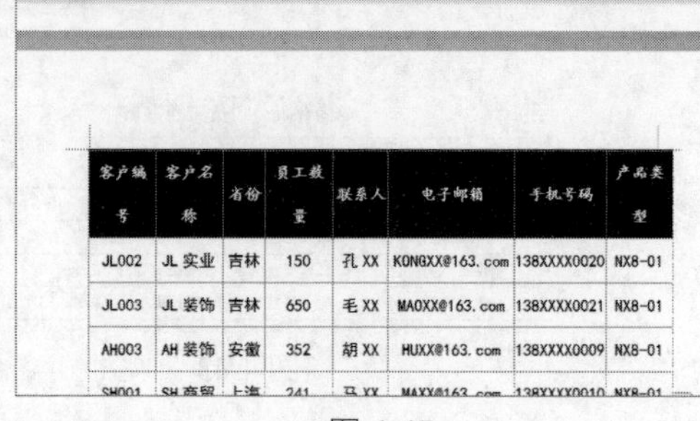

图 4-47

4.5.3 合并两个表格

	实例文件保存路径：配套素材 \ 第 4 章 \ 实例 15
	实例效果文件名称：合并两个表格（效果）.wps

将两个表格之间的空行去掉，便可以合并两个独立的表格。删除两个表格之间的空行，虽然能将两个表格连接在一起，但其实两个表格仍然是独立的。下面介绍合并两个表格的方法。

Step 01 打开名为“合并两个表格”的素材文档，选中任意一个表格，选择“表格工具”选项卡，单击“表格属性”按钮，如图 4-48 所示。

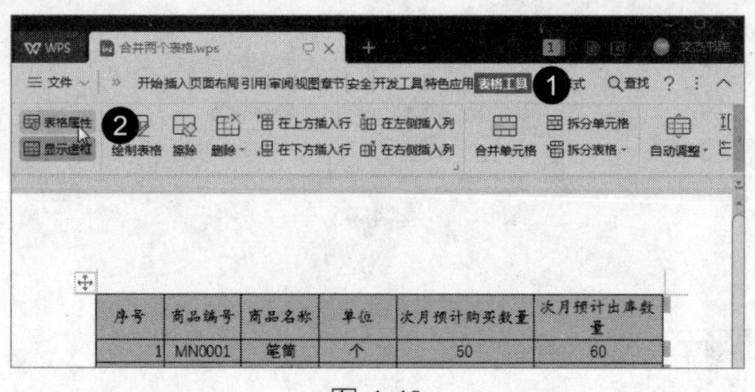

图 4-48

Step 02 弹出“表格属性”对话框，在“表格”选项卡的“文字环绕”栏中选择“无”选项，单击“确定”按钮，如图 4-49 所示。

Step 03 再选中另一表格，按照同样方法进行设置，如图 4-50 所示。

Step 04 将两个表格之间的空行删除，即可完成合并操作，如图 4-51 所示。

图 4-49

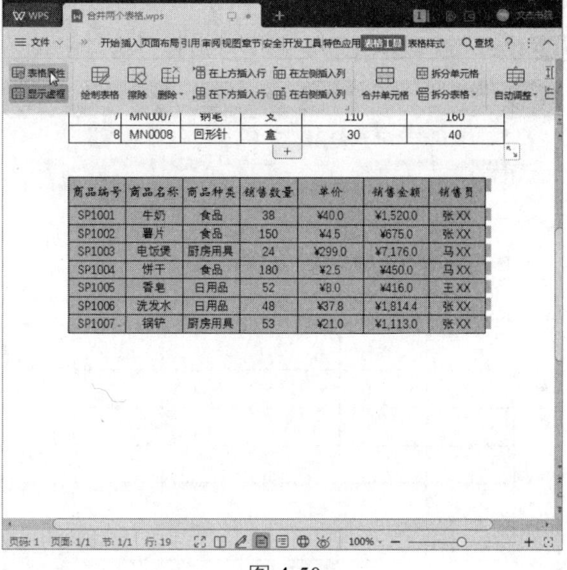

7	MN0007	钢笔	支	110	160
8	MN0008	回形针	盒	30	40

商品编号	商品名称	商品种类	销售数量	单价	销售金额	销售员
SP1001	牛奶	食品	38	¥40.0	¥1,520.0	张XX
SP1002	薯片	食品	150	¥4.5	¥675.0	张XX
SP1003	电饭煲	厨房用具	24	¥299.0	¥7,176.0	马XX
SP1004	饼干	食品	180	¥2.5	¥450.0	马XX
SP1005	香皂	日用品	52	¥8.0	¥416.0	王XX
SP1006	洗发水	日用品	48	¥37.8	¥1,814.4	张XX
SP1007	锅铲	厨房用具	53	¥21.0	¥1,113.0	张XX

图 4-50

序号	商品编号	商品名称	单位	次月预计购买数量	次月预计出库数量
1	MN0001	笔筒	个	50	60
2	MN0002	大头针	盒	30	40
3	MN0003	档案袋	个	180	200
4	MN0004	订书机	个	10	10
5	MN0005	复写纸	包	20	60
6	MN0006	复印纸	包	110	200
7	MN0007	钢笔	支	110	160
8	MN0008	回形针	盒	30	40

商品编号	商品名称	商品种类	销售数量	单价	销售金额	销售员
SP1001	牛奶	食品	38	¥40.0	¥1,520.0	张XX
SP1002	薯片	食品	150	¥4.5	¥675.0	张XX
SP1003	电饭煲	厨房用具	24	¥299.0	¥7,176.0	马XX
SP1004	饼干	食品	180	¥2.5	¥450.0	马XX
SP1005	香皂	日用品	52	¥8.0	¥416.0	王XX
SP1006	洗发水	日用品	48	¥37.8	¥1,814.4	张XX
SP1007	锅铲	厨房用具	53	¥21.0	¥1,113.0	张XX

图 4-51

4.5.4　绘制斜线表头

实例文件保存路径：配套素材\第 4 章\实例 16

实例效果文件名称：斜线表头（效果）.wps

有时为了使表格中的各项内容展示得更清晰，可以使用 WPS 提供的斜线表头功能。下面介绍绘制斜线表头的方法。

Step 01 打开名为“斜线表头”的素材文档，选中第 1 个单元格，选择“表格样式”选项卡，单击“绘制斜线表头”按钮，如图 4-52 所示。

Step 02 弹出“斜线单元格类型”对话框，选择一种样式，单击“确定”按钮，如图 4-53 所示。

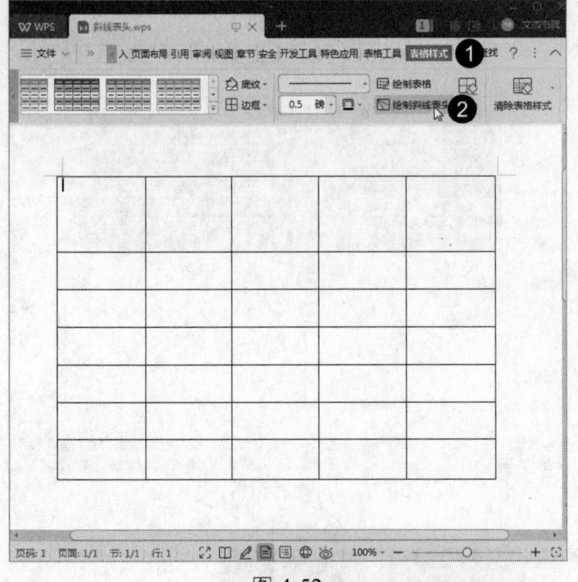

图 4-52

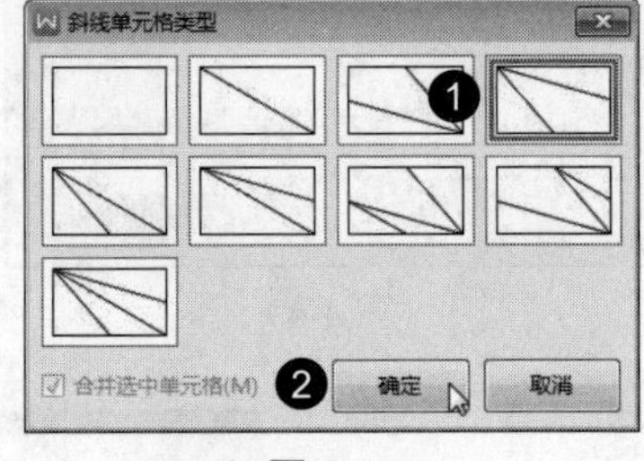

图 4-53

Step 03 此时单元格显示斜线表头样式，在其中输入内容即可完成绘制斜线表头的操作，如图 4-54 所示。

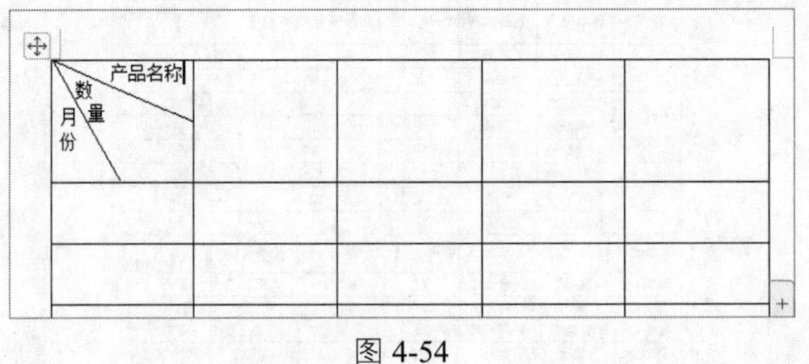

图 4-54

4.5.5 单元格编号

	实例文件保存路径：配套素材 \ 第 4 章 \ 实例 17
	实例效果文件名称：单元格编号 .wps

制作表格的过程中，有时会遇到输入有规律数据的情况，如在每行的开头使用连续编号，用户可以利用 WPS 提供的编号功能，自动输入这些数据。下面介绍给单元格编号的方法。

Step 01 打开名为“单元格编号”的素材文档，选中需要自动编号的单元格区域，选择“开始”选项卡，单击“编号”下拉按钮，在弹出的选项中选择“自定义编号”选项，如图 4-55 所示。

Step 02 弹出“项目符号和编号”对话框，选择一种样式，单击“自定义”按钮，如图 4-56 所示。

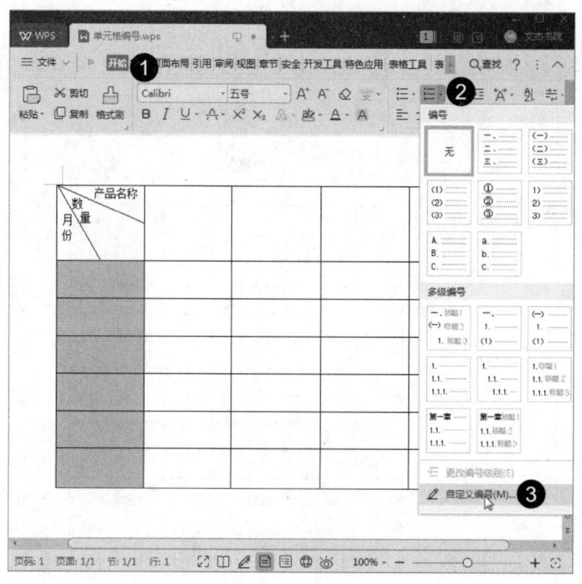

图 4-55

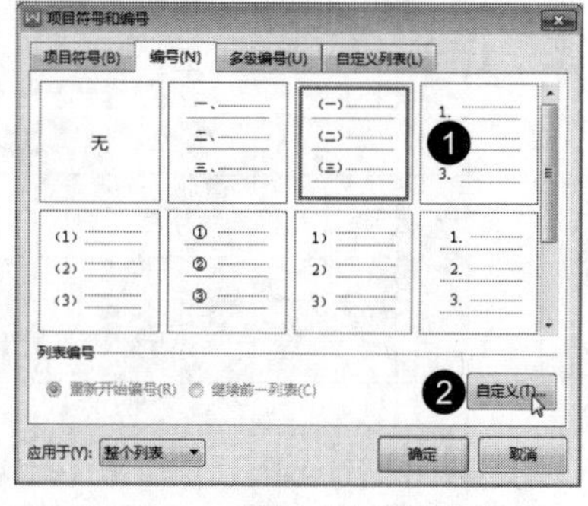

图 4-56

Step 03 弹出“自定义编号列表”对话框，在“编号格式”文本框中输入内容，单击“确定”按钮，如图 4-57 所示。

Step 04 通过以上步骤即可完成给单元格编号的操作，如图 4-58 所示。

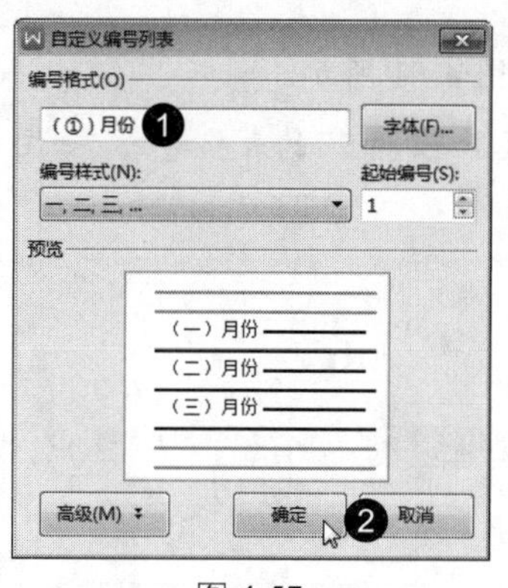

图 4-57

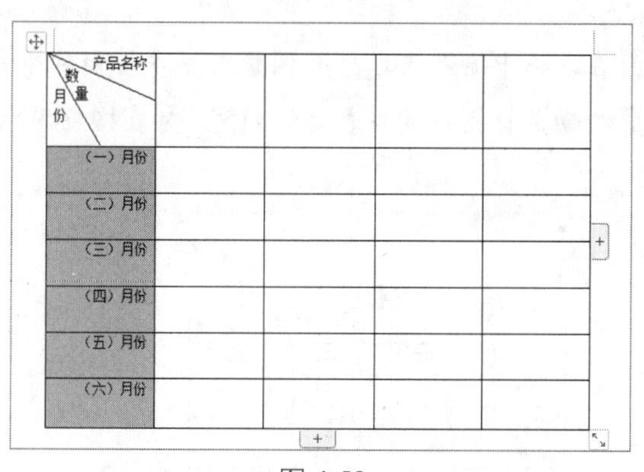

图 4-58

4.6　应用案例——制作应聘登记表

本节以制作应聘登记表为例，对本章所学知识点进行综合运用。应聘登记表要涵盖应聘者的姓名、性别、出生日期、照片粘贴处、籍贯、居住地、民族、身高、体重、学历、毕业院校、毕业时间、专业、所获证书、应聘职位工作经历等内容。

	实例文件保存路径：配套素材 \ 第 4 章 \ 实例 18
	实例效果文件名称：应聘登记表 .wps

Step 01 新建空白文档，将其命名为“应聘登记表”，输入表格标题，利用“插入表格”对话框

插入一个 17 行 7 列的表格，如图 4-59 所示。

Step 02 在“表格工具”选项卡中对单元格进行合并和拆分操作，得到效果如图 4-60 所示。

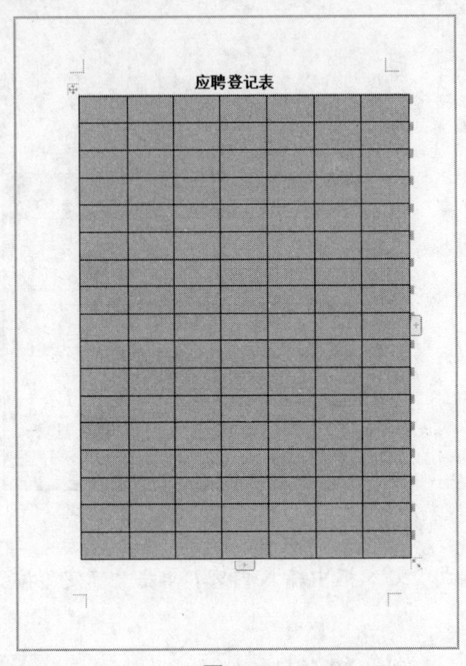

图 4-59

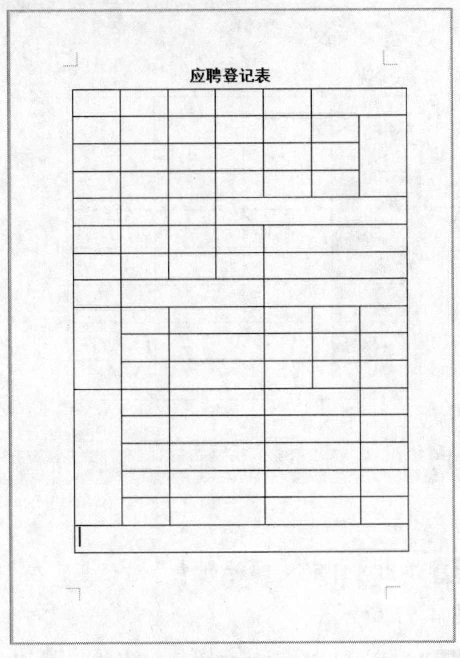

图 4-60

Step 03 在表格中输入内容，并调整文字方向和对齐方式，如图 4-61 所示。

Step 04 拖动鼠标指针调整表格的列宽，对表格应用“浅色样式 1- 强调 5”的表格样式，如图 4-62 所示。

应聘登记表

姓名		性别		出生日期		
户口所在地		婚否		身高		照片
身份证号码		籍贯		民族		
毕业院校		学历		毕业时间		
专业		所获证书				
计算机水平		英语水平		人员类型		
特长		健康状况		应聘职位		
家庭住址				希望待遇		
工作经历	时间	单位名称		职务	薪金	离职原因
学历培训经历	时间	学校或培训机构		培训内容		证件名称
	填表时间： 年 月 日					

图 4-61

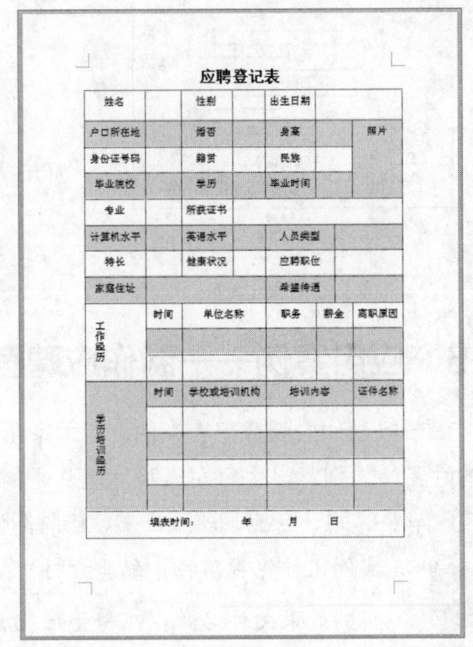
应聘登记表

姓名		性别		出生日期		
户口所在地		婚否		身高		照片
身份证号码		籍贯		民族		
毕业院校		学历		毕业时间		
专业		所获证书				
计算机水平		英语水平		人员类型		
特长		健康状况		应聘职位		
家庭住址				希望待遇		
工作经历	时间	单位名称		职务	薪金	离职原因
学历培训经历	时间	学校或培训机构		培训内容		证件名称
	填表时间： 年 月 日					

图 4-62

第 5 章 文档的高级排版

本章要点☆

- 邮件合并
- 审阅文档
- 文档的共享和保护

本章主要内容☆

本章主要介绍邮件合并和审阅文档方面的知识与技巧，同时还讲解如何共享和保护文档，在本章的最后还针对实际的工作需求，讲解了奇偶页双面打印、统计文档字数、将简体中文转换为繁体、在审阅窗格中查看审阅内容和将文档输出为图片的方法。通过本章的学习，读者可以掌握文档高级排版方面的知识，为深入学习 WPS 2019 知识奠定基础。

5.1 邮件合并

邮件合并可以将内容有变化的部分，如姓名或地址等制作成数据源，将文档内容相同的部分制作成一个主文档，然后将数据源中的信息合并到主文档中。本节将以制作 “工资条” 为例，介绍邮件合并的相关知识。

5.1.1 创建主文档

实例文件保存路径：配套素材 \ 第 5 章 \ 实例 1

实例效果文件名称：主文档 .docx

使用邮件合并功能的第一步，是需要创建一个主文档，创建主文档的方法非常简单，下面介绍创建主文档的方法。

Step 01 在 WPS 中打开名为“员工工资表 .xlsx”的素材文档，如图 5-1 所示。

Step 02 新建一个空白文档，输入标题“文杰有限公司 2019 年 8 月工资表”，如图 5-2 所示。

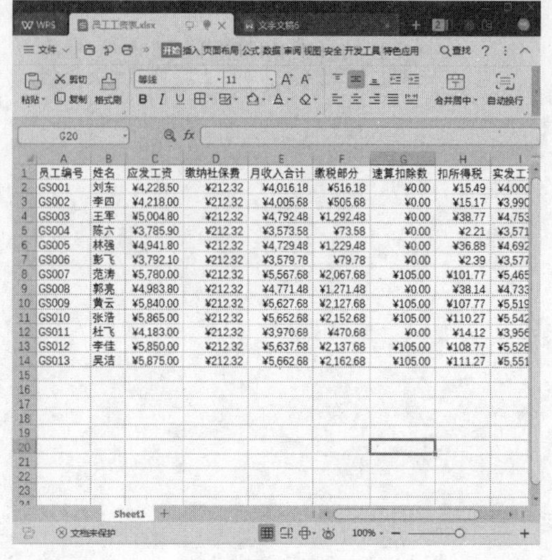

员工编号	姓名	应发工资	缴纳社保费	月收入合计	缴税部分	速算扣除数	扣所得税	实发工
GS001	刘东	¥4,228.50	¥212.32	¥4,016.18	¥516.18	¥0.00	¥15.49	¥4,000
GS002	李四	¥4,218.00	¥212.32	¥4,005.68	¥505.68	¥0.00	¥15.17	¥3,990
GS003	王军	¥5,004.80	¥212.32	¥4,792.48	¥1,292.48	¥0.00	¥38.77	¥4,753
GS004	陈六	¥3,785.90	¥212.32	¥3,573.58	¥73.58	¥0.00	¥2.21	¥3,571
GS005	林强	¥4,941.80	¥212.32	¥4,729.48	¥1,229.48	¥0.00	¥36.88	¥4,692
GS006	彭飞	¥3,792.10	¥212.32	¥3,579.78	¥79.78	¥0.00	¥2.39	¥3,577
GS007	范涛	¥5,780.00	¥212.32	¥5,567.68	¥2,067.68	¥105.00	¥101.77	¥5,465
GS008	郭亮	¥4,983.80	¥212.32	¥4,771.48	¥1,271.48	¥0.00	¥38.14	¥4,733
GS009	黄云	¥5,840.00	¥212.32	¥5,627.68	¥2,127.68	¥105.00	¥107.77	¥5,519
GS010	张浩	¥5,865.00	¥212.32	¥5,652.68	¥2,152.68	¥105.00	¥110.27	¥5,542
GS011	杜飞	¥4,183.00	¥212.32	¥3,970.68	¥470.68	¥0.00	¥14.12	¥3,956
GS012	李佳	¥5,850.00	¥212.32	¥5,637.68	¥2,137.68	¥105.00	¥108.77	¥5,528
GS013	吴洁	¥5,875.00	¥212.32	¥5,662.68	¥2,162.68	¥105.00	¥111.27	¥5,551

图 5-1

图 5-2

Step 03 按 Enter 键换行，选择“插入”选项卡，单击“表格”下拉按钮，使用示意表格绘制 9 列 2 行的表格，如图 5-3 所示。

Step 04 根据打开的 Excel 素材表格中的标题行，在表格中输入行标题，如图 5-4 所示。

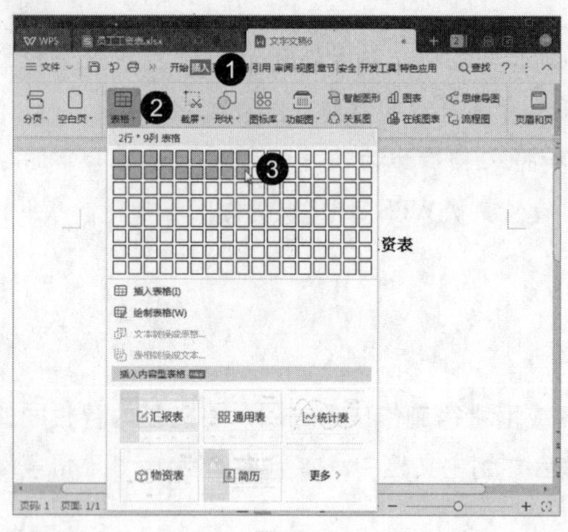

图 5-3

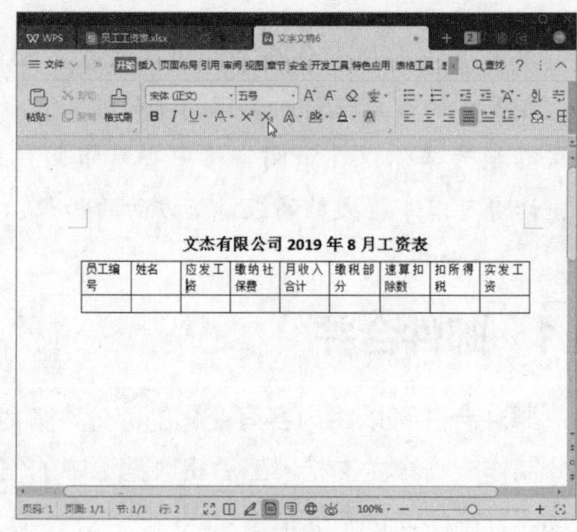

图 5-4

Step 05 选择“页面布局”选项卡，单击“纸张方向”下拉按钮，在弹出的选项中选择“横向”选项，如图 5-5 所示。

Step 06 通过以上步骤即可完成创建主文档的操作，如图 5-6 所示。

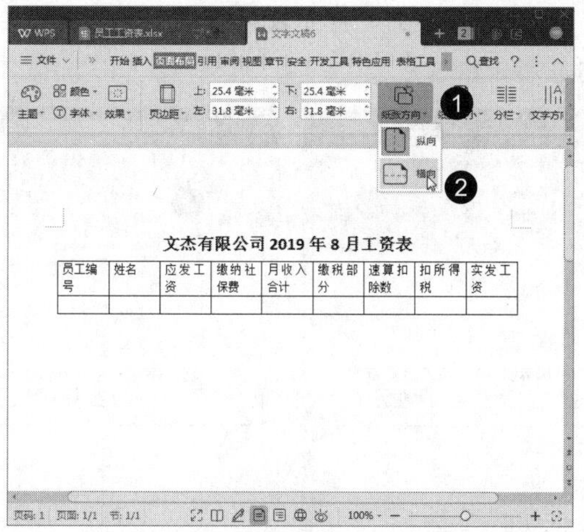

图 5-5

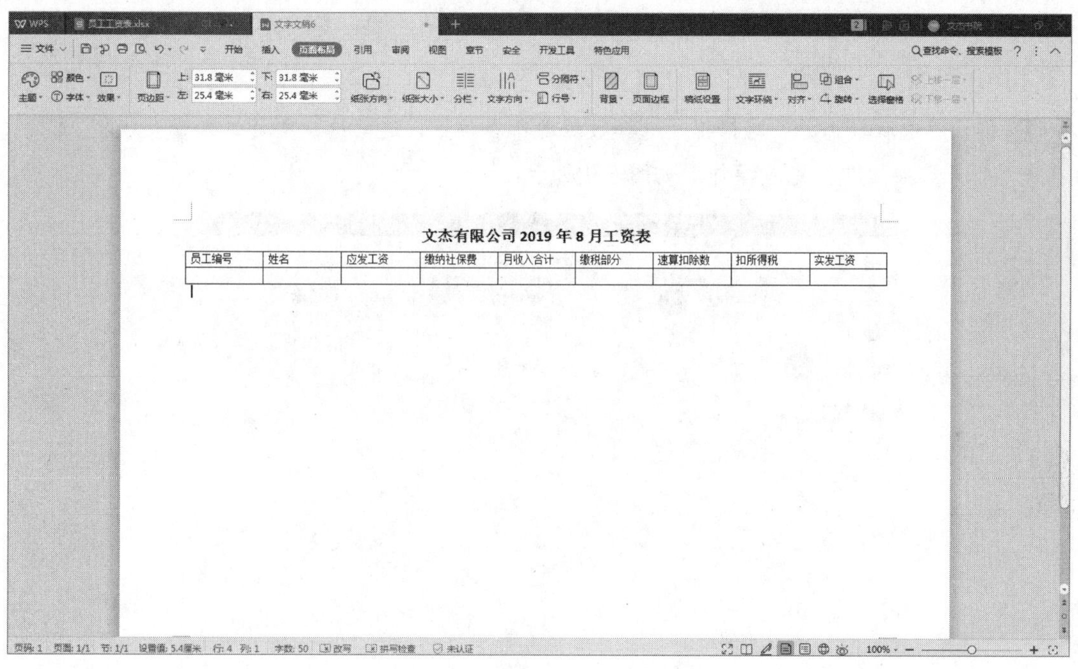

图 5-6

5.1.2　创建数据源

实例文件保存路径：配套素材 \ 第 5 章 \ 实例 2

实例效果文件名称：创建数据源 .docx

创建数据源是指直接使用现成的数据源，进行合并操作。下面介绍创建数据源的操作方法。

Step 01 打开名为“主文档”的素材文档，选择“引用”选项卡，单击“邮件”按钮，如图 5-7 所示。

Step 02 进入“邮件合并”选项卡，单击“打开数据源”下拉按钮，在弹出的选项中选择“打开数据源”选项，如图 5-8 所示。

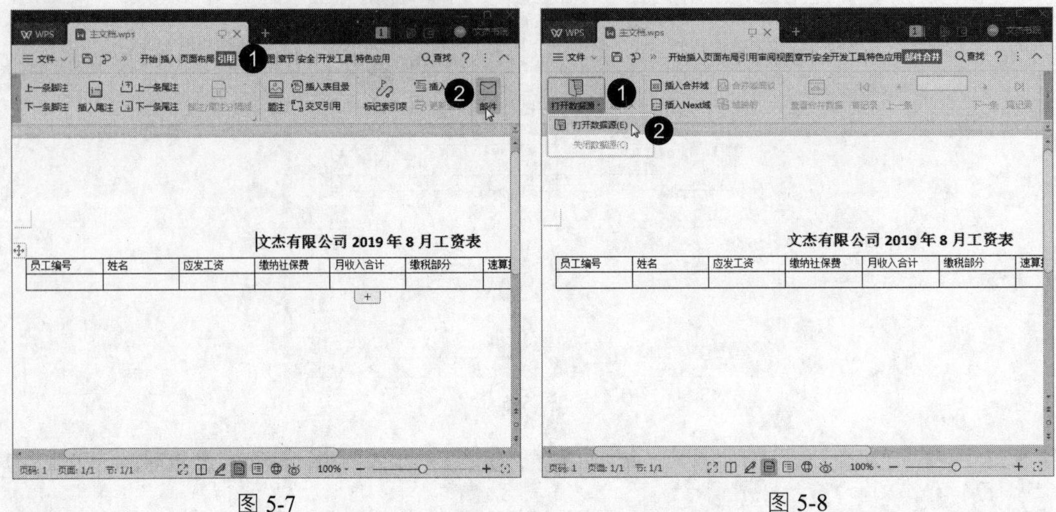

图 5-7　　　　　　　　　　　　　图 5-8

Step 03 弹出“选取数据源”对话框，选择数据源所在位置，这里选中“员工工资表 .xls”文件，单击“打开”按钮即可完成操作，如图 5-9 所示。

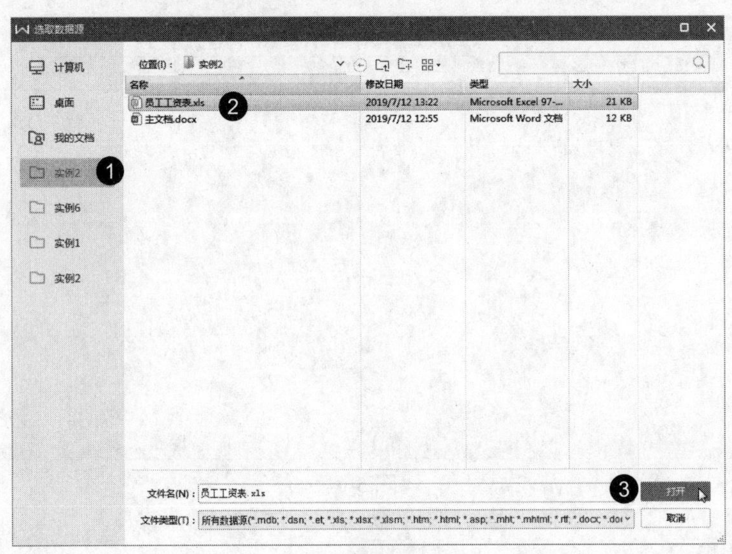

图 5-9

5.1.3　将数据源合并到主文档

将数据源合并到主文档中，是指将链接好的数据与文档进行合并。下面介绍将数据源合并到主文档的方法。

	实例文件保存路径：配套素材\第 5 章\实例 3
	实例效果文件名称：将数据源合并到主文档 .docx

Step 01 打开素材文档，将光标定位在第 2 行第 1 个单元格中，单击“邮件合并”选项卡中的“插入合并域”按钮，如图 5-10 所示。

Step 02 弹出“插入域”对话框，在“域”列表框中选择“员工编号”选项，单击“插入”按钮，如图 5-11 所示。

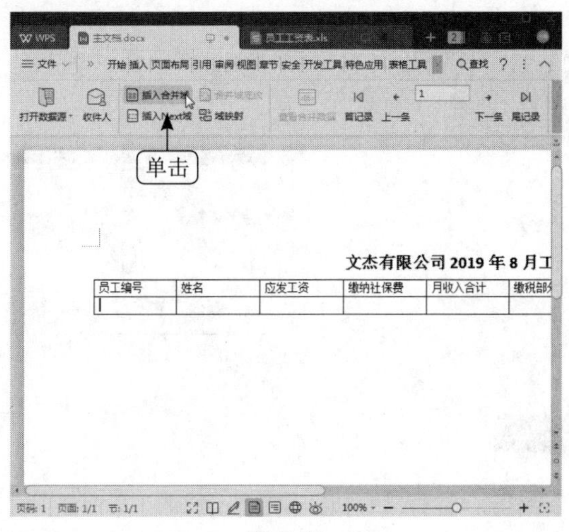

图 5-10

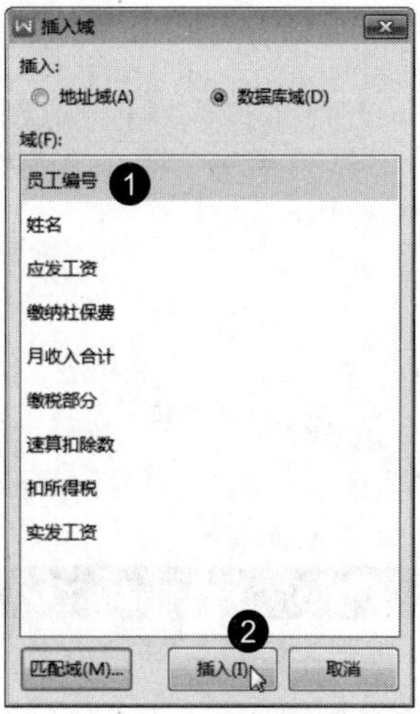

插入域
插入:
地址域(A)　数据库域(D)
域(F):
员工编号 ❶
姓名
应发工资
缴纳社保费
月收入合计
缴税部分
速算扣除数
扣所得税
实发工资
❷
匹配域(M)...　插入(I)　取消

图 5-11

Step 03 光标所在单元格已经插入了合并域《员工编号》，如图 5-12 所示。

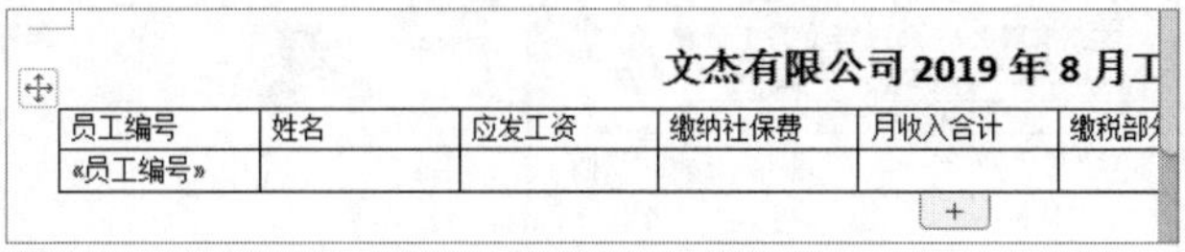

文杰有限公司 2019 年 8 月工

员工编号	姓名	应发工资	缴纳社保费	月收入合计	缴税部分
«员工编号»					

图 5-12

Step 04 使用相同方法，插入合并域《应发工资》《缴纳社保费》《月收入合计》《缴税部分》《速算扣除数》《扣所得税》和《实发工资》，如图 5-13 所示。

文杰有限公司 2019 年 8 月工资表

员工编号	姓名	应发工资	缴纳社保费	月收入合计	缴税部分	速算扣除数	扣所得税	实发工资
«员工编号»	«姓名»	«应发工资»	«缴纳社保费»	«月收入合计»	«缴税部分»	«速算扣除数»	«扣所得税»	«实发工资»

图 5-13

Step 05 单击“合并到新文档”按钮，如图 5-14 所示。

Step 06 弹出“合并到新文档”对话框，单击“全部”单选按钮，单击“确定”按钮，如图 5-15 所示。

Step 07 WPS 自动生成一个新文档，并分页显示每名员工的工资条，如图 5-16 所示。

Step 08 按 Ctrl+H 组合键，弹出“查找和替换”对话框，在“查找内容”文本框中输入“^b”，单击“全部替换”按钮，如图 5-17 所示。

Step 09 弹出“WPS 文字”对话框，单击“确定”按钮，如图 5-18 所示。

Step 10 此时文档不再分页显示，如图 5-19 所示。

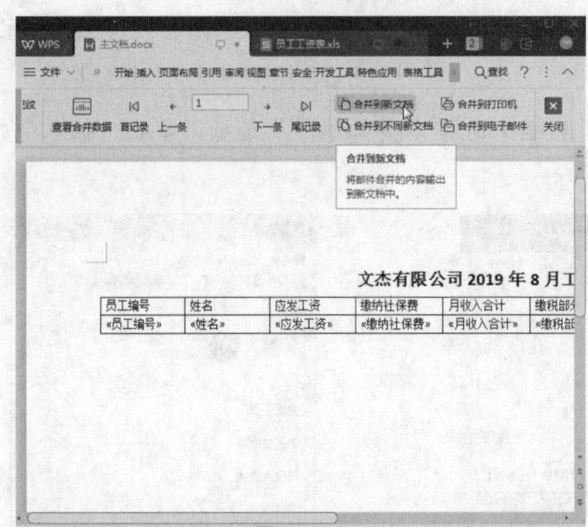
图 5-14

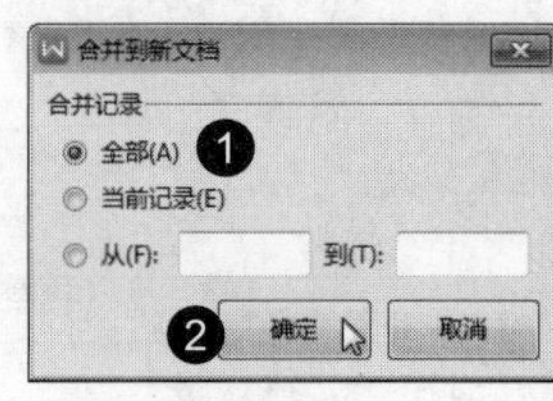

图 5-15

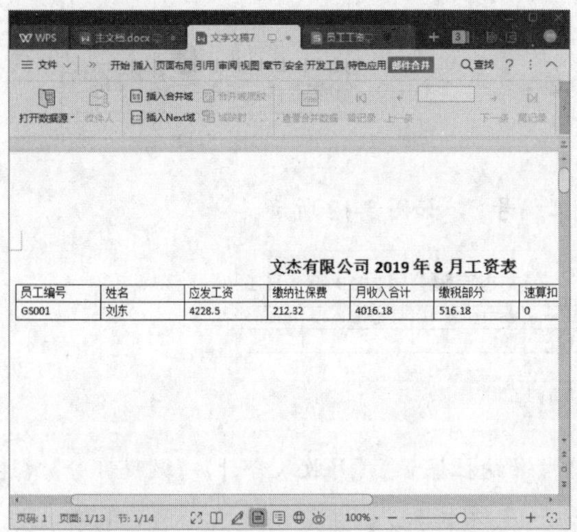
图 5-16

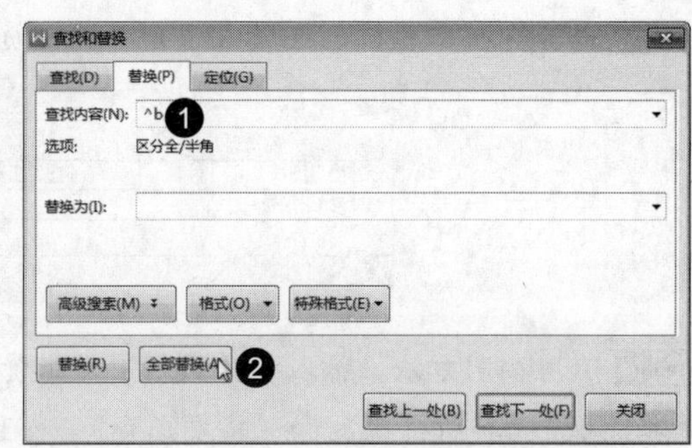

图 5-17

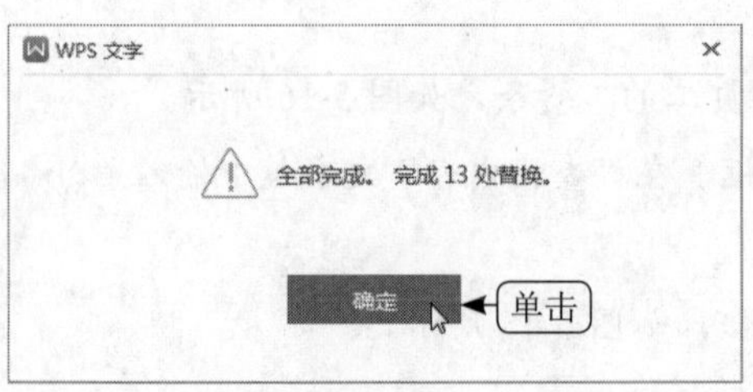

图 5-18

图 5-19

知识常识

在文档中合并数据源后，合并域默认显示为灰色底纹，要想取消合并域的底纹效果，直接单击“邮件合并”选项卡中的“合并域底纹”按钮即可。如果不想在文档中看到插入的合并域，单击“开始”选项卡中的“显示 / 隐藏编辑标记”按钮即可。

5.2　审阅文档

在日常工作中，某些文件需要领导审阅或者经过大家讨论后才能执行，就需要在这些文件上进行一些批示、修改。WPS 提供的审阅功能可以将修改操作记录下来，让收文档的人看到审阅人对文档所做的修改。

5.2.1　拼写检查

实例文件保存路径：配套素材 \ 第 5 章 \ 实例 4

实例效果文件名称：拼写检查（效果）.wps

拼写检查的目的是在一定程度上避免用户键入英文单词的失误。下面介绍使用拼写检查的方法。

Step 01 打开名为“拼写检查”的素材文档，选择“审阅”选项卡，单击“拼写检查”按钮，如图 5-20 所示。

Step 02 弹出“拼写检查”对话框，在“检查的段落”栏中检查出一处错误，并以红色字体显示拼写错误的文本，在“更改建议”列表框中选择一个正确的选项，单击“更改”按钮，如图 5-21 所示。

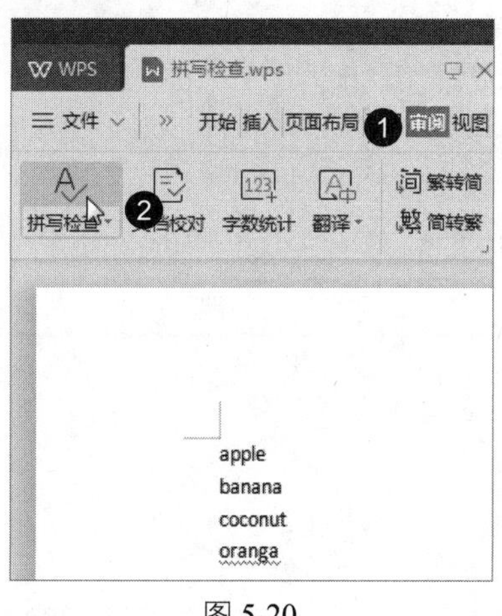

图 5-20

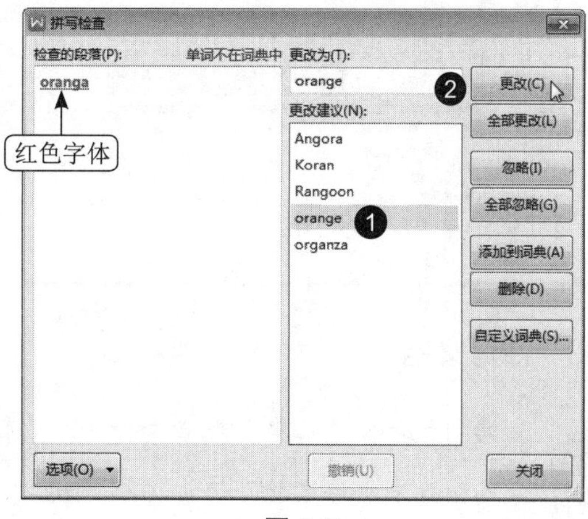

图 5-21

Step 03 弹出“WPS 文字”对话框，单击“确定”按钮，如图 5-22 所示。

Step 04 此时文档中的单词已经被修改，如图 5-23 所示。

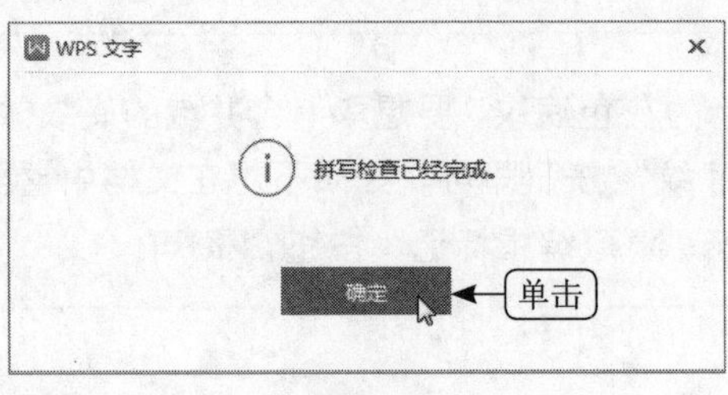

图 5-22

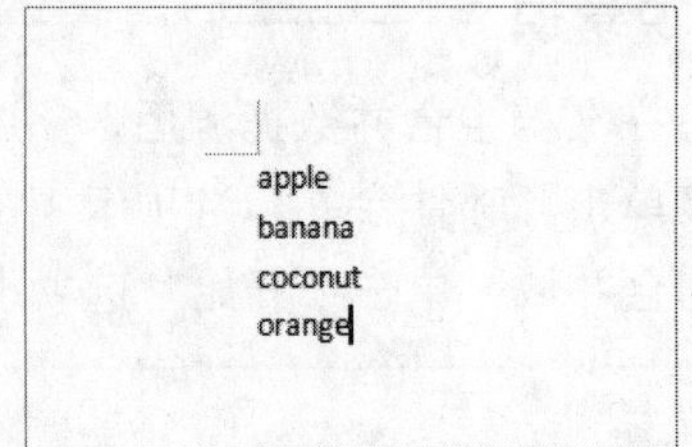

图 5-23

5.2.2 插入批注

实例文件保存路径：配套素材 \ 第 5 章 \ 实例 5
实例效果文件名称：插入批注 .wps

批注是指文章的编写者或审阅者为文档添加的注释或批语。在对文章进行审阅时，可以使用批注来对文档中内容做出说明意见和建议，方便文档审阅者和编写者之间进行交流。下面介绍插入批注的方法。

Step 01 打开名为“宣传册制作方法”的素材文档，将光标定位在标题上，选择“审阅”选项卡，单击“插入批注”按钮，如图 5-24 所示。

Step 02 在窗口右侧显示批注框，输入批注内容即可完成插入批注的操作，如图 5-25 所示。

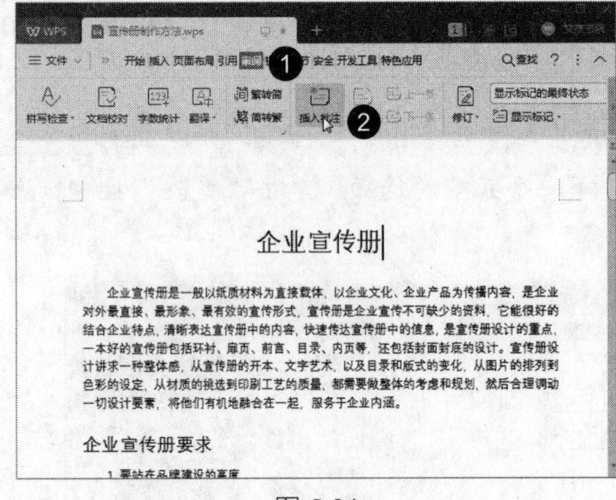

图 5-24

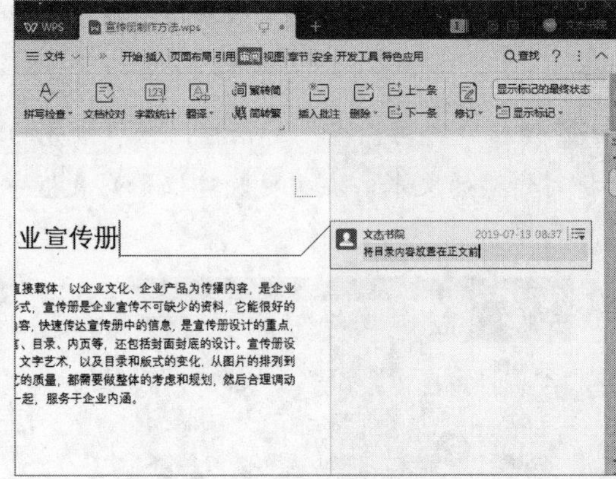

图 5-25

5.2.3 修订文档

实例文件保存路径：配套素材 \ 第 5 章 \ 实例 6
实例效果文件名称：修订文档 .wps

在审阅文档时，若发现文档中存在错误，可以使用修订功能直接修改。下面介绍修订文档的方法。

Step 01 打开名为“宣传册制作方法”的素材文档，选中文档，选择“审阅”选项卡，单击“修订”下拉按钮，在列表中选择“修订”选项，如图 5-26 所示。

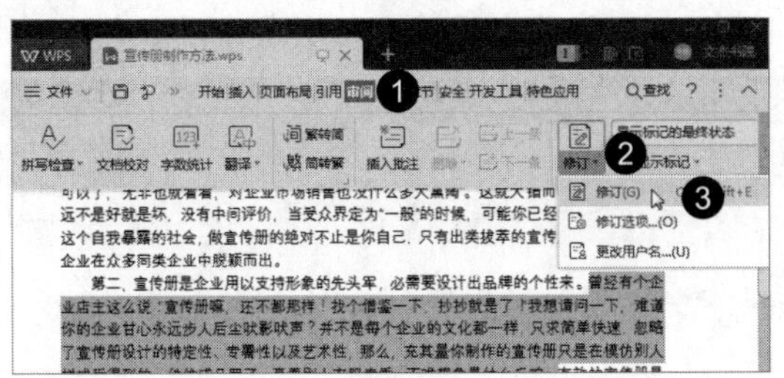

图 5-26

Step 02 按 Delete 键删除选中的文本，文档右侧会显示出修订的标记，再次单击“修订”按钮，退出修订状态，如图 5-27 所示。

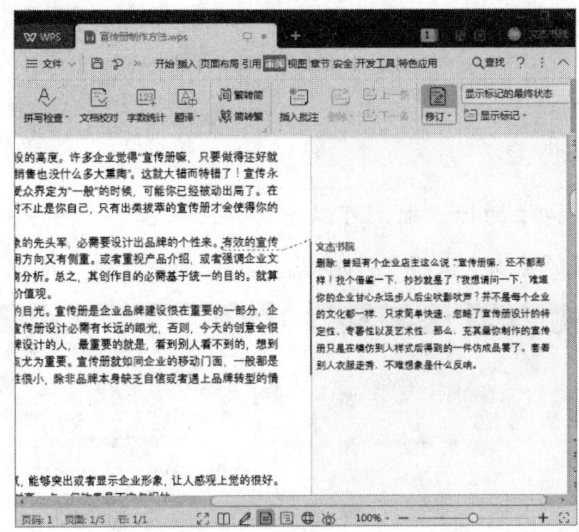

图 5-27

经验技巧

用户还可以在“开始”选项卡中对文本的字体、字号、颜色以及一些特殊格式进行设置，单击“字体启动器”按钮，可以弹出“字体”对话框，在该对话框中用户可以对文本的字形做详细的设置。

5.2.4　插入脚注和尾注

实例文件保存路径：配套素材 \ 第 5 章 \ 实例 7
实例效果文件名称：插入脚注和尾注 .wps

适当为文档中的某些内容添加注释，可以使文档更加专业，方便用户更好地完成工作。若将这些注释内容添加到页脚，即称为“脚注”，可以作为文档某处内容的注释；若将注释添加在文档的末尾，则称为“尾注”，尾注一般列出引文的出处等。下面介绍插入脚注和尾注的方法。

Step 01 打开名为“商业策划书”的素材文档，选中文本，选择“引用”选项卡，单击“插入脚注”

按钮，如图 5-28 所示。

Step 02 此时，在文档底部出现一个脚注分隔符，在分隔符下方输入脚注即可，如图 5-29 所示。

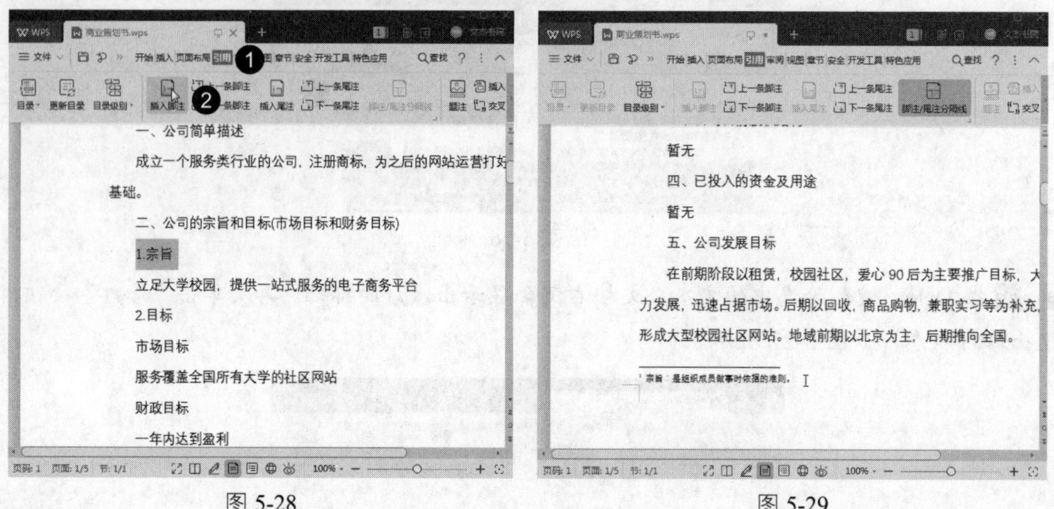

图 5-28　　　　图 5-29

Step 03 将光标移至插入了脚注的标识上，可以查看脚注内容，如图 5-30 所示。

Step 04 将光标定位到文档的底部，选择“引用”选项卡，单击“插入尾注”按钮，如图 5-31 所示。

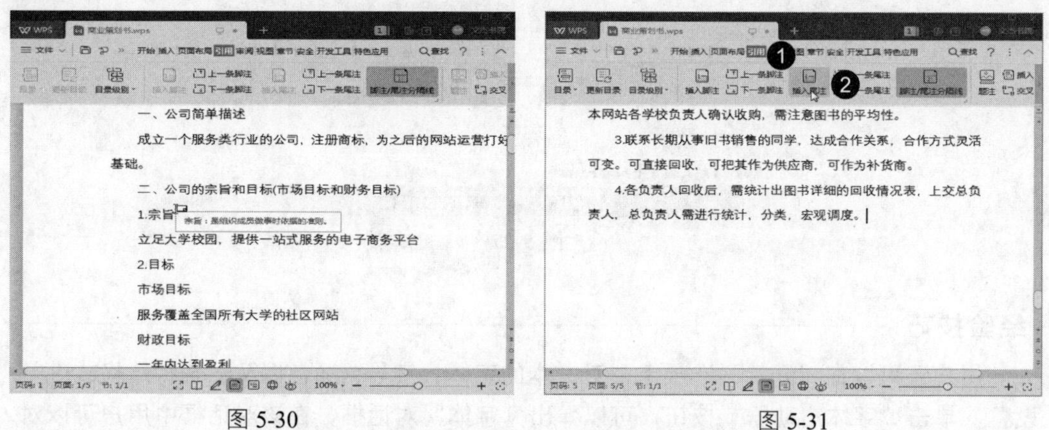

图 5-30　　　　图 5-31

Step 05 在文档的最后出现尾注输入区域，输入尾注内容，将光标移至插入尾注的标识上，可以查看尾注内容，如图 5-32 所示。

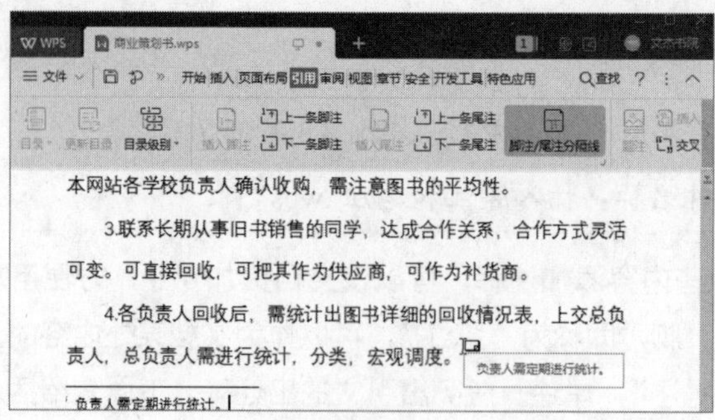

图 5-32

5.2.5　制作索引

	实例文件保存路径：配套素材\第 5 章\实例 8
	实例效果文件名称：制作索引 .wps

索引是根据一定需要把书刊中的主要概念或各种题名摘录出来，标明出处、页码，按一定次序分条排列，以供人查阅的资料。索引的本质是在文档中插入一个隐藏的代码，便于作者快速查询。下面介绍制作索引的方法。

Step 01 打开名为“商业策划书”的素材文档，选中文本，选择“引用”选项卡，单击“标记索引项”按钮，如图 5-33 所示。

Step 02 弹出“标记索引项”对话框，在“主索引项”文本框中自动显示了所选文本，单击“标记”按钮，再单击“关闭”按钮，如图 5-34 所示。

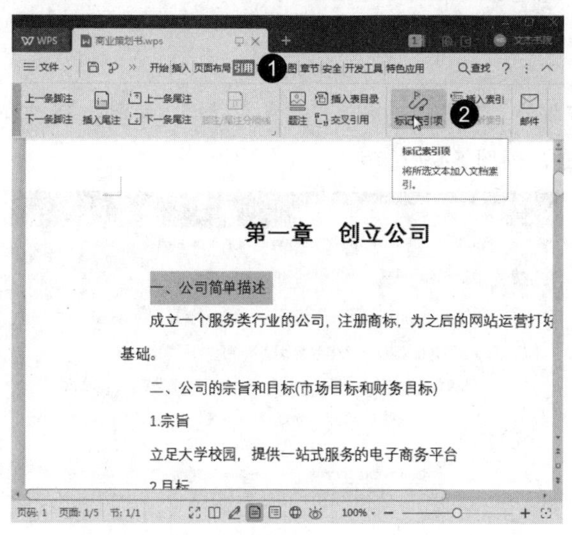

图 5-33

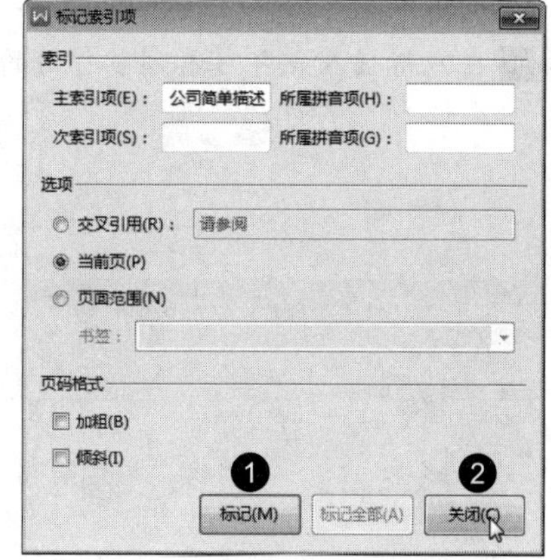

图 5-34

Step 03 在文档中选择需要制作索引的文本，单击“标记索引项”按钮，如图 5-35 所示。

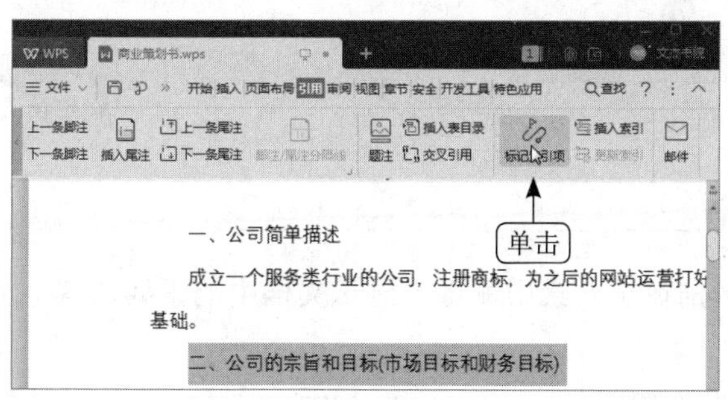

图 5-35

Step 04 弹出“标记索引项”对话框，在“主索引项”文本框中自动显示了所选文本，单击“标记”按钮，再单击“关闭”按钮，如图 5-36 所示。

Step 05 将光标定位到文档的底部，单击“引用”选项卡中的“插入索引”按钮，如图 5-37 所示。

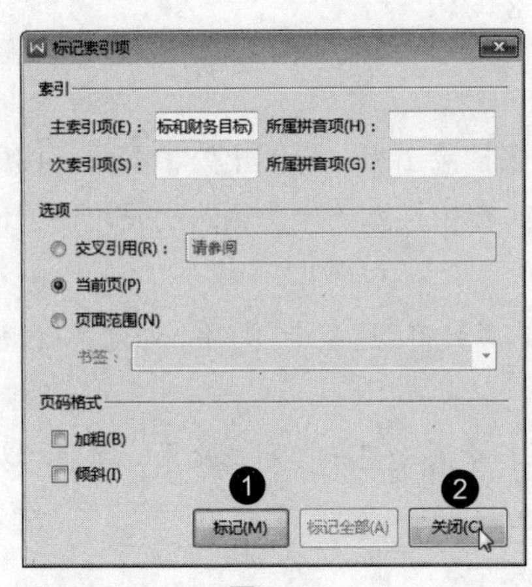

图 5-36

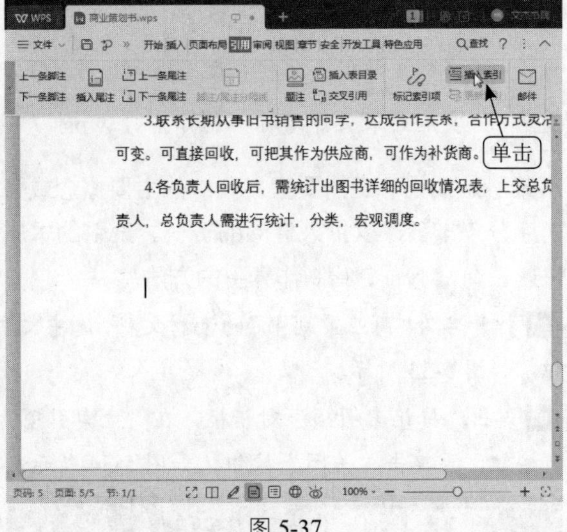

图 5-37

Step 06 弹出“索引”对话框，勾选“页码右对齐”复选框，单击“确定”按钮，如图 5-38 所示。

Step 07 在光标插入点即可看到制作好的索引，如图 5-39 所示。

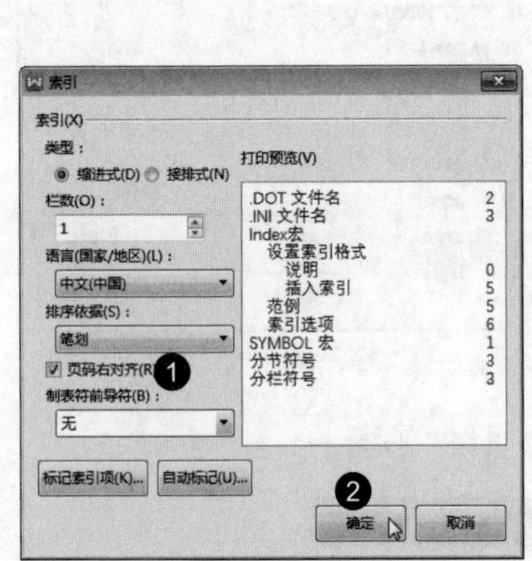

图 5-38

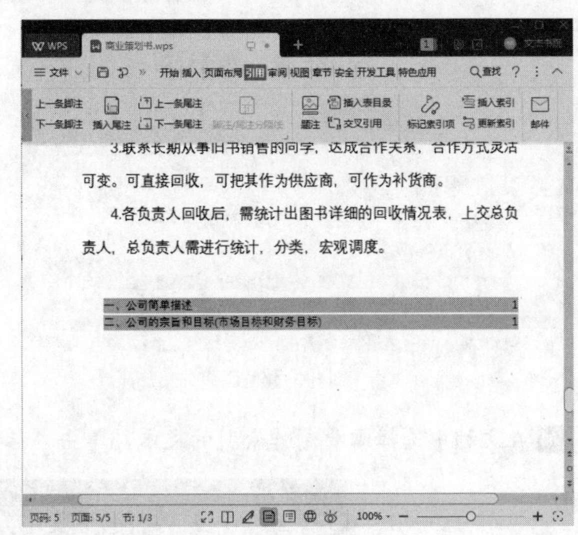

图 5-39

经验技巧

索引和目录的区别在于：索引侧重于显示文档中的重要内容；目录则侧重于显示整个文档的结构。

5.3 文档的共享和保护

文档制作完成后，为了防止他人随意编辑或者查看该文档，可以对文档设置相应的保护。此外，用户还可以将文档上传至某个平台上，实现共享操作。本节将详细介绍文档共享和保护的相关知识。

5.3.1　使用密码保护文档

实例文件保存路径：配套素材\第 5 章\实例 9
实例效果文件名称：使用密码保护文档 .wps

为了保证重要文档的安全，用户可以为其设置密码。下面介绍使用密码保护文档的操作方法。

Step 01 打开名为“招标文件”的素材文档，选择“审阅”选项卡，单击“文档加密”按钮，如图 5-40 所示。

Step 02 弹出“文档加密”对话框，选择“密码加密”选项卡，设置“打开权限”和“编辑权限”的密码为“123”，单击“应用”按钮，如图 5-41 所示。

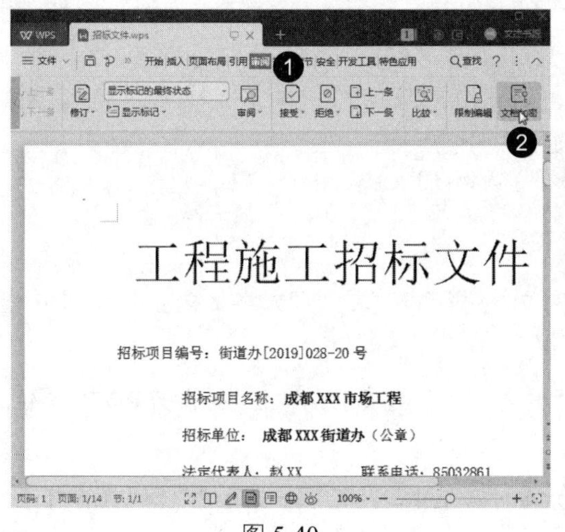

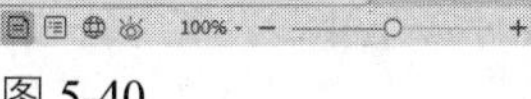

图 5-40

图 5-41

Step 03 再次打开文档时，会弹出“文档已加密”对话框，提示用户输入文档打开密码，在文本框中输入密码，单击“确定”按钮，如图 5-42 所示。

Step 04 如果用户设置了编辑权限密码，则会继续弹出“文档已加密”对话框，提示用户输入密码，或者以“只读”模式打开，在文本框中输入密码，单击“确定”按钮，如图 5-43 所示。

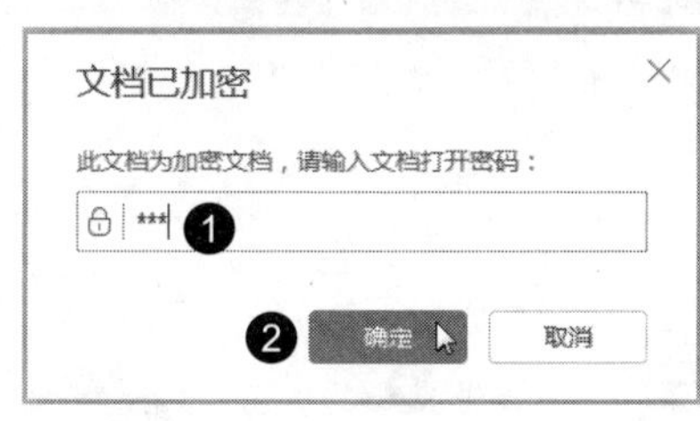

图 5-42

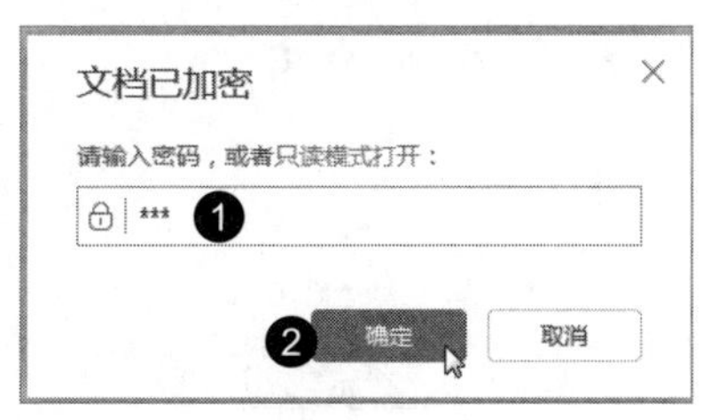

图 5-43

Step 05 打开文档后，可以发现该文档名称右侧会有密码加密的标记，如图 5-44 所示。

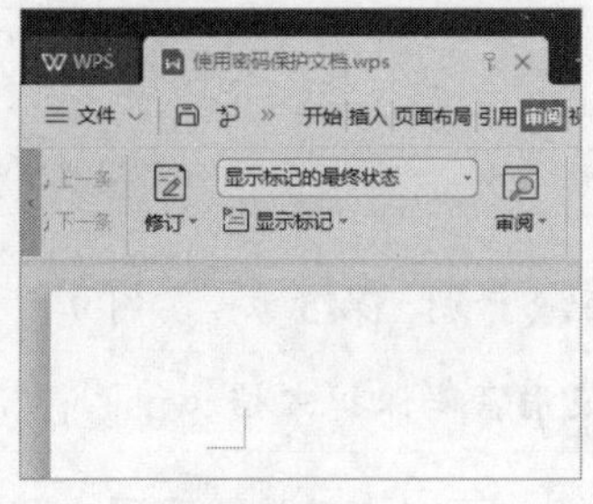

图 5-44

知识常识

WPS 文档的“文档加密”对话框，除了通过在“审阅”选项卡中单击“文档加密”按钮打开外，还可以单击“文件”下拉按钮，从展开的列表中选择“文档加密”选项，然后从子菜单中选择需要的加密方法。

5.3.2 更改文档格式

实例文件保存路径：配套素材 \ 第 5 章 \ 实例 10

实例效果文件名称：更改文档格式 .wps

如果用户希望他人只能查看文档，而不能对文档进行修改，则可以将文档更改为 PDF 格式。下面介绍将文档更改为 PDF 格式的操作方法。

Step 01 打开名为“毕业论文”的素材文档，选择“特色应用”选项卡，单击“输出为 PDF”按钮，如图 5-45 所示。

Step 02 弹出“输出为 PDF”对话框，文档自动添加在对话框中，设置“输出设置”和“保存目录”选项，单击“开始输出”按钮，如图 5-46 所示。

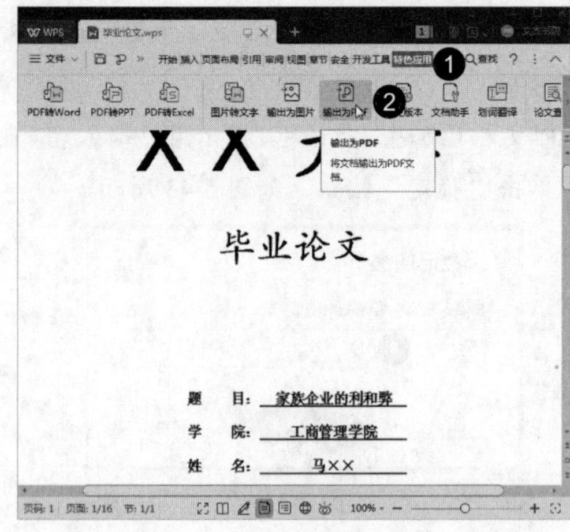

图 5-45

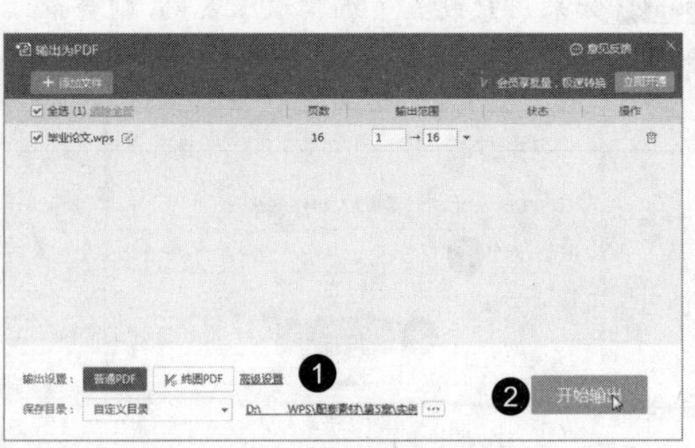

图 5-46

Step 03 弹出“是否输出为纯图 PDF”对话框，单击“普通输出”按钮，如图 5-47 所示。

Step 04 返回“输出为 PDF”对话框，显示输出成功，用户可在保存的文件夹中查看输出的 PDF 文档，如图 5-48 所示。

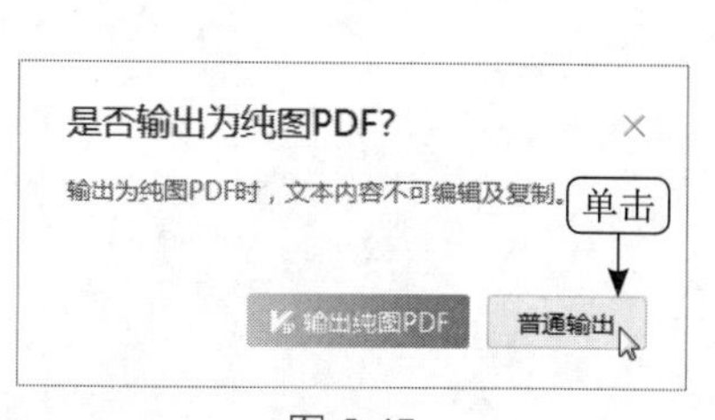

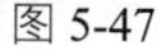

图 5-47

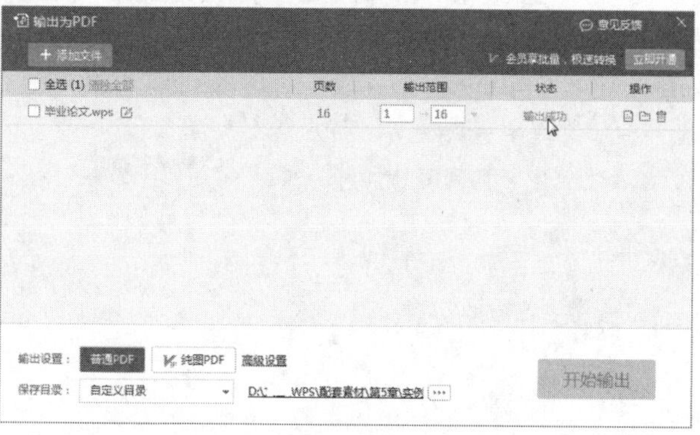

图 5-48

5.3.3　共享文档

	实例文件保存路径：配套素材\第 5 章\实例 11
	实例效果文件名称：共享文档 .wps

如果用户想要将文档共享给其他人，则可以使用 WPS 文档中的分享文档功能。下面介绍共享文档的操作方法。

Step 01 打开名为“公司章程”的素材文档，单击“文件”下拉按钮，在弹出的选项中选择“分享文档”按钮，如图 5-49 所示。

Step 02 弹出“分享文档”对话框，选择“QQ 分享”选项，如图 5-50 所示。

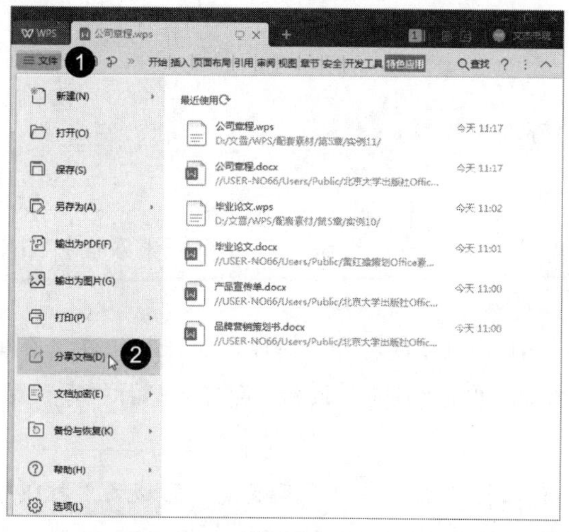

图 5-49

图 5-50

Step 03 弹出“转发”对话框，从中选择联系人，单击“转发”按钮，即可将文档以网页形式分享给其他人，并且他人只能浏览文档，不能对其进行修改，如图 5-51 所示。

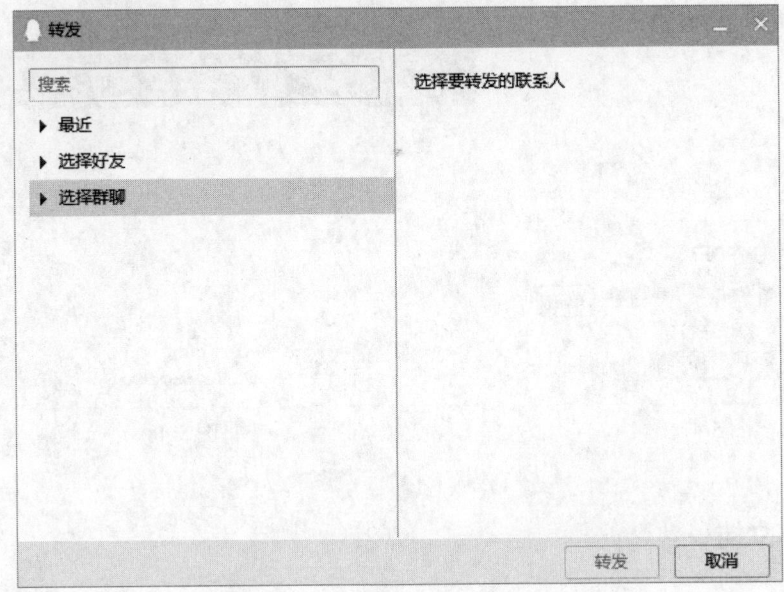

图 5-51

5.4 新手进阶

本节将介绍一些使用 WPS 给文档进行高级排版的技巧供用户学习，通过这些技巧，用户可以更进一步掌握使用 WPS 的方法，包括设置奇偶页双面打印、统计文档字数、将简体中文转换为繁体、在审阅窗格中查看审阅内容以及将文档输出为图片。

5.4.1 奇偶页双面打印

	实例文件保存路径：配套素材 \ 第 5 章 \ 实例 12
	实例素材文件名称：公司章程 .wps

在办公室物品耗材中，打印文档占主要部分，为了节省纸张，可以将纸张双面打印使用。下面详细介绍设置奇偶页双面打印的操作方法。

Step 01 打开名为“公司章程”的素材文档，按 Ctrl+P 组合键打开“打印”对话框，在“页码范围”区域的“打印”列表中选择“奇数页”选项，单击“确定”按钮，即可开始打印奇数页，如图 5-52 所示。

Step 02 打印完奇数页后，将纸张翻转一面重新放入打印机，在“页码范围”区域的“打印”列表中选择“偶数页”选项，单击“确定”按钮，即可开始打印偶数页，如图 5-53 所示。

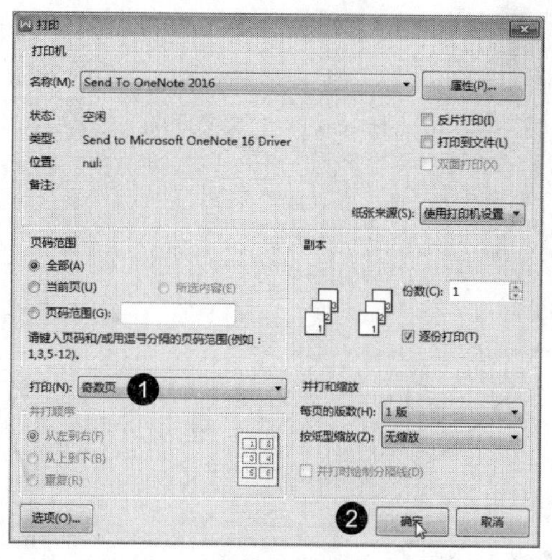

图 5-52

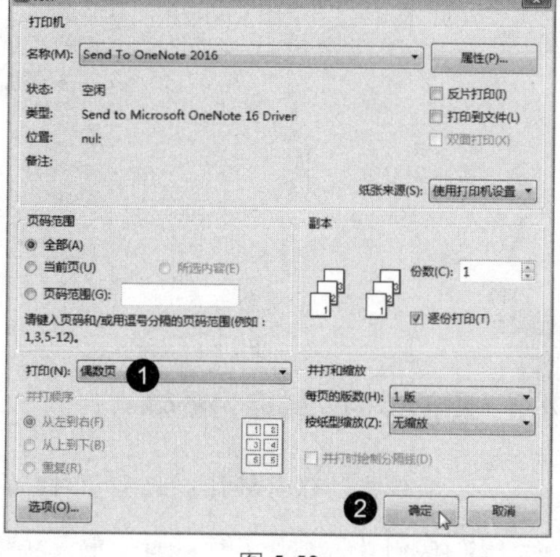

图 5-53

5.4.2　统计文档字数

	实例文件保存路径：配套素材 \ 第 5 章 \ 实例 13
	实例素材文件名称：公司培训资料 .wps

用户可以通过可读性统计信息了解 WPS 文档中包含的字符数、段落数和非中文单词等信息。下面详细介绍统计文档字数的操作方法。

Step 01 打开名为“公司培训资料”的素材文档，选择“审阅”选项卡，单击“字数统计”按钮，如图 5-54 所示。

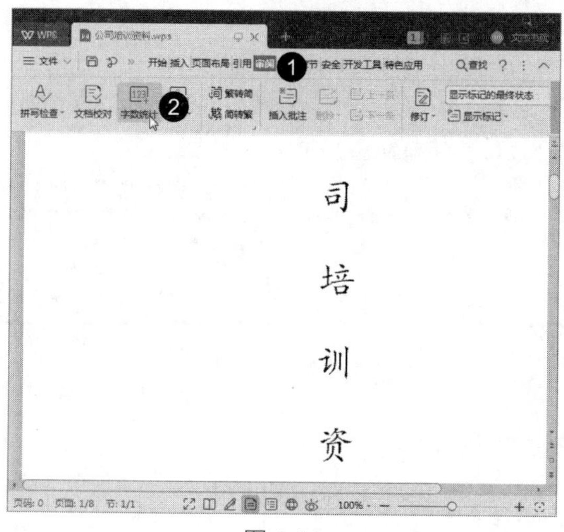

图 5-54

Step 02 弹出“字数统计”对话框，用户可以在该对话框中查看可读性统计的相关信息，如果勾选“包括文本框、脚注和尾注”复选框，还可以统计文本框、脚注和尾注的信息，查看完成后单击“关闭”按钮即可，如图 5-55 所示。

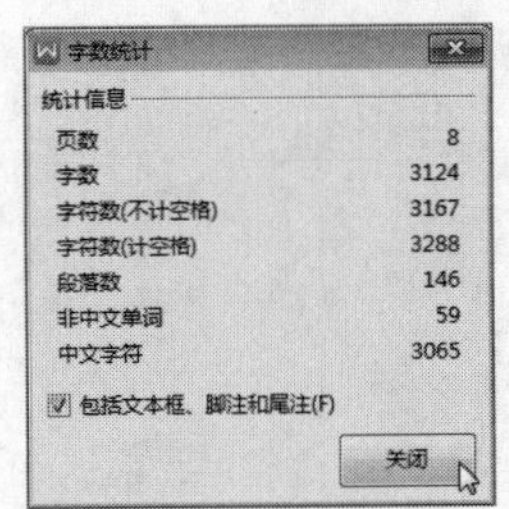

图 5-55

5.4.3 将简体中文转换为繁体

	实例文件保存路径：配套素材\第 5 章\实例 14
	实例效果文件名称：简体中文转换为繁体 .wps

在特殊情况下，为了方便阅读，需要将文档中的简体中文转换为繁体。下面详细介绍将简体中文转换为繁体的操作方法。

Step 01 打开名为“管理制度”的素材文档，选择“审阅”选项卡，单击“简转繁”按钮，如图 5-56 所示。

Step 02 文档中的内容由中文简体转换为繁体，如图 5-57 所示。

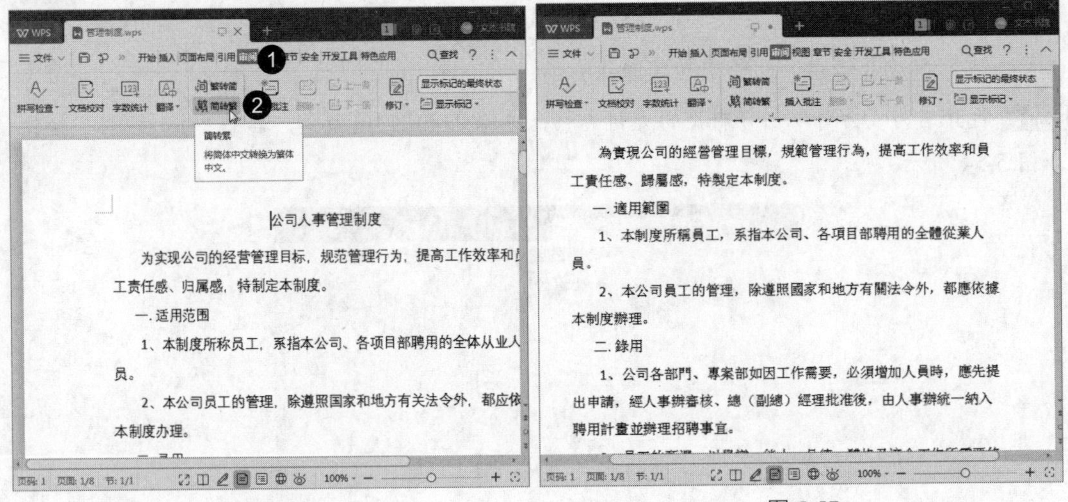

图 5-56　　　　图 5-57

5.4.4 在审阅窗格中查看审阅内容

	实例文件保存路径：配套素材\第 5 章\实例 15
	实例素材文件名称：企业宣传册 .wps

用户可以在已经添加了修订的文档中打开审阅窗格，查看审阅内容的细节。下面详细介绍在审阅窗格中查看审阅内容的操作方法。

Step 01 打开名为“企业宣传册”的素材文档，选择“审阅”选项卡，单击“审阅”下拉按钮，选择“审阅窗格”→“垂直审阅窗格”选项，如图 5-58 所示。

Step 02 打开审阅窗格，用户可以查看修订的内容，如图 5-59 所示。

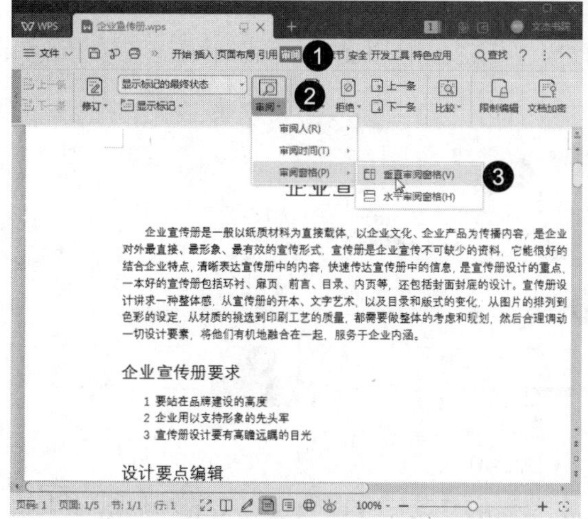

图 5-58

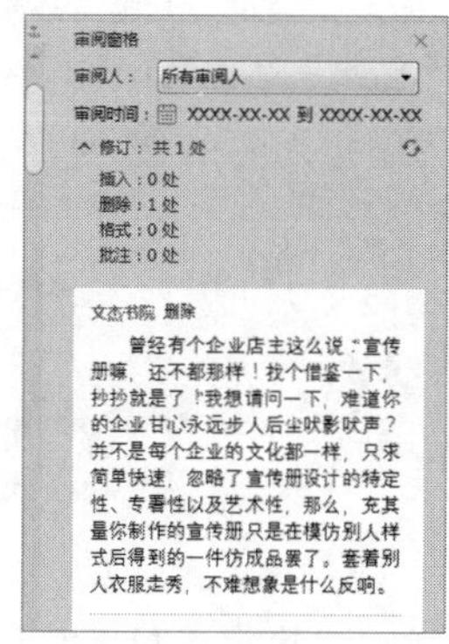

图 5-59

5.4.5　将文档输出为图片

	实例文件保存路径：配套素材 \ 第 5 章 \ 实例 16
	实例效果文件名称：企业模板 .wps

用户不仅可以将文档输出为 PDF 格式，还可以将文档输出为图片。下面详细介绍将文档输出为图片的操作方法。

Step 01 打开名为“宣传模板”的素材文档，选择“特色应用”选项卡，单击“输出为图片”按钮，如图 5-60 所示。

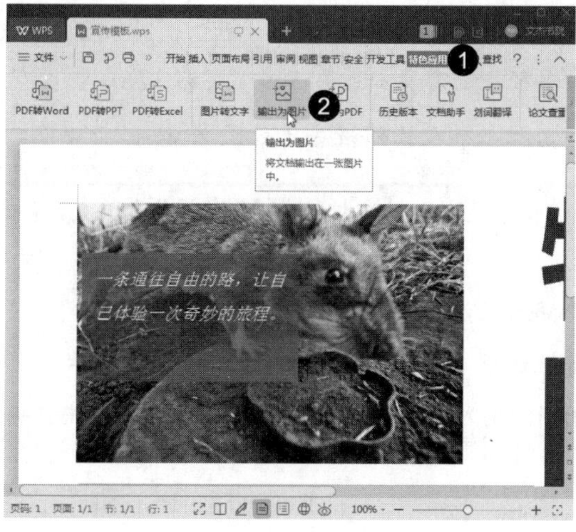

图 5-60

Step 02 弹出“输出为图片”对话框，在“图片质量”区域选择“普通品质（100%）”，设置“输出方式”“格式”和“保存到”选项，设置完成后单击“输出”按钮，如图 5-61 所示。

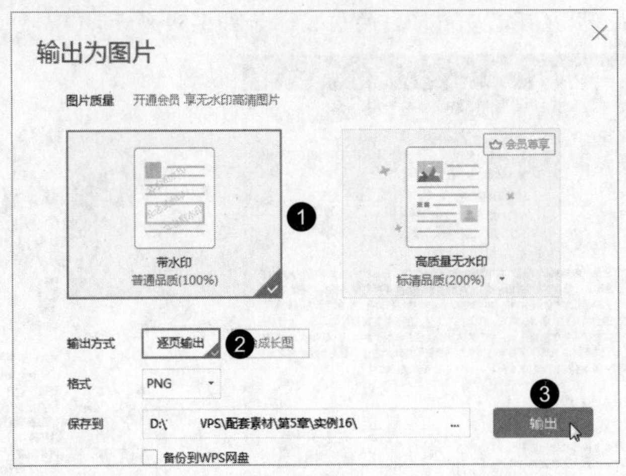

图 5-61

Step 03 弹出“输出成功”对话框，单击“打开”按钮即可查看输出的图片，如图 5-62 所示。

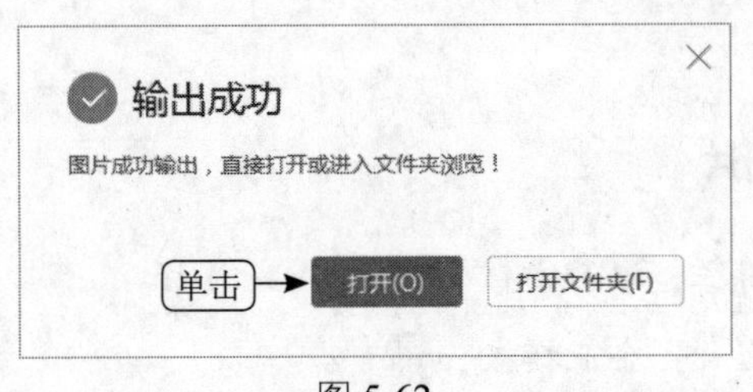

图 5-62

5.5 应用案例——审阅与打印个人工作报告

本节以审阅与打印个人工作报告为例，对本章所学知识点进行综合运用。审阅与打印个人工作报告主要包括对文档进行修订、添加修订、进行打印设置等内容。

	实例文件保存路径：配套素材 \ 第 5 章 \ 实例 17
	实例效果文件名称：个人工作报告（效果）.wps

Step 01 打开名为“个人工作报告”的素材文档，选择“审阅”选项卡，单击“修订”按钮，如图 5-63 所示。

Step 02 选中文本，单击“插入批注”按钮，如图 5-64 所示。

Step 03 文档窗口右侧出现批注框，输入批注内容，如图 5-65 所示。

Step 04 按 Ctrl+P 组合键打开“打印”对话框，设置打印参数，单击“确定”按钮即可打印文档，如图 5-66 所示。

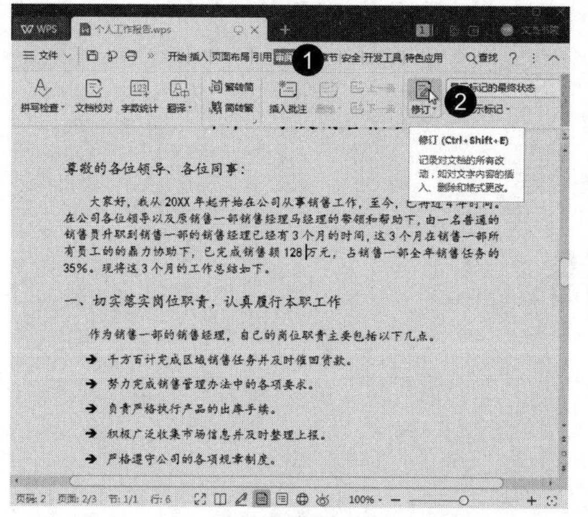

图 5-63

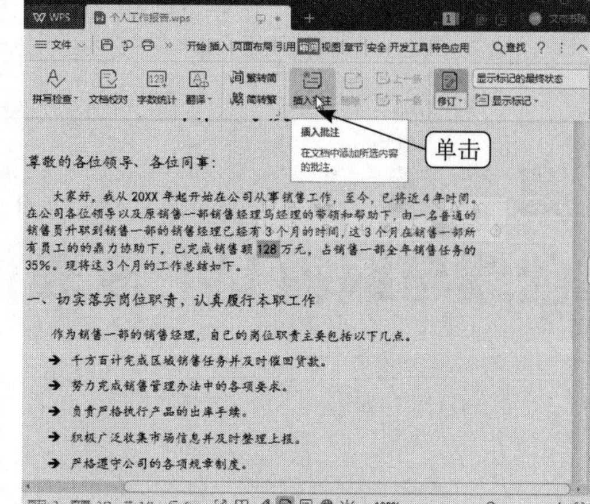

图 5-64

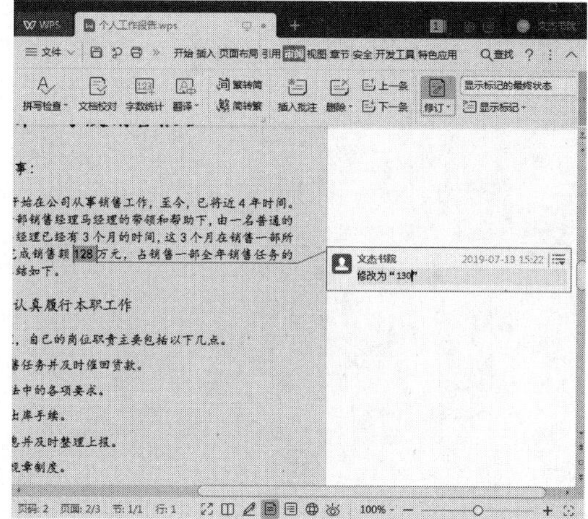

图 5-65

图 5-66

第 6 章 创建与编辑 WPS 表格

本章要点☆

- 工作簿的基本操作
- 工作表的基本操作
- 单元格的基本操作
- 录入数据
- 编辑数据
- 美化表格

本章主要内容☆

本章主要介绍工作簿的基本操作、工作表的基本操作、单元格的基本操作、录入数据和编辑数据方面的知识与技巧，同时还讲解了如何美化表格，在本章的最后还针对实际的工作需求，讲解了制作“人事变更表”的方法。通过本章的学习，读者可以掌握创建与编辑 WPS 表格方面的知识，为深入学习 WPS 2019 知识奠定基础。

6.1 工作簿的基本操作

使用 WPS 表格创建的文档成为工作簿，它是用于存储和处理数据的主要文档，也称为电子表格。默认新建的工作簿以“工作簿 1”命名，并显示在标题栏的文档名处。WPS 2019 提供了创建和保存工作簿、加密工作簿、分享工作簿等操作。

6.1.1 新建并保存工作簿

实例文件保存路径：配套素材 \ 第 6 章 \ 实例 1

实例效果文件名称：新建并保存工作簿 .xlsx

要使用 WPS 表格制作电子表格，首先应创建工作簿，然后以相应的名称保存工作簿。下面介绍新建并保存工作簿的操作方法。

Step 01 启动 WPS 2019，进入“新建”窗口，选择“表格”选项，选择“新建空白文档”模板，如图 6-1 所示。

Step 02 WPS 新建了一个默认名为“工作簿 1”的工作簿，单击“保存”按钮，如图 6-2 所示。

图 6-1　　　　图 6-2

Step 03 弹出“另存为”对话框，选择表格保存位置，在“文件名”文本框中输入名称，单击“保存”按钮，如图 6-3 所示。

Step 04 返回到工作簿中，可以看到标题名称已经被更改，通过以上步骤即可完成新建并保存工作簿的操作，如图 6-4 所示。

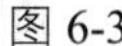
图 6-3

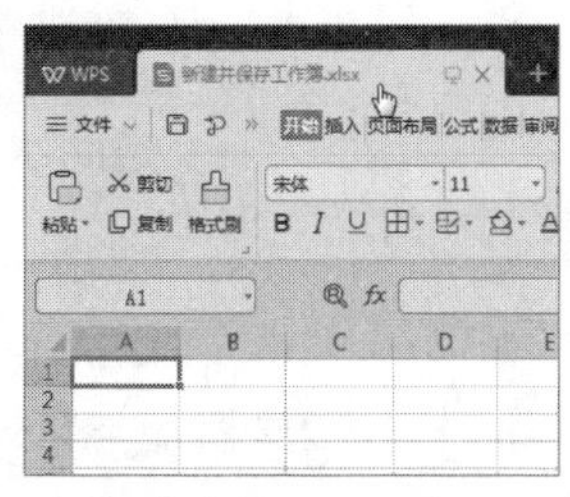

图 6-4

经验技巧

启动 WPS 2019，进入“新建”窗口，直接按 Ctrl+N 组合键，可以快速创建一个空白电子表格。

6.1.2 加密保护工作簿

实例文件保存路径：配套素材\第 6 章\实例 2

实例效果文件名称：加密保护工作簿 .xlsx

在商务办公中工作簿经常会有涉及公司机密的数据信息，这时通常需要为工作簿设置打开和修改密码。下面介绍加密保护工作簿的操作方法。

Step 01 打开名为“产品销售表”的素材表格，单击“文件”按钮，在弹出的选项中选择“文档加密”→“密码加密”选项，如图 6-5 所示。

Step 02 弹出“文档安全”对话框，在“打开权限”和“编辑权限”区域分别输入密码“123”，单击“应用”按钮，如图 6-6 所示。

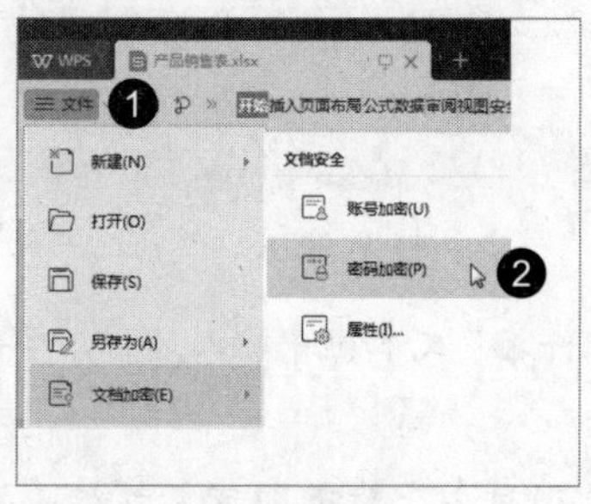

图 6-5

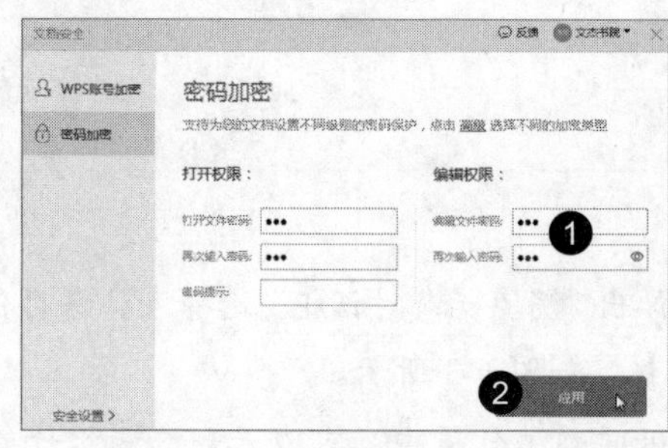

图 6-6

Step 03 重新打开工作簿时，弹出“文档已加密”对话框，输入密码“123”，单击“确定”按钮，如图 6-7 所示。

Step 04 弹出“文档以加密”对话框，输入编辑密码“123”，单击“确定”按钮，如图 6-8 所示。

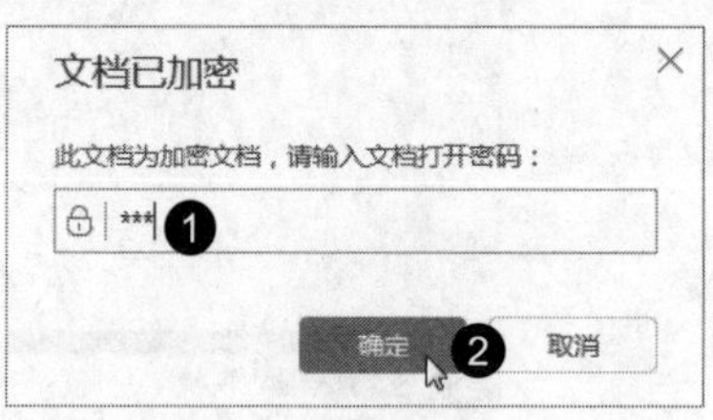

图 6-7

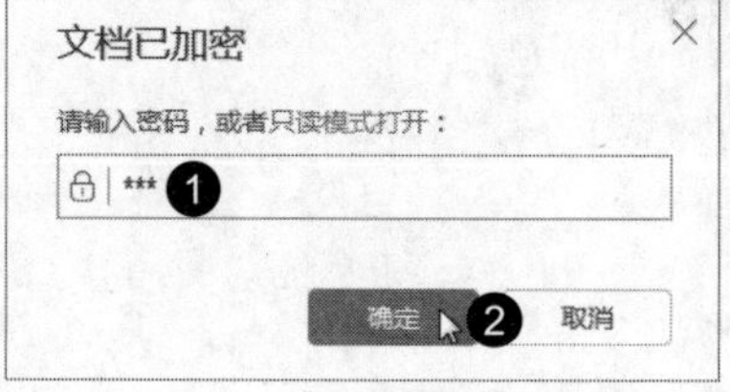

图 6-8

知识常识

打开“文档加密”对话框，在“密码加密”选项卡的“打开权限”和“编辑权限”中删除所有设置的密码信息，然后依次单击“应用”和“确定”按钮，即可撤销工作簿的保护。

6.1.3　分享工作簿

实例文件保存路径：配套素材\第 6 章\实例 3

实例素材文件名称：年会日程 .xlsx

在实际办公过程中，工作簿的数据信息有时需要多个部门的领导进行查阅，此时可以采用 WPS 表格的分享功能来实现。下面介绍分享工作簿的操作方法。

Step 01 打开名为“年会日程”的素材表格，单击“文件”按钮，在弹出的选项中选择“分享文档”选项，如图 6-9 所示。

Step 02 弹出“分享文档”对话框，单击“QQ 分享”选项，如图 6-10 所示。

图 6-9

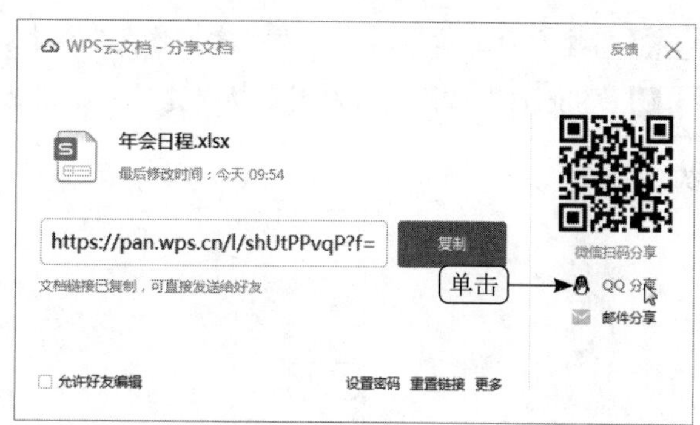

图 6-10

Step 03 弹出 QQ 软件中的“转发”对话框，在左侧选择准备转发的好友，单击“转发”按钮即可完成操作，如图 6-11 所示。

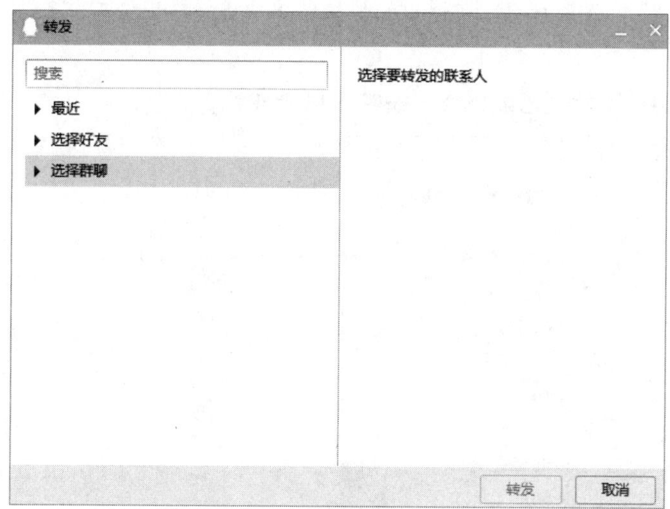

图 6-11

6.2 工作表的基本操作

工作表是由多个单元格组合而成的一个平面整体，本节主要介绍如何对工作表进行基本的管理，包括添加与删除工作表、重命名工作表、设置工作表标签的颜色以及保护工作表。

6.2.1 添加与删除工作表

	实例文件保存路径：配套素材\第 6 章\实例 4
	实例效果文件名称：添加与删除工作表 .xlsx

在实际工作中可能会用到更多的工作表，需要用户在工作簿中添加新的工作表；而多余的工作表则可以直接删除。下面介绍添加与删除工作表的操作方法。

Step 01 新建空白工作簿，单击“新建工作表”按钮，如图 6-12 所示。

Step 02 “Sheet1”工作表的右侧自动新建了一个名为“Sheet2”的空白工作表，如图 6-13 所示。

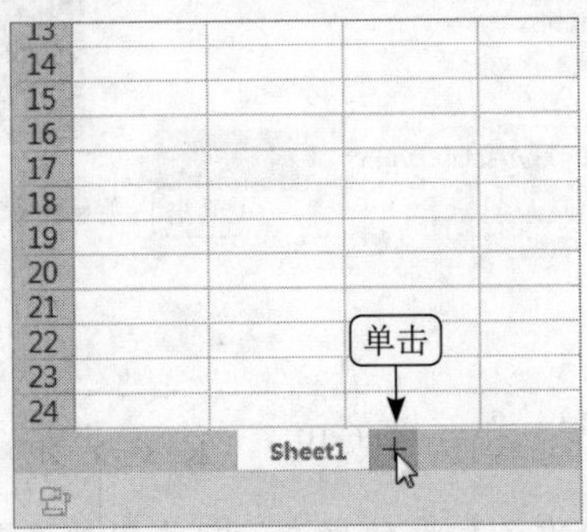

图 6-12

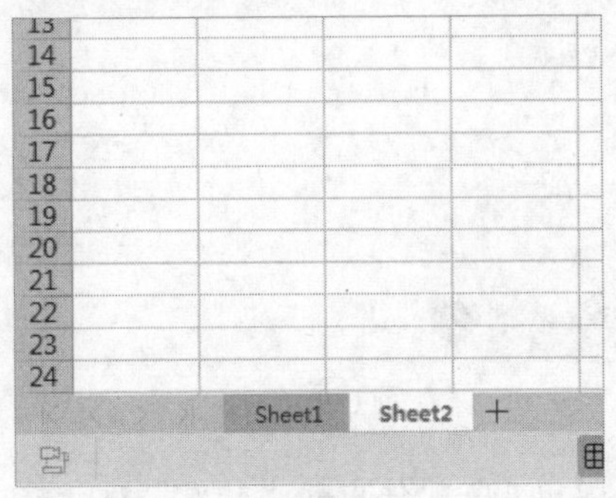

图 6-13

Step 03 右击“Sheet1”工作表标签，在弹出的快捷菜单中选择“删除工作表”菜单项，如图 6-14 所示。

Step 04 此时“Sheet1”工作表已被删除，如图 6-15 所示。

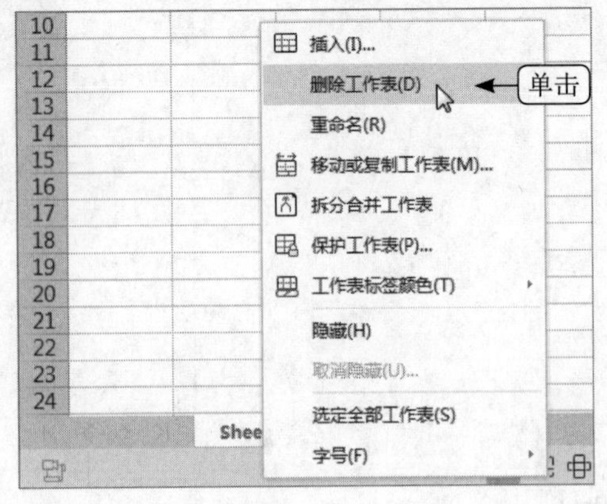

图 6-14

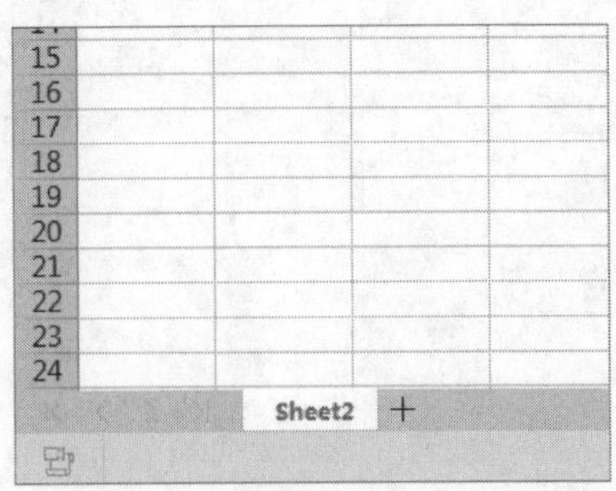

图 6-15

6.2.2　工作表的重命名

实例文件保存路径：配套素材\第 6 章\实例 5
实例效果文件名称：重命名工作表 .xlsx

在默认情况下，工作表以 Sheet1、Sheet2、Sheet3 依次命名，在实际应用中，为了区分工作表，可以根据表格名称、创建日期、表格编号等对工作表进行重命名。下面介绍重命名工作表的操作方法。

Step 01 新建空白工作簿，右击"Sheet1"工作表标签，在弹出的快捷菜单中选择"重命名"菜单项，如图 6-16 所示。

Step 02 名称呈选中状态，使用输入法输入名称，如图 6-17 所示。

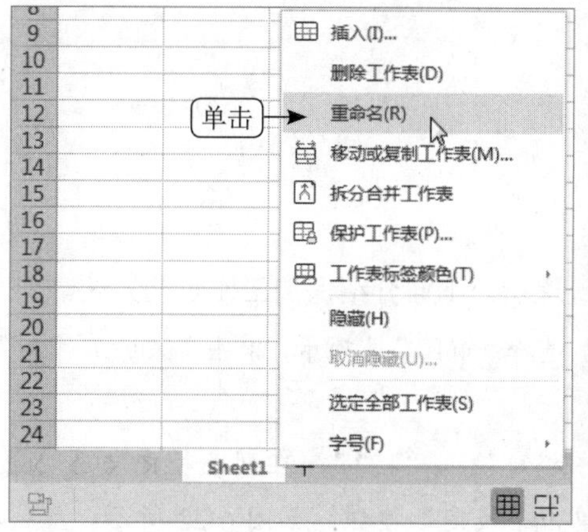

图 6-16

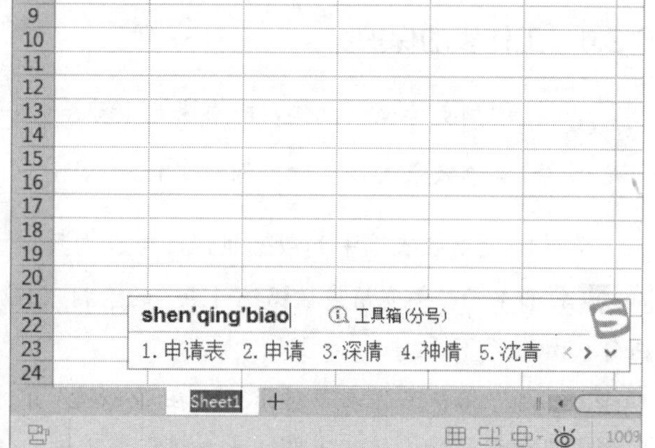

图 6-17

Step 03 输入完成后按 Enter 键即可完成重命名工作表的操作，如图 6-18 所示。

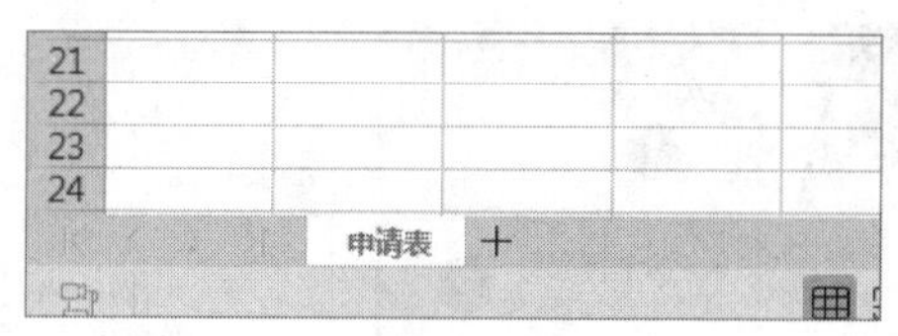

图 6-18

6.2.3　设置工作表标签的颜色

实例文件保存路径：配套素材\第 6 章\实例 6
实例效果文件名称：工作表标签颜色 .xlsx

当一个工作簿中存在很多工作表，不方便用户查找时，可以通过更改工作表标签颜色的方式来标记常用的工作表，使用户能够快速查找到需要的工作表。下面介绍设置工作表标签颜色的操作方法。

Step 01 新建空白工作簿，右击"Sheet1"工作表标签，在弹出的快捷菜单中选择"工作表标签颜色”菜单项，在弹出的颜色库中选择一个颜色，如图 6-19 所示。

Step 02 工作表的标签颜色已经被更改，如图 6-20 所示。

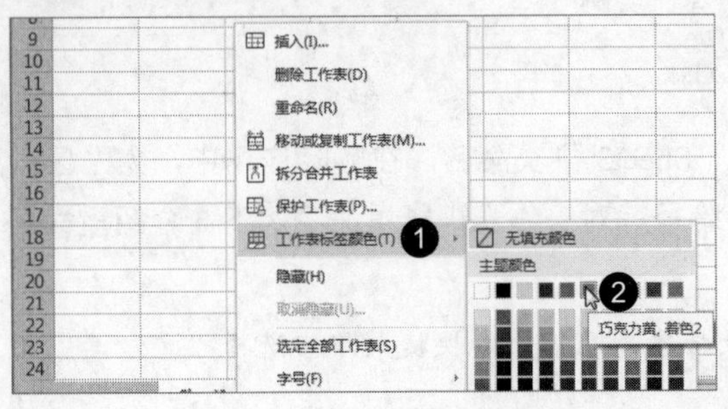

图 6-19

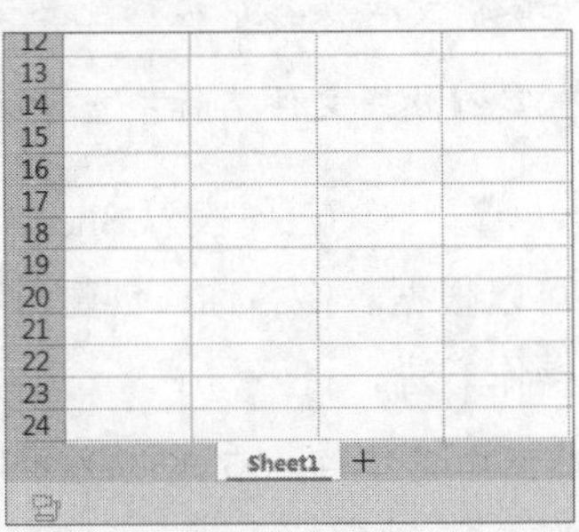

图 6-20

6.2.4 工作表的保护

实例文件保存路径：配套素材 \ 第 6 章 \ 实例 7

实例效果文件名称：保护工作表 .xlsx

为了防止重要表格中的数据泄露，可以为其设置保护。下面介绍保护工作表的方法。

Step 01 打开名为“年度销售数据统计表”的素材表格，选择“审阅”选项卡，单击“保护工作表”按钮，如图 6-21 所示。

Step 02 弹出“保护工作表”对话框，在“密码”文本框中输入“123”，在列表框中勾选“选定锁定单元格”和“选定未锁定单元格”复选框，单击“确定”按钮，如图 6-22 所示。

Step 03 返回编辑区，此时如果对工作表中的内容进行修改，则会弹出一个提示对话框，提示用户需要输入密码，如图 6-23 所示。

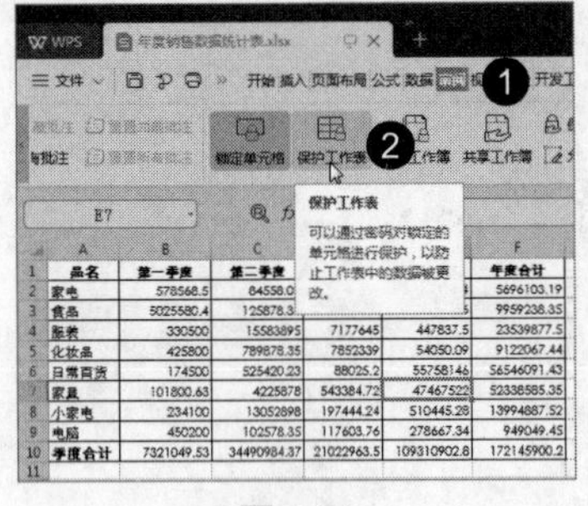

图 6-21

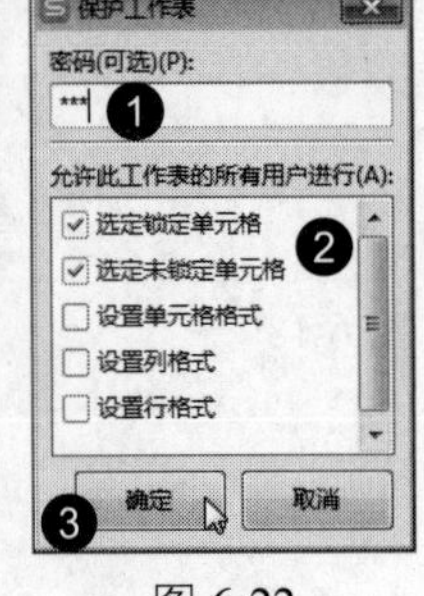

图 6-22

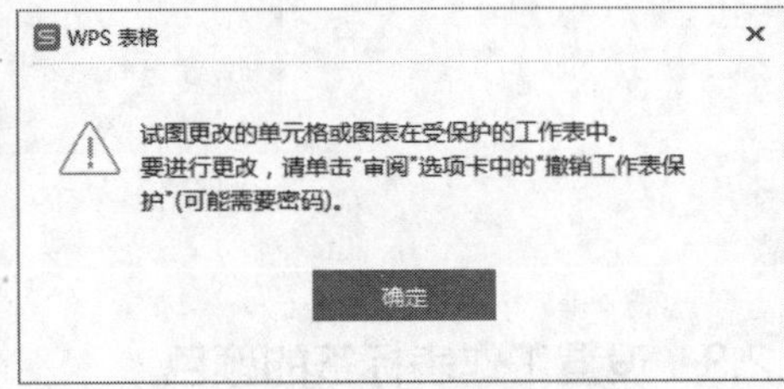

图 6-23

知识常识

用户还可以对工作簿的结构进行保护，在“审阅”选项卡中单击“保护工作簿”按钮，弹出“保护工作簿”对话框，输入密码，单击“确定”按钮，弹出“确认密码”对话框，再次输入密码，单击“确定”按钮，返回到表格中，右击任意工作表标签，在弹出的快捷菜单中可以看到“插入”“删除工作表”“隐藏”等菜单项呈灰色不可用状态，编辑受到限制。

6.3　单元格的基本操作

为使制作的表格更加整洁美观，用户可以对单元格进行编辑整理，常用的操作包括插入与删除单元格、合并和拆分单元格、调整单元格的行高与列宽等，以方便数据的输入和编辑。本节将详细介绍单元格基本操作方法。

6.3.1　插入与删除单元格

实例文件保存路径：配套素材 \ 第 6 章 \ 实例 8

实例效果文件名称：插入与删除单元格 .xlsx

在对工作表进行编辑时，通常会涉及插入与删除单元格的操作。下面介绍插入与删除单元格的操作方法。

Step 01 打开名为“商品库存明细表”的素材表格，选中 C4 单元格，在“开始”选项卡中单击“行和列”下拉按钮，在弹出的选项中选择“插入单元格”→“插入单元格”选项，如图 6-24 所示。

Step 02 弹出“插入”对话框，单击“活动单元格下移”单选按钮，单击“确定”按钮，如图 6-25 所示。

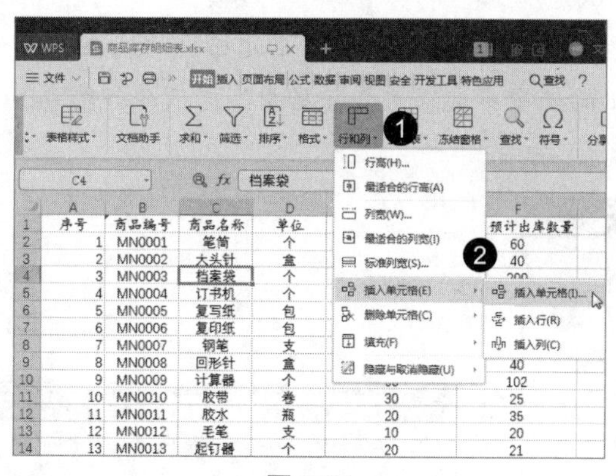

图 6-24

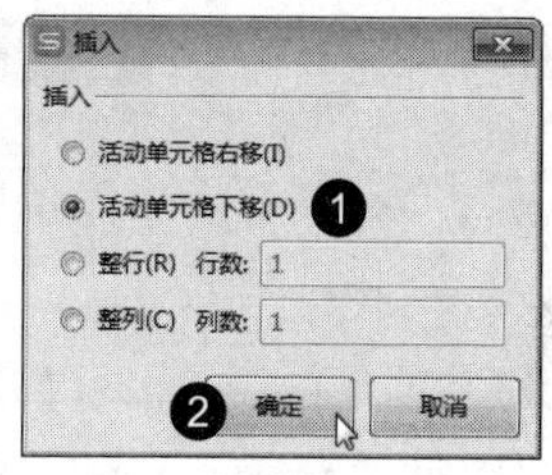

图 6-25

Step 03 可以看到 C4 位置插入了一个空白单元格，如图 6-26 所示。

Step 04 选中准备删除的单元格，在“开始”选项卡中单击“行和列”下拉按钮，在弹出的选项中选择“删除单元格”→“删除单元格”选项，如图 6-27 所示。

	A	B	C	D	
1	序号	商品编号	商品名称	单位	次
2	1	MN0001	笔筒	个	
3	2	MN0002	大头针	盒	
4	3	MN0003		个	
5	4	MN0004	档案袋	个	
6	5	MN0005	订书机	包	
7	6	MN0006	复写纸	包	
8	7	MN0007	复印纸	支	
9	8	MN0008	钢笔	盒	

图 6-26

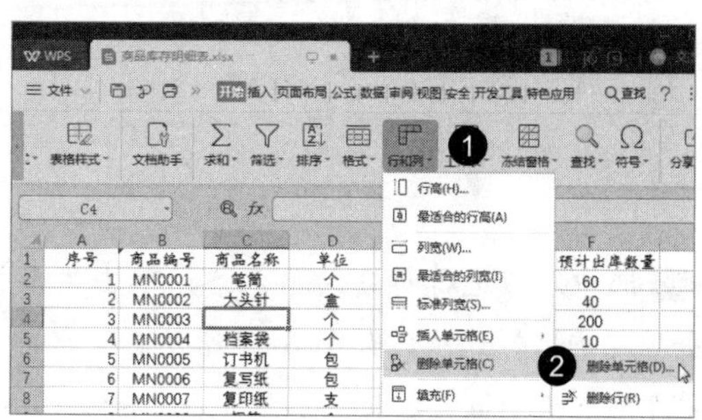

图 6-27

Step 05 弹出“删除”对话框，单击“右侧单元格左移”单选按钮，单击“确定”按钮，如图 6-28 所示。

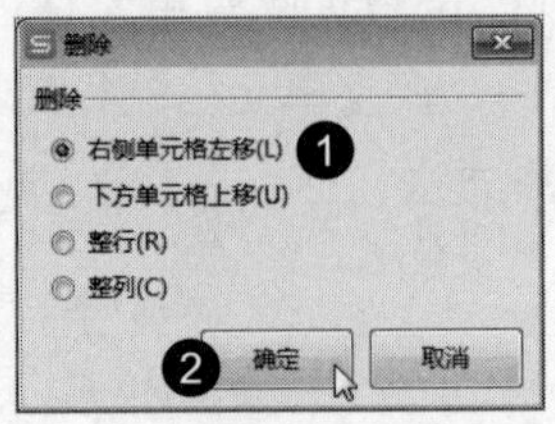

图 6-28

6.3.2 合并与拆分单元格

	实例文件保存路径：配套素材 \ 第 6 章 \ 实例 9
	实例效果文件名称：合并与拆分单元格 .xlsx

如果用户希望将两个或两个以上的单元格合并为一个单元格，或者将表格标题同时输入在几个单元格中，这时就可以通过合并单元格的操作来完成；对于已经合并的单元格，需要时可以将其拆分为多个单元格。下面介绍合并与拆分单元格的操作方法。

Step 01 打开名为“商品销售数据表”的素材表格，选中 A1 ～ G1 单元格区域，在“开始”选项卡中单击“合并居中”下拉按钮，在弹出的选项中选择“合并居中”选项，如图 6-29 所示。

Step 02 合并后的单元格将居中显示，如图 6-30 所示。

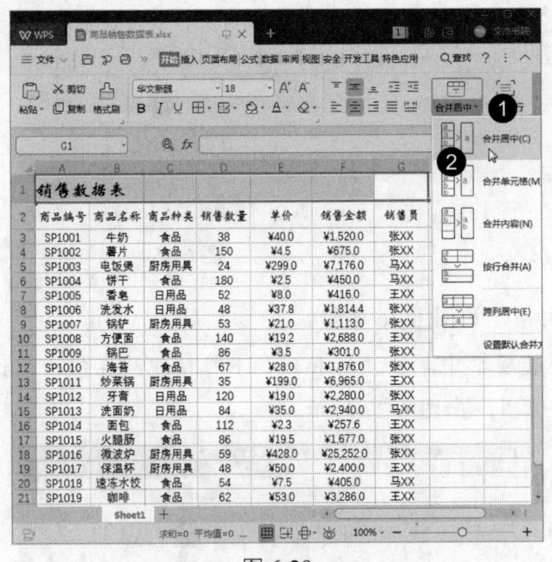

图 6-29

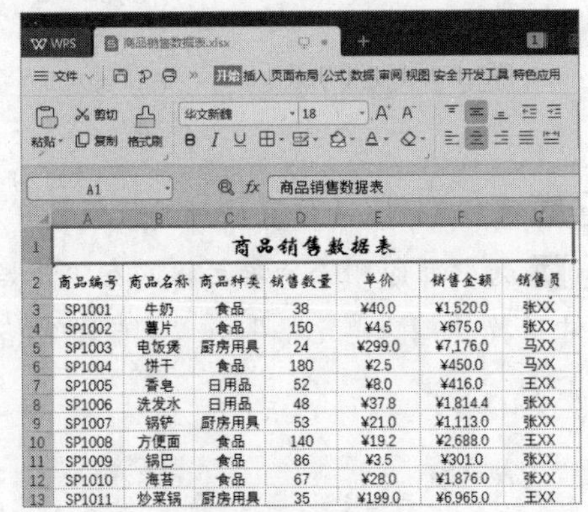

图 6-30

Step 03 选中准备进行拆分的单元格，单击“合并居中”下拉按钮，在弹出的选项中选择“拆分并填充内容”选项，如图 6-31 所示。

Step 04 单元格被拆分并且每个单元格中都会填充拆分前的内容，如图 6-32 所示。

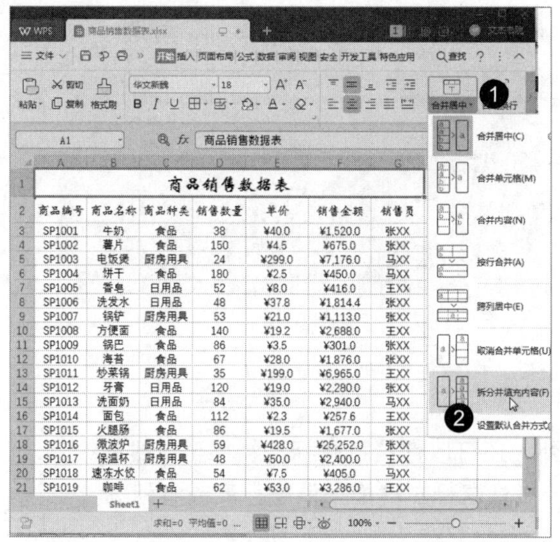

图 6-31

图 6-32

6.3.3　调整单元格的行高与列宽

实例文件保存路径：配套素材\第 6 章\实例 10
实例效果文件名称：调整行高与列宽 .xlsx

当单元格的行高或列宽不合理时，将直接影响到单元格中数据的显示，用户可以根据需要进行调整。下面介绍调整单元格的行高与列宽的操作方法。

Step 01 打开名为“员工档案表”的素材表格，选中所有数据区域，在“开始”选项卡中单击“行和列”下拉按钮，选择“行高”选项，如图 6-33 所示。

Step 02 弹出“行高”对话框，在“行高”微调框中输入数值，单击“确定”按钮，如图 6-34 所示。

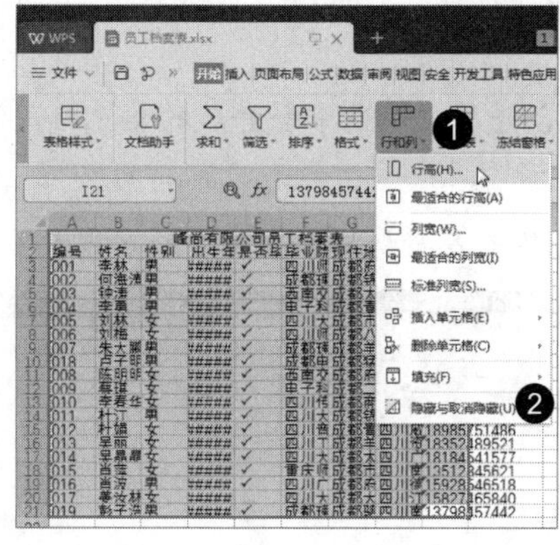

图 6-33

图 6-34

Step 03 再次单击“行和列”下拉按钮，在弹出的选项中选择“最适合的列宽”选项，如图 6-35 所示。

Step 04 通过以上步骤即可完成调整行高和列宽的操作，如图 6-36 所示。

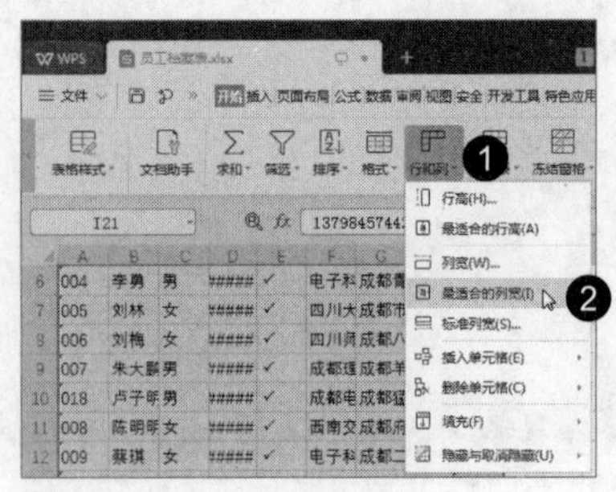
图 6-35

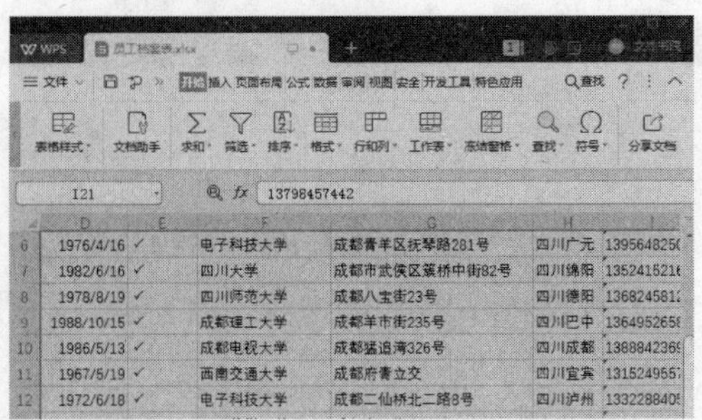
图 6-36

知识常识

除了上述方法对行高和列宽进行调整外，还可以直接将鼠标指针移至行或列线上，鼠标指针变为上下或者左右方向的箭头时，按住鼠标左键拖动调整行高或者列宽。

6.4 录入数据

数据是表格中不可或缺的元素，在 WPS 中，常见的数据类型有文本型、数字型、日期时间型和公式等，输入不同的数据类型其显示方式也不相同。本节将介绍输入不同类型数据的操作方法。

6.4.1 输入文本

实例文件保存路径：配套素材 \ 第 6 章 \ 实例 11
实例效果文件名称：输入文本 .xlsx

文本是 Excel 常用的一种数据类型，如表格的标题、行标题和列标题等。下面介绍在表格中输入文本的操作方法。

Step 01 新建空白工作簿，将 A1 ～ H1 单元格区域合并居中，选中合并后的单元格，使用输入法输入标题“考评成绩表”，如图 6-37 所示。

Step 02 按下空格键完成标题的输入，使用相同的方法输入行标题和列标题，如图 6-38 所示。

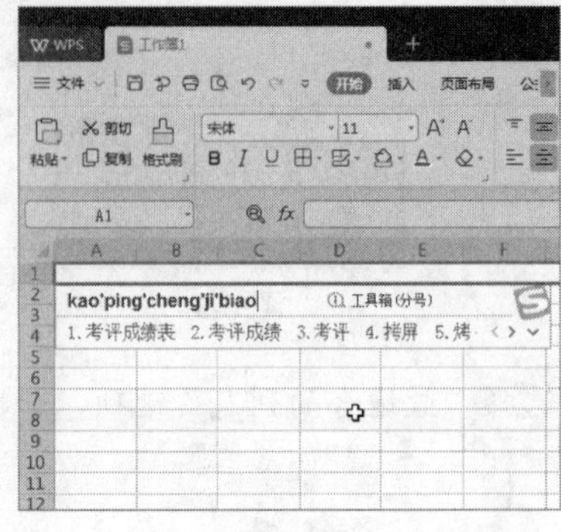
图 6-37

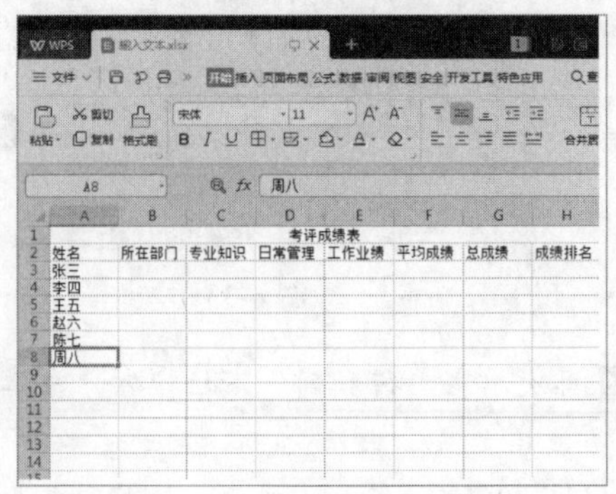
图 6-38

6.4.2　输入数值

实例文件保存路径：配套素材 \ 第 6 章 \ 实例 12

实例效果文件名称：输入数值 .xlsx

电子表格是处理各种数据最有利的工具，因此，在日常操作中经常要输入大量的数字内容。下面介绍在表格中输入数值的操作方法。

Step 01 打开名为“考评成绩表”的素材表格，选中 C3 单元格，输入数值，如图 6-39 所示。

	A	B	C	D
1				考评成绩
2	姓名	所在部门	专业知识	日常管理
3	张三	公关部	76	
4	李四	公关部		
5	王五	行政部		
6	赵六	后勤部		
7	陈七	后勤部		
8	周八	市场部		
9				

图 6-39

Step 02 按下 Enter 键完成数值的输入，使用相同的方法输入其他数值，如图 6-40 所示。

	A	B	C	D	E	F	G	H
1	考评成绩表							
2	姓名	所在部门	专业知识	日常管理	工作业绩	平均成绩	总成绩	成绩排名
3	张三	公关部	76	95	88	86	259	4
4	李四	公关部	69	77	93	80	239	6
5	王五	行政部	92	97	94	94	283	1
6	赵六	后勤部	69	99	96	88	264	3
7	陈七	后勤部	94	73	79	82	246	5
8	周八	市场部	97	79	89	88	265	2
9								

图 6-40

知识常识

输入一个较长的数字时，在单元格中会显示为科学计数法（2.34E+09）或者填满了“##”符号，表示该单元格的列宽太小不能显示整个数字，此时只需要调整列宽即可。

6.4.3　输入日期和时间

实例文件保存路径：配套素材 \ 第 6 章 \ 实例 13

实例效果文件名称：输入日期和时间 .xlsx

在使用电子表格进行各种报表的编辑和统计时，经常需要输入日期和时间。下面介绍在表格中输入日期和时间的操作方法。

Step 01 新建空白工作簿，选中 A1 单元格，输入“2019/8/30”，如图 6-41 所示。

Step 02 按下 Enter 键完成时间的输入，需要注意的是此处显示日期格式与用户在 Windows 控制面板中的“区域”设置有关，可以设置短日期和长日期的格式，选中 B1 单元格，输入“17:30”

（英文状态的冒号），如图 6-42 所示。

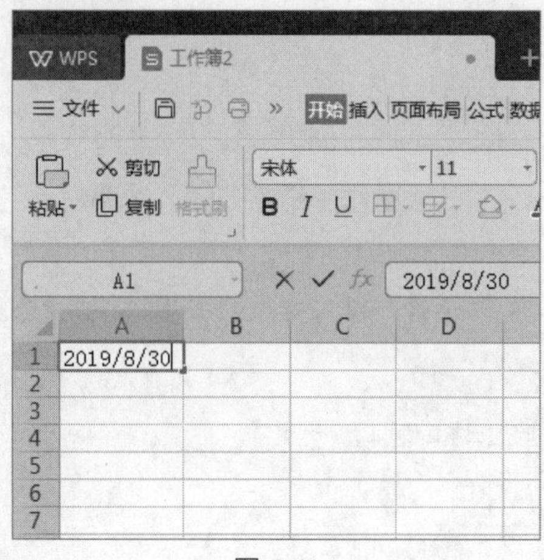

图 6-41

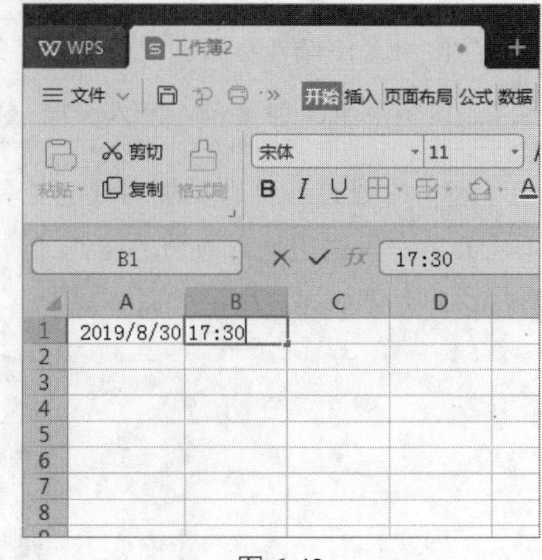

图 6-42

Step 03 完成日期和时间的输入，如图 6-43 所示。

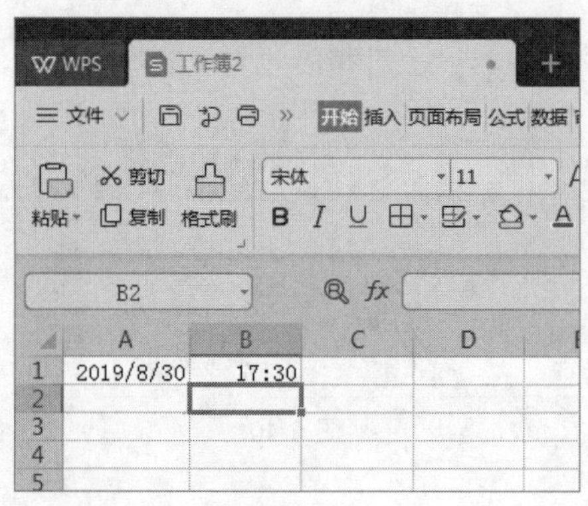

图 6-43

6.4.4 输入序列数据

实例文件保存路径：配套素材\第 6 章\实例 14
实例效果文件名称：输入序列数据 .xlsx

在输入数据的过程中，经常需要输入一系列日期、数字或文本。例如，要在相邻的单元格中填入 1、2、3 等，或者输入一个日期序列（星期一、星期二、星期三等），用户可以利用 WPS 提供的序列填充功能来快速输入数据。下面介绍输入序列数据的操作方法。

Step 01 新建空白工作簿，选定要填充的第一个单元格并输入数据序列中的初始值，如果数据序列的步长值不是 1，则选定区域中的下一个单元格并输入数据序列的第二个数值，两个数值之间的差决定数据序列的步长值，将鼠标指针移到单元格区域右下角的填充柄上，当鼠标指针变成黑色十字形状时，按住鼠标左键在要填充的区域上拖动，如图 6-44 所示。

Step 02 释放鼠标，WPS 将在这个区域完成填充工作，如图 6-45 所示。

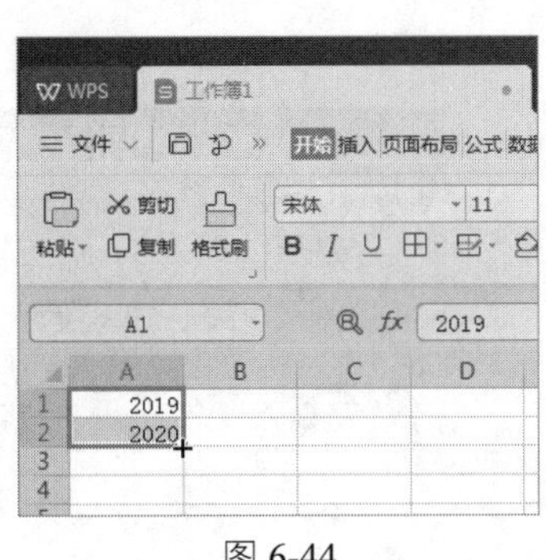

图 6-44

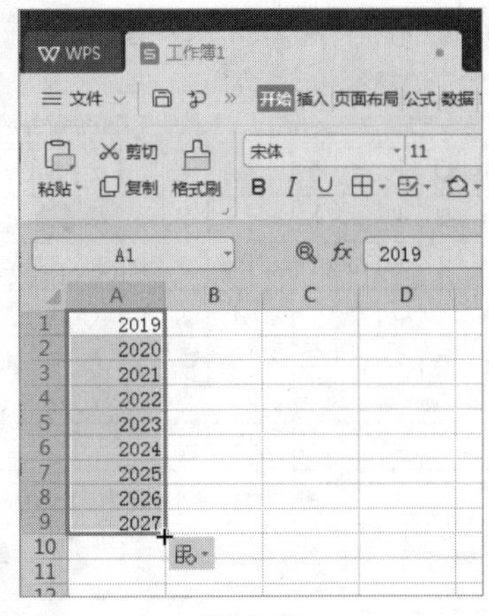

图 6-45

6.4.5　输入特殊符号

实例文件保存路径：配套素材 \ 第 6 章 \ 实例 15
实例效果文件名称：输入特殊符号 .xlsx

实际应用中可能需要输入特殊符号，如℃、？、§ 等，在 WPS 中可以轻松输入这类符号。下面介绍输入特殊符号的操作方法。

Step 01 新建空白工作簿，选中单元格，选择“插入”选项卡，单击“符号”下拉按钮，在弹出的选项中选择“其他符号”选项，如图 6-46 所示。

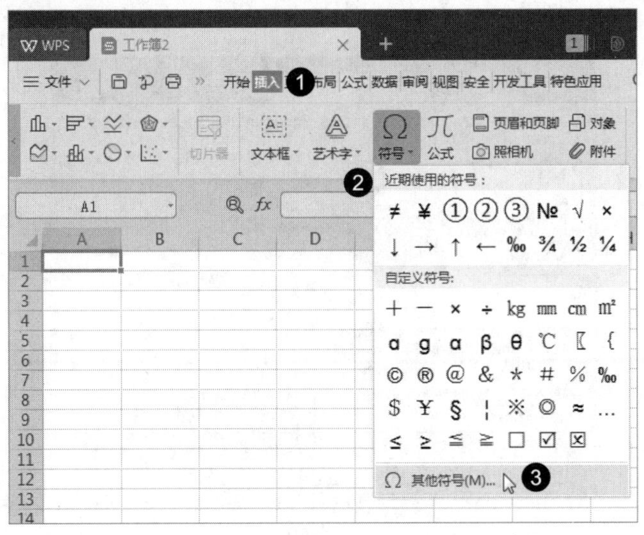

图 6-46

Step 02 弹出“符号”对话框，选择“符号”选项卡，选择要插入的符号如“π”，单击“插入”按钮，再单击“关闭”按钮，如图 6-47 所示。

Step 03 返回表中，此时选中的单元格显示出特殊符号，如图 6-48 所示。

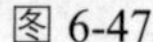
图 6-47

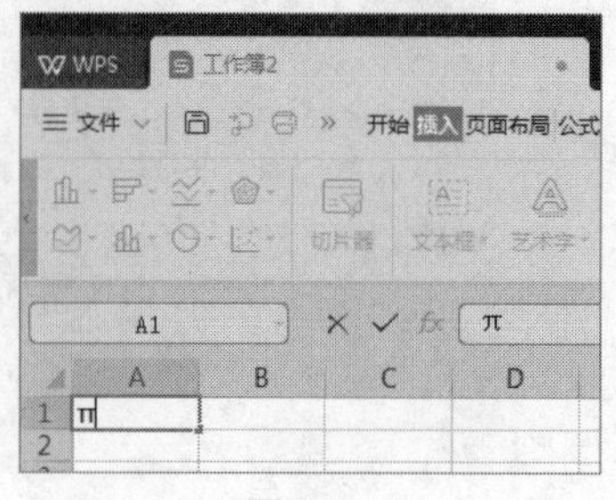

图 6-48

6.4.6 设置数字格式

	实例文件保存路径：配套素材 \ 第 6 章 \ 实例 16
	实例效果文件名称：设置数字格式 .xlsx

在工作表的单元格中输入的数字，通常按照常规格式显示，但是这种格式可能无法满足用户的需求，例如，财务报表中的数据常用的是货币格式。下面以输入货币型数据为例，介绍设置数字格式的操作方法。

Step 01 打开名为“现金流量表”的素材表格，选中单元格区域，在“开始”选项卡中单击“单元格格式启动器”按钮，如图 6-49 所示。

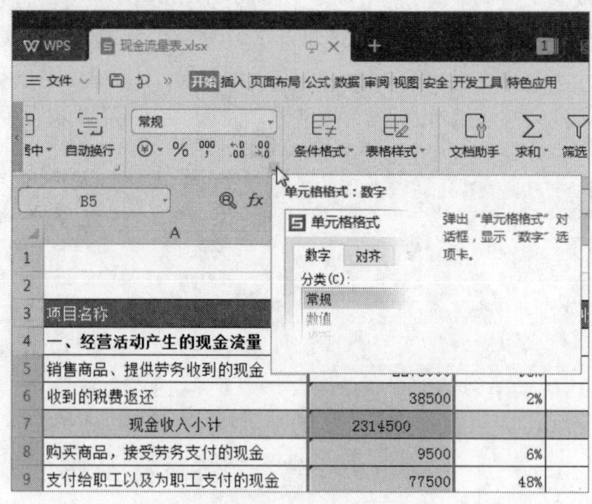

图 6-49

Step 02 弹出“单元格格式”对话框，在“分类”列表框中选择“货币”选项，设置“小数位数”“货币符号”“负数”等选项的样式，单击“确定”按钮，如图 6-50 所示。

Step 03 返回表中，此时选中的单元格区域已经添加了货币符号，如图 6-51 所示。

图 6-50

	A	B	C
4	一、经营活动产生的现金流量		
5	销售商品、提供劳务收到的现金	¥2, 276, 000. 00	98%
6	收到的税费返还	¥38, 500. 00	2%
7	现金收入小计	¥2, 314, 500. 00	
8	购买商品，接受劳务支付的现金	¥9, 500. 00	6%
9	支付给职工以及为职工支付的现金	¥77, 500. 00	48%
10	支付的各项税费	¥15, 700. 00	10%
11	支付的其他与经营活动有关的现金	¥57, 450. 00	36%
12	现金支出小计	¥160, 150. 00	
13	经营活动产生的现金流量净额	¥2, 154, 350. 00	
14	二、投资活动产生的现金流量		
15	收回投资所收到的现金	¥42, 500. 00	35%
16	分得股利或利润所收到的现金	¥58, 300. 00	48%
17	处置固定资产收回的现金净额	¥21, 140. 00	17%
18	现金收入小计	¥121, 940. 00	
19	购建固定资产无形资产其他资产支付的	¥62, 360. 00	79%

图 6-51

6.4.7　指定数据的有效范围

实例文件保存路径：配套素材 \ 第 6 章 \ 实例 17
实例效果文件名称：指定数据有效范围 .xlsx

在默认情况下，用户可以在单元格中输入任何数据，在实际工作中，经常需要给一些单元格或单元格区域定义有效数据范围。下面介绍指定数据有效范围的操作方法。

Step 01 打开名为“员工考核成绩统计表”的素材表格，选中单元格区域，选择“数据”选项卡，单击“有效性”按钮，如图 6-52 所示。

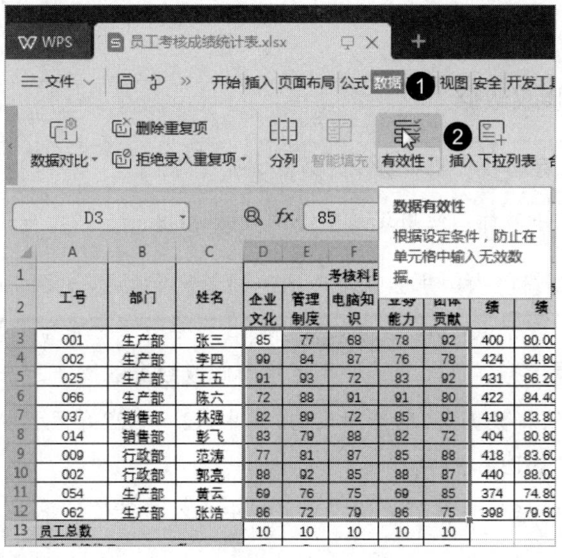

图 6-52

Step 02 弹出“数据有效性”对话框，在“允许”列表中选择“整数”选项，在“数据”列表中选择“介于”选项，在“最大值”和“最小值”文本框中输入数值，单击“确定”按钮，如图 6-53 所示。

Step 03 返回表中，选中一个已经设置了有效范围的单元格，输入有效范围以外的数字，按 Enter 键完成输入，弹出错误提示框，提示输入内容不符合条件，通过以上步骤即可完成指定数据的有效范围的操作，如图 6-54 所示。

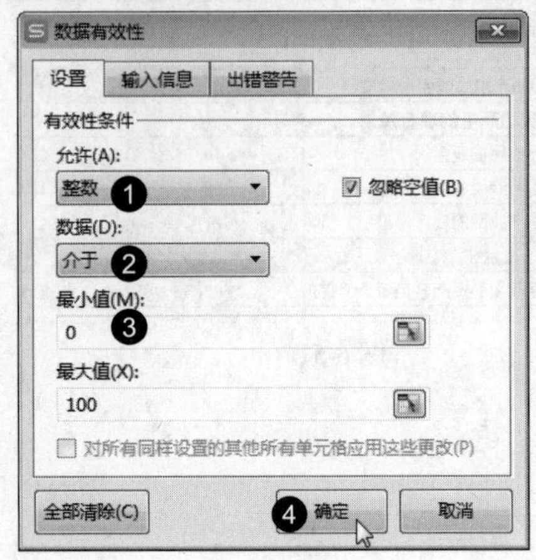

图 6-53

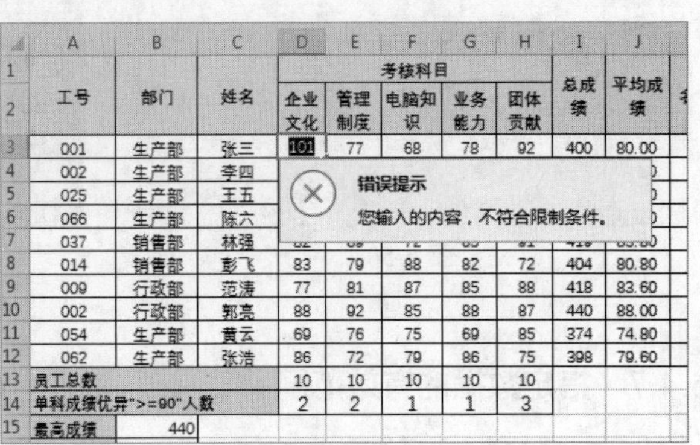

图 6-54

 6.5 编辑数据

WPS 表格中存在各种各样的数据，在编辑操作过程中，除了对数据进行修改，还涉及其他一些操作，例如使用记录单批量修改数据、突出显示重复项等内容。本节将详细介绍编辑数据的有关知识。

6.5.1 使用记录单修改数据

	实例文件保存路径：配套素材 \ 第 6 章 \ 实例 18
	实例效果文件名称：使用记录单修改数据 .xlsx

如果工作表的数据量巨大，那么在输入数据时就需要耗费很多时间在来回切换行、列的位置上，有时还容易出现错误，用户可以利用 WPS 表格的“记录单”功能，批量编辑数据，而不用在长表格中编辑数据。下面介绍使用记录单修改数据的操作方法。

Step 01 打开名为“商品销售数据表”的素材表格，选中 A2 ～ G22 单元区域，选择“数据”选项卡，单击“记录单”按钮，如图 6-55 所示。

Step 02 弹出“Sheet1”对话框，在“单价”文本框中输入新数值，单击“下一条”按钮，如图 6-56 所示。

Step 03 进入第二条记录单，继续更改“单价”数值，单击“关闭”按钮，如图 6-57 所示。

Step 04 返回表格，可以看到牛奶和薯片的单价都已被修改，如图 6-58 所示。

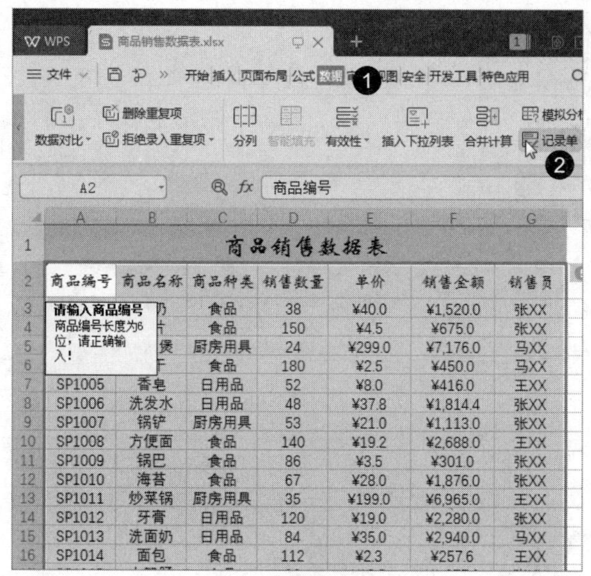

图 6-55

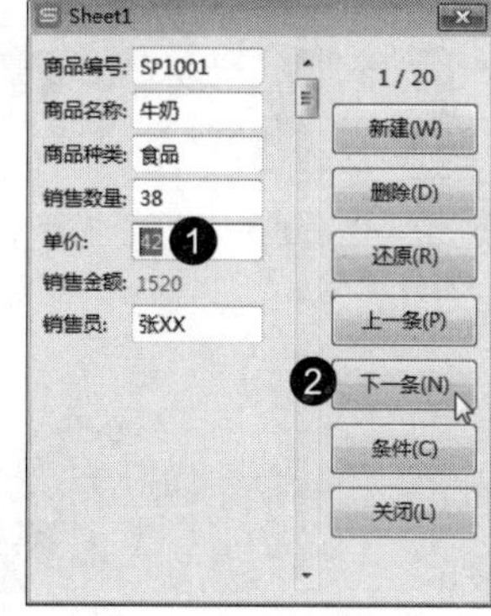

图 6-56

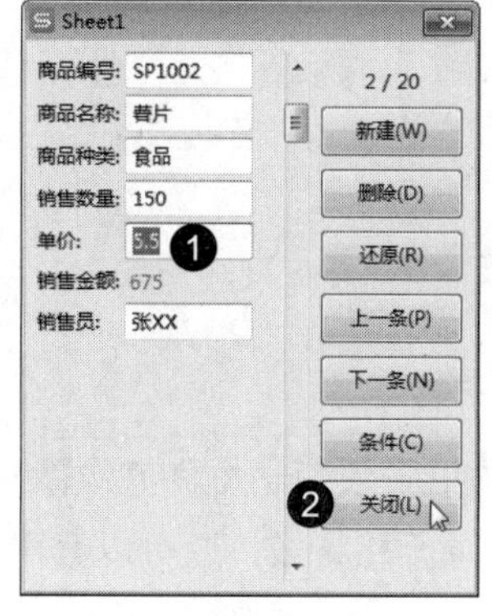

图 6-57

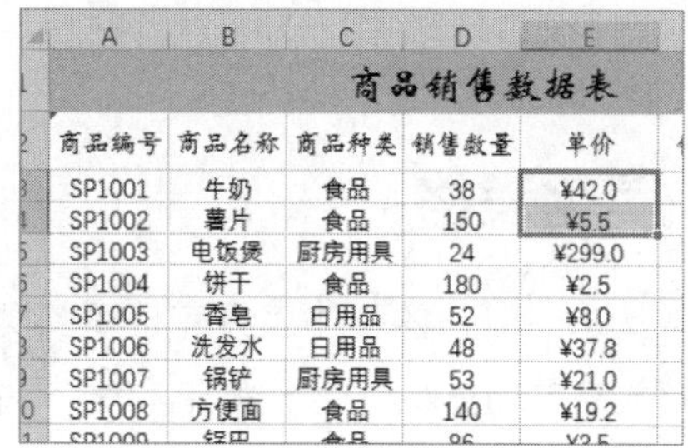

图 6-58

6.5.2　突出显示重复项

实例文件保存路径：配套素材\第 6 章\实例 19

实例效果文件名称：突出显示重复项 .xlsx

当需要查找表格中相同的数据时，可以通过设置显示重复项来进行查找，这样既快速又方便。下面介绍突出显示重复项的操作方法。

Step 01 打开名为“成绩表”的素材表格，选中任意单元格，选择“数据”选项卡，单击“高亮重复项”下拉按钮，在弹出的选项中选择“设置高亮重复项”选项，如图 6-59 所示。

Step 02 弹出“高亮显示重复值”对话框，保持默认设置，单击“确定”按钮，如图 6-60 所示。

Step 03 返回到表格，重复数值的单元格都被橙色填充高亮显示，通过以上步骤即可完成突出显示重复项的操作，如图 6-61 所示。

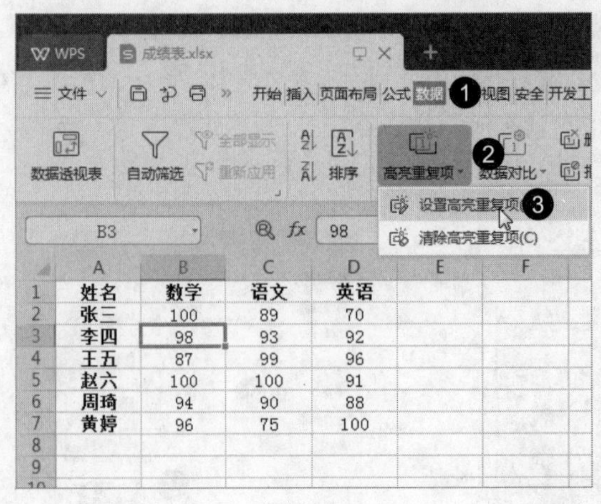

	A	B	C	D	E	F
1	姓名	数学	语文	英语		
2	张三	100	89	70		
3	李四	98	93	92		
4	王五	87	99	96		
5	赵六	100	100	91		
6	周琦	94	90	88		
7	黄婷	96	75	100		
8						
9						

图 6-59

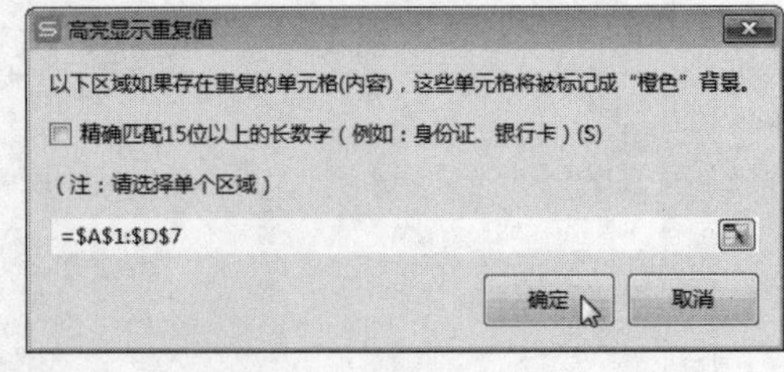

图 6-60

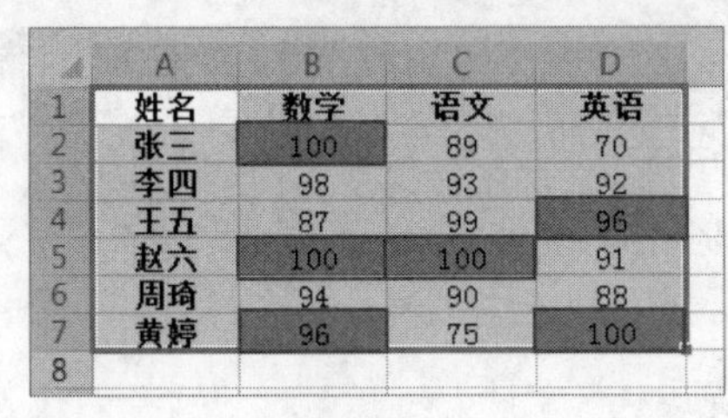

	A	B	C	D
1	姓名	数学	语文	英语
2	张三	100	89	70
3	李四	98	93	92
4	王五	87	99	96
5	赵六	100	100	91
6	周琦	94	90	88
7	黄婷	96	75	100
8				

图 6-61

6.6 美化表格

默认状态下制作的工作表具有相同的文字格式和对齐方式，没有边框和底纹效果。为了让制作的表格更加美观，适于交流，最简单的办法就是设置单元格格式，还可以套用 WPS 自带的表格样式。

6.6.1 套用表格样式

实例文件保存路径：配套素材\第 6 章\实例 20

实例效果文件名称：套用表格样式 .xlsx

WPS 提供了许多预定义的表样式，使用这些样式可快速美化表格效果。下面介绍套用表格样式的操作方法。

Step 01 打开名为"成绩表"的素材表格，选中整个表格，在"开始"选项卡中单击"表格样式"下拉按钮，在弹出的样式库中选择一种样式，如图 6-62 所示。

Step 02 弹出"套用表格样式"对话框，在"表数据的来源"文本框中显示了选择的表格区域，确认无误后单击"确定"按钮，如图 6-63 所示。

Step 03 返回表格中，即可查看套用表格样式的效果，如图 6-64 所示。

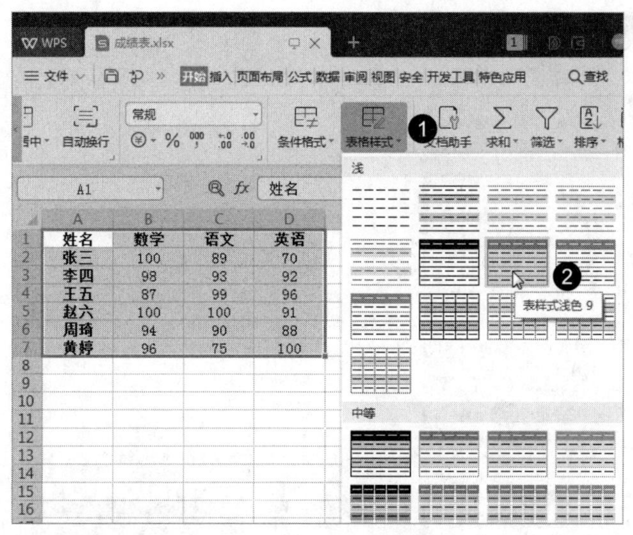

图 6-62

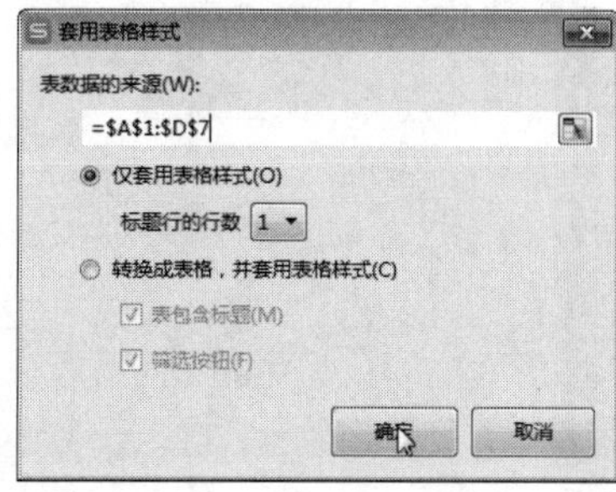

图 6-63

	A	B	C	D
1	姓名	数学	语文	英语
2	张三	100	89	70
3	李四	98	93	92
4	王五	87	99	96
5	赵六	100	100	91
6	周琦	94	90	88
7	黄婷	96	75	100

图 6-64

知识常识

用户还可以自己设计表格样式，在“开始”选项卡中单击“表格样式”下拉按钮，在弹出的选项中选择“新建表格样式”选项，弹出“新建表样式”对话框，用户可以在该对话框中设置样式的具体参数。

6.6.2　应用单元格样式

实例文件保存路径：配套素材\第 6 章\实例 21

实例效果文件名称：套用表格样式 .xlsx

WPS 表格不仅能为表格设置整体样式，也可以为单元格或单元格区域应用样式。下面介绍应用单元格样式的操作方法。

Step 01 打开名为“成绩表”的素材表格，选中 B2～D7 单元格区域，在“开始”选项卡中单击“格式”下拉按钮，在弹出的选项中选择“样式”选项，在弹出的样式库中选择一种样式，如图 6-65 所示。

Step 02 返回表格中，即可查看应用的单元格样式效果，如图 6-66 所示。

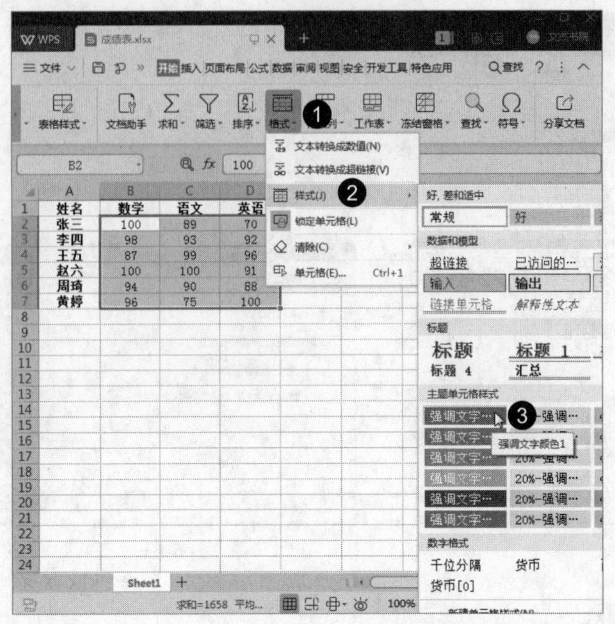

图 6-65

	A	B	C	D
1	姓名	数学	语文	英语
2	张三	100	89	70
3	李四	98	93	92
4	王五	87	99	96
5	赵六	100	100	91
6	周琦	94	90	88
7	黄婷	96	75	100

图 6-66

6.6.3 突出显示单元格

实例文件保存路径：配套素材\第6章\实例22
实例效果文件名称：突出显示单元格.xlsx

在编辑数据表格的过程中，有时需要将某些区域中的特定数据用特定颜色突出显示，便于观看。下面介绍突出显示单元格的操作方法。

Step 01 打开名为“成绩表”的素材表格，选中单元格区域，在“开始”选项卡中单击“格式”下拉按钮，在弹出的选项中选择“单元格”选项，如图 6-67 所示。

Step 02 弹出“单元格格式”对话框，选择“图案”选项卡，在“颜色”区域选择一种颜色，单击“确定”按钮，如图 6-68 所示。

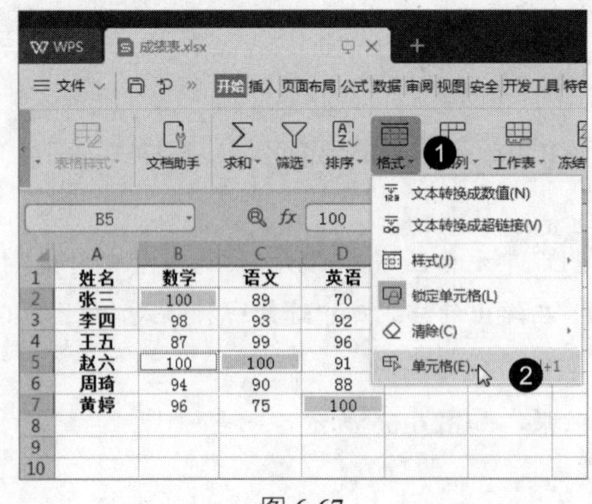

图 6-67

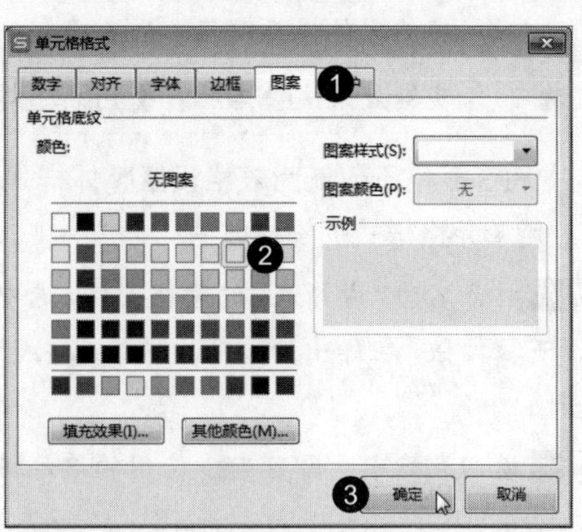

图 6-68

Step 03 返回表格中，选中的单元格已经突出显示，如图 6-69 所示。

	A	B	C	D
1	姓名	数学	语文	英语
2	张三	100	89	70
3	李四	98	93	92
4	王五	87	99	96
5	赵六	100	100	91
6	周琦	94	90	88
7	黄婷	96	75	100
8				

图 6-69

6.6.4　设置单元格边框样式

实例文件保存路径：配套素材 \ 第 6 章 \ 实例 23

实例效果文件名称：单元格边框样式 .xlsx

默认状态下，单元格的边框在屏幕上显示为浅灰色，但是打印出来实际为没有边框，需要用户自己设置边框样式。下面介绍设置单元格边框样式的操作方法。

Step 01 打开名为“成绩表”的素材表格，选中整个表格，在“开始”选项卡中单击“格式”下拉按钮，在弹出的选项中选择“单元格”选项，如图 6-70 所示。

Step 02 弹出“单元格格式”对话框，选择“边框”选项卡，在“样式”区域选择一种边框样式，在“颜色”列表中选择一种颜色，在“预置”区域单击“外边框”和“内部”按钮，单击“确定”按钮，如图 6-71 所示。

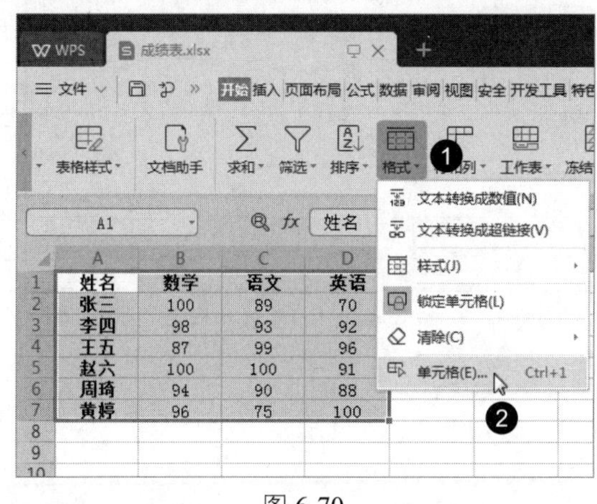

图 6-70

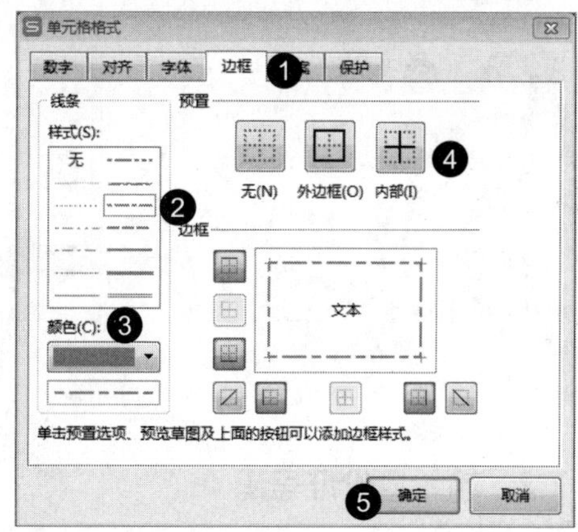

图 6-71

Step 03 返回表格中，此时表格已经添加了边框，如图 6-72 所示。

	A	B	C	D	E
1	姓名	数学	语文	英语	
2	张三	100	89	70	
3	李四	98	93	92	
4	王五	87	99	96	
5	赵六	100	100	91	
6	周琦	94	90	88	
7	黄婷	96	75	100	

图 6-72

6.7 新手进阶

本节将介绍一些创建与编辑 WPS 表格的技巧供用户学习，通过这些技巧，用户可以更进一步掌握使用 WPS 的方法，包括更改 WPS 默认的工作表张数、输入身份证号码、输入以“0”开头的数字、删除最近使用的工作簿记录以及快速切换工作表。

6.7.1 更改WPS默认的工作表张数

	实例文件保存路径：无
	实例效果文件名称：无

默认情况下，在 WPS 2019 中新建一个工作簿后，该工作簿中只有一张空白工作表，用户可以根据需要更改工作簿中默认的工作表张数。下面介绍更改工作表张数的方法。

Step 01 新建空白工作簿，单击“文件”下拉按钮，选择“选项”选项，如图 6-73 所示。

Step 02 弹出“选项”对话框，选择“常规与保存”选项卡，在“新工作簿内的工作表数”微调框中设置数值，单击“确定”按钮即可完成设置工作表张数的操作，如图 6-74 所示。

图 6-73

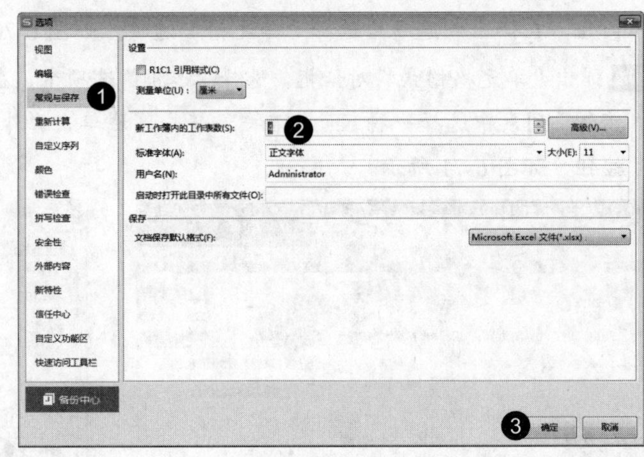

图 6-74

6.7.2 输入身份证号码

	实例文件保存路径：配套素材\第 6 章\实例 24
	实例效果文件名称：身份证号码 .xlsx

在 WPS 表格中输入身份证号码时，由于数位较多，经常出现科学计数形式。下面介绍输入身份证号码的操作方法。

Step 01 新建空白工作簿，将输入法切换到英文状态，在单元格 A1 中输入单引号“'”，再输入身份证号码，如图 6-75 所示。

Step 02 按 Enter 键即可完成输入身份证号码的操作，如图 6-76 所示。

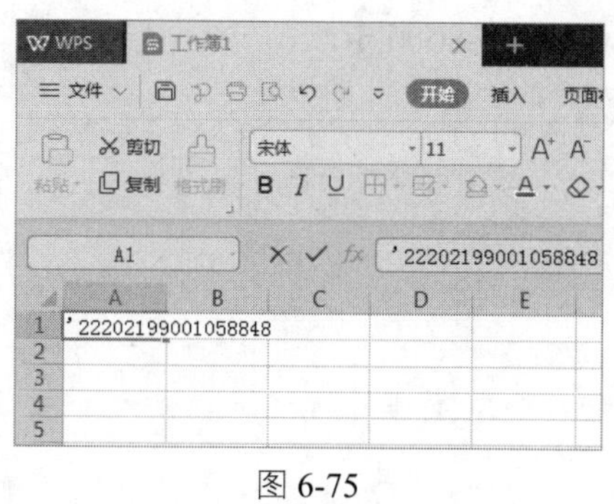

图 6-75

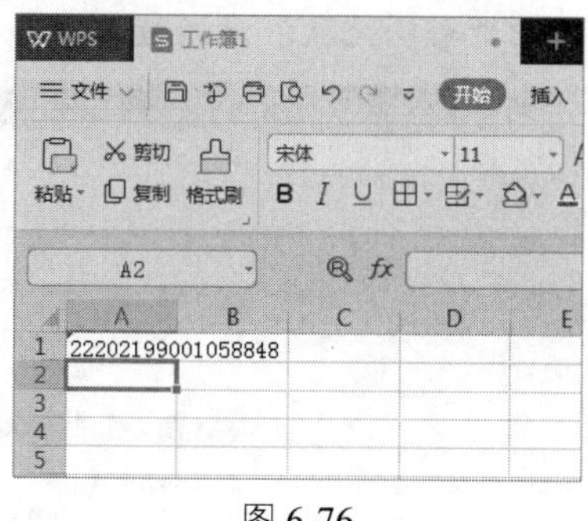

图 6-76

6.7.3 输入以“0”开头的数字

实例文件保存路径：配套素材 \ 第 6 章 \ 实例 25

实例效果文件名称：以“0”开头的数字 .xlsx

在 WPS 表格中输入以“0”开头的数字，系统会自动将“0”过滤掉。下面介绍输入以“0”开头的数字的操作方法。

Step 01 新建空白工作簿，将输入法切换到英文状态，在单元格 A1 中输入单引号“'”，再输入“0001”，如图 6-77 所示。

Step 02 按 Enter 键即可完成输入以“0”开头的数字的操作，如图 6-78 所示。

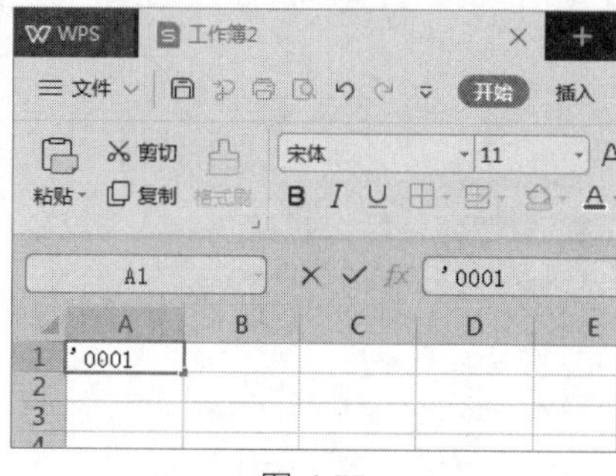

图 6-77

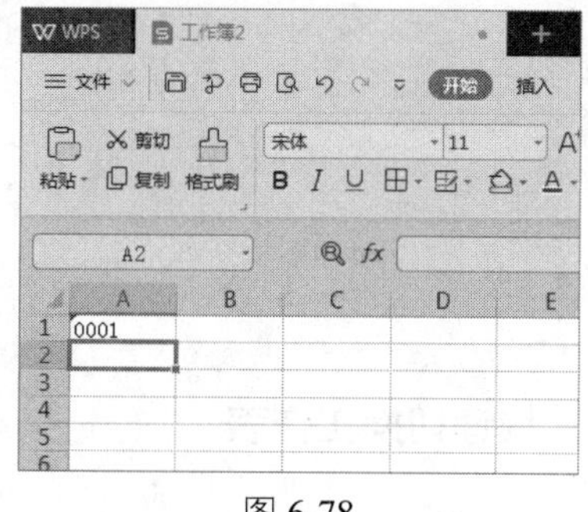

图 6-78

6.7.4 删除最近使用的工作簿记录

实例文件保存路径：无

实例效果文件名称：无

WPS 2019 可以记录最近使用过的工作簿，用户也可以将这些记录信息删除。下面介绍删除最近使用工作簿记录的方法。

Step 01 启动 WPS 2019，进入“新建”窗口，程序会显示最近访问的文档，右击一条文档记录，在弹出的快捷菜单中选择“移除此条记录”菜单项，如图 6-79 所示。

Step 02 弹出“移除记录”对话框，单击“是”按钮，如图 6-80 所示。

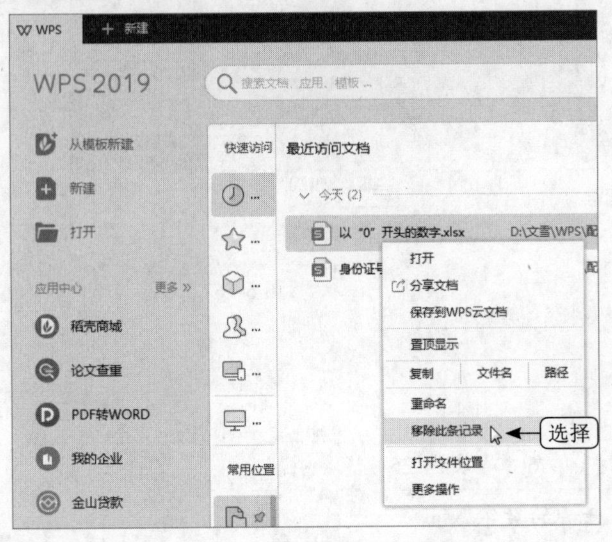

图 6-79

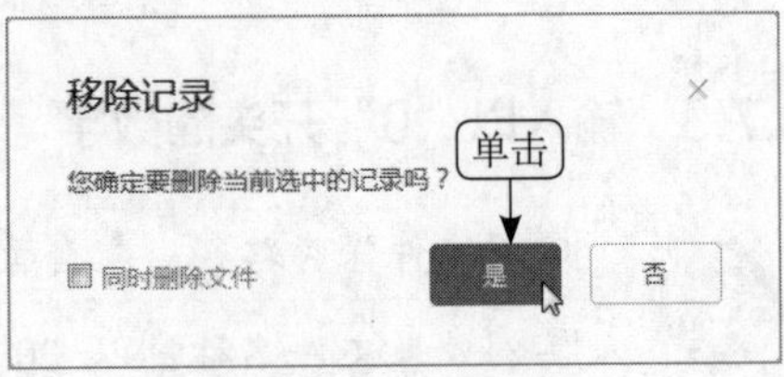

图 6-80

Step 03 记录已经被删除，或者单击“今天”右侧的“整组删除”按钮，可以直接将今天浏览的记录全部删除，如图 6-81 所示。

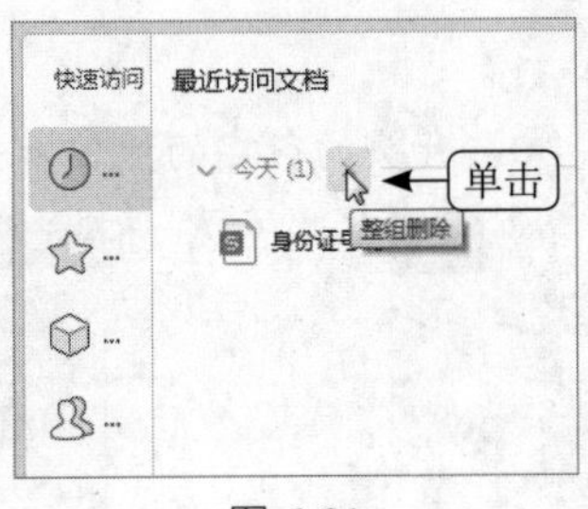

图 6-81

6.7.5 快速切换工作表

	实例文件保存路径：配套素材\第 6 章\实例 26
	实例素材文件名称：快速切换工作表 .xlsx

如果工作簿中包含大量工作表，在 WPS 表格窗口底部就没有办法显示出这么多的工作表标签。下面介绍快速定位至某一特定工作表的方法。

Step 01 打开名为“快速切换工作表”的素材表格，可以看到工作簿中包含了 12 个工作表，单击窗口左下角工作表导航按钮区域的“后一个”按钮 > 切换到下一个工作表，单击“最后一个”按钮 >| 即可切换到最后一张工作表，如图 6-82 所示。

Step 02 右击窗口左下角工作表导航按钮区域的任意位置，在弹出的工作表列表中单击准备切换到的工作表即可快速切换，或者在“活动文档”文本框中输入工作表名称也可以快速切换，如图 6-83 所示。

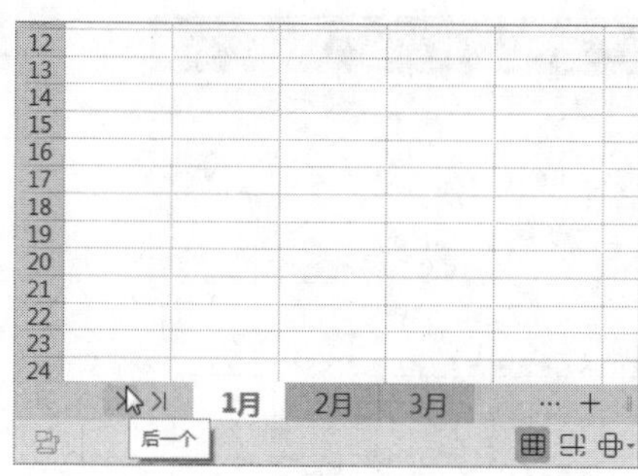

图 6-82

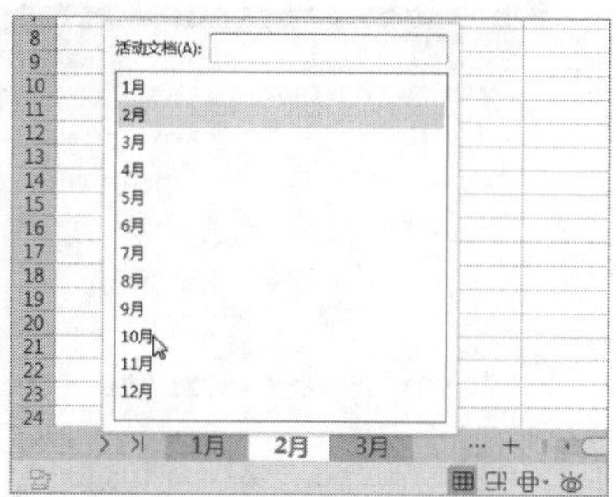

图 6-83

6.8 应用案例——制作“人事变更表”

本节以审阅与打印个人工作报告为例，对本章所学知识点进行综合运用。审阅与打印个人工作报告主要包括对文档进行修订、添加修订、进行打印设置等内容。

实例文件保存路径：配套素材 \ 第 6 章 \ 实例 27

实例效果文件名称：人事变更表 .xlsx

Step 01 新建空白工作簿，将其保存为“人事变更表”，如图 6-84 所示。

Step 02 输入标题并设计标题的艺术字效果，输入认识变更表的各种数据并进行编辑，如图 6-85 所示。

图 6-84

人事变更表

员工编号	姓名	变动说明	变更前部门	变更前职位	薪资（元）	变更后部门	变更后职位	薪资（元）2	变更日期	备注
001002	王XX	调岗	销售部	经理	20000	人力资源部	经理	20000	42010	
001006	李XX	降职	销售部	组长	5000	销售部	业务员	3000	42101	
001010	马XX	薪资调整	销售部	业务员	2500	销售部	业务员	3000	42129	
001015	陈XX	调岗	采购部	副主管	4000	后勤部	副主管	4000	42129	
001020	孙XX	降职	人力资源部	人事主管	10000	人力资源部	经理	8000	42198	
001031	刘XX	升职	人力资源部	经理	8000	人力资源部	人事主管	10000	42198	
001040	朱XX	升职	销售部	业务员	3000	销售部	组长	5000	42339	
001041	周XX	薪资调整	保安部	组员	4000	保安部	组员	4200	42353	

图 6-85

Step 03 在表中突出显示高于 8000 元的薪资，如图 6-86 所示。

Step 04 应用样式和主题，如图 6-87 所示。

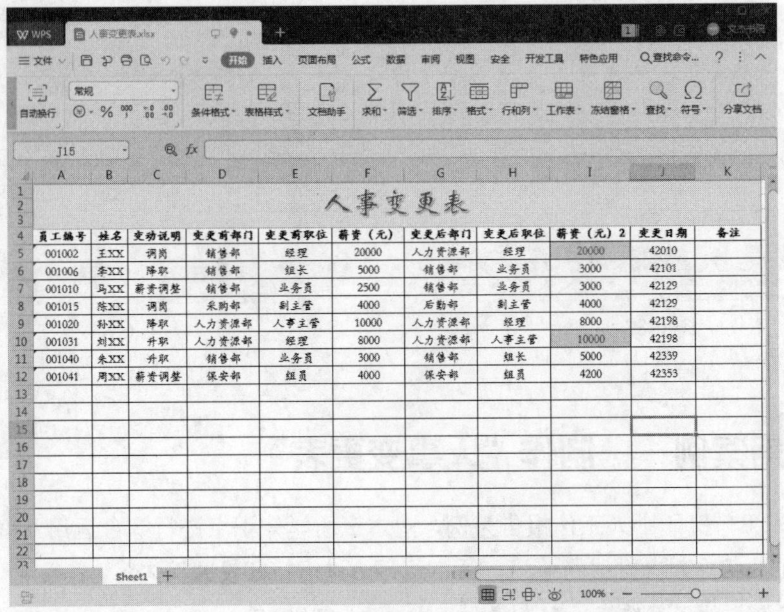

人事变更表

员工编号	姓名	变动说明	变更前部门	变更前职位	薪资（元）	变更后部门	变更后职位	薪资（元）2	变更日期	备注
001002	王XX	调岗	销售部	经理	20000	人力资源部	经理	20000	42010	
001006	李XX	降职	销售部	组长	5000	销售部	业务员	3000	42101	
001010	马XX	薪资调整	销售部	业务员	2500	销售部	业务员	3000	42129	
001015	陈XX	调岗	采购部	副主管	4000	后勤部	副主管	4000	42129	
001020	孙XX	降职	人力资源部	人事主管	10000	人力资源部	经理	8000	42198	
001031	刘XX	升职	人力资源部	经理	8000	人力资源部	人事主管	10000	42198	
001040	朱XX	升职	销售部	业务员	3000	销售部	组长	5000	42339	
001041	周XX	薪资调整	保安部	组员	4000	保安部	组员	4200	42353	

图 6-86

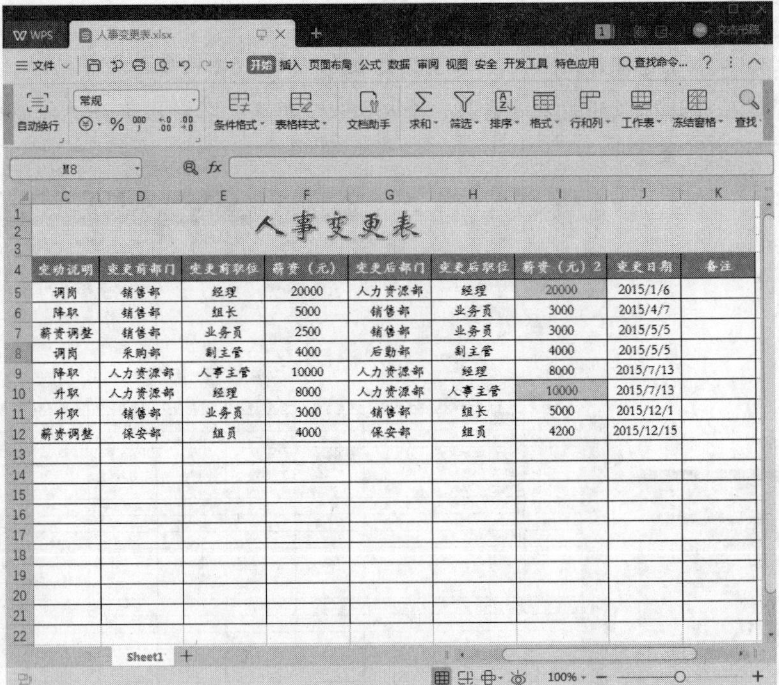

人事变更表

变动说明	变更前部门	变更前职位	薪资（元）	变更后部门	变更后职位	薪资（元）2	变更日期	备注
调岗	销售部	经理	20000	人力资源部	经理	20000	2015/1/6	
降职	销售部	组长	5000	销售部	业务员	3000	2015/4/7	
薪资调整	销售部	业务员	2500	销售部	业务员	3000	2015/5/5	
调岗	采购部	副主管	4000	后勤部	副主管	4000	2015/5/5	
降职	人力资源部	人事主管	10000	人力资源部	经理	8000	2015/7/13	
升职	人力资源部	经理	8000	人力资源部	人事主管	10000	2015/7/13	
升职	销售部	业务员	3000	销售部	组长	5000	2015/12/1	
薪资调整	保安部	组员	4000	保安部	组员	4200	2015/12/15	

图 6-87

第 7 章
计算表格数据

本章要点☆

- 使用公式
- 检查与审核公式
- 函数的基本操作
- 常用函数应用

本章主要内容☆

本章主要介绍使用公式、检查与审核公式以及函数的基本操作方面的知识与技巧，同时还讲解了常用函数的应用，在本章最后还针对实际的工作需求，讲解了计算“产品销售表”工作簿的方法。通过本章的学习，读者可以掌握计算 WPS 表格数据方面的知识，为深入学习 WPS 2019 知识奠定基础。

7.1 使用公式

输入公式是使用函数的第一步，WPS 表格中的公式是一种对工作表的数值进行计算的等式，它可以帮助用户快速完成各种复杂的数据运算。在对数据进行计算时，应先输入公式，如果输入错误或对公式不满意，还需要对其进行编辑或修改。

7.1.1 输入和编辑公式

实例文件保存路径：配套素材\第 7 章\实例 1

实例效果文件名称：输入和编辑公式 .xlsx

在 WPS 表格中输入计算公式进行数据计算时，需要遵循一个特定的次序或语法：最前面是等号“=”，然后是计算公式，公式中可以包含运算符、常量数值、单元格引用、单元格区域引用和函数等。下面介绍输入和编辑公式的方法。

Step 01 打开名为“考评成绩表”的素材表格，选中G3单元格，输入“=76+95+88+86”，编辑栏中同步显示输入内容，如图7-1所示。

Step 02 按Enter键，表格将对公式进行计算，并在G3单元格中显示计算结果，如图7-2所示。

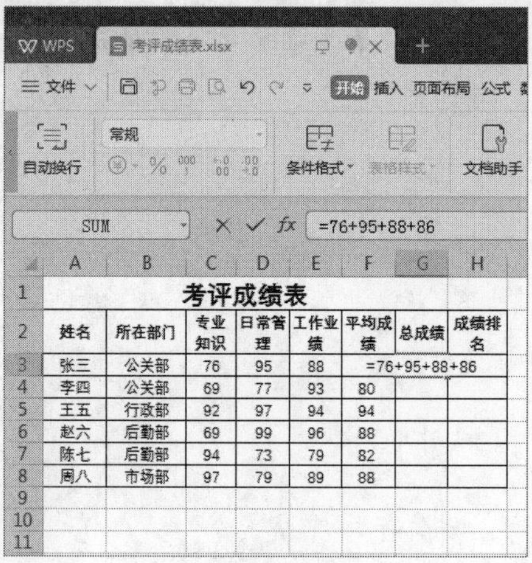

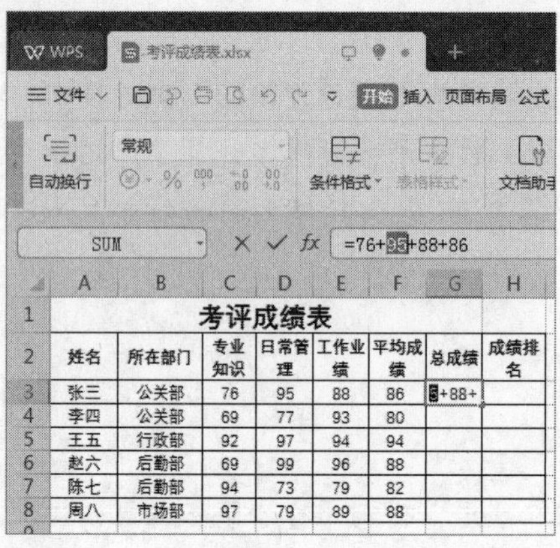

姓名	所在部门	专业知识	日常管理	工作业绩	平均成绩	总成绩	成绩排名
张三	公关部	76	95	88	=76+95+88+86		
李四	公关部	69	77	93	80		
王五	行政部	92	97	94	94		
赵六	后勤部	69	99	96	88		
陈七	后勤部	94	73	79	82		
周八	市场部	97	79	89	88		

图7-1

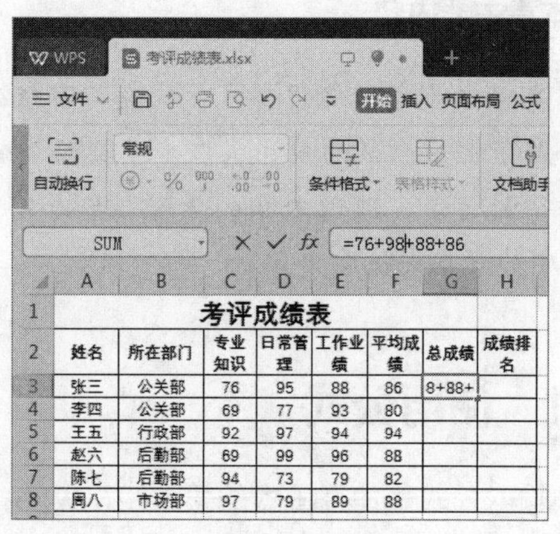

姓名	所在部门	专业知识	日常管理	工作业绩	平均成绩	总成绩	成绩排名
张三	公关部	76	95	88	86	345	
李四	公关部	69	77	93	80		
王五	行政部	92	97	94	94		
赵六	后勤部	69	99	96	88		
陈七	后勤部	94	73	79	82		
周八	市场部	97	79	89	88		

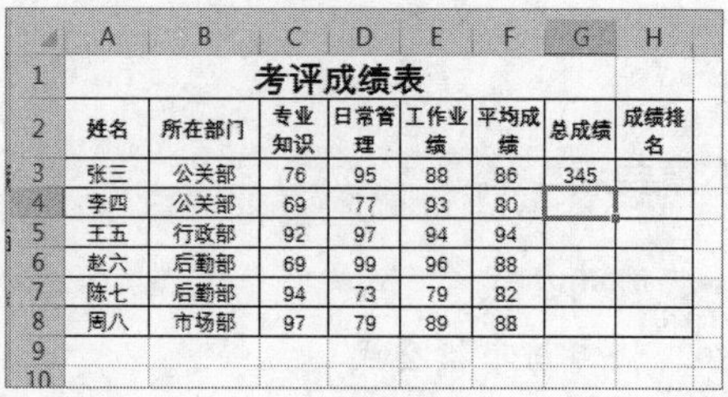

图7-2

Step 03 选中G3单元格，将光标定位在编辑栏中，并选择第二个参数“95”，如图7-3所示。

Step 04 在编辑栏中输入数据“98”，如图7-4所示。

图7-3

图7-4

Step 05 按Enter键查看结果，如图7-5所示。

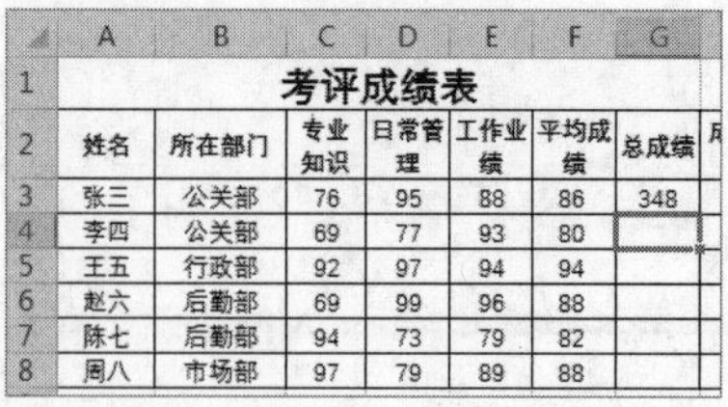

姓名	所在部门	专业知识	日常管理	工作业绩	平均成绩	总成绩
张三	公关部	76	95	88	86	348
李四	公关部	69	77	93	80	
王五	行政部	92	97	94	94	
赵六	后勤部	69	99	96	88	
陈七	后勤部	94	73	79	82	
周八	市场部	97	79	89	88	

图7-5

7.1.2　使用运算符

运算符是用来对公式中的元素进行运算而规定的特殊字符。WPS 表格中包含 3 种类型的运算符：算术运算符、字符连接运算符和关系运算符。

1. 算术运算符

算术运算符用来完成基本的数学运算，如“加、减、乘、除等运算”，算术运算符的基本含义如表 7-1 所示。

表 7-1　算术运算符

算术运算符	含　义	示　例	算术运算符
+（加号）	加法	9+6	+（加号）
－（减号）	减法或负号	9 － 6；－ 5	－（减号）
*（星号）	乘法	3*9	*（星号）
/（正斜号）	除法	6/3	/（正斜号）
%（百分号）	百分比	69%	%（百分号）
^（脱字号）	乘方	5^2	^（脱字号）

2. 字符连接运算符

字符连接运算符是可以将一个或多个文本连接为一个组合文本的一种运算符号，字符连接运算符使用“&”连接一个或多个文本字符串，从而产生新的文本字符串，字符连接运算符的基本含义如表 7-2 所示。

表 7-2　字符连接运算符

字符连接运算符	含　义	示　例
&（和号）	两个文本连接起来产生一个连续的文本值	“漂”&“亮”得到漂亮

3. 关系运算符

关系运算符用于比较两个数值间的大小关系，并产生逻辑值 TRUE（真）或 FALSE（假），关系运算符的基本含义如表 7-3 所示。

表 7-3　关系运算符

关系运算符	含　义	示　例
＝（等号	等于	A1=B1
>（大于号）	大于	A1>B1
<（小于号）	小于	A1<B1
>＝（大于或等于号）	大于或等于	A1>=B1

续表

关系运算符	含 义	示 例
<=（小于或等于号）	小于或等于	A1<=B1
<>（不等号）	不等于	A1<>B1

7.1.3 单元格引用

单元格的引用是指单元格在工作表中坐标位置的标识。单元格的引用包括绝对引用、相对引用和混合引用 3 种。

单元格的相对引用是基于包含公式和引用的单元格的相对位置而言的。如果公式所在单元格的位置改变，引用也将随之改变。如果多行或多列地复制公式，引用会自动调整。默认情况下，新公式使用相对引用。

单元格中的绝对引用则总是在指定位置引用单元格（例如 $A$1）。如果公式所在单元格的位置改变，绝对引用的单元格也始终保持不变。如果多行或多列地复制公式，绝对引用将不作调整。

混合引用包括绝对列和相对行（例如 $A1），或者绝对行和相对列（例如 A$1）两种形式。如果公式所在单元格的位置改变，则相对引用改变，而绝对引用不变。如果多行或多列地复制公式，相对引用自动调整，而绝对引用不作调整。

知识常识

如果要引用同一工作表中的单元格，表达方式为“工作表名称！单元格地址”；如果要引用同一工作簿多张工作表中的单元格或单元格区域，表达方式“工作表名称：工作表名称！单元格地址”；除了引用同一工作簿中工作表的单元格外，还可以引用其他工作簿中的单元格。

7.2 检查与审核公式

公式作为电子表格中数据处理的核心，在使用过程中出错的概率非常大，为了有效地避免输入的公式出错，需要对公式进行调试，使公式能够按照预想的方式计算出数据结果。调试公式的操作包括检查公式和审核公式。

7.2.1 检查公式

实例文件保存路径：配套素材 \ 第 7 章 \ 实例 2
实例素材文件名称：考评成绩表 .xlsx

在 WPS 表格中，要查询公式错误的原因可以通过“错误检查”功能实现，该功能根据

设定的规则对输入的公式自动进行检查。

Step 01 打开名为“考评成绩表”的素材表格，选中 G3 单元格，选择“公式”选项卡，单击“错误检查”按钮，如图 7-6 所示。

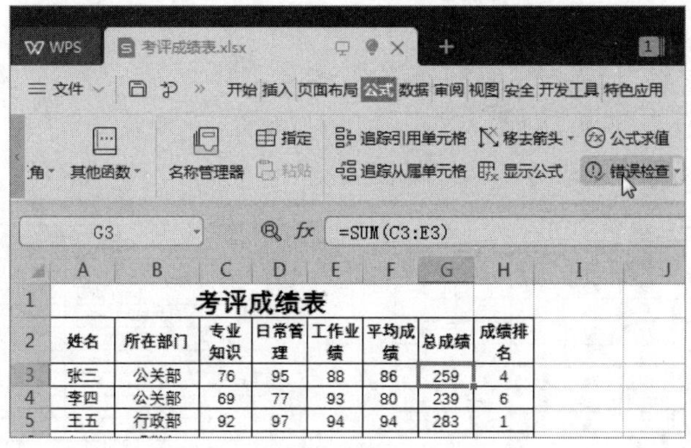

图 7-6

Step 02 弹出“WPS 表格”对话框，提示完成了整个工作表的错误检查，此处没有检查出公式错误，单击“确定”按钮即可，如图 7-7 所示。

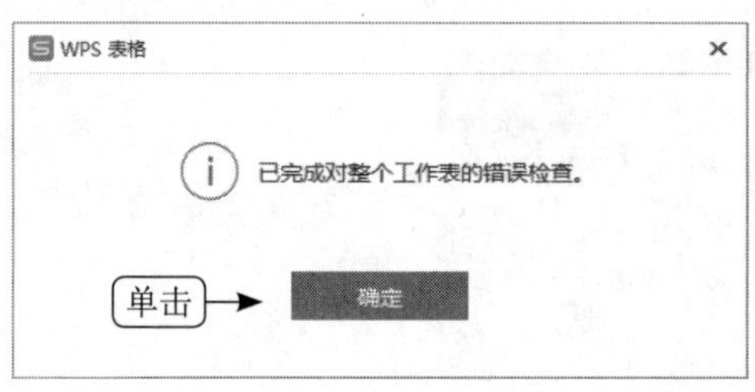

图 7-7

知识常识

如果检测到公式错误，弹出“错误检查”对话框，显示公式错误位置及错误原因，单击“在编辑栏中编辑”按钮，返回到表格，在编辑栏中输入正确的公式，然后单击对话框中的“下一个”按钮，系统会自动检查表格中的下一个错误。

7.2.2　审核公式

	实例文件保存路径：配套素材 \ 第 7 章 \ 实例 3
	实例素材文件名称：审核公式 .xlsx

在公式中引用单元格进行计算时，为了降低使用公式时发生错误的概率，可以利用 WPS 表格提供的公式审核功能对公式的正确性进行审核。下面介绍审核公式的方法。

Step 01 打开名为“考评成绩表”的素材表格，选中 G3 单元格，选择“公式”选项卡，单击“追踪引用单元格”按钮，如图 7-8 所示。

Step 02 此时表格会自动追踪 G3 单元格中所显示值的数据来源，并用蓝色箭头将相关单元格标注出来，如图 7-9 所示。

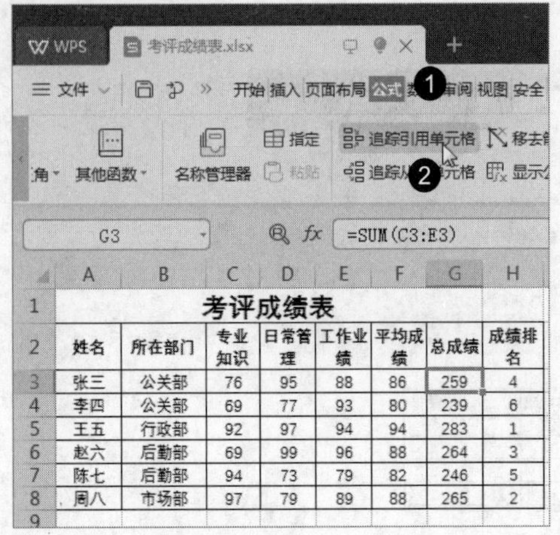

考评成绩表

姓名	所在部门	专业知识	日常管理	工作业绩	平均成绩	总成绩	成绩排名
张三	公关部	76	95	88	86	259	4
李四	公关部	69	77	93	80	239	6
王五	行政部	92	97	94	94	283	1
赵六	后勤部	69	99	96	88	264	3
陈七	后勤部	94	73	79	82	246	5
周八	市场部	97	79	89	88	265	2

图 7-8

考评成绩表

姓名	所在部门	专业知识	日常管理	工作业绩	平均成绩	总成绩	成绩排名
张三	公关部	76	95	88	86	259	4
李四	公关部	69	77	93	80	239	6
王五	行政部	92	97	94	94	283	1
赵六	后勤部	69	99	96	88	264	3
陈七	后勤部	94	73	79	82	246	5
周八	市场部	97	79	89	88	265	2

图 7-9

Step 03 选中 G6 单元格，单击“追踪从属单元格”按钮，如图 7-10 所示。

Step 04 此时单元格中将显示蓝色箭头，即可完成追踪从属单元格的操作，如图 7-11 所示。

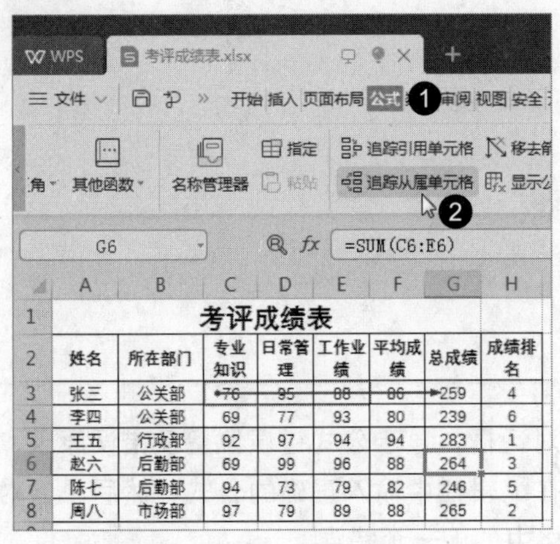

考评成绩表

姓名	所在部门	专业知识	日常管理	工作业绩	平均成绩	总成绩	成绩排名
张三	公关部	76	95	88	86	259	4
李四	公关部	69	77	93	80	239	6
王五	行政部	92	97	94	94	283	1
赵六	后勤部	69	99	96	88	264	3
陈七	后勤部	94	73	79	82	246	5
周八	市场部	97	79	89	88	265	2

图 7-10

考评成绩表

姓名	所在部门	专业知识	日常管理	工作业绩	平均成绩	总成绩	成绩排名
张三	公关部	76	95	88	86	259	4
李四	公关部	69	77	93	80	239	6
王五	行政部	92	97	94	94	283	1
赵六	后勤部	69	99	96	88	264	3
陈七	后勤部	94	73	79	82	246	5
周八	市场部	97	79	89	88	265	2

图 7-11

7.3 函数的基本操作

在 WPS 表格中，将一组特定功能的公式组合在一起，就形成了函数。利用公式可以计算一些简单的数据，而利用函数则可以很容易地完成各种复杂数据的处理工作，并简化公式的使用。本节将介绍函数基本操作的相关知识。

7.3.1 函数的结构和类型

在 WPS 表格中，调用函数时需要遵守 Excel 对于函数所制定的语法结构，否则将会产生语法错误，函数的语法结构由等号、函数名称、括号、参数组成，下面详细介绍其组成部分。

函数名称　　参数

= SUM(C3:D3,F3:G3,68)

等于号　括号　　逗号

- 等于号：函数一般以公式的形式出现，必须在函数名称前面输入“=”号。
- 函数名称：用来标识调用功能函数的名称。
- 参数：参数可以是数字、文本、逻辑值和单元格引用，也可以是公式或其他函数。
- 括号：用来输入函数参数，各参数之间需用逗号隔开（必须是半角状态下的逗号）隔开。
- 逗号：各参数之间用来表示间隔的符号。

在 WPS 表格为用户提供了 6 种常用的函数类型，包括财务函数、逻辑函数、文本函数、日期和时间函数、查找与引用函数、数学和三角函数等，在“公式”选项卡中即可查看函数类型，如表 7-4 所示。

表 7-4　函数的分类

分　类	功　能
财务函数	对财务进行分析和计算
逻辑函数	用于进行数据逻辑方面的运算
查找与引用函数	用于查找数据或单元格引用
文本函数	用于处理公式中的字符、文本或对数据进行计算与分析
日期和时间函数	用于分析和处理时间和日期值
数学和三角函数	用于进行数学计算

7.3.2 输入函数

实例文件保存路径：配套素材\第 7 章\实例 4

实例效果文件名称：输入函数 .xlsx

SUM 函数是常用的求和函数，用来返回某一单元格区域中数字、逻辑值及数字的文本表达式之和。下面以输入 SUM 函数为例，介绍输入函数的方法。

Step 01 打开名为“员工考核成绩统计表”的素材表格，选中 I3 单元格，输入公式“=SUM(D3:H3)”，如图 7-12 所示。

Step 02 按 Enter 键显示结果，选中 I3 单元格，将鼠标指针移至单元格右下角，指针变为黑色十字形状，拖动鼠标指针向下填充，将公式填充到单元格 I12，如图 7-13 所示。

SUM　=SUM(D3:H3)

工号	部门	姓名	考核科目 企业文化	管理制度	电脑知识	业务能力	团体贡献	总成绩
001	生产部	张三	85	77	68	78	=SUM(D3:H3)	
002	生产部	李四	99	84	87	76	78	
025	生产部	王五	91	93	72	83	92	
066	生产部	陈六	72	88	91	91	80	
037	销售部	林强	82	89	72	85	91	
014	销售部	彭飞	83	79	88	82	72	
009	行政部	范涛	77	81	87	85	88	
002	行政部	郭亮	88	92	85	88	87	
054	生产部	黄云	69	76	75	69	85	
062	生产部	张浩	86	72	79	86	75	
员工总数								

图 7-12

I3　=SUM(D3:H3)

工号	部门	姓名	考核科目 企业文化	管理制度	电脑知识	业务能力	团体贡献	总成绩
001	生产部	张三	85	77	68	78	92	400
002	生产部	李四	99	84	87	76	78	424
025	生产部	王五	91	93	72	83	92	431
066	生产部	陈六	72	88	91	91	80	422
037	销售部	林强	82	89	72	85	91	419
014	销售部	彭飞	83	79	88	82	72	404
009	行政部	范涛	77	81	87	85	88	418
002	行政部	郭亮	88	92	85	88	87	440
054	生产部	黄云	69	76	75	69	85	374
062	生产部	张浩	86	72	79	86	75	398
员工总数								

图 7-13

7.3.3 嵌套函数

实例文件保存路径：配套素材 \ 第 7 章 \ 实例 5
实例效果文件名称：嵌套函数 .xlsx

一个函数表达式中包括一个或多个函数，函数与函数之间可以层层相套，括号内的函数作为括号外函数的一个参数，这样的函数即是嵌套函数。例如，要根据员工各科的平均分统计“等级”情况，其中平均分 80 以上（含 80）为“优”，其余评为“良”，下面详细介绍方法。

Step 01 打开名为“员工考核成绩统计表”的素材表格，选中 K3 单元格，输入“=IF(AVERAGE(D3:H3)>=80,"优","良")”，如图 7-14 所示。

Step 02 按 Enter 键显示结果，选中 K3 单元格，将鼠标指针移至单元格右下角，指针变为黑色十字形状，拖动鼠标指针向下填充，将公式填充到单元格 K12，如图 7-15 所示。

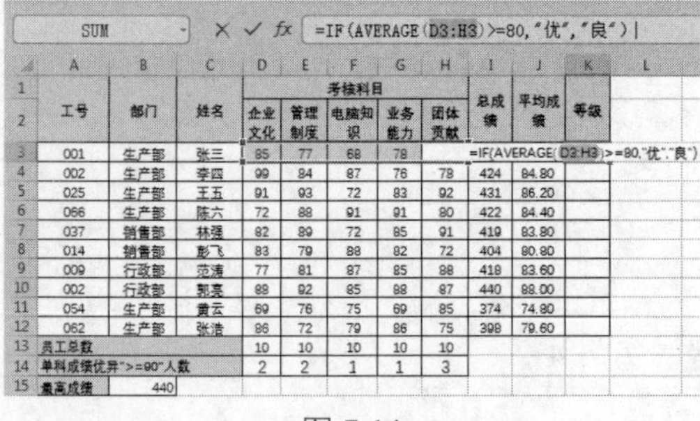

SUM　=IF(AVERAGE(D3:H3)>=80,"优","良")

工号	部门	姓名	考核科目 企业文化	管理制度	电脑知识	业务能力	团体贡献	总成绩	平均成绩	等级
001	生产部	张三	85	77	68	78		=IF(AVERAGE(D3:H3)>=80,"优","良")		
002	生产部	李四	99	84	87	76	78	424	84.80	
025	生产部	王五	91	93	72	83	92	431	86.20	
066	生产部	陈六	72	88	91	91	80	422	84.40	
037	销售部	林强	82	89	72	85	91	419	83.80	
014	销售部	彭飞	83	79	88	82	72	404	80.80	
009	行政部	范涛	77	81	87	85	88	418	83.60	
002	行政部	郭亮	88	92	85	88	87	440	88.00	
054	生产部	黄云	69	76	75	69	85	374	74.80	
062	生产部	张浩	86	72	79	86	75	398	79.60	
员工总数			10	10	10	10	10			
单科成绩优异">=90"人数			2	2	1	1	3			
最高成绩	440									

图 7-14

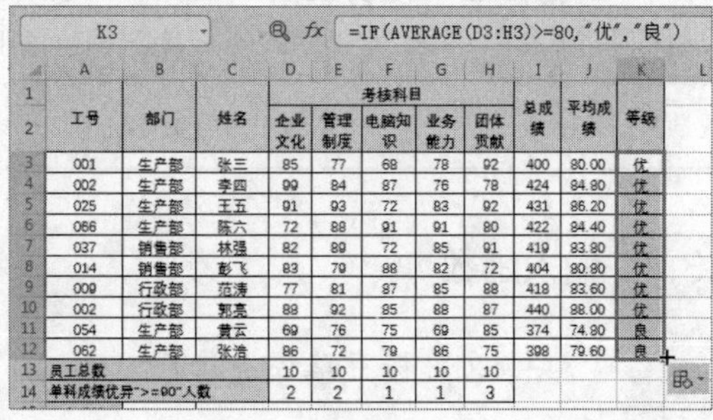

K3　=IF(AVERAGE(D3:H3)>=80,"优","良")

工号	部门	姓名	考核科目 企业文化	管理制度	电脑知识	业务能力	团体贡献	总成绩	平均成绩	等级
001	生产部	张三	85	77	68	78	92	400	80.00	优
002	生产部	李四	99	84	87	76	78	424	84.80	优
025	生产部	王五	91	93	72	83	92	431	86.20	优
066	生产部	陈六	72	88	91	91	80	422	84.40	优
037	销售部	林强	82	89	72	85	91	419	83.80	优
014	销售部	彭飞	83	79	88	82	72	404	80.80	优
009	行政部	范涛	77	81	87	85	88	418	83.60	优
002	行政部	郭亮	88	92	85	88	87	440	88.00	优
054	生产部	黄云	69	76	75	69	85	374	74.80	良
062	生产部	张浩	86	72	79	86	75	398	79.60	良
员工总数			10	10	10	10	10			
单科成绩优异">=90"人数			2	2	1	1	3			

图 7-15

7.4 常用函数应用

本节以制作员工工资明细表为例，介绍 WPS 表格中常用函数应用的知识，包括使用文本函数提取信息、使用日期和时间函数计算工龄、使用逻辑函数计算业绩提成、使用统计函数计算最高销售额以及使用查找与引用函数计算个人所得税。

7.4.1 使用文本函数提取员工信息

实例文件保存路径：配套素材\第 7 章\实例 6

实例效果文件名称：文本函数 .xlsx

员工信息是工资表中不可缺少的一项信息，逐个输入不仅浪费时间且容易出现错误，文本函数则很擅长处理这种字符串类型的数据。下面介绍使用文本函数提取员工信息的操作方法。

Step 01 打开名为“员工工资明细表”的素材表格，选中 B3 单元格，输入“=TEXT(员工基本信息 !A3,0)”，如图 7-16 所示。

Step 02 按 Enter 键显示结果，选中 B3 单元格，将鼠标指针移至单元格右下角，指针变为黑色十字形状，拖动鼠标指针向下填充，将公式填充到单元格 B12，员工编号填充完成，如图 7-17 所示。

SUM =TEXT(员工基本信息! A3, 0)

	A	B	C	D
1				员工工
2	编号	员工编号	员工姓名	工龄
3	=TEXT(员工基本信息! A3, 0)			
4	2 TEXT (值, 数值格式)			
5	3			
6	4			
7	5			
8	6			

图 7-16

B3 =TEXT(员工基本信息!A3, 0)

	A	B	C	D
1				员工工
2	编号	员工编号	员工姓名	工龄
3	1	101001		
4	2	101002		
5	3	101003		
6	4	101004		
7	5	101005		
8	6	101006		
9	7	101007		
10	8	101008		
11	9	101009		
12	10	101010		
13				

图 7-17

Step 03 选中 C3 单元格，输入“=TEXT(员工基本信息 !B3,0)”，如图 7-18 所示。

Step 04 按 Enter 键显示结果，选中 C3 单元格，将鼠标指针移至单元格右下角，指针变为黑色十字形状，拖动鼠标指针向下填充，将公式填充到单元格 C12，员工姓名填充完成，如图 7-19 所示。

SUM =TEXT(员工基本信息! B3, 0)

	A	B	C	D
1				员工工
2	编号	员工编号	员工姓名	工龄
3	1	=TEXT(员工基本信息! B3, 0)		
4	2	101 TEXT (值, 数值格式)		
5	3	101003		
6	4	101004		
7	5	101005		

图 7-18

C3 =TEXT(员工基本信息!B3, 0)

	A	B	C	D
1				员工工
2	编号	员工编号	员工姓名	工龄
3	1	101001	张XX	
4	2	101002	王XX	
5	3	101003	李XX	
6	4	101004	赵XX	
7	5	101005	钱XX	
8	6	101006	孙XX	
9	7	101007	李XX	
10	8	101008	胡XX	
11	9	101009	马XX	
12	10	101010	刘XX	
13				

图 7-19

7.4.2 使用日期和时间函数计算工龄

实例文件保存路径：配套素材\第7章\实例7

实例效果文件名称：日期和时间函数.xlsx

员工的工龄是计算员工工龄工资的依据，下面介绍使用日期和时间函数计算员工工龄的操作方法。

Step 01 打开名为“员工工资明细表”的素材表格，选中D3单元格，计算方法是使用当日日期减去入职日期，输入“=DAETEDIF(员工基本信息!C3,TODAY(),"y")”，如图7-20所示。

Step 02 按Enter键显示结果，选中D3单元格，将鼠标指针移至单元格右下角，指针变为黑色十字形状，拖动鼠标指针向下填充，将公式填充到单元格D12，工龄填充完成，如图7-21所示。

SUM =DATEDIF(员工基本信息!C3,TODAY(),"y")

	A	B	C	D	E
1	员工工资表				
2	编号	员工编号	员工姓名	工龄	工龄工资
3	1	101001	=DATEDIF(员工基本信息!C3,TODAY(),"y")		
4	2	101002	王XX		
5	3	101003	李XX		
6	4	101004	赵XX		
7	5	101005	钱XX		
8	6	101006	孙XX		
9	7	101007	李XX		

图7-20

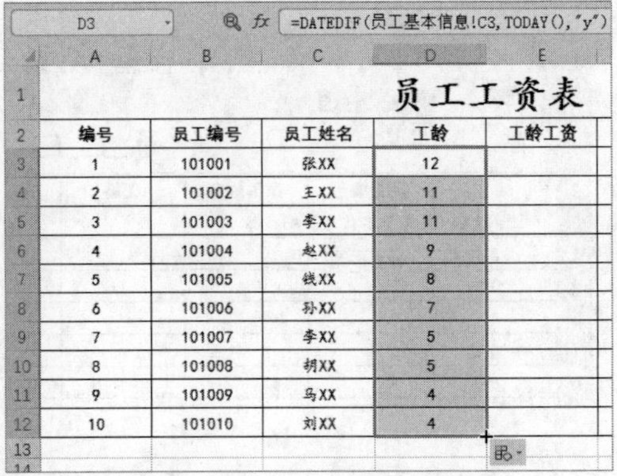

D3 =DATEDIF(员工基本信息!C3,TODAY(),"y")

	A	B	C	D	E
1	员工工资表				
2	编号	员工编号	员工姓名	工龄	工龄工资
3	1	101001	张XX	12	
4	2	101002	王XX	11	
5	3	101003	李XX	11	
6	4	101004	赵XX	9	
7	5	101005	钱XX	8	
8	6	101006	孙XX	7	
9	7	101007	李XX	5	
10	8	101008	胡XX	5	
11	9	101009	马XX	4	
12	10	101010	刘XX	4	

图7-21

Step 03 选中E3单元格，输入公式“=D3*100”，如图7-22所示。

Step 04 按Enter键显示结果，选中E3单元格，将鼠标指针移至单元格右下角，指针变为黑色十字形状，拖动鼠标指针向下填充，将公式填充到单元格E12，员工工龄工资填充完成，如图7-23所示。

SUM =D3*100

	A	B	C	D	E
1	员工工资表				
2	编号	员工编号	员工姓名	工龄	工龄工资
3	1	101001	张XX	12	=D3*100
4	2	101002	王XX	11	
5	3	101003	李XX	11	
6	4	101004	赵XX	9	
7	5	101005	钱XX	8	
8	6	101006	孙XX	7	
9	7	101007	李XX	5	
10	8	101008	胡XX	5	
11	9	101009	马XX	4	
12	10	101010	刘XX	4	

图7-22

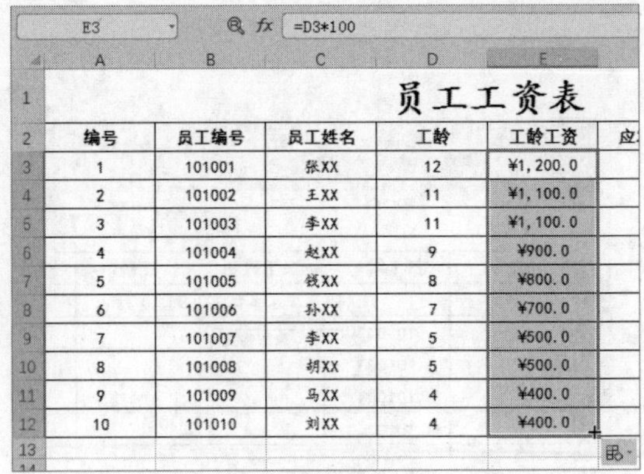

E3 =D3*100

	A	B	C	D	E
1	员工工资表				
2	编号	员工编号	员工姓名	工龄	工龄工资
3	1	101001	张XX	12	¥1,200.0
4	2	101002	王XX	11	¥1,100.0
5	3	101003	李XX	11	¥1,100.0
6	4	101004	赵XX	9	¥900.0
7	5	101005	钱XX	8	¥800.0
8	6	101006	孙XX	7	¥700.0
9	7	101007	李XX	5	¥500.0
10	8	101008	胡XX	5	¥500.0
11	9	101009	马XX	4	¥400.0
12	10	101010	刘XX	4	¥400.0

图7-23

7.4.3 使用逻辑函数计算业绩提成奖金

实例文件保存路径：配套素材\第 7 章\实例 8
实例效果文件名称：逻辑函数 .xlsx

业绩奖金根据员工的业绩划分为几个等级，每个等级奖金的奖金比例也不同，逻辑函数可以用来进行复核检验，因此很适合计算这种类型的数据，下面介绍使用逻辑函数计算业绩提成奖金的操作方法。

Step 01 打开“员工工资明细表”素材表格，切换至“销售奖金表”工作表，选中 D3 单元格，输入“=HLOOKUP(C3, 业绩奖金标准 !$B$2:$F$3,2)”，如图 7-24 所示。

SUM　=HLOOKUP(C3,业绩奖金标准!$B$2:$F$3,2)

销售业绩表				
员工编号	员工姓名	销售额	奖金比例	奖金
101001		=HLOOKUP(C3,业绩奖金标准!$B$2:$F$3,2)		
101002	王XX	38000		
101003	李XX	52000		
101004	赵XX	45000		
101005	钱XX	45000		
101006	孙XX	62000		
101007	李XX	30000		
101008	胡XX	34000		
101009	马XX	24000		
101010	刘XX	8000		

HLOOKUP（查找值，数据表，行序数，[匹配条件]）

图 7-24

Step 02 按 Enter 键显示结果，选中 D3 单元格，将鼠标指针移至单元格右下角，指针变为黑色十字形状，拖动鼠标指针向下填充，将公式填充到单元格 D12，奖金比例填充完成，如图 7-25 所示。

Step 03 选中 E3 单元格，输入公式“=IF(C3<50000,C3*D3,C3*D3+500)”，如图 7-26 所示。

D3　=HLOOKUP(C3,业绩奖金标准!$B$2:$F$3,2

销售业绩表				
员工编号	员工姓名	销售额	奖金比例	奖金
101001	张XX	48000	0.1	
101002	王XX	38000	0.07	
101003	李XX	52000	0.15	
101004	赵XX	45000	0.1	
101005	钱XX	45000	0.1	
101006	孙XX	62000	0.15	
101007	李XX	30000	0.07	
101008	胡XX	34000	0.07	
101009	马XX	24000	0.03	
101010	刘XX	8000	0	

图 7-25

SUM　=IF(C3<50000,C3*D3,C3*D3+500)

销售业绩表				
员工编号	员工姓名	销售额	奖金比例	奖金
101001	张XX	48000	=IF(C3<50000,C3*D3,C3*D3+500)	
101002	王XX	38000		
101003	李XX	52000		
101004	赵XX	45000	0.1	
101005	钱XX	45000	0.1	
101006	孙XX	62000	0.15	
101007	李XX	30000	0.07	
101008	胡XX	34000	0.07	
101009	马XX	24000	0.03	
101010	刘XX	8000	0	

IF（测试条件，真值，[假值]）

图 7-26

Step 04 按 Enter 键显示结果，选中 E3 单元格，将鼠标指针移至单元格右下角，指针变为黑色十字形状，拖动鼠标指针向下填充，将公式填充到单元格 E12，员工奖金填充完成，如图 7-27 所示。

E3 =IF(C3<50000,C3*D3,C3*D3+500)

	A	B	C	D	E
1	销售业绩表				
2	员工编号	员工姓名	销售额	奖金比例	奖金
3	101001	张XX	48000	0.1	4800
4	101002	王XX	38000	0.07	2660
5	101003	李XX	52000	0.15	8300
6	101004	赵XX	45000	0.1	4500
7	101005	钱XX	45000	0.1	4500
8	101006	孙XX	62000	0.15	9800
9	101007	李XX	30000	0.07	2100
10	101008	胡XX	34000	0.07	2380
11	101009	马XX	24000	0.03	720
12	101010	刘XX	8000	0	0

图 7-27

7.4.4 使用统计函数计算最高销售额

实例文件保存路径：配套素材\第 7 章\实例 9

实例效果文件名称：统计函数 .xlsx

公司会对业绩突出的员工进行表彰，因此需要在众多销售数据中找出最高的销售额和对应的员工，统计函数作为专门统计分析的函数，可以快捷地在工作表中找到相应数据，下面介绍使用统计函数计算最高销售额的操作方法。

Step 01 打开“员工工资明细表”素材表格，切换至“销售奖金表”工作表，选中 G3 单元格，单击编辑栏左侧的“插入函数”按钮，如图 7-28 所示。

Step 02 弹出“插入函数”对话框，在“选择函数”文本框中选中“MAX”函数，单击“确定”按钮，如图 7-29 所示。

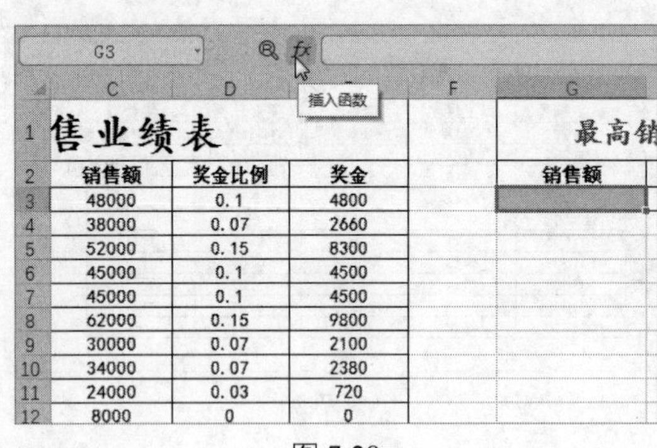

	C	D	E	F	G
3	48000	0.1	4800		
4	38000	0.07	2660		
5	52000	0.15	8300		
6	45000	0.1	4500		
7	45000	0.1	4500		
8	62000	0.15	9800		
9	30000	0.07	2100		
10	34000	0.07	2380		
11	24000	0.03	720		
12	8000	0	0		

图 7-28

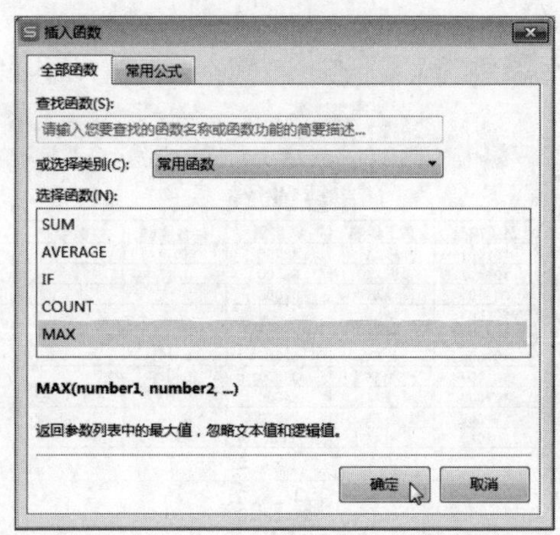

图 7-29

Step 03 弹出“函数参数”对话框，在“数值 1”文本框中输入“C3:C12”，单击“确定”按钮，如图 7-30 所示。

Step 04 返回到表格中，G3 单元格显示计算结果，如图 7-31 所示。

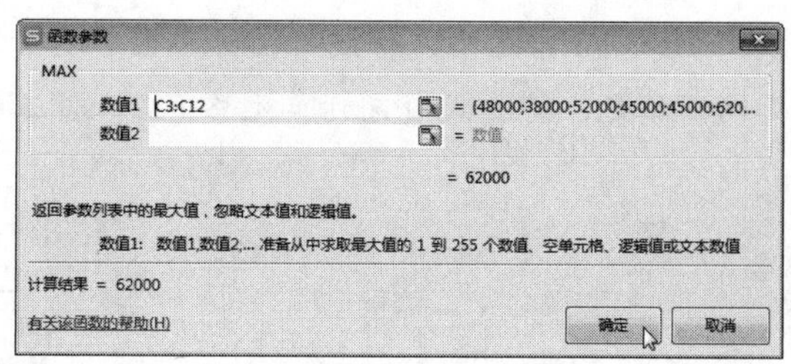

图 7-30

G3　fx =MAX(C3:C12)

	C	D	E	F	G
1	售业绩表				最高销
2	销售额	奖金比例	奖金		销售额
3	48000	0.1	4800		62000
4	38000	0.07	2660		
5	52000	0.15	8300		
6	45000	0.1	4500		
7	45000	0.1	4500		
8	62000	0.15	9800		
9	30000	0.07	2100		
10	34000	0.07	2380		
11	24000	0.03	720		
12	8000	0	0		

图 7-31

Step 05 选中 H3 单元格，输入公式“=INDEX(B3:B12,MATCH(G3,C3:C12,))”，如图 7-32 所示。

Step 06 按 Enter 键显示结果，如图 7-33 所示。

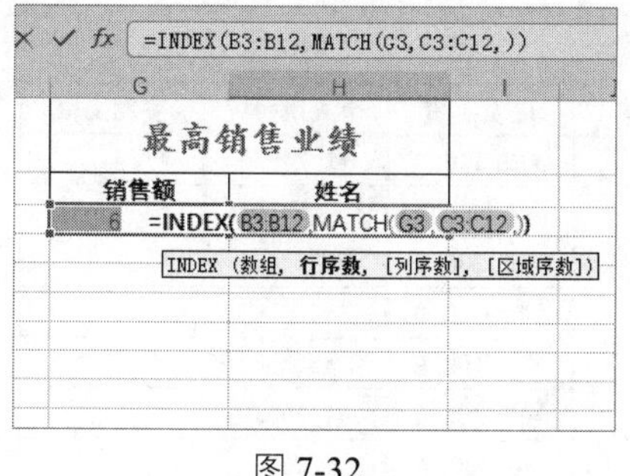

图 7-32

图 7-33

7.4.5　使用查找与引用函数计算个人所得税

实例文件保存路径：配套素材\第 7 章\实例 10

实例效果文件名称：查找与引用函数 .xlsx

个人所得税是根据个人收入的不同实行阶梯形式的征收方式，因此直接计算起来比较复杂，这类问题可以使用查找与引用函数来解决，下面介绍使用查找与引用函数计算个人所得税的操作方法。

Step 01 打开“员工工资明细表”素材表格，切换至“工资表”工作表，选中 F3 单元格，输入“=员工基本信息 !D3- 员工基本信息 !E3+ 工资表 !E3+ 销售奖金表 !E3”，如图 7-34 所示。

Step 02 按 Enter 键显示结果，选中 F3 单元格，将鼠标指针移至单元格右下角，指针变为黑色十字形状，拖动鼠标指针向下填充，将公式填充到单元格 F12，员工应发工资填充完成，如图 7-35 所示。

MAX　=员工基本信息!D3-员工基本信息!E3+工资表!E3+销售奖金表!E3

	D	E	F	G	H
1	员工工资表				
2	工龄	工龄工资	应发工资	个人所得税	实发工资
3	=员工基本信息!D3-员工基本信息!E3+工资表!E3+销售奖金表!E3				
4	11	¥1,100.0			
5	11	¥1,100.0			
6	9	¥900.0			
7	8	¥800.0			
8	7	¥700.0			
9	5	¥500.0			
10	5	¥500.0			

图 7-34

	D	E	F
1	员工工资表		
2	工龄	工龄工资	应发工资
3	12	¥1,200.0	¥12,500.0
4	11	¥1,100.0	¥9,560.0
5	11	¥1,100.0	¥15,200.0
6	9	¥900.0	¥10,400.0
7	8	¥800.0	¥10,100.0
8	7	¥700.0	¥14,700.0
9	5	¥500.0	¥6,600.0
10	5	¥500.0	¥6,680.0
11	4	¥400.0	¥4,720.0
12	4	¥400.0	¥3,600.0

图 7-35

Step 03 选中 G3 单元格，输入“=IF(F3< 税率表 !E$2,0,LOOKUP(工资表 !F3- 税率表 !E$2, 税率表 !C$4:C$10,(工资表 !F3- 税率表 !E$2)* 税率表 !D$4:D$10- 税率表 !E$4:E$10))”，如图 7-36 所示。

Step 04 按 Enter 键显示结果，选中 G3 单元格，将鼠标指针移至单元格右下角，指针变为黑色十字形状，拖动鼠标指针向下填充，将公式填充到单元格 G12，员工个人所得税填充完成，如图 7-37 所示。

fx　=IF(F3<税率表!E$2,0,LOOKUP(工资表!F3-税率表!E$2,税率表!C$4:C$10,(工资表!F3-税率表!E$2)*税率表!D$4:D$10-税率表!E$4:E$10)))

应发工资	个人所得税	实发工资
¥12,500.0	=IF(F3<税率表!E$2,0,LOOKUP(工资表!F3-税率表!E$2,税率表!C$4:C$10,(工资表!F3-税率表!E$2)*税率表!D$4:D$10-税率表!E$4:E$10)))	
¥9,560.0		
¥15,200.0		
¥10,400.0		
¥10,100.0		
¥14,700.0		
¥6,600.0		
¥6,680.0		
¥4,720.0		
¥3,600.0		

图 7-36

应发工资	个人所得税	实发工资
¥12,500.0	¥1,245.0	
¥9,560.0	¥657.0	
¥15,200.0	¥1,920.0	
¥10,400.0	¥825.0	
¥10,100.0	¥765.0	
¥14,700.0	¥1,795.0	
¥6,600.0	¥205.0	
¥6,680.0	¥213.0	
¥4,720.0	¥36.6	
¥3,600.0	¥3.0	

图 7-37

7.4.6 计算个人实发工资

实例文件保存路径：配套素材 \ 第 7 章 \ 实例 11

实例效果文件名称：实发工资 .xlsx

员工工资明细表最重要的一项就是员工的实发工资，下面介绍计算个人实发工资的操作方法。

Step 01 打开“员工工资明细表”素材表格，选中 H3 单元格，输入“=F3-G3”，如图 7-38 所示。

Step 02 按 Enter 键显示结果，选中 H3 单元格，将鼠标指针移至单元格右下角，指针变为黑色十字形状，拖动鼠标指针向下填充，将公式填充到单元格 H12，员工实发工资填充完成，如图 7-39 所示。

图 7-38

图 7-39

7.5　新手进阶

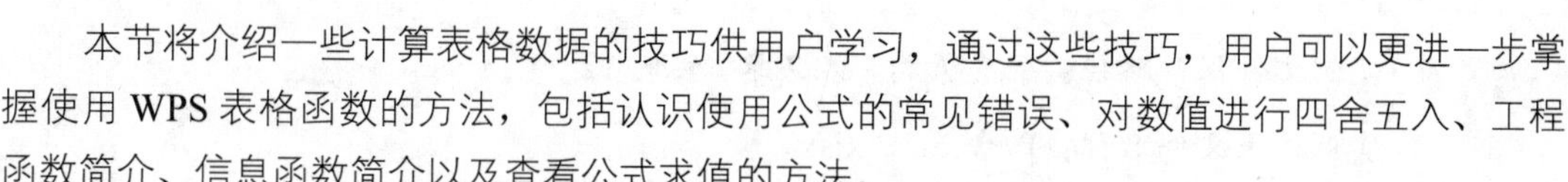

本节将介绍一些计算表格数据的技巧供用户学习，通过这些技巧，用户可以更进一步掌握使用 WPS 表格函数的方法，包括认识使用公式的常见错误、对数值进行四舍五入、工程函数简介、信息函数简介以及查看公式求值的方法。

7.5.1　认识使用公式的常见错误值

在单元格中输入错误的公式会出现错误值，如在需要输入数字的公式中输入文本、删除公式引用的单元格或者使用了宽度不足以显示结果的单元格等。进行这些操作时单元格将显示一个错误值，如 ###、#VALUE！等。下面介绍产生这些错误值的原因及其解决方法。

1. 错误值###

如果单元格中所含的数字、日期或时间超过单元格宽度或者单元格的日期时间产生了一个负值，就会出现 ### 错误。解决方法是增加单元格列宽、应用不同的数字格式、保证日期与时间公式的正确性。

2. 错误值#VALUE!

当使用的参数或操作数类型错误，或者当公式的自动更正功能不能更正公式，如公式需要数字或逻辑值时，却输入了文本，将产生 #VALUE！错误。解决的方法是确认公式或函数所需的运算符或参数是否正确，公式引用的单元格中是否包含有效的数值。如单元格 A1 包含一个数字，单元格 B1 包含文本“单位”，则公式“=A1+B1”将产生 #VALUE！错误。

3. 错误值#N/A

当在公式中没有可用数值时，将产生错误值 #N/A。如果工作表中某些单元格没有数值，可以在单元格中输入 #N/A，公式在引用这些单元格时，将不进行数值计算，而是返回 #N/A。

4. 错误值#REF!

当单元格引用无效时将产生错误值 #REF！，产生的原因是删除了其他公式所引用的单元格，或将已移动的单元格粘贴到其他公式所引用的单元格中。解决的方法是更改公式，在删除或粘贴单元格之后恢复工作表中的单元格。

5. 错误值#NUM!

通常公式或函数中使用无效数字值时，会出现这种错误。产生的原因是在需要数字参数的函数中使用了无法接受的参数，解决的方法是确保函数中使用的参数是数字。例如，即使需要输入的值是 $5,000，也应该在公式中输入 5000。

7.5.2 对数值进行四舍五入

实例文件保存路径：配套素材 \ 第 7 章 \ 实例 12

实例效果文件名称：四舍五入 .xlsx

表格中的数据常包含多位小数，这样不仅不便于数据的浏览，还会影响表格的美观。下面介绍对数据进行四舍五入的方法。

Step 01 打开“考评成绩表”素材表格，选中 F3～F8 单元格区域，在“开始”选项卡中单击“单元格格式启动器”按钮，如图 7-40 所示。

Step 02 弹出“单元格格式”对话框，在“数字”选项卡的“分类”列表框中选择“数值”选项，设置“小数位数”为“2”，单击“确定”按钮，如图 7-41 所示。

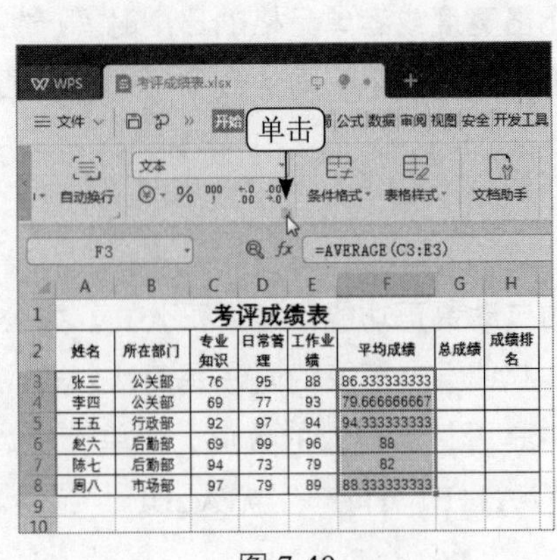

图 7-40

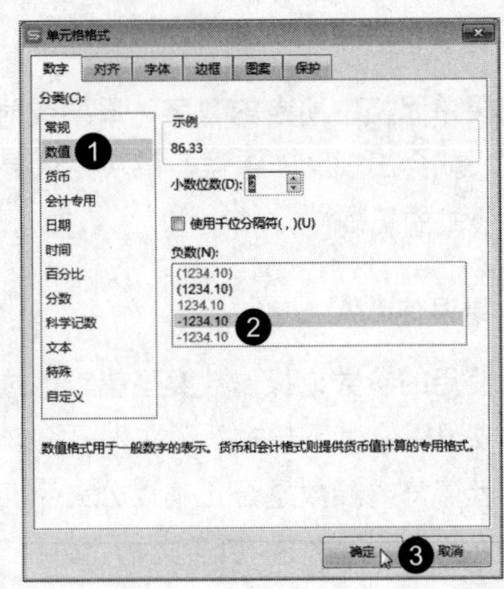

图 7-41

Step 03 看到选中的单元格区域数值已经以小数点后两位显示，如图 7-42 所示。

考评成绩表

姓名	所在部门	专业知识	日常管理	工作业绩	平均成绩	总成绩	成绩排名
张三	公关部	76	95	88	86.33		
李四	公关部	69	77	93	79.67		
王五	行政部	92	97	94	94.33		
赵六	后勤部	69	99	96	88.00		
陈七	后勤部	94	73	79	82.00		
周八	市场部	97	79	89	88.33		

图 7-42

7.5.3　工程函数

工程函数可以解决一些数学问题。如果能够合理正确地使用工程函数，可以极大地简化程序。

常用的工程函数有“DEC2BIN”函数（将十进制转化为二进制）、“BIN22DEC”函数（将二进制转化为十进制）和“IMSUM”函数（两个或多个复数的值）。

7.5.4　信息函数

信息函数是用来获取单元格内容信息的函数。信息函数可以在满足条件时返回逻辑值，从而获取单元格的信息。信息函数还可以确定存储在单元格中内容的格式、位置、错误信息等类型。

常用的信息函数有“CELL”函数（引用区域的左上角单元格样式、位置或内容等信息）、“TYPE”函数（检测数据的类型）。

7.5.5　查看公式求值

实例文件保存路径：配套素材 \ 第 7 章 \ 实例 13
实例素材文件名称：考评成绩表 .xlsx

WPS 表格提供了“公式求值”功能，可以帮助用户查看复杂公式，了解公式的计算顺序和每一步的计算结果。下面介绍使用公式求值的方法。

Step 01 打开“考评成绩表”素材表格，选中 G3 单元格，选择“公式”选项卡，单击“公式求值”按钮，如图 7-43 所示。

Step 02 弹出“公式求值”对话框，在“求值”文本框中显示当前单元格中的公式，公式下画线表示当前的引用，单击“求值”按钮，如图 7-44 所示。

Step 03 此时即可验证当前引用的值，此值以斜体字显示，查看完毕单击“关闭”按钮即可，如图 7-45 所示。

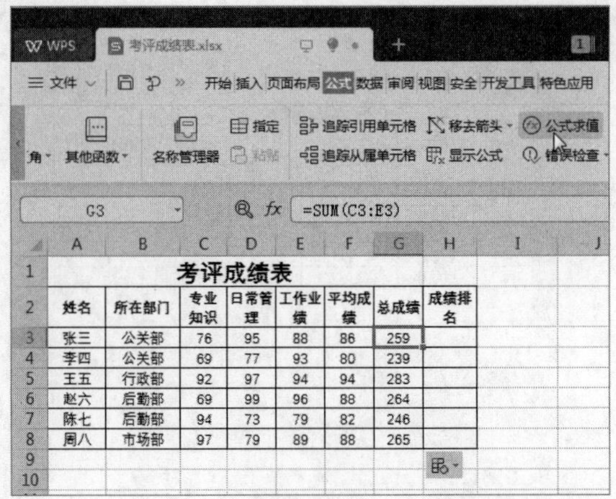

图 7-43

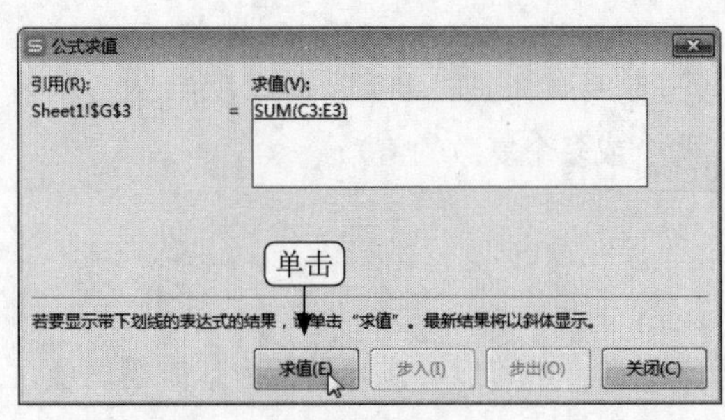

图 7-44

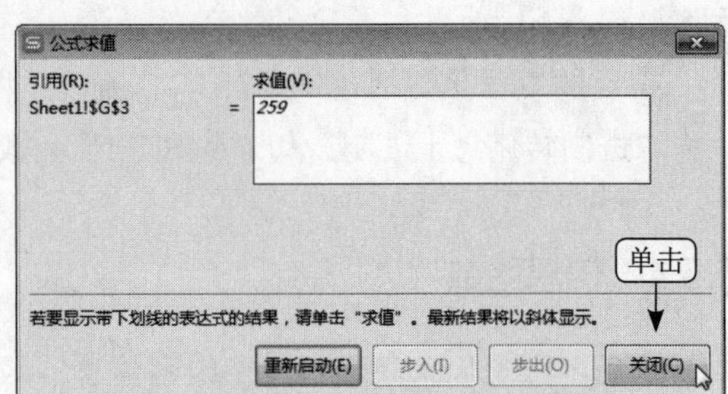

图 7-45

7.6 应用案例——计算“产品销售表”工作簿

本节以计算“产品销售表”为例，对本章所学知识点进行综合运用。本节主要内容包括计算产品销售额、对公式进行错误检查以及查看追踪引用的从属单元格等。

	实例文件保存路径：配套素材\第 7 章\实例 14
	实例效果文件名称：产品销售表（效果）.xlsx

Step 01 打开名为“产品销售表”的素材表格，选中 F2 单元格，输入公式“=D2*E2”，如图 7-46 所示。

Step 02 按 Enter 键显示结果，选中 F2 单元格，将鼠标指针移至单元格右下角，指针变为黑色十字形状，拖动鼠标指针向下填充，将公式填充到单元格 F32，如图 7-47 所示。

Step 03 选中 F2 ～ F32 单元格区域，设置单元格格式为“自定义”选项，选择一种格式类型，使其添加货币符号和千分号，如图 7-48 所示。

Step 04 选中 F2 单元格，在“公式”选项卡中单击“错误检查”按钮，弹出提示对话框，表明对公式已经做了检查并没发现错误，单击“确定”按钮，如图 7-49 所示。

Step 05 选中 F2 单元格，在“公式”选项卡中单击“追踪引用单元格”按钮，查看其引用的单元格，如图 7-50 所示。

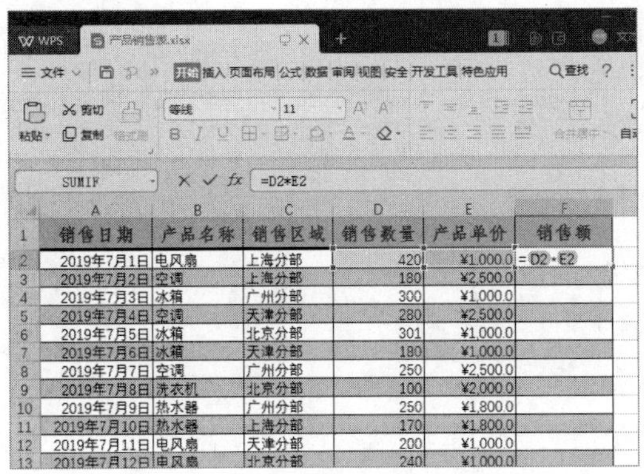

	A	B	C	D	E	F
1	销售日期	产品名称	销售区域	销售数量	产品单价	销售额
2	2019年7月1日	电风扇	上海分部	420	¥1,000.0	=D2*E2
3	2019年7月2日	空调	上海分部	180	¥2,500.0	
4	2019年7月3日	冰箱	广州分部	300	¥1,000.0	
5	2019年7月4日	空调	天津分部	280	¥2,500.0	
6	2019年7月5日	冰箱	北京分部	301	¥1,000.0	
7	2019年7月6日	冰箱	天津分部	180	¥1,000.0	
8	2019年7月7日	空调	广州分部	250	¥2,500.0	
9	2019年7月8日	洗衣机	北京分部	100	¥2,000.0	
10	2019年7月9日	热水器	广州分部	250	¥1,800.0	
11	2019年7月10日	热水器	上海分部	170	¥1,800.0	
12	2019年7月11日	电风扇	天津分部	200	¥1,000.0	

图 7-46

F2　=D2*E2

	A	B	C	D	E	F
13	2019年7月12日	电风扇	北京分部	240	¥1,000.0	240000
14	2019年7月13日	热水器	广州分部	100	¥1,800.0	180000
15	2019年7月14日	冰箱	上海分部	250	¥1,000.0	250000
16	2019年7月15日	电风扇	天津分部	210	¥1,000.0	210000
17	2019年7月16日	热水器	天津分部	100	¥1,800.0	180000
18	2019年7月17日	洗衣机	天津分部	180	¥2,000.0	360000
19	2019年7月18日	冰箱	北京分部	200	¥1,000.0	200000
20	2019年7月19日	电风扇	广州分部	300	¥1,000.0	300000
21	2019年7月20日	洗衣机	上海分部	270	¥2,000.0	540000
22	2019年7月21日	电风扇	天津分部	200	¥1,000.0	200000
23	2019年7月22日	空调	北京分部	200	¥2,500.0	500000
24	2019年7月23日	空调	上海分部	280	¥2,500.0	700000
25	2019年7月24日	电风扇	广州分部	280	¥1,000.0	280000
26	2019年7月25日	冰箱	广州分部	300	¥1,000.0	300000
27	2019年7月26日	空调	上海分部	210	¥2,500.0	525000
28	2019年7月27日	电风扇	上海分部	270	¥1,000.0	270000
29	2019年7月28日	洗衣机	北京分部	300	¥2,000.0	600000
30	2019年7月29日	电风扇	上海分部	190	¥1,000.0	190000
31	2019年7月30日	冰箱	上海分部	100	¥1,000.0	100000
32	2019年7月31日	洗衣机	天津分部	160	¥2,000.0	320000

图 7-47

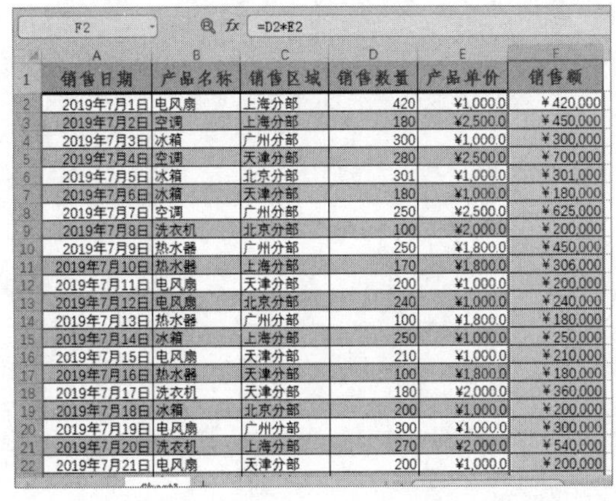

	A	B	C	D	E	F
1	销售日期	产品名称	销售区域	销售数量	产品单价	销售额
2	2019年7月1日	电风扇	上海分部	420	¥1,000.0	¥420,000
3	2019年7月2日	空调	上海分部	180	¥2,500.0	¥450,000
4	2019年7月3日	冰箱	广州分部	300	¥1,000.0	¥300,000
5	2019年7月4日	空调	天津分部	280	¥2,500.0	¥700,000
6	2019年7月5日	冰箱	北京分部	301	¥1,000.0	¥301,000
7	2019年7月6日	冰箱	天津分部	180	¥1,000.0	¥180,000
8	2019年7月7日	空调	广州分部	250	¥2,500.0	¥625,000
9	2019年7月8日	洗衣机	北京分部	100	¥2,000.0	¥200,000
10	2019年7月9日	热水器	广州分部	250	¥1,800.0	¥450,000
11	2019年7月10日	热水器	上海分部	170	¥1,800.0	¥306,000
12	2019年7月11日	电风扇	天津分部	200	¥1,000.0	¥200,000
13	2019年7月12日	电风扇	北京分部	240	¥1,000.0	¥240,000
14	2019年7月13日	热水器	广州分部	100	¥1,800.0	¥180,000
15	2019年7月14日	冰箱	上海分部	250	¥1,000.0	¥250,000
16	2019年7月15日	电风扇	天津分部	210	¥1,000.0	¥210,000
17	2019年7月16日	热水器	天津分部	100	¥1,800.0	¥180,000
18	2019年7月17日	洗衣机	天津分部	180	¥2,000.0	¥360,000
19	2019年7月18日	冰箱	北京分部	200	¥1,000.0	¥200,000
20	2019年7月19日	电风扇	广州分部	300	¥1,000.0	¥300,000
21	2019年7月20日	洗衣机	上海分部	270	¥2,000.0	¥540,000
22	2019年7月21日	电风扇	天津分部	200	¥1,000.0	¥200,000

图 7-48

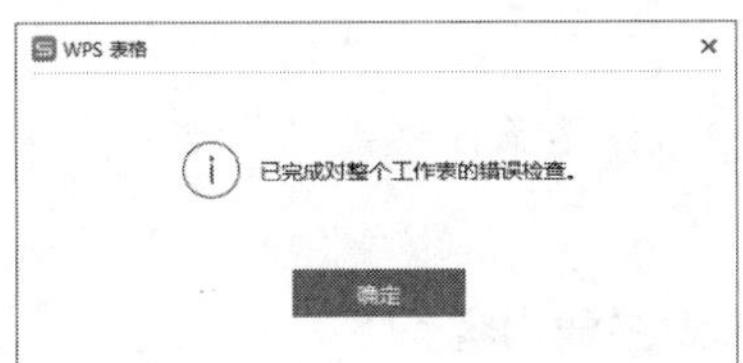

图 7-49

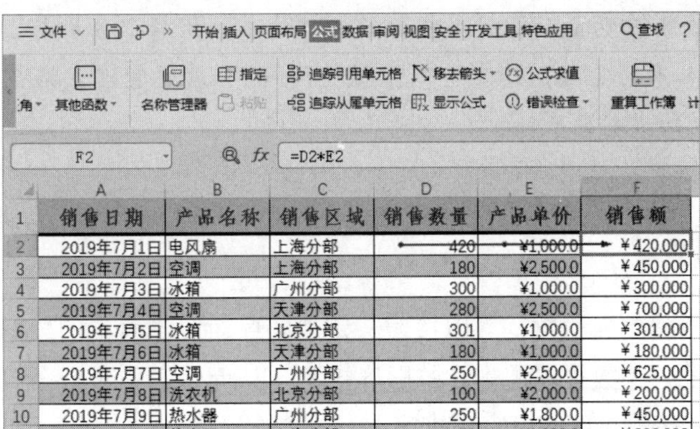

	A	B	C	D	E	F
1	销售日期	产品名称	销售区域	销售数量	产品单价	销售额
2	2019年7月1日	电风扇	上海分部	420	¥1,000.0	¥420,000
3	2019年7月2日	空调	上海分部	180	¥2,500.0	¥450,000
4	2019年7月3日	冰箱	广州分部	300	¥1,000.0	¥300,000
5	2019年7月4日	空调	天津分部	280	¥2,500.0	¥700,000
6	2019年7月5日	冰箱	北京分部	301	¥1,000.0	¥301,000
7	2019年7月6日	冰箱	天津分部	180	¥1,000.0	¥180,000
8	2019年7月7日	空调	广州分部	250	¥2,500.0	¥625,000
9	2019年7月8日	洗衣机	北京分部	100	¥2,000.0	¥200,000
10	2019年7月9日	热水器	广州分部	250	¥1,800.0	¥450,000

图 7-50

第 8 章 管理表格数据

▶ 本章要点☆

- 数据排序
- 数据筛选
- 数据分类汇总
- 设置条件格式

▶ 本章主要内容☆

本章主要介绍数据排序、数据筛选和数据分类汇总方面的知识与技巧，同时还讲解了如何设置条件格式，在本章的最后还针对实际的工作需求，讲解了分析与汇总“商品销售数据表”的方法。通过本章的学习，读者可以掌握使用 WPS 表格管理表格数据方面的知识，为深入学习 WPS 2019 知识奠定基础。

8.1 数据排序

为了方便查看表格中的数据，可以按照一定的顺序对工作表中的数据进行重新排序。数据排序可以使工作表中的数据按照规定的顺序排列，从而使工作表条理清晰。数据排序方法主要包括简单排序、多重排序和自定义排序。

8.1.1 简单排序

实例文件保存路径：配套素材 \ 第 8 章 \ 实例 1
实例效果文件名称：简单排序 .xlsx

简单排序是根据数据表中的相关数据或字段名，将表格数据按照升序（从低到高）或降

序（从高到低）的方式进行排列，是处理数据时最常用的排序方式。下面介绍进行简单排序的方法。

Step 01 打开名为“销售统计表”的素材表格，选中 F1 单元格，选择“数据”选项卡，单击“排序”按钮，如图 8-1 所示。

Step 02 弹出“排序”对话框，设置“主要关键字”为“销售额”选项，“排序依据”为“数值”选项，“次序”为“降序”选项，单击“确定”按钮，如图 8-2 所示。

	A	B	C	D	E	F
1	销售日期	产品名称	销售区域	销售数量	产品单价	销售额
2	2016/7/1	液晶电视	上海分部	59	8000	472000
3	2016/7/2	冰箱	上海分部	45	4100	184500
4	2016/7/3	电脑	广州分部	234	5600	1310400
5	2016/7/4	空调	天津分部	69	3500	241500
6	2016/7/5	饮水机	北京分部	76	1200	91200
7	2016/7/6	饮水机	天津分部	90	1200	108000
8	2016/7/7	洗衣机	广州分部	80	3800	304000
9	2016/7/8	冰箱	北京分部	100	4100	410000
10	2016/7/9	空调	广州分部	200	3500	700000
11	2016/7/10	电脑	上海分部	30	5600	168000
12	2016/7/11	饮水机	天津分部	40	1200	48000
13	2016/7/12	液晶电视	北京分部	60	8000	480000
14	2016/7/13	饮水机	广州分部	80	1200	96000
15	2016/7/14	饮水机	上海分部	90	1200	108000
16	2016/7/15	空调	天津分部	70	3500	245000
17	2016/7/16	电脑	天津分部	65	5600	364000
18	2016/7/17	冰箱	天津分部	95	4100	389500
19	2016/7/18	液晶电视	上海分部	85	8000	680000

图 8-1

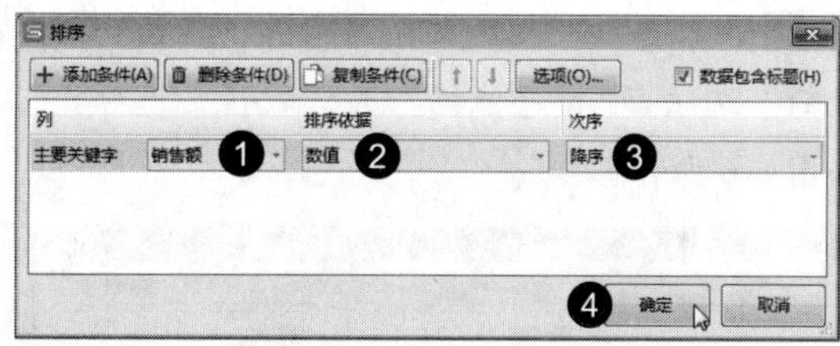

图 8-2

Step 03 返回工作表，此时表格中的“销售额”列数据已经按照从高到低进行降序排序，如图 8-3 所示。

	A	B	C	D	E	F
1	销售日期	产品名称	销售区域	销售数量	产品单价	销售额
2	2016/7/3	电脑	广州分部	234	5600	1310400
3	2016/7/9	空调	广州分部	200	3500	700000
4	2016/7/18	液晶电视	上海分部	85	8000	680000
5	2016/7/19	液晶电视	北京分部	75	8000	600000
6	2016/7/28	液晶电视	北京分部	65	8000	520000
7	2016/7/12	液晶电视	北京分部	60	8000	480000
8	2016/7/1	液晶电视	上海分部	59	8000	472000
9	2016/7/8	冰箱	北京分部	100	4100	410000
10	2016/7/17	冰箱	天津分部	95	4100	389500
11	2016/7/30	冰箱	上海分部	93	4100	381300
12	2016/7/16	电脑	天津分部	65	5600	364000
13	2016/7/7	洗衣机	广州分部	80	3800	304000
14	2016/7/29	洗衣机	上海分部	78	3800	296400
15	2016/7/15	空调	天津分部	70	3500	245000
16	2016/7/4	空调	天津分部	69	3500	241500
17	2016/7/2	冰箱	上海分部	45	4100	184500
18	2016/7/25	电脑	上海分部	32	5600	179200
19	2016/7/10	电脑	上海分部	30	5600	168000
20	2016/7/24	空调	广州分部	41	3500	143500
21	2016/7/20	洗衣机	广州分部	32	3800	121600
22	2016/7/22	洗衣机	上海分部	32	3800	121600
23	2016/7/31	空调	天津分部	32	3500	112000

图 8-3

经验技巧

用户还可以选中“销售额”列任意单元格，在“数据”选项卡中单击“降序”按钮，即可对“销售额”列数据进行降序排序。

8.1.2 多重排序

实例文件保存路径：配套素材\第 8 章\实例 2
实例效果文件名称：多重排序 .xlsx

在对数据表中的某一字段进行排序时，出现一些记录含有相同数据而无法正确排序的情况，此时就需要另设其他条件来对含有相同数据的记录进行排序。下面介绍进行多重排序的方法。

Step 01 打开名为“销售统计表”的素材表格，选中数据区域中的任意单元格，选择“数据”选项卡，单击“排序”按钮，如图 8-4 所示。

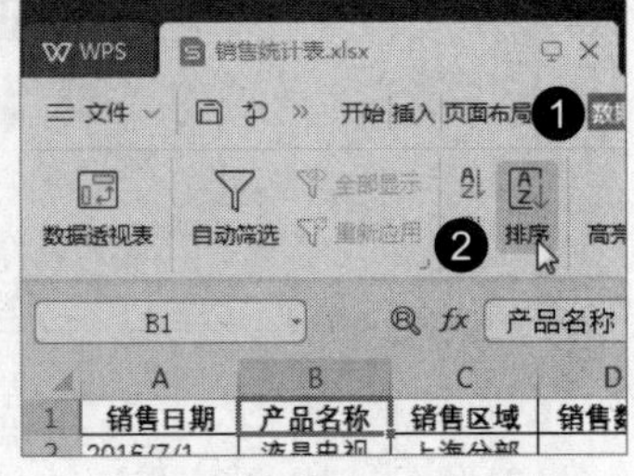

图 8-4

Step 02 弹出“排序”对话框，设置“主要关键字”为“销售区域”选项，“排序依据”为“数值”选项，“次序”为“升序”选项，单击“添加条件”按钮，如图 8-5 所示。

Step 03 此时添加一组新的排序条件，设置“次要关键字”为“销售额”选项，“排序依据”为“数值”选项，“次序”为“降序”选项，单击“确定”按钮，如图 8-6 所示。

图 8-5

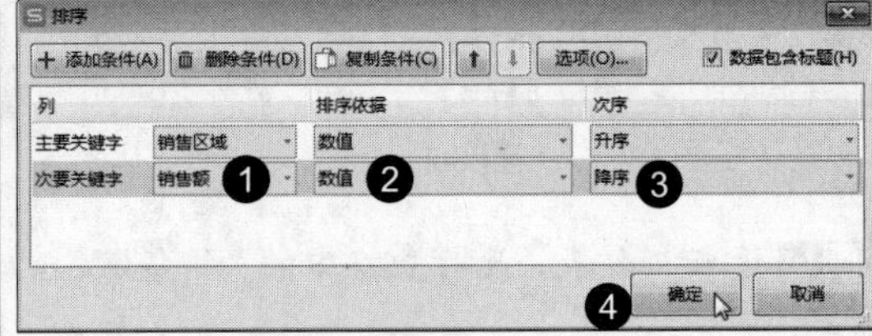

图 8-6

Step 04 返回工作表，数据在根据“销售区域”进行升序排序的基础上，按照“销售额进行了降序排序”，如图 8-7 所示。

	A	B	C	D	E	F
1	销售日期	产品名称	销售区域	销售数量	产品单价	销售额
2	2016/7/19	液晶电视	北京分部	75	8000	600000
3	2016/7/28	液晶电视	北京分部	65	8000	520000
4	2016/7/12	液晶电视	北京分部	60	8000	480000
5	2016/7/8	冰箱	北京分部	100	4100	410000
6	2016/7/5	饮水机	北京分部	76	1200	91200
7	2016/7/3	电脑	广州分部	234	5600	1310400
8	2016/7/9	空调	广州分部	200	3500	700000
9	2016/7/7	洗衣机	广州分部	80	3800	304000
10	2016/7/24	空调	广州分部	41	3500	143500
11	2016/7/20	洗衣机	广州分部	32	3800	121600
12	2016/7/13	饮水机	广州分部	80	1200	96000
13	2016/7/26	饮水机	广州分部	22	1200	26400
14	2016/7/18	液晶电视	上海分部	85	8000	680000
15	2016/7/1	液晶电视	上海分部	59	8000	472000
16	2016/7/30	冰箱	上海分部	93	4100	381300
17	2016/7/29	洗衣机	上海分部	78	3800	296400
18	2016/7/2	冰箱	上海分部	45	4100	184500
19	2016/7/25	电脑	上海分部	32	5600	179200
20	2016/7/10	电脑	上海分部	30	5600	168000
21	2016/7/22	洗衣机	上海分部	32	3800	121600
22	2016/7/14	饮水机	上海分部	90	1200	108000
23	2016/7/27	饮水机	上海分部	44	1200	52800

图 8-7

8.1.3 自定义排序

实例文件保存路径：配套素材 \ 第 8 章 \ 实例 3
实例效果文件名称：自定义排序 .xlsx

在对数据表中的某一字段进行排序时，出现一些记录含有相同数据而无法正确排序的情况，此时就需要另设其他条件来对含有相同数据的记录进行排序。下面介绍进行多重排序的方法。

Step 01 打开名为“销售统计表”的素材表格，选中数据区域中的任意单元格，选择“数据”选项卡，单击“排序”按钮，如图 8-8 所示。

Step 02 弹出“排序”对话框，在“主要关键字”的“次序”列表中选择“自定义序列”选项，如图 8-9 所示。

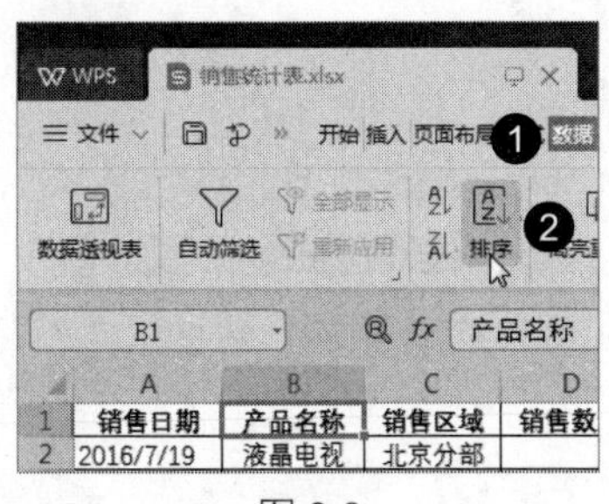

图 8-8

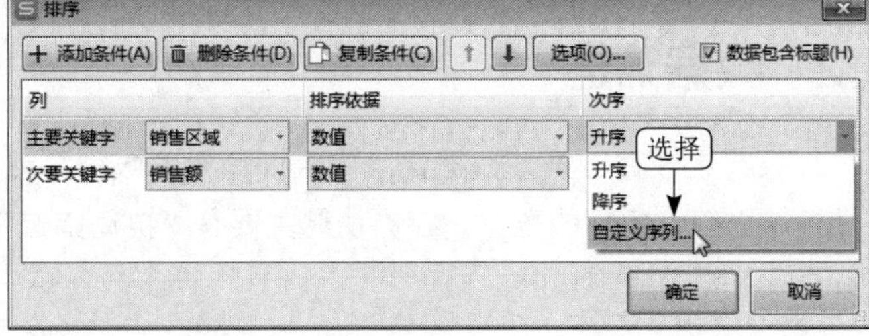

图 8-9

Step 03 弹出“自定义序列”对话框，在“自定义序列”列表框中选择“新序列”选项，在“输入序列”列表框中输入“北京分部，上海分部，天津分部、广州分部”，中间用英文半角状态下的逗号隔开，单击“添加”按钮，如图 8-10 所示。

Step 04 此时新定义的序列就添加到了“自定义序列”列表框中，单击“确定”按钮，如图 8-11 所示。

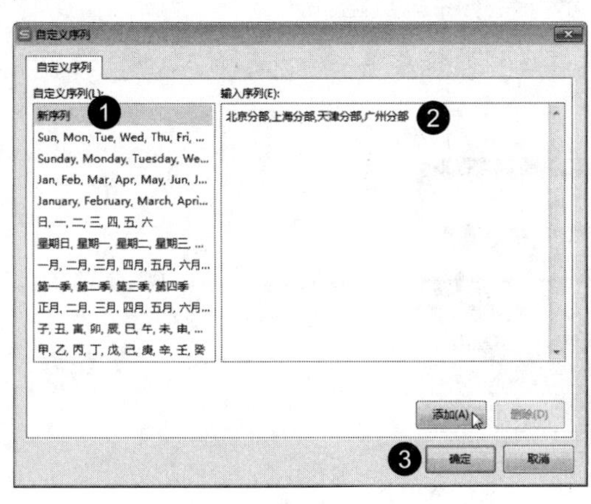

图 8-10

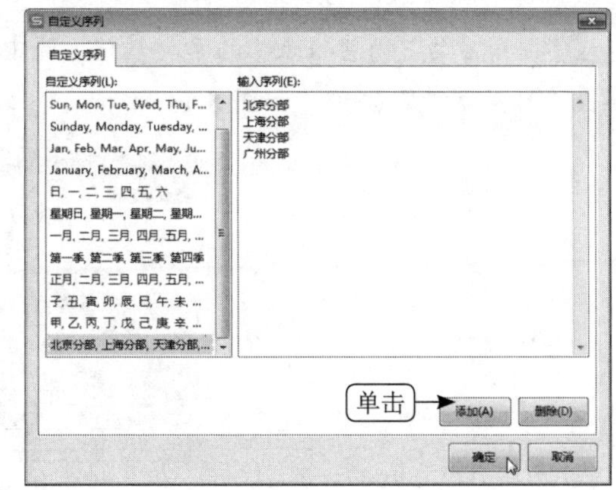

图 8-11

Step 05 返回“排序”对话框，单击“确定”按钮，如图 8-12 所示。

Step 06 返回到表格，数据按照自定义序列进行了排序，如图 8-13 所示。

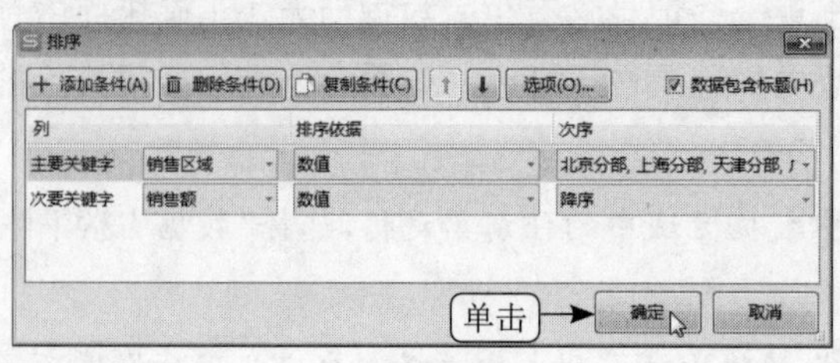

图 8-12

	A	B	C	D	E	F
1	销售日期	产品名称	销售区域	销售数量	产品单价	销售额
2	2016/7/19	液晶电视	北京分部	75	8000	600000
3	2016/7/28	液晶电视	北京分部	65	8000	520000
4	2016/7/12	液晶电视	北京分部	60	8000	480000
5	2016/7/8	冰箱	北京分部	100	4100	410000
6	2016/7/5	饮水机	北京分部	76	1200	91200
7	2016/7/18	液晶电视	上海分部	85	8000	680000
8	2016/7/1	液晶电视	上海分部	59	8000	472000
9	2016/7/30	冰箱	上海分部	93	4100	381300
10	2016/7/29	洗衣机	上海分部	78	3800	296400
11	2016/7/2	冰箱	上海分部	45	4100	184500
12	2016/7/25	电脑	上海分部	32	5600	179200
13	2016/7/10	电脑	上海分部	30	5600	168000
14	2016/7/22	洗衣机	上海分部	32	3800	121600
15	2016/7/14	饮水机	上海分部	90	1200	108000
16	2016/7/27	饮水机	上海分部	44	1200	52800
17	2016/7/17	冰箱	天津分部	95	4100	389500
18	2016/7/16	电脑	天津分部	65	5600	364000
19	2016/7/15	空调	天津分部	70	3500	245000
20	2016/7/4	空调	天津分部	69	3500	241500
21	2016/7/31	空调	天津分部	32	3500	112000
22	2016/7/6	饮水机	天津分部	90	1200	108000
23	2016/7/11	饮水机	天津分部	40	1200	48000

图 8-13

8.2 数据筛选

如果要在成百上千条数据记录中查询需要的数据，就要用到 WPS 表格的筛选功能，轻松地筛选出符合条件的数据。筛选功能主要有“自动筛选”和“自定义筛选”两种。本节将详细介绍数据筛选的知识。

8.2.1 自动筛选

实例文件保存路径：配套素材\第 8 章\实例 4

实例效果文件名称：自动筛选 .xlsx

自动筛选是一个易于操作且经常使用的功能。自动筛选通常是按简单的条件进行筛选，筛选时将不满足条件的数据暂时隐藏起来，只显示符合条件的数据。

Step 01 打开名为“销售报表”的素材表格，选中数据区域的任意单元格，选择“数据”选项卡，单击“自动筛选”按钮，如图 8-14 所示。

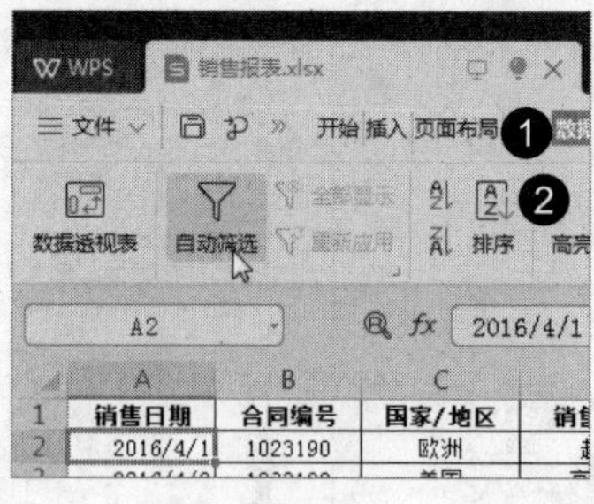

图 8-14

Step 02 所有列标题单元格的右侧自动显示“筛选”按钮，单击“国家 / 地区”单元格右侧的“筛选”按钮，在弹出的列表中勾选“东南亚”复选框，单击“确定”按钮，如图 8-15 所示。

Step 03 此时表格只显示东南亚的订单记录，如图 8-16 所示。

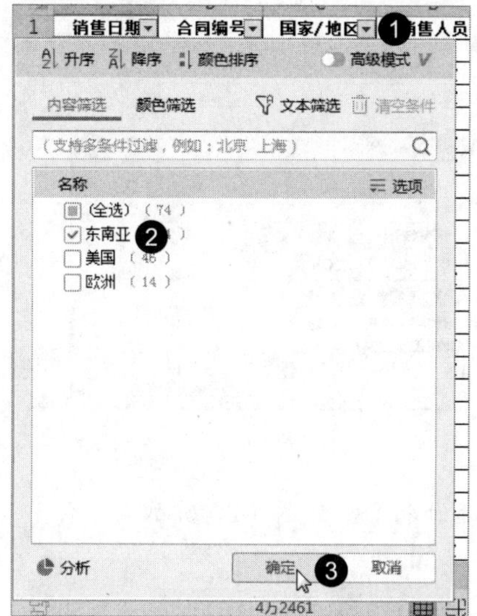

图 8-15

	销售日期	合同编号	国家/地区	销售人员	销售金额
15	2016/4/7	1023173	东南亚	吴小莉	¥458.74
27	2016/4/10	1023215	东南亚	许文康	¥4,895.44
29	2016/4/10	1023221	东南亚	刘亚东	¥1,197.95
36	2016/4/13	1023237	东南亚	吴小莉	¥491.50
49	2016/4/20	1023238	东南亚	吴小莉	¥6,750.00
57	2016/4/23	1023200	东南亚	吴小莉	¥1,303.19
59	2016/4/23	1023252	东南亚	许文康	¥3,232.80
60	2016/4/24	1023192	东南亚	吴小莉	¥224.00
62	2016/4/24	1023244	东南亚	刘亚东	¥270.00
63	2016/4/24	1023250	东南亚	刘亚东	¥2,393.50
67	2016/4/27	1023249	东南亚	许文康	¥12,615.05
69	2016/4/27	1023256	东南亚	许文康	¥60.00
72	2016/4/29	1023260	东南亚	赵伟	¥210.00
75	2016/4/30	1023264	东南亚	许文康	¥525.00

图 8-16

8.2.2　自定义筛选

实例文件保存路径：配套素材 \ 第 8 章 \ 实例 5
实例效果文件名称：自定义筛选 .xlsx

与数据排序类似，如果自动筛选方式不能满足需要，此时可自定义筛选条件。下面介绍自定义筛选的方法。

Step 01 打开名为“销售报表”的素材表格，选中数据区域的任意单元格，选择“数据”选项卡，单击“自动筛选”按钮，如图 8-17 所示。

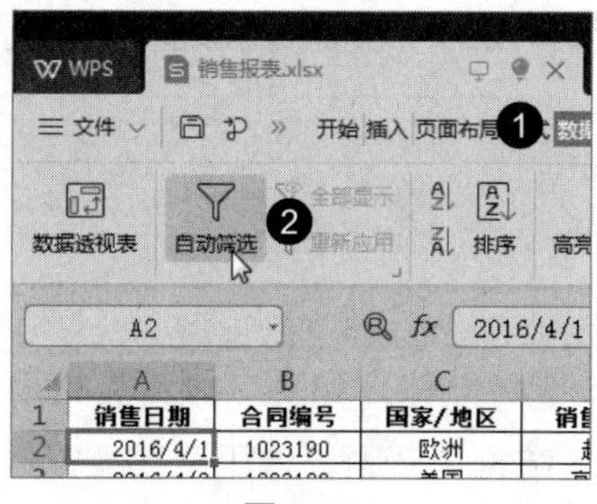

图 8-17

Step 02 所有列标题单元格的右侧自动显示“筛选”按钮，单击“销售金额”单元格右侧的“筛选”按钮，在弹出的列表中选择“数字筛选”选项，选择“自定义筛选”子选项，如图 8-18 所示。

Step 03 弹出“自定义自动筛选方式”对话框，将筛选条件设置为“销售额大于或等于 2000 与小于或等于 6000”，单击“确定”按钮，如图 8-19 所示。

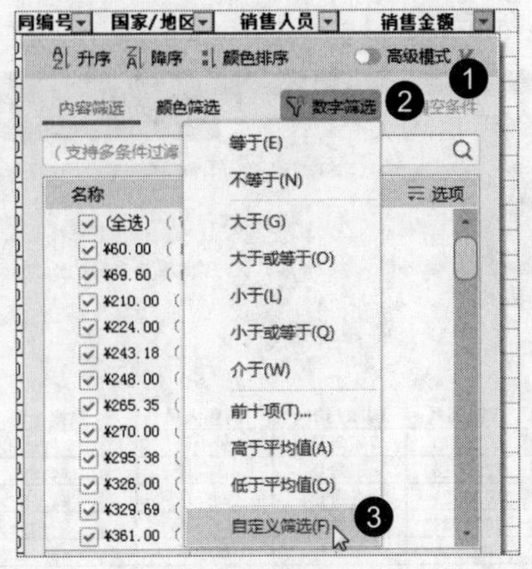

图 8-18

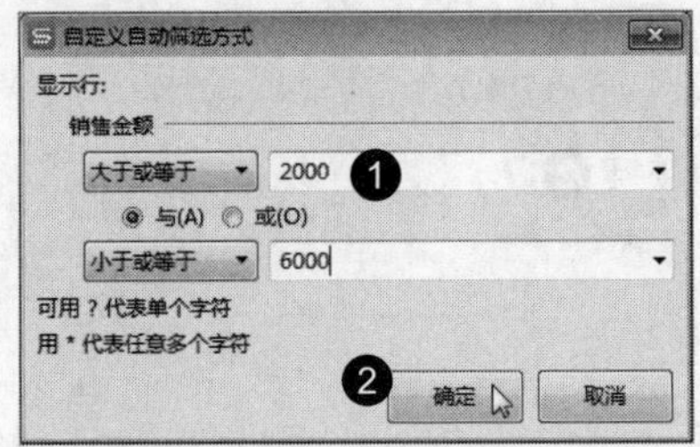

图 8-19

Step 04 此时销售金额在 2000 ～ 6000 元的销售明细就筛选出来了，如图 8-20 所示。

A2　　fx 2016/4/1

	A	B	C	D	E
1	销售日期	合同编号	国家/地区	销售人员	销售金额
6	2016/4/2	1023207	美国	高世宝	¥2,023.38
13	2016/4/6	1023209	美国	陈东	¥2,772.00
16	2016/4/7	1023212	美国	高世宝	¥4,288.85
17	2016/4/7	1023213	美国	赵烨	¥2,296.00
25	2016/4/10	1023199	美国	陈东	¥2,233.00
26	2016/4/10	1023210	欧洲	张浩	¥3,574.80
27	2016/4/10	1023215	东南亚	许文康	¥4,895.44
34	2016/4/13	1023229	美国	陈东	¥2,633.90
38	2016/4/14	1023223	欧洲	高世宝	¥2,769.00
46	2016/4/17	1023233	美国	赵烨	¥2,825.30
52	2016/4/21	1023208	欧洲	陈东	¥2,220.00
55	2016/4/22	1023247	欧洲	高世宝	¥2,160.00
59	2016/4/23	1023252	东南亚	许文康	¥3,232.80
63	2016/4/24	1023250	东南亚	刘亚东	¥2,393.50
73	2016/4/29	1023266	欧洲	高世宝	¥3,055.00

图 8-20

知识常识

在“自定义自动筛选方式”对话框左侧的下拉列表框中只能执行选择操作，而右侧的下拉列表框可直接输入数据，在输入筛选条件时，可使用通配符代替字符或字符串，如用“？”代表任意单个字符，用“*”代表任意多个字符。

8.3 数据分类汇总

利用 WPS 表格提供的分类汇总功能，用户可以将表格中的数据进行分类，然后再把性质相同的数据汇总到一起，使其结构更清晰，便于查找数据信息。本节主要介绍创建单项分类汇总与嵌套分类汇总的知识。

8.3.1 单项分类汇总

实例文件保存路径：配套素材 \ 第 8 章 \ 实例 6

实例效果文件名称：单项分类汇总 .xlsx

在进行分类汇总前，首先需要对数据进行排序。下面介绍创建单项分类汇总的方法。

Step 01 打开名为“费用统计表”的素材表格，选中 C1 单元格，选择“数据”选项卡，单击“升序”按钮，如图 8-21 所示。

Step 02 此时表格数据会根据“所属部门”的拼音首字母进行升序排序，如图 8-22 所示。

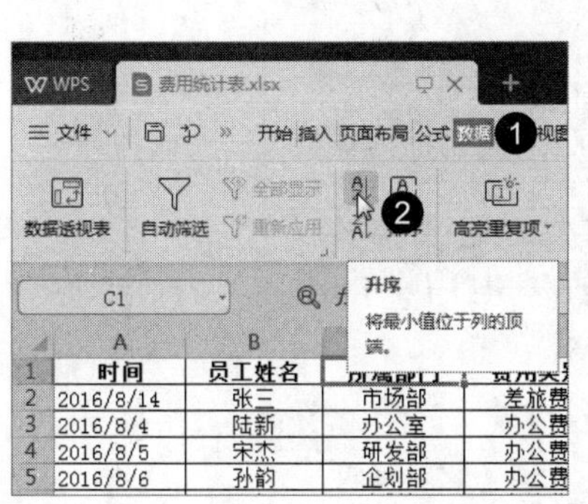

图 8-21

	A	B	C	D	E	F
1	时间	员工姓名	所属部门	费用类别	金额	备注
2	2016/8/4	陆新	办公室	办公费	550	办公用笔
3	2016/8/8	周浩	办公室	办公费	430	培训费
4	2016/8/9	舒雄	办公室	办公费	800	办公书柜
5	2016/8/10	吴林玉	办公室	办公费	700	墨盒
6	2016/8/12	周浩	办公室	办公费	600	刻录盘
7	2016/8/26	陆新	办公室	差旅费	1300	武汉
8	2016/8/6	孙韵	企划部	办公费	750	打印纸
9	2016/8/7	王振	企划部	办公费	820	鼠标
10	2016/8/30	郝大勇	企划部	宣传费	500	在商报做广告
11	2016/8/2	罗兰	企划部	招待费	500	电影费
12	2016/8/18	孙韵	企划部	差旅费	1000	武汉
13	2016/8/19	王振	企划部	差旅费	2100	广州
14	2016/8/21	王振	企划部	差旅费	1700	武汉
15	2016/8/3	郝大勇	企划部	招待费	1100	农家乐餐饮
16	2016/8/24	罗兰	企划部	差旅费	2350	广州
17	2016/8/25	孙韵	企划部	差旅费	2200	北京
18	2016/8/4	王振	企划部	招待费	900	江海饭店
19	2016/8/27	孙韵	企划部	差旅费	3200	深圳
20	2016/8/14	张三	市场部	差旅费	2100	北京
21	2016/8/15	李四	市场部	差旅费	1600	武汉
22	2016/8/1	陈四望	市场部	招待费	1200	江海宾馆
23	2016/8/20	高晓露	市场部	差旅费	1200	武汉
24	2016/8/22	李四	市场部	差旅费	2500	北京

图 8-22

Step 03 在“数据”选项卡中单击“分类汇总”按钮，如图 8-23 所示。

Step 04 弹出“分类汇总”对话框，设置“分类字段”为“所属部门”选项、“汇总方式”为“求和”选项、“选定汇总项”为“金额”复选框，单击“确定”按钮，如图 8-24 所示。

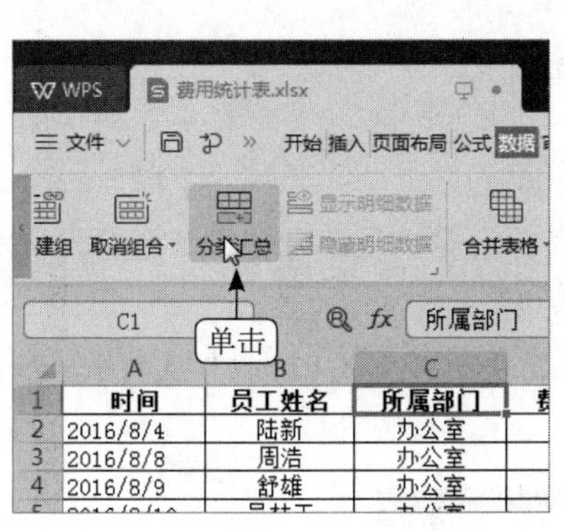

图 8-23

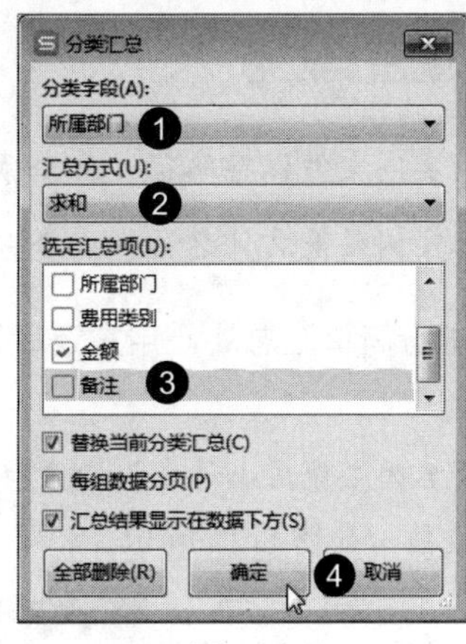

图 8-24

Step 05 此时表格按照“所属部门”对费用金额进行汇总，如图 8-25 所示。

Step 06 单击汇总区域左上角的数字按钮“2”，此时即可查看第 2 级汇总结果，如图 8-26 所示。

知识常识

在 2 级汇总数据中，单击任意一个“+”按钮，即可展开下一级数据；单击汇总区域左上角的数字按钮，即可查看第 1、2、3 级汇总结果。

行	时间	员工姓名	所属部门	费用类别	金额	备注
2	2016/8/4	陆新	办公室	办公费	550	办公用笔
3	2016/8/8	周浩	办公室	办公费	430	培训费
4	2016/8/9	舒雄	办公室	办公费	800	办公书柜
5	2016/8/10	吴林玉	办公室	办公费	700	墨盒
6	2016/8/12	周浩	办公室	办公费	600	刻录盘
7	2016/8/26	陆新	办公室	差旅费	1300	武汉
8			办公室 汇总		4380	
9	2016/8/6	孙韵	企划部	办公费	750	打印纸
10	2016/8/7	王振	企划部	办公费	820	鼠标
11	2016/8/30	郝大勇	企划部	宣传费	500	在商报做广告
12	2016/8/2	罗兰	企划部	招待费	500	电影费
13	2016/8/18	孙韵	企划部	差旅费	1000	武汉
14	2016/8/19	王振	企划部	差旅费	2100	广州
15	2016/8/21	王振	企划部	差旅费	1700	武汉
16	2016/8/3	郝大勇	企划部	招待费	1100	农家乐餐饮
17	2016/8/24	罗兰	企划部	差旅费	2350	广州
18	2016/8/25	孙韵	企划部	差旅费	2200	北京
19	2016/8/4	王振	企划部	招待费	900	江海饭店
20	2016/8/27	孙韵	企划部	差旅费	3200	深圳
21			企划部 汇总		17120	
22	2016/8/14	张三	市场部	差旅费	2100	北京
23	2016/8/15	李四	市场部	差旅费	1600	武汉
24	2016/8/1	陈四望	市场部	招待费	1200	江海宾馆

图 8-25

A1 fx 时间

行	时间	员工姓名	所属部门	费用类别	金额	备注
8			办公室 汇总		4380	
21			企划部 汇总		17120	
28			市场部 汇总		11000	
35			研发部 汇总		8070	
36			总计		40570	
37						

图 8-26

8.3.2 嵌套分类汇总

实例文件保存路径：配套素材\第 8 章\实例 7

实例效果文件名称：嵌套分类汇总 .xlsx

除了进行简单汇总外，用户还可以对数据进行嵌套汇总。下面介绍创建嵌套分类汇总的操作方法。

Step 01 打开名为“费用统计表”的素材表格，选中 C1 单元格，选择“数据”选项卡，单击“分类汇总”按钮，如图 8-27 所示。

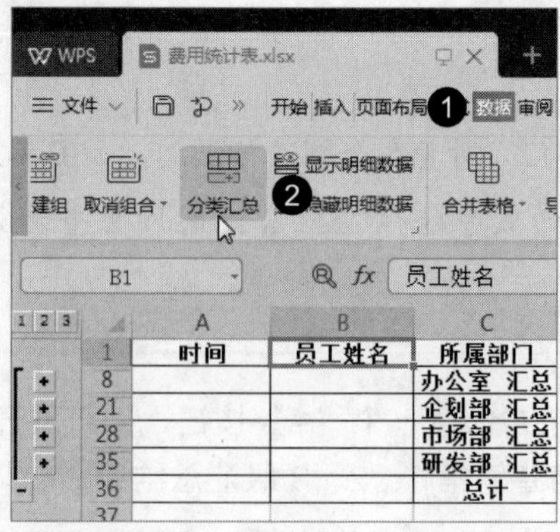

图 8-27

Step 02 弹出“分类汇总”对话框，设置“分类字段”为“所属部门”选项、“汇总方式”为“平均值”选项、“选定汇总项”为“金额”复选框，取消勾选“替换当前分类汇总”复选框，单击“确定”按钮，如图 8-28 所示。

Step 03 此时即可生成 4 级嵌套分类汇总，如图 8-29 所示。

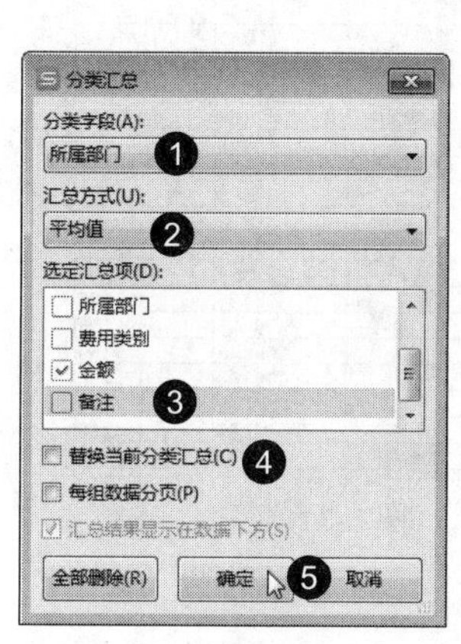

图 8-28

	A	B	C	D	E	F
1	时间	员工姓名	所属部门	费用类别	金额	备注
2	2016/8/4	陆新	办公室	办公费	550	办公用笔
3	2016/8/8	周浩	办公室	办公费	430	培训费
4	2016/8/9	舒雄	办公室	办公费	800	办公书柜
5	2016/8/10	吴林玉	办公室	办公费	700	墨盒
6	2016/8/12	周浩	办公室	办公费	600	刻录盘
7	2016/8/26	陆新	办公室	差旅费	1300	武汉
8			办公室 平均值		730	
9			办公室 汇总		4380	
10	2016/8/6	孙韵	企划部	办公费	750	打印纸
11	2016/8/7	王振	企划部	办公费	820	鼠标
12	2016/8/30	郝大勇	企划部	宣传费	500	在商报做广告
13	2016/8/2	罗兰	企划部	招待费	500	电影费
14	2016/8/18	孙韵	企划部	差旅费	1000	武汉
15	2016/8/19	王振	企划部	差旅费	2100	广州
16	2016/8/21	王振	企划部	差旅费	1700	武汉
17	2016/8/3	郝大勇	企划部	招待费	1100	农家乐餐饮
18	2016/8/24	罗兰	企划部	差旅费	2350	广州
19	2016/8/25	孙韵	企划部	差旅费	2200	北京
20	2016/8/4	王振	企划部	招待费	900	江海饭店
21	2016/8/27	孙韵	企划部	差旅费	3200	深圳
22			企划部 平均值		1426.666667	
23			企划部 汇总		17120	
24	2016/8/14	张三	市场部	差旅费	2100	北京

图 8-29

8.4 设置条件格式

条件格式用于将数据表中满足指定条件的数据以特定格式显示出来。在 WPS 表格中使用条件格式，可以在工作表中突出显示所关注的单元格或单元格区域，强调异常值，而使用数据条、色阶和图标集等可以更直观地显示数据。

8.4.1 添加数据条

实例文件保存路径：配套素材 \ 第 8 章 \ 实例 8
实例效果文件名称：数据条 .xlsx

数据条可用于查看某个单元格相对于其他单元格的值。数据条的长度代表单元格中的值，数据条越长，表示值越高；数据条越短，表示值越低。下面介绍添加数据条的方法。

Step 01 打开名为“入库明细表”的素材表格，选中 E2 ～ E29 单元格区域，在“开始”选项卡中单击“条件格式”下拉按钮，选择“数据条”选项，选择一种数据条样式，如图 8-30 所示。

Step 02 选中的单元格区域已经添加了数据条，如图 8-31 所示。

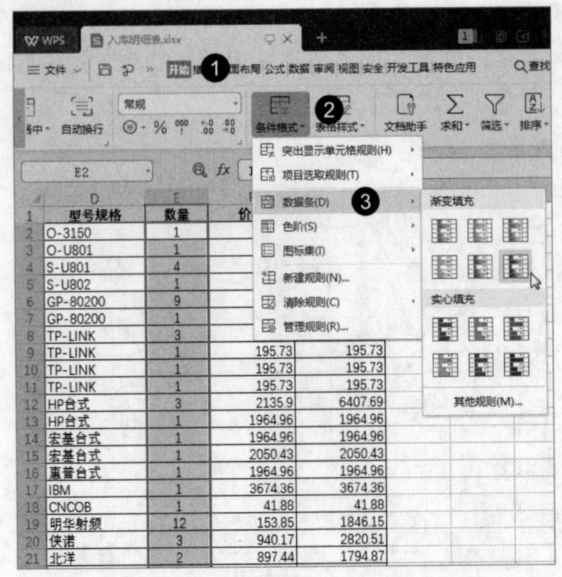

图 8-30

	D	E	F	G
1	型号规格	数量	价格	金额
2	O-3150	1	452.99	452.99
3	O-U801	1	478.63	478.63
4	S-U801	4	478.63	1914.53
5	S-U802	1	478.63	478.63
6	GP-80200	9	478.63	4307.69
7	GP-80200	1	478.63	478.63
8	TP-LINK	3	195.73	587.18
9	TP-LINK	1	195.73	195.73
10	TP-LINK	1	195.73	195.73
11	TP-LINK	1	195.73	195.73
12	HP台式	3	2135.9	6407.69
13	HP台式	1	1964.96	1964.96
14	宏基台式	1	1964.96	1964.96
15	宏基台式	1	2050.43	2050.43
16	惠普台式	1	1964.96	1964.96
17	IBM	1	3674.36	3674.36
18	CNCOB	1	41.88	41.88
19	明华射频	12	153.85	1846.15

图 8-31

8.4.2 添加色阶

实例文件保存路径：配套素材 \ 第 8 章 \ 实例 9

实例效果文件名称：色阶 .xlsx

使用色阶样式主要通过颜色对比直观地显示数据，并帮助用户了解数据分布和变化。下面介绍添加色阶的方法。

Step 01 打开名为“入库明细表”的素材表格，选中 F2 ～ F29 单元格区域，在“开始”选项卡中单击“条件格式”下拉按钮，选择“色阶”选项，选择一种色阶样式，如图 8-32 所示。

Step 02 选中的单元格区域已经添加了色阶，如图 8-33 所示。

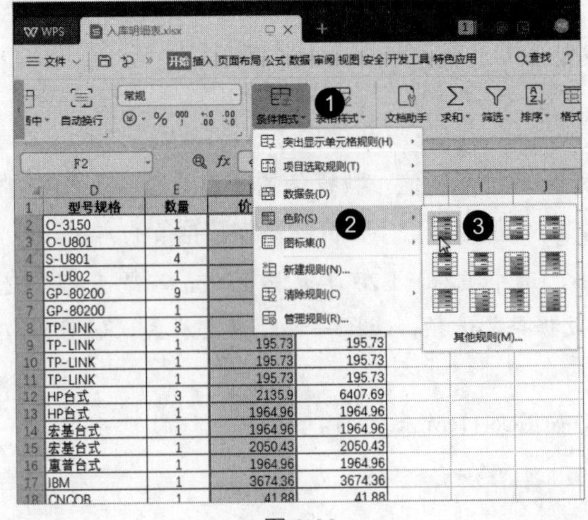

图 8-32

	D	E	F	G
1	型号规格	数量	价格	金额
2	O-3150	1	452.99	452.99
3	O-U801	1	478.63	478.63
4	S-U801	4	478.63	1914.53
5	S-U802	1	478.63	478.63
6	GP-80200	9	478.63	4307.69
7	GP-80200	1	478.63	478.63
8	TP-LINK	3	195.73	587.18
9	TP-LINK	1	195.73	195.73
10	TP-LINK	1	195.73	195.73
11	TP-LINK	1	195.73	195.73
12	HP台式	3	2135.9	6407.69
13	HP台式	1	1964.96	1964.96
14	宏基台式	1	1964.96	1964.96
15	宏基台式	1	2050.43	2050.43
16	惠普台式	1	1964.96	1964.96
17	IBM	1	3674.36	3674.36
18	CNCOB	1	41.88	41.88
19	明华射频	12	153.85	1846.15
20	侠诺	3	940.17	2820.51
21	北洋	2	897.44	1794.87
22	HP台式	2	2264.11	4528.21
23	HP台式	4	2264.11	9056.42

图 8-33

8.4.3　添加图标集

实例文件保存路径：配套素材 \ 第 8 章 \ 实例 10

实例效果文件名称：图标集 .xlsx

使用图标集可以对数据进行注释，并可以按大小将数值分为 3 ～ 5 个类别，每个图标集代表一个数值范围。下面介绍添加图标集的方法。

Step 01 打开名为“入库明细表”的素材表格，选中 G2 ～ G29 单元格区域，在“开始”选项卡中单击“条件格式”下拉按钮，选择“图标集”选项，选择一种样式，如图 8-34 所示。

Step 02 选中的单元格区域已经添加了图标集，如图 8-35 所示。

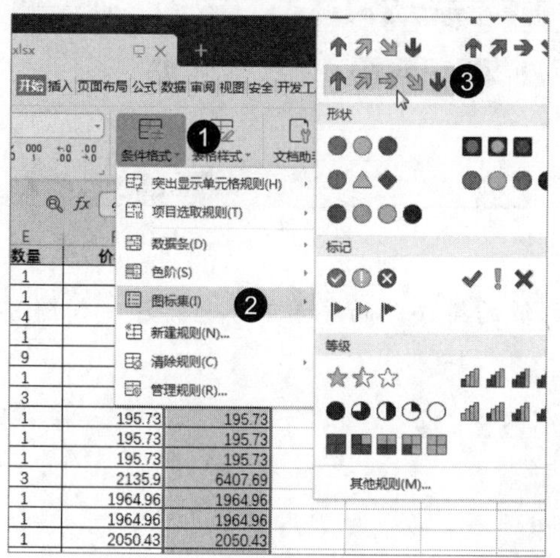

图 8-34

	D	E	F	G
1	型号规格	数量	价格	金额
2	O-3150	1	452.99	452.99
3	O-U801	1	478.63	478.63
4	S-U801	4	478.63	1914.53
5	S-U802	1	478.63	478.63
6	GP-80200	9	478.63	4307.69
7	GP-80200	1	478.63	478.63
8	TP-LINK	3	195.73	587.18
9	TP-LINK	1	195.73	195.73
10	TP-LINK	1	195.73	195.73
11	TP-LINK	1	195.73	195.73
12	HP台式	3	2135.9	6407.69
13	HP台式	1	1964.96	1964.96
14	宏基台式	1	1964.96	1964.96
15	宏基台式	1	2050.43	2050.43
16	惠普台式	1	1964.96	1964.96
17	IBM	1	3674.36	3674.36
18	CNCOB	1	41.88	41.88
19	明华射频	12	153.85	1846.15
20	侠诺	3	940.17	2820.51
21	北洋	2	897.44	1794.87
22	HP台式	2	2264.11	4528.21
23	HP台式	4	2264.11	9056.42

图 8-35

8.5　新手进阶

本节将介绍一些管理表格数据的技巧供用户学习，通过这些技巧，用户可以更进一步掌握使用 WPS 表格函数的方法，包括设置表中序号不参与排序、通过筛选删除空白行、筛选多个表格的重复值、将相同项合并为单元格以及分列显示数据的方法。

8.5.1　设置表中序号不参与排序

实例文件保存路径：配套素材 \ 第 8 章 \ 实例 11

实例效果文件名称：序号不参与排序 .xlsx

在对数据进行排序的过程中，在某些情况下并不需要对序号进行排序，这种情况可以使用下面的方法。

Step 01 打开名为“英语成绩表”的素材表格，选中 B2 ～ C13 单元格区域，选择“数据”选项卡，单击“排序”按钮，如图 8-36 所示。

Step 02 弹出“排序”对话框，设置“主要关键字”为“列 C”选项，“排序依据”为“数值”选项，“次序”为“降序”选项，单击“确定”按钮，如图 8-37 所示。

图 8-36

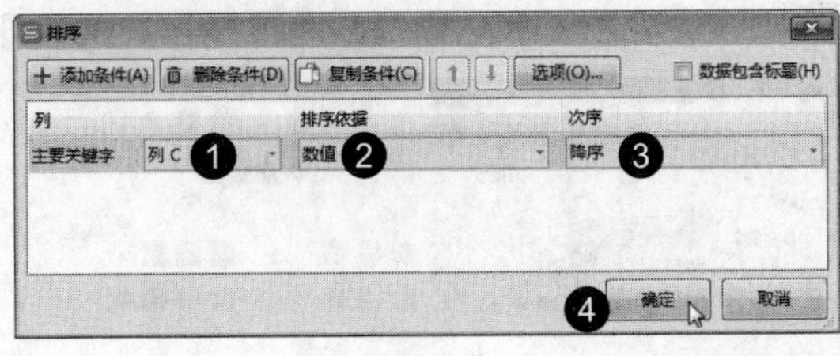

图 8-37

Step 03 此时即可将名单进行以成绩为依据的从高到低的排序，而序号不参与排序，如图 8-38 所示。

图 8-38

8.5.2 通过筛选删除空白行

实例文件保存路径：配套素材 \ 第 8 章 \ 实例 12

实例效果文件名称：删除空白行（效果）.xlsx

对于不连续的多个空白行，用户可以使用筛选中的快速删除功能。下面详细介绍通过筛选删除空白行的方法。

Step 01 打开名为“删除空白行”的素材表格，选中 A1 ～ A10 单元格区域，选择“数据”选项卡，单击“自动筛选”按钮，如图 8-39 所示。

Step 02 A1 单元格右下角出现下拉按钮，单击该按钮，在弹出的列表中勾选“空白”复选框，单击“确定”按钮，如图 8-40 所示。

Step 03 此时即可将 A1 ～ A10 单元格区域内的空白行选中，如图 8-41 所示。

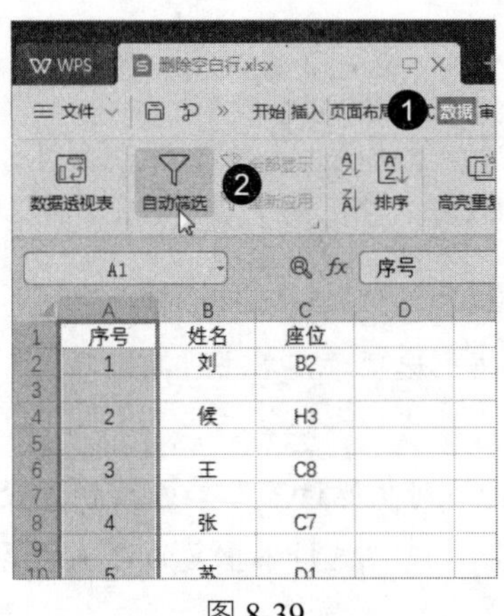

图 8-39

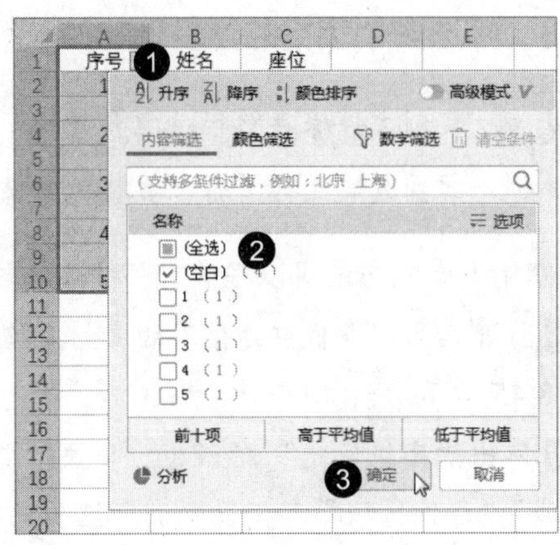

图 8-40

Step 04 右击选中的空白行区域，在弹出的快捷菜单中选择“删除”→“整行”菜单项，如图 8-42 所示。

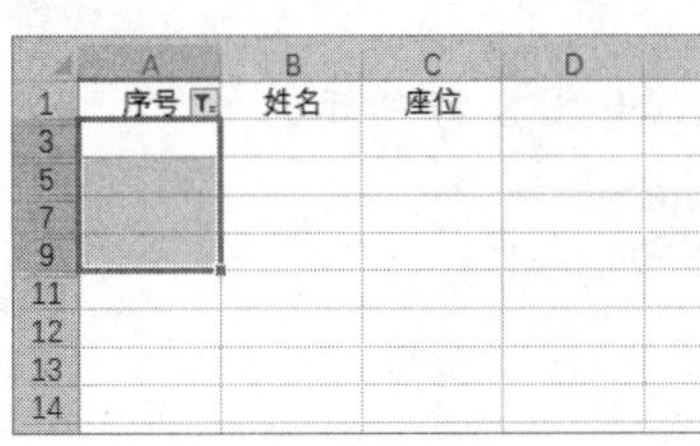

图 8-41

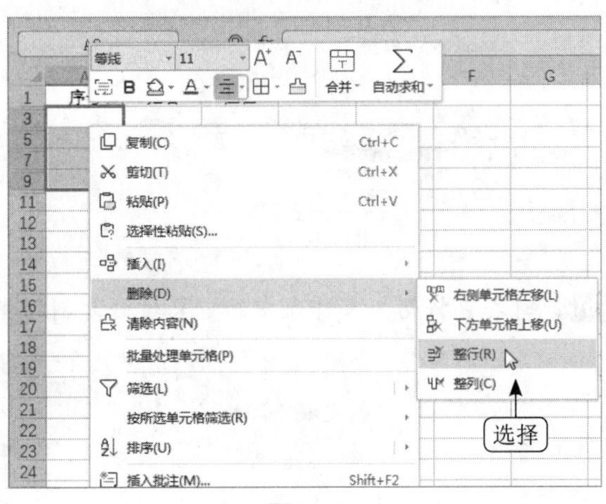

图 8-42

Step 05 可以看到空白行已经被删除，再次单击“数据”选项卡中的“自动筛选”按钮退出筛选状态，如图 8-43 所示。

Step 06 通过以上步骤即可完成通过筛选功能删除空白行的操作，如图 8-44 所示。

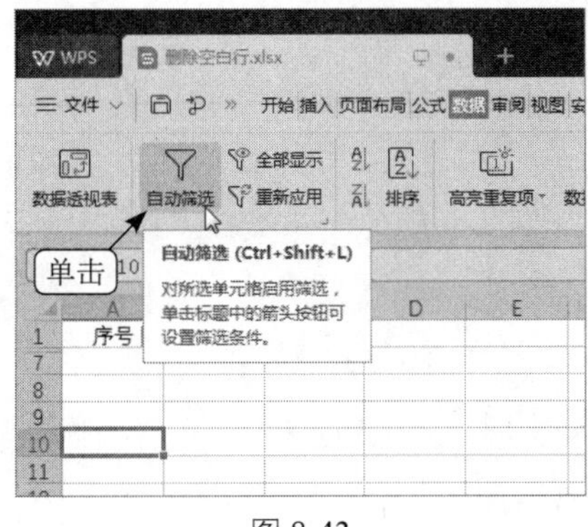

图 8-43

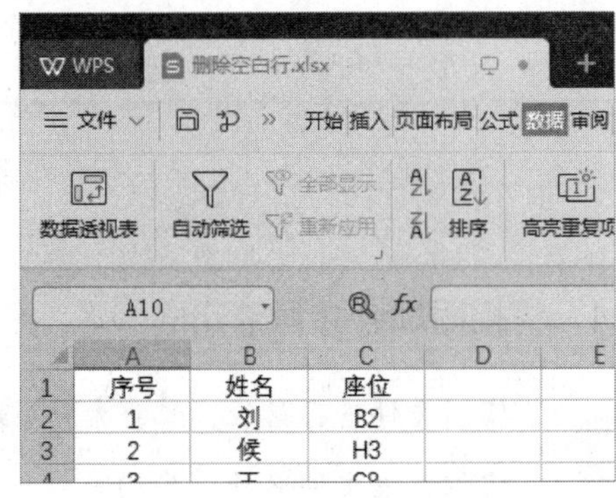

图 8-44

8.5.3 筛选多个表格的重复值

实例文件保存路径：配套素材 \ 第 8 章 \ 实例 13

实例效果文件名称：查找重复值（效果）.xlsx

使用下面的方法可以快速在多个工作表中找重复值，节省处理数据的时间。

Step 01 打开名为“查找重复值”的素材表格，选择“数据”选项卡，单击“高级筛选”按钮，如图 8-45 所示。

Step 02 弹出“高级筛选”对话框，单击“将筛选结果复制到其他位置”单选按钮，设置“列表区域”“条件区域”和“复制到”选项的单元格区域，勾选“选择不重复的记录”复选框，单击“确定”按钮，如图 8-46 所示。

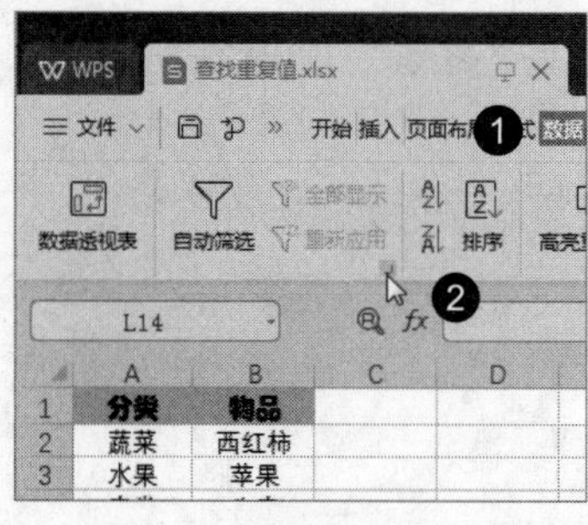

图 8-45

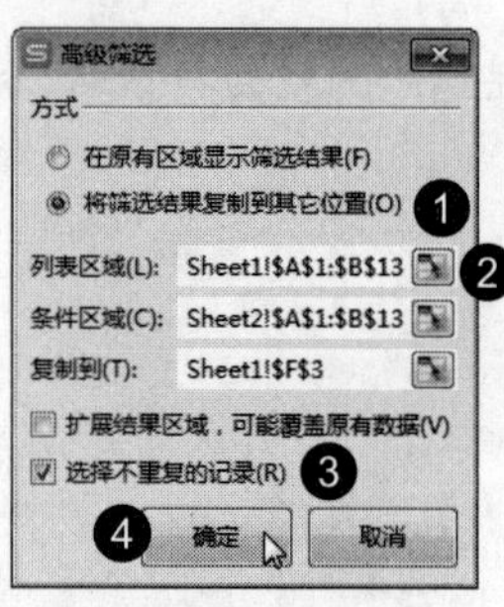

图 8-46

Step 03 此时即可将两个工作表中的重复数据复制到指定区域，如图 8-47 所示。

行	A	B	F	G
1	分类	物品		
2	蔬菜	西红柿		
3	水果	苹果	分类	物品
4	肉类	牛肉	蔬菜	西红柿
5	肉类	鱼	水果	苹果
6	蔬菜	白菜	肉类	牛肉
7	水果	橘子	肉类	鱼
8	肉类	羊肉	蔬菜	白菜
9	肉类	猪肉	水果	橘子
10	水果	香蕉	肉类	羊肉
11	水果	葡萄	肉类	猪肉
12	肉类	鸡	肉类	鸡
13	水果	橙子	水果	橙子

图 8-47

8.5.4 将相同项合并为单元格

实例文件保存路径：配套素材 \ 第 8 章 \ 实例 14

实例效果文件名称：将相同项合并为单元格 .xlsx

在制作工作表时，将相同的单元格进行合并可以使工作表更加简洁明了。

Step 01 打开名为“分类清单”的素材表格，选中 A1 ～ A12 单元格区域，选择“数据”选项卡，单击“升序”按钮，如图 8-48 所示。

Step 02 弹出“排序警告”对话框，单击“扩展选定区域”单选按钮，单击“排序”按钮，如图 8-49 所示。

图 8-48

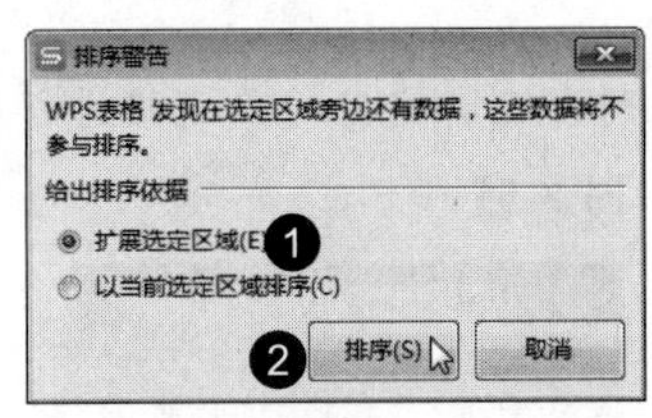

图 8-49

Step 03 此时即可对数据进行以 A 列为依据的升序排列，A 列相同名称的单元格将会连续显示，选中 A1 ～ A12 单元格区域，单击“分类汇总”按钮，如图 8-50 所示。

Step 04 弹出“分类汇总”对话框，“分类字段”选择“肉类”，“汇总方式”选择“计数”，在“选定汇总项”列表框中勾选“肉类”复选框，单击“确定”按钮，如图 8-51 所示。

图 8-50

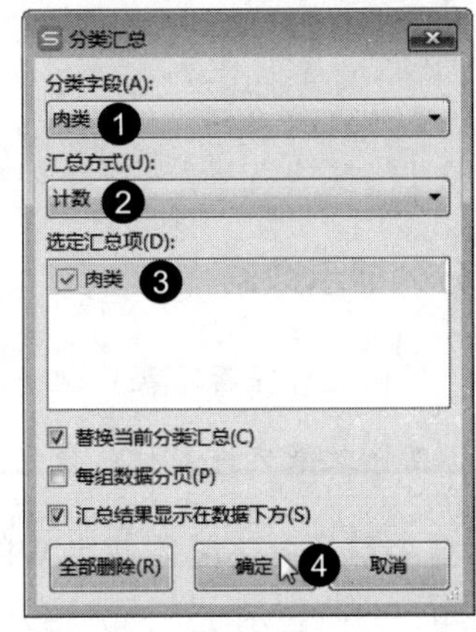

图 8-51

Step 05 此时即可对 A 列进行分类汇总，选择“开始”选项卡，单击“查找”下拉按钮，在弹出的选项中选择“定位”选项，如图 8-52 所示。

Step 06 弹出“定位”对话框，单击“空值”单选按钮，单击“确定”按钮，如图 8-53 所示。

Step 07 选中了 A 列所有空值，单击“合并居中”按钮，如图 8-54 所示。

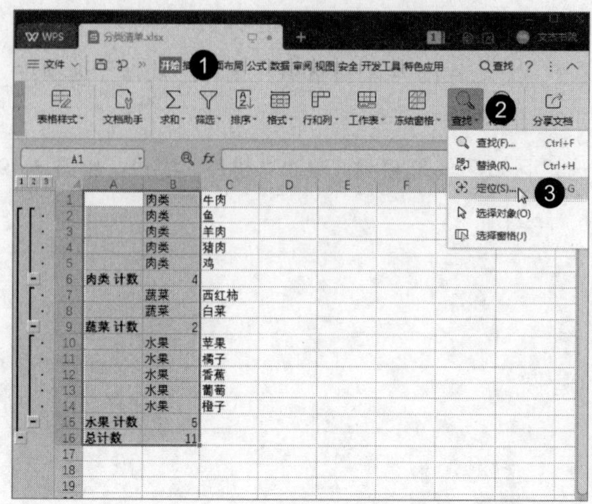

图 8-52

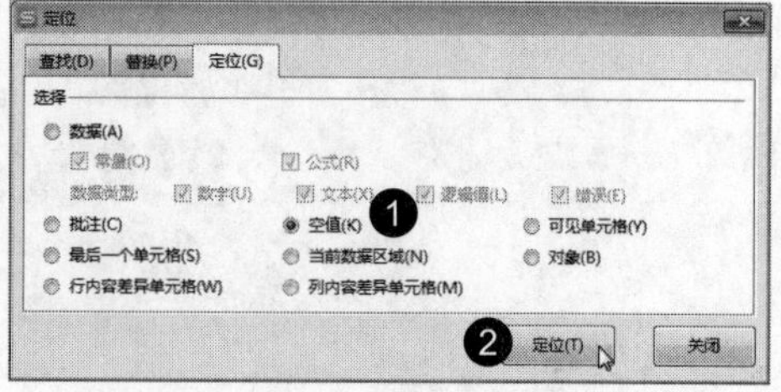

图 8-53

Step 08 此时即可对定位的单元格进行合并居中的操作，在“数据”选项卡中单击“分类汇总”按钮，如图 8-55 所示。

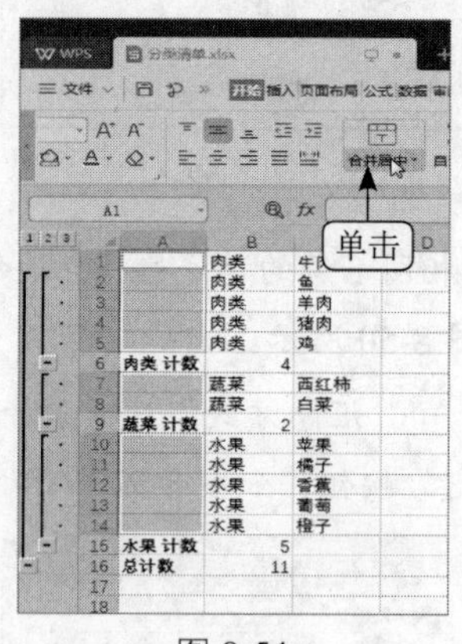

图 8-54

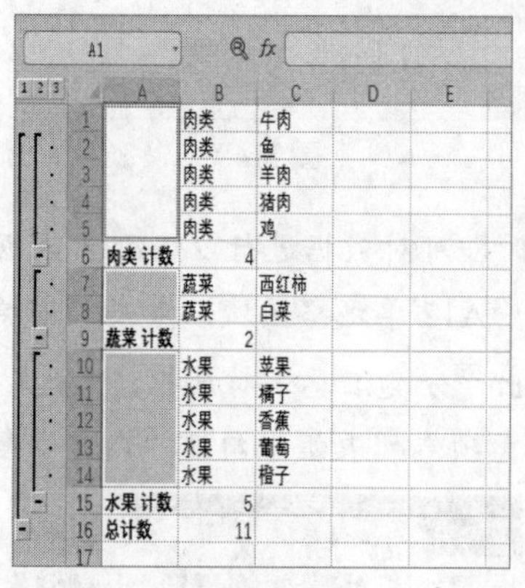

图 8-55

8.5.5 分列显示数据

	实例文件保存路径：配套素材 \ 第 8 章 \ 实例 15
	实例效果文件名称：分列显示数据（效果）.xlsx

在一些特殊情况下需要使用 WPS 表格的分列功能快速将一列中的数据分列显示，如将日期的月与日分列显示，下面介绍分列显示的操作方法。

Step 01 打开名为“分列显示数据”的素材表格，选中 A1 ～ A9 单元格区域，选择“数据”选项卡，单击“分列”按钮，如图 8-56 所示。

Step 02 弹出“文本分列向导 3- 步骤之 1”对话框，单击“固定宽度”单选按钮，单击“下一步”按钮，如图 8-57 所示。

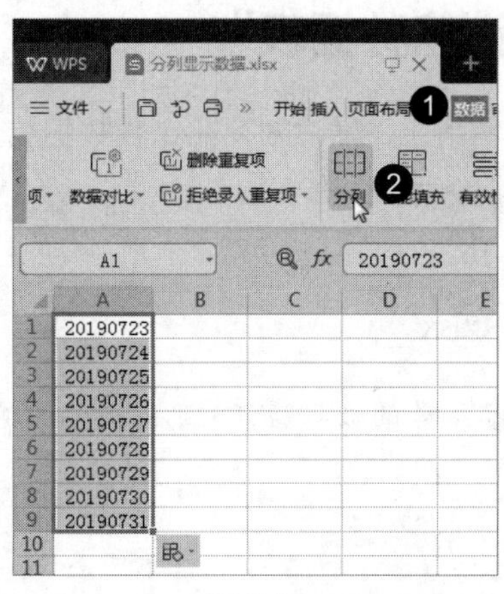

图 8-56

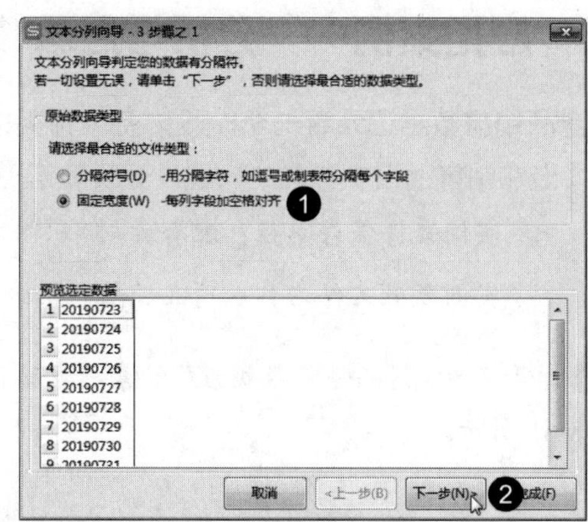

图 8-57

Step 03 进入"文本分列向导 3- 步骤之 2"界面，在"数据预览"区域建立分列线，单击"下一步"按钮，如图 8-58 所示。

Step 04 进入"文本分列向导 3- 步骤之 3"界面，保持默认设置，单击"完成"按钮，如图 8-59 所示。

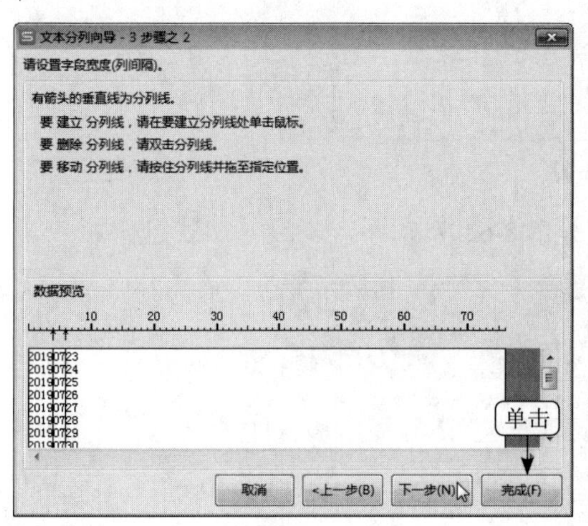

图 8-58

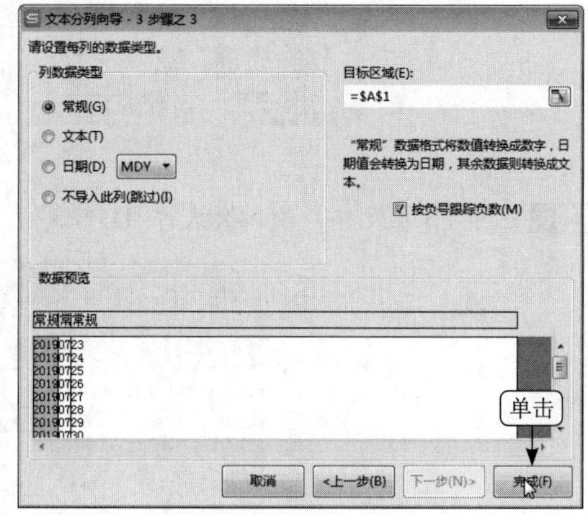

图 8-59

Step 05 返回到工作表中，可以看到数据由 1 列变为 3 列显示，通过以上步骤即可完成分列显示数据的操作，如图 8-60 所示。

A1　fx 2019

	A	B	C	D	E
1	2019	7	23		
2	2019	7	24		
3	2019	7	25		
4	2019	7	26		
5	2019	7	27		
6	2019	7	28		
7	2019	7	29		
8	2019	7	30		
9	2019	7	31		
10					

图 8-60

8.6 应用案例——分析与汇总“商品销售数据表”

商品销售数据记录着一个阶段内各个种类的商品销售情况，通过对商品销售数据的分析可以找出在销售过程中存在的问题，分析与汇总商品销售数据表的方法如下。

实例文件保存路径：配套素材\第 8 章\实例 16

实例效果文件名称：商品销售数据表（效果）.xlsx

Step 01 打开名为“商品销售数据表”的素材表格，设置商品编号的数据验证，完成编号的输入，如图 8-61 所示。

	A	B	C	D	E	F	G
1	商品销售数据表						
2	商品编号	商品名称	商品种类	销售数量	单价	销售金额	销售员
3	SP1001	牛奶	食品	38	¥40.0		张XX
4		[illegible]	食品	150	¥4.5		张XX
5		[illegible]	厨房用具	24	¥299.0		马XX
6		[illegible]	食品	180	¥2.5		马XX
7		[illegible]	日用品	52	¥8.0		王XX
8	SP1006	洗发水	日用品	48	¥37.8		张XX
9	SP1007	锅铲	厨房用具	53	¥21.0		张XX
10	SP1008	方便面	食品	140	¥19.2		王XX
11	SP1009	锅巴	食品	86	¥3.5		张XX
12	SP1010	海苔	食品	67	¥28.0		张XX
13	SP1011	炒菜锅	厨房用具	35	¥199.0		王XX
14	SP1012	牙膏	日用品	120	¥19.0		张XX
15	SP1013	洗面奶	日用品	84	¥35.0		马XX
16	SP1014	面包	食品	112	¥2.3		王XX
17	SP1015	火腿肠	食品	86	¥19.5		张XX

请输入商品编号
商品编号长度为6位，请正确输入！

图 8-61

Step 02 选中 F3 单元格，输入公式“=D3*E3”，如图 8-62 所示。

MAX　×　✓　fx　=D3*E3

	A	B	C	D	E	F	G
1	商品销售数据表						
2	商品编号	商品名称	商品种类	销售数量	单价	销售金额	销售员
3	SP1001	牛奶	食品	38	¥40.0	=D3*E3	张XX
4	SP1002	薯片	食品	150	¥4.5		张XX
5	SP1003	电饭煲	厨房用具	24	¥299.0		马XX
6	SP1004	饼干	食品	180	¥2.5		马XX
7	SP1005	香皂	日用品	52	¥8.0		王XX
8	SP1006	洗发水	日用品	48	¥37.8		张XX
9	SP1007	锅铲	厨房用具	53	¥21.0		张XX
10	SP1008	方便面	食品	140	¥19.2		王XX
11	SP1009	锅巴	食品	86	¥3.5		张XX
12	SP1010	海苔	食品	67	¥28.0		张XX
13	SP1011	炒菜锅	厨房用具	35	¥199.0		王XX
14	SP1012	牙膏	日用品	120	¥19.0		张XX
15	SP1013	洗面奶	日用品	84	¥35.0		马XX
16	SP1014	面包	食品	112	¥2.3		王XX
17	SP1015	火腿肠	食品	86	¥19.5		张XX

图 8-62

Step 03 按 Enter 键显示计算结果，选中 F3 单元格，将鼠标指针移至单元格右下角，鼠标指针变为黑色十字形状，拖动鼠标指针向下填充，将公式填充到单元格 F22，如图 8-63 所示。

Step 04 根据需要按照主要关键字为销售金额、次要关键字为销售数量等对表格中的数据进行升序排序，如图 8-64 所示。

Step 05 筛选出张 ×× 销售员卖出的所有产品，如图 8-65 所示。

商品销售数据表						
商品编号	商品名称	商品种类	销售数量	单价	销售金额	销售员
SP1001	牛奶	食品	38	¥40.0	¥1,520.0	张XX
SP1002	薯片	食品	150	¥4.5	¥675.0	张XX
SP1003	电饭煲	厨房用具	24	¥299.0	¥7,176.0	马XX
SP1004	饼干	食品	180	¥2.5	¥450.0	马XX
SP1005	香皂	日用品	52	¥8.0	¥416.0	王XX
SP1006	洗发水	日用品	48	¥37.8	¥1,814.4	张XX
SP1007	锅铲	厨房用具	53	¥21.0	¥1,113.0	张XX
SP1008	方便面	食品	140	¥19.2	¥2,688.0	王XX
SP1009	锅巴	食品	86	¥3.5	¥301.0	张XX
SP1010	海苔	食品	67	¥28.0	¥1,876.0	张XX
SP1011	炒菜锅	厨房用具	35	¥199.0	¥6,965.0	王XX
SP1012	牙膏	日用品	120	¥19.0	¥2,280.0	张XX
SP1013	洗面奶	日用品	84	¥35.0	¥2,940.0	马XX
SP1014	面包	食品	112	¥2.3	¥257.6	王XX
SP1015	火腿肠	食品	86	¥19.5	¥1,677.0	张XX

图 8-63

	A	B	C	D	E	F	G
1	商品销售数据表						
2	商品编号	商品名称	商品种类	销售数量	单价	销售金额	销售员
3	SP1014	面包	食品	112	¥2.3	¥257.6	王XX
4	SP1009	锅巴	食品	86	¥3.5	¥301.0	张XX
5	SP1018	速冻水饺	食品	54	¥7.5	¥405.0	马XX
6	SP1005	香皂	日用品	52	¥8.0	¥416.0	王XX
7	SP1004	饼干	食品	180	¥2.5	¥450.0	马XX
8	SP1002	薯片	食品	150	¥4.5	¥675.0	张XX
9	SP1020	牙刷	日用品	36	¥24.0	¥864.0	马XX
10	SP1007	锅铲	厨房用具	53	¥21.0	¥1,113.0	张XX
11	SP1001	牛奶	食品	38	¥40.0	¥1,520.0	张XX
12	SP1015	火腿肠	食品	86	¥19.5	¥1,677.0	张XX
13	SP1006	洗发水	日用品	48	¥37.8	¥1,814.4	张XX
14	SP1010	海苔	食品	67	¥28.0	¥1,876.0	张XX
15	SP1012	牙膏	日用品	120	¥19.0	¥2,280.0	张XX
16	SP1017	保温杯	厨房用具	48	¥50.0	¥2,400.0	王XX
17	SP1008	方便面	食品	140	¥19.2	¥2,688.0	王XX

图 8-64

商品销售数据表						
SP1001	牛奶	食品	38	¥40.0	¥1,520.0	张XX
SP1002	薯片	食品	150	¥4.5	¥675.0	张XX
SP1006	洗发水	日用品	48	¥37.8	¥1,814.4	张XX
SP1007	锅铲	厨房用具	53	¥21.0	¥1,113.0	张XX
SP1009	锅巴	食品	86	¥3.5	¥301.0	张XX
SP1010	海苔	食品	67	¥28.0	¥1,876.0	张XX
SP1012	牙膏	日用品	120	¥19.0	¥2,280.0	张XX
SP1015	火腿肠	食品	86	¥19.5	¥1,677.0	张XX
SP1016	微波炉	厨房用具	59	¥428.0	¥25,252.0	张XX

图 8-65

Step 06 根据需要对商品进行分类汇总，如图 8-66 所示。

	A	B	C	D	E	F	G
1	商品销售数据表						
2	商品编号	商品名称	商品种类	销售数量	单价	销售金额	销售员
3		商品种类 汇总				0	
4	SP1014	面包	食品	112	¥2.3	¥257.6	王XX
5	SP1009	锅巴	食品	86	¥3.5	¥301.0	张XX
6	SP1018	速冻水饺	食品	54	¥7.5	¥405.0	马XX
7			食品 汇总			¥963.6	
8	SP1005	香皂	日用品	52	¥8.0	¥416.0	王XX
9			日用品 汇总			¥416.0	
10	SP1004	饼干	食品	180	¥2.5	¥450.0	马XX
11	SP1002	薯片	食品	150	¥4.5	¥675.0	张XX
12			食品 汇总			¥1,125.0	
13	SP1020	牙刷	日用品	36	¥24.0	¥864.0	马XX
14			日用品 汇总			¥864.0	
15	SP1007	锅铲	厨房用具	53	¥21.0	¥1,113.0	张XX
16			厨房用具 汇总			¥1,113.0	

图 8-66

第 9 章 分析表格数据

本章要点☆

- 创建与编辑图表
- 美化与修饰图表
- 创建与使用数据透视表
- 创建与设置数据透视图

本章主要内容☆

本章主要介绍创建与编辑图表、美化与修饰图表以及创建与使用数据透视表方面的知识与技巧，同时还讲解了如何创建与设置数据透视图，在本章的最后还针对实际的工作需求，讲解了在图表中添加图片、应用数据透视图样式、插入和使用切片器、设置切片器和给图表添加趋势线的方法。通过本章的学习，读者可以掌握使用 WPS 表格分析表格数据方面的知识，为深入学习 WPS 2019 知识奠定基础。

9.1 创建与编辑图表

在 WPS 表格中，图表不仅能够增强视觉效果、起到美化表格的作用，还能更直观、形象地显示出表格中各个数据之间的复杂关系，更易于理解和交流。用图表展示数据，表达观点，已经成为现代职场的一种风向标。

9.1.1 插入图表

实例文件保存路径：配套素材 \ 第 9 章 \ 实例 1
实例效果文件名称：插入图表 .xlsx

在 WPS 表格中创建图表的方法非常简单，系统自带了很多图表类型，如柱形图、条形图、折线图等，用户只需根据需要进行选择即可。

Step 01 打开名为“销售统计表”的素材表格，选中 A2 ~ A8 和 D2 ~ D8 单元格区域，选择“插入”选项卡，单击“柱形图”下拉按钮，在弹出的柱形图库中选择“簇状柱形图”选项，如图 9-1 所示。

Step 02 此时已经新建了一个簇状柱形图，将图表标题修改为“产品销售统计图”，如图 9-2 所示。

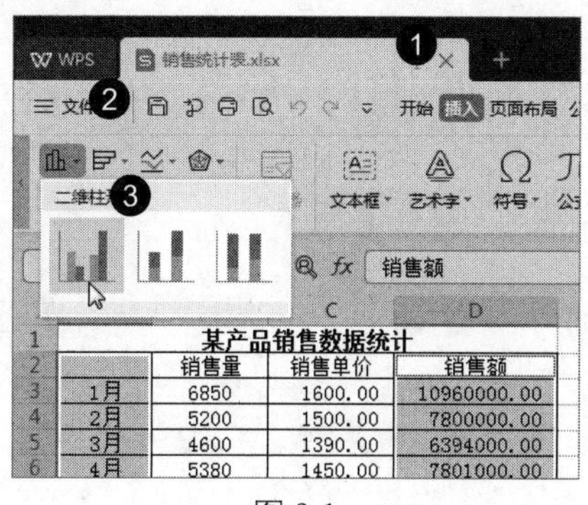

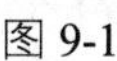

图 9-1

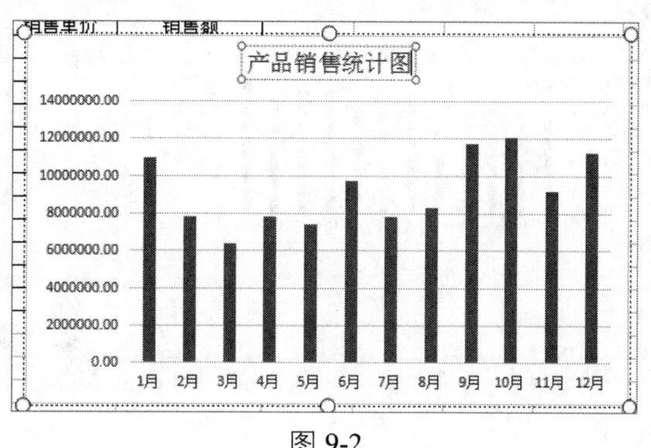

图 9-2

9.1.2 调整图表的位置和大小

实例文件保存路径：配套素材 \ 第 9 章 \ 实例 2
实例效果文件名称：调整图表位置和大小 .xlsx

在表格中创建图表后，可以根据需要移动图表位置并修改图表的大小。下面介绍调整图表的位置和大小的方法。

Step 01 打开名为“产品销售统计图”的素材表格，选中图表，将鼠标指针移至图表上，指针变为十字箭头形状，如图 9-3 所示。

Step 02 根据需要拖动鼠标指针即可移动图表，如图 9-4 所示。

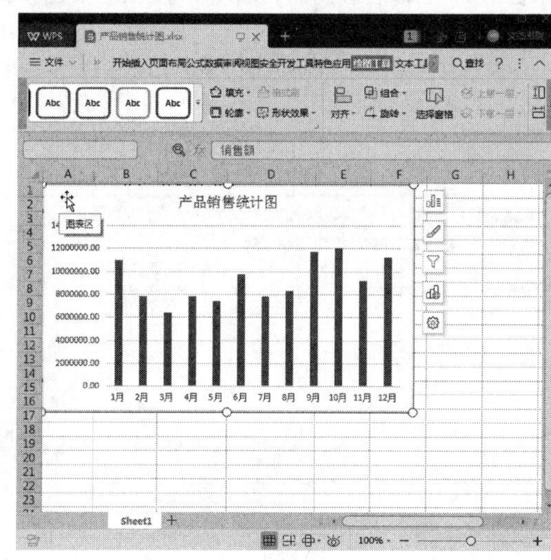

图 9-3

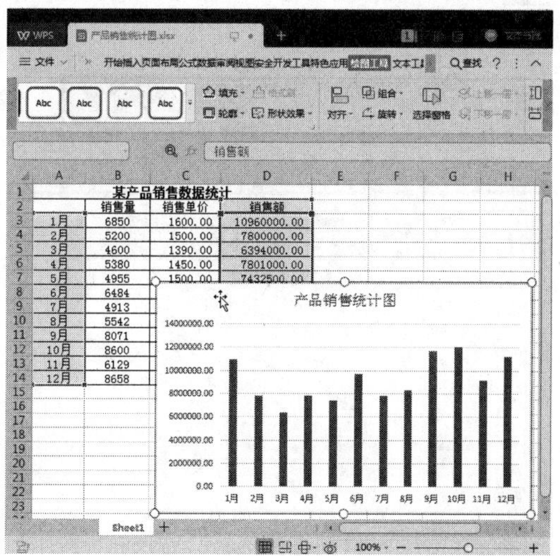

图 9-4

Step 03 选中图表，将鼠标指针移至图表右下角的控制柄上，指针变为双箭头形状，如图 9-5 所示。

Step 04 向图表内侧拖动鼠标指针至合适位置释放鼠标，即可缩小图表，如图 9-6 所示。

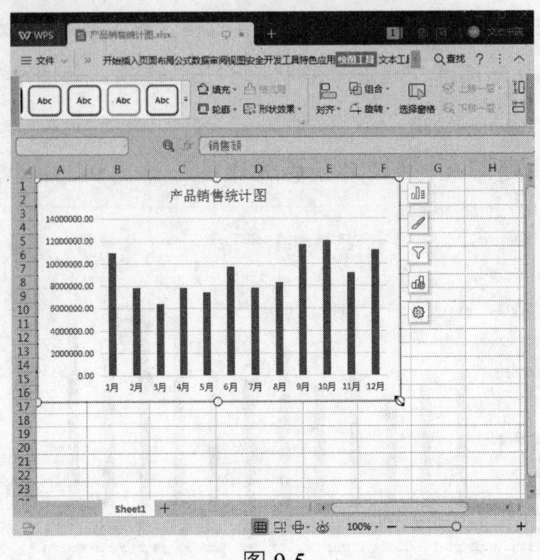

图 9-5

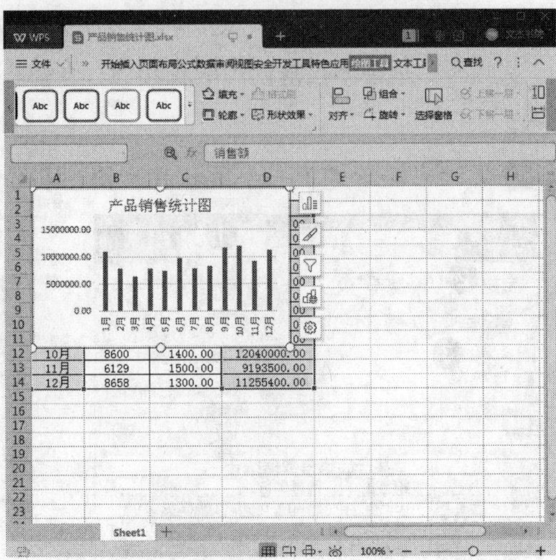

图 9-6

9.1.3 更改图表数据源

实例文件保存路径：配套素材\第 9 章\实例 3
实例效果文件名称：更改图表数据源 .xlsx

在对创建的图表进行修改时，会遇到更改某个数据系列数据源的问题。下面介绍更改图表数据源的方法。

Step 01 打开名为“产品销售统计图”的素材表格，选中图表，在“图表工具”选项卡中单击“选择数据”按钮，如图 9-7 所示。

Step 02 弹出“编辑数据源”对话框，单击“图表数据区域”文本框右侧的“折叠”按钮，如图 9-8 所示。

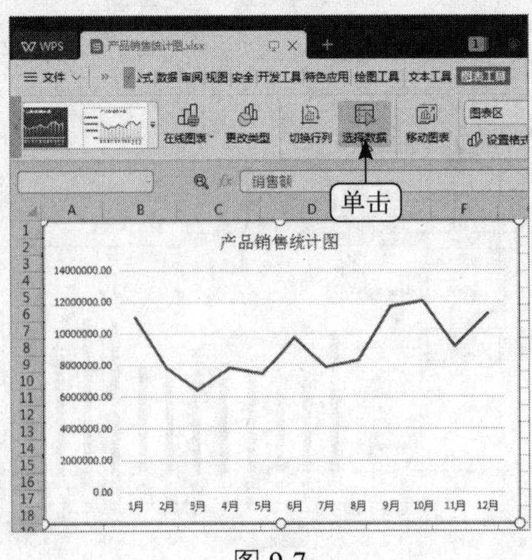

图 9-7

图 9-8

Step 03 在工作表中选中 A2～B14 单元格区域，单击“展开”按钮，如图 9-9 所示。

Step 04 返回“编辑数据源”对话框，单击“确定”按钮，如图 9-10 所示。

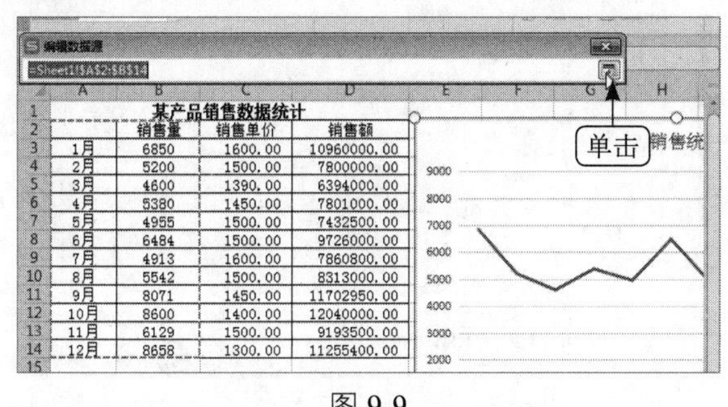

	A	B	C	D
1	某产品销售数据统计			
2		销售量	销售单价	销售额
3	1月	6850	1600.00	10960000.00
4	2月	5200	1500.00	7800000.00
5	3月	4600	1390.00	6394000.00
6	4月	5380	1450.00	7801000.00
7	5月	4955	1500.00	7432500.00
8	6月	6484	1500.00	9726000.00
9	7月	4913	1600.00	7860800.00
10	8月	5542	1500.00	8313000.00
11	9月	8071	1450.00	11702950.00
12	10月	8600	1400.00	12040000.00
13	11月	6129	1500.00	9193500.00
14	12月	8658	1300.00	11255400.00

图 9-9

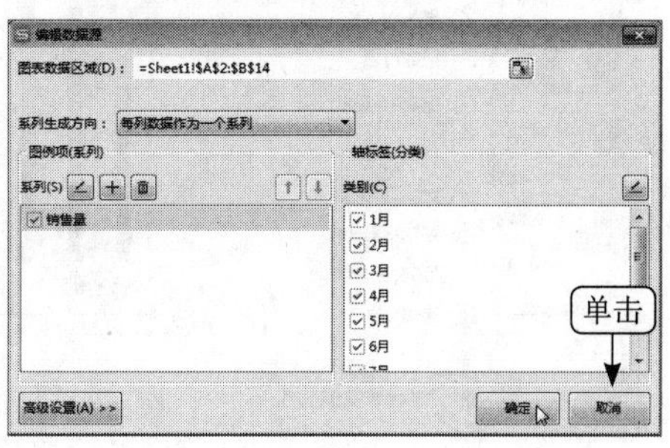

图 9-10

Step 05 通过以上步骤即可完成更改图表数据源的操作，如图 9-11 所示。

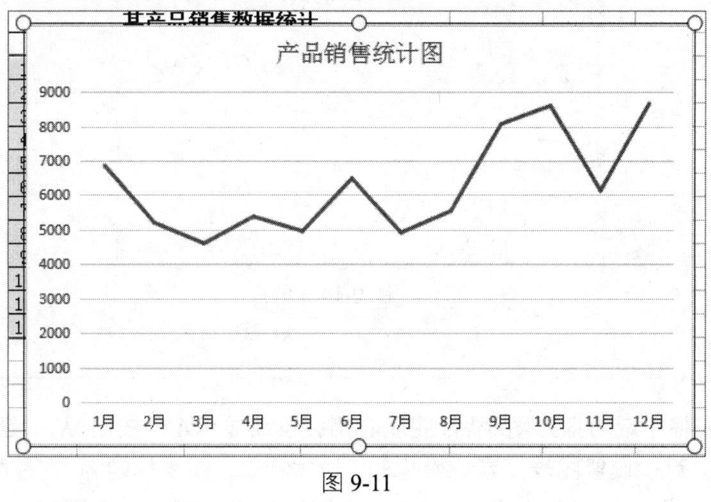

图 9-11

9.1.4 更改图表类型

	实例文件保存路径：配套素材\第 9 章\实例 4
	实例效果文件名称：更改图表类型 .xlsx

插入图表后，如果用户对当前图表类型不满意，可以更改图表类型。下面介绍更改图表类型的方法。

Step 01 打开名为“产品销售统计图”的素材表格，右击图表空白处，在弹出的快捷菜单中选择“更改图表类型”菜单项，如图 9-12 所示。

Step 02 弹出“更改图表类型”对话框，选择“折线图”选项卡，选择“折线图”选项，单击“确定”按钮，如图 9-13 所示。

Step 03 返回到表格中，柱形图已经变为折线图，通过以上步骤即可完成更改图表类型的操作，如图 9-14 所示。

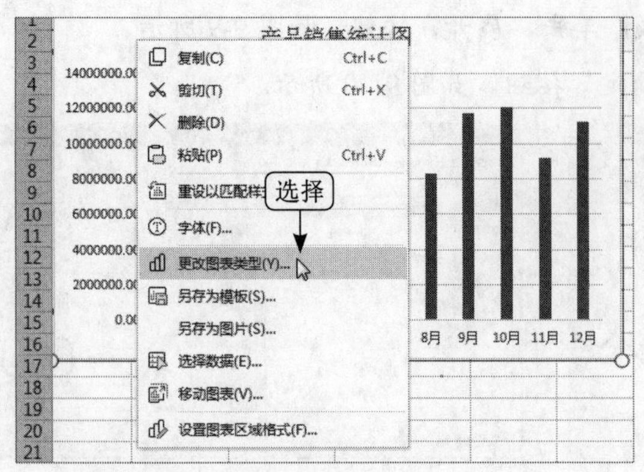

图 9-12

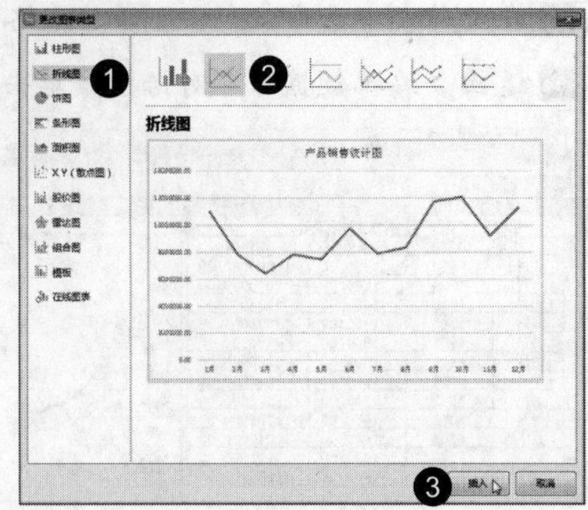

图 9-13

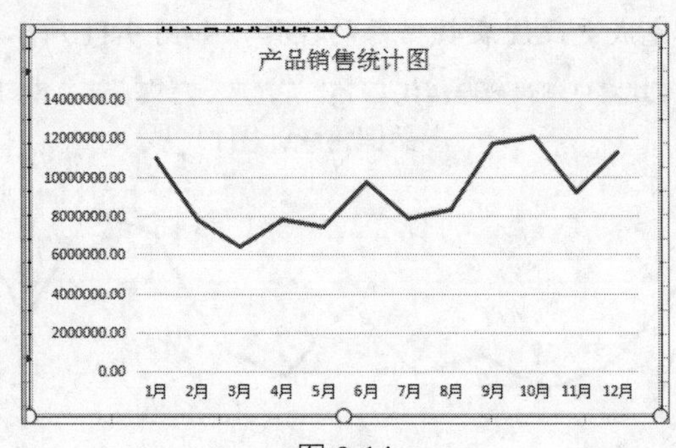

图 9-14

知识常识

在WPS表格中成功插入图表后，图表右侧会自动显示4个按钮，从上至下依次为“图表元素”按钮，可以设置图表元素如坐标轴、数据标签、图表标题等；“图表样式”按钮，可以设置图表的样式和配色方案；“图表筛选器”按钮，可以设置图表上需要显示的数据点和名称；“设置图表区域格式”按钮，可以精确地设置所选图表元素的格式。

9.2 美化与修饰图表

创建和编辑好图表后，用户可以根据自己的喜好对图表布局和样式进行设置，以达到美化图表的目的。用户可以设置图表区样式、设置绘图区样式以及设置数据系列颜色。本节将详细介绍美化与修饰图表的知识。

9.2.1 设置图表区样式

	实例文件保存路径：配套素材\第 9 章\实例 5
	实例效果文件名称：设置图表区样式 .xlsx

图表区即整个图表的背景区域，包括所有的数据信息以及图表辅助的说明信息。下面介

绍设置图表区样式的操作方法。

Step 01 打开素材表格，选中图表，在“图表工具”选项卡中单击“图表样式”下拉按钮，在弹出的样式中选择一个图表样式，如图 9-15 所示。

Step 02 此时图表已经应用了样式，通过以上步骤即可完成设置图表区样式的操作，如图 9-16 所示。

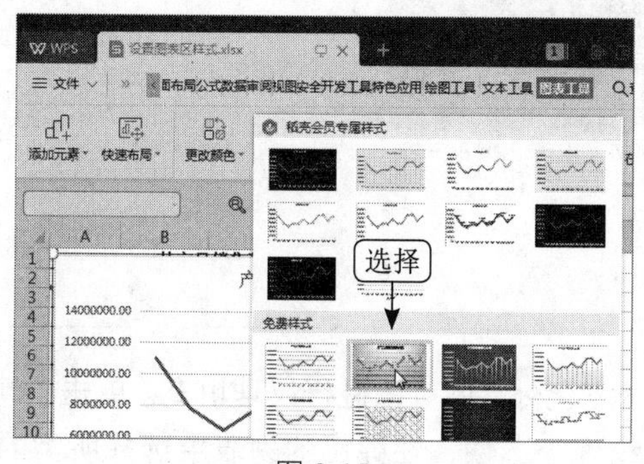

图 9-15

图 9-16

9.2.2　设置绘图区样式

实例文件保存路径：配套素材 \ 第 9 章 \ 实例 6

实例效果文件名称：设置绘图区样式 .xlsx

绘图区是图表中描绘图形的区域，其形状是根据表格数据形象化转换而来的。绘图区包括数据系列、坐标轴和网格线。下面介绍设置绘图区样式的方法。

Step 01 打开名为“产品销售统计图”的素材表格，在“图表工具”选项卡下的“图表元素”列表中选择“绘图区”选项，如图 9-17 所示。

Step 02 选择“绘图工具”选项卡，单击“填充”下拉按钮，在弹出的颜色库中选择一种颜色，如图 9-18 所示。

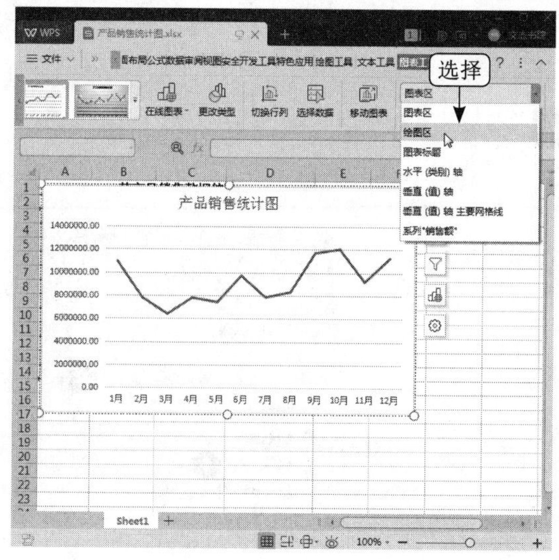

图 9-17

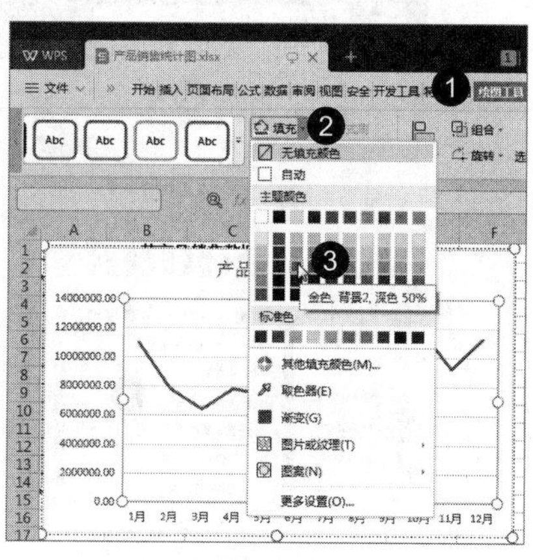

图 9-18

Step 03 查看绘图区的效果，如图 9-19 所示。

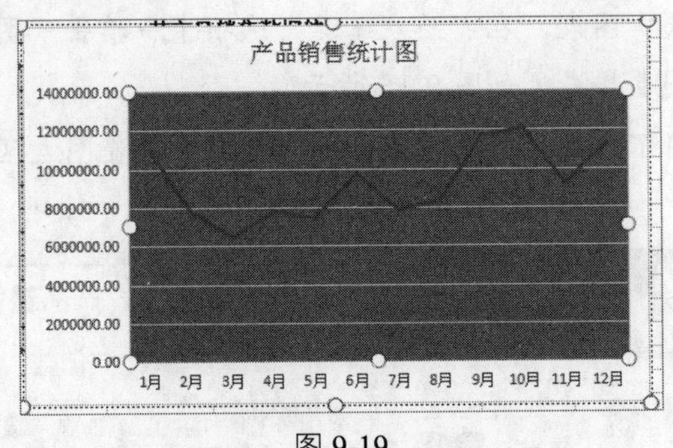

图 9-19

知识常识

在美化图表时，除了可以进行纯色填充背景颜色外，还可以进行纹理填充。单击"填充"下拉按钮，在弹出的选项中选择"图案或纹理"选项，在弹出的列表中选择所需的纹理效果即可。

9.2.3 设置数据系列颜色

	实例文件保存路径：配套素材\第 9 章\实例 7
	实例效果文件名称：设置数据系列颜色 .xlsx

数据系列是根据用户指定的图表类型以系列的方式显示在图表中的可视化数据。下面介绍设置数据系列颜色的方法。

Step 01 打开名为"产品销售统计图"的素材表格，选中数据系列，选择"绘图工具"选项卡，单击"填充"下拉按钮，选择"渐变"选项，如图 9-20 所示。

Step 02 打开"属性"窗格，单击"渐变填充"单选按钮，在"填充"列表中选择一种填充样式，如图 9-21 所示。

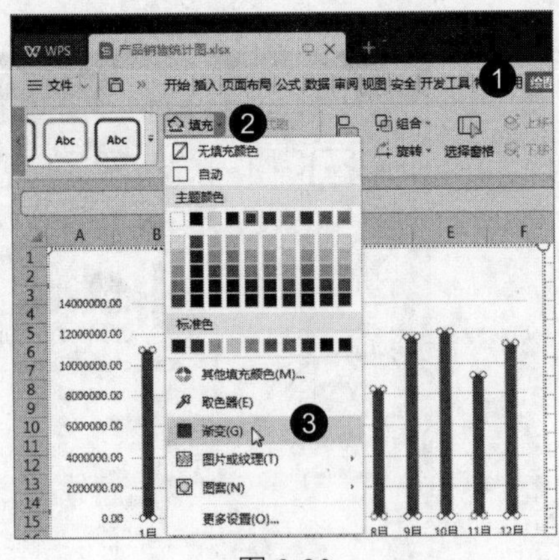

图 9-20

图 9-21

9.3　创建与使用数据透视表

使用“数据透视表”功能，可以根据基础表中的字段，从成千上万条数据记录中直接生成汇总表。当数据源工作表符合创建数据透视表的要求时，即可创建透视表，以便更好地对工作表进行分析和处理。

9.3.1　创建数据透视表

实例文件保存路径：配套素材\第 9 章\实例 8

实例效果文件名称：创建数据透视表 .xlsx

要创建数据透视表，首先要选择需要创建透视表的单元格区域。值得注意的是，数据内容要存在分类，数据透视表进行汇总才有意义。下面介绍创建数据透视表的操作方法。

Step 01 打开名为“订单统计表”的素材表格，选中数据区域任意单元格，选择“插入”选项卡，单击“数据透视表”按钮，如图 9-22 所示。

Step 02 弹出“创建数据透视表”对话框，保持默认选项，单击“确定”按钮，如图 9-23 所示。

图 9-22

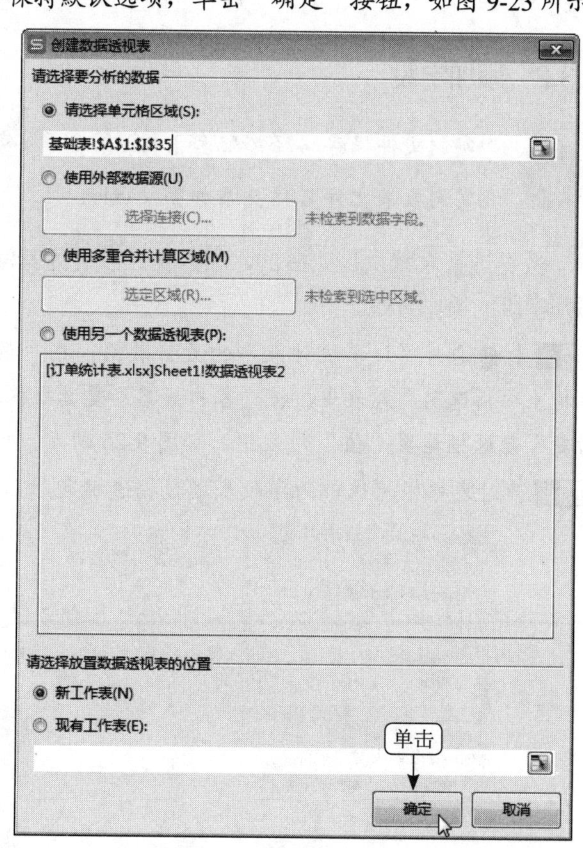

图 9-23

Step 03 系统会自动地在新工作表中创建一个数据透视表的基本框架，如图 9-24 所示。

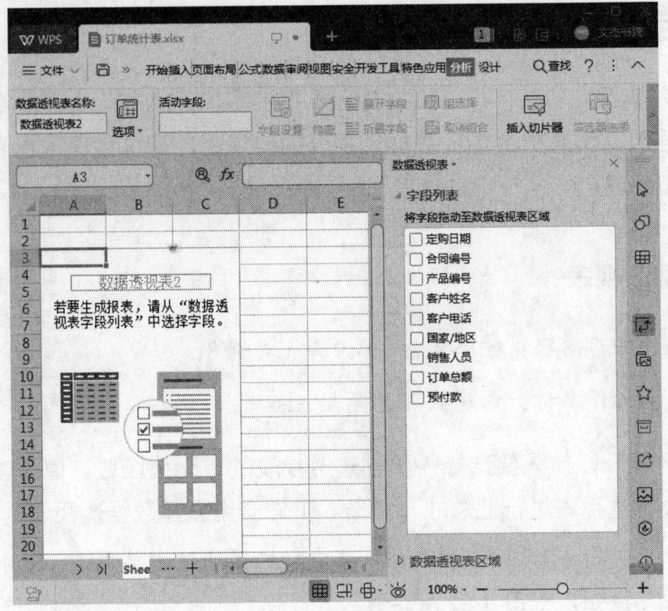

图 9-24

9.3.2 添加字段

实例文件保存路径：配套素材\第 9 章\实例 9

实例效果文件名称：添加字段 .xlsx

数据透视表默认是空白的，原因是还没有为其添加需要的字段。下面介绍为数据透视表添加字段的操作方法。

Step 01 打开名为“订单统计表”的素材表格，在“数据透视表”窗格中将“销售人员”复选框拖至“筛选器”列表中，将“客户姓名”复选框拖至“行”列表中，将“订单总额”和“预付款”复选框拖至“值”列表中，如图 9-25 所示。

Step 02 此时表格根据选中的字段生成数据透视表，如图 9-26 所示。

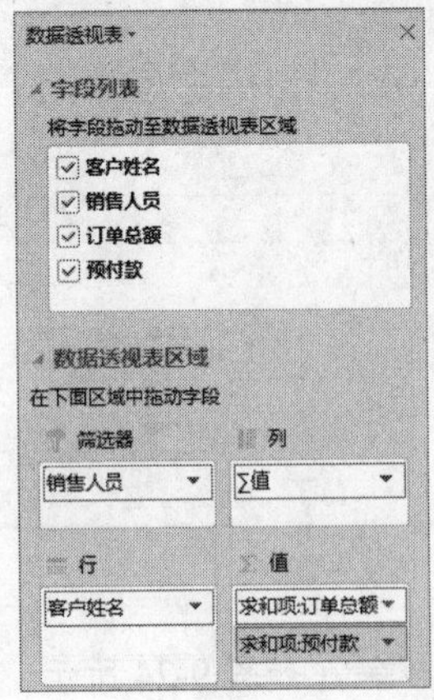

图 9-25

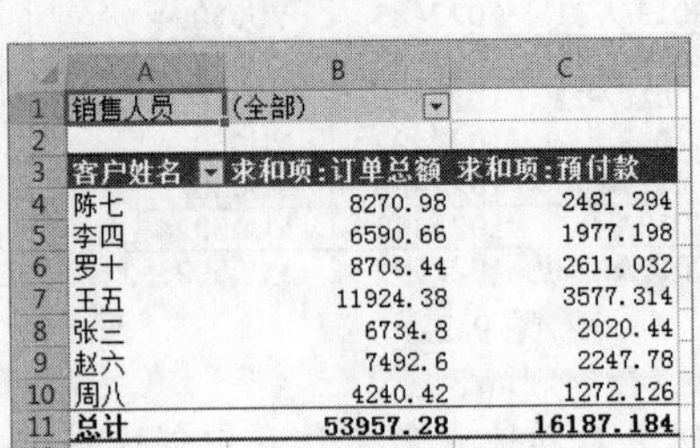

	A	B	C
1	销售人员	(全部)	
2			
3	客户姓名	求和项:订单总额	求和项:预付款
4	陈七	8270.98	2481.294
5	李四	6590.66	1977.198
6	罗十	8703.44	2611.032
7	王五	11924.38	3577.314
8	张三	6734.8	2020.44
9	赵六	7492.6	2247.78
10	周八	4240.42	1272.126
11	总计	53957.28	16187.184

图 9-26

9.3.3　设置值字段数据格式

	实例文件保存路径：配套素材 \ 第 9 章 \ 实例 10
	实例效果文件名称：设置值字段数据格式 .xlsx

数据透视表默认的格式是常规型数据，用户可以手动对数据格式进行设置。下面介绍设置值字段数据格式的操作方法。

Step 01 打开名为“订单统计表”的素材表格，在“数据透视表”窗格中单击“值”列表框中的“求和项：订单总额”下拉按钮，选择“值字段设置”选项，如图 9-27 所示。

Step 02 弹出“值字段设置”对话框，单击“数字格式”按钮，如图 9-28 所示。

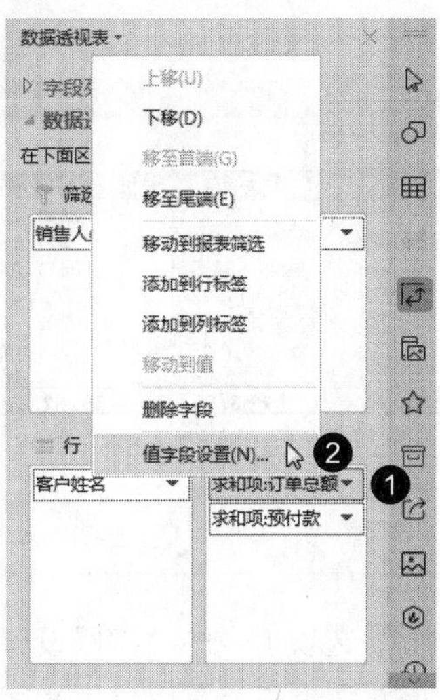

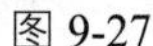

图 9-27

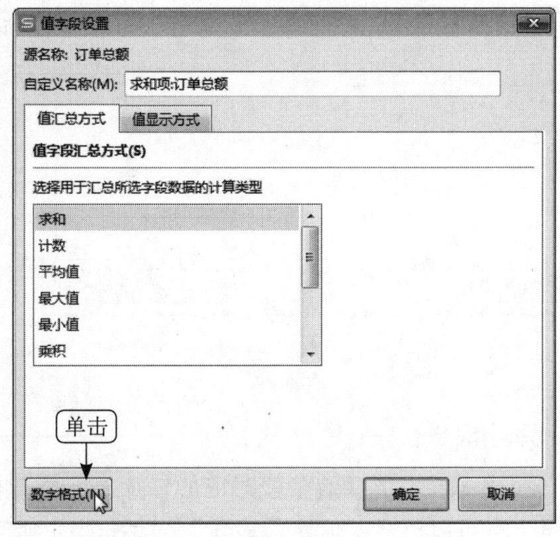

图 9-28

Step 03 弹出“单元格格式”对话框，在“分类”列表框中选择“货币”选项，设置“小数位数”“货币符号”和“负数”选项的参数，单击“确定”按钮，如图 9-29 所示。

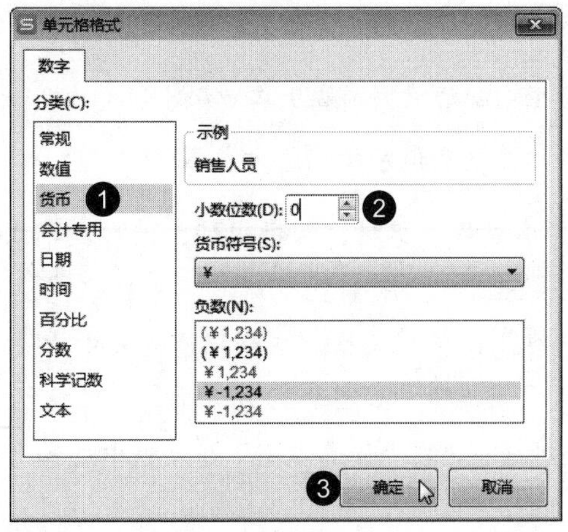

图 9-29

Step 04 返回“值字段设置”对话框，单击“确定”按钮，如图 9-30 所示。

Step 05 数据透视表中“求和项：订单总额”一列的数据都添加了货币符号，如图 9-31 所示。

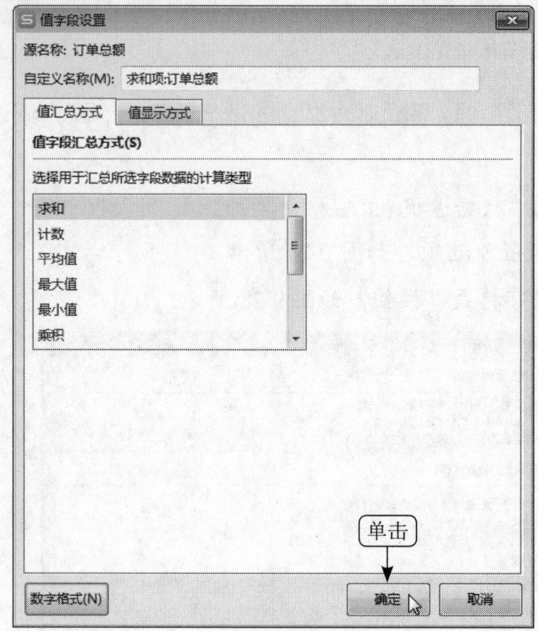

图 9-30

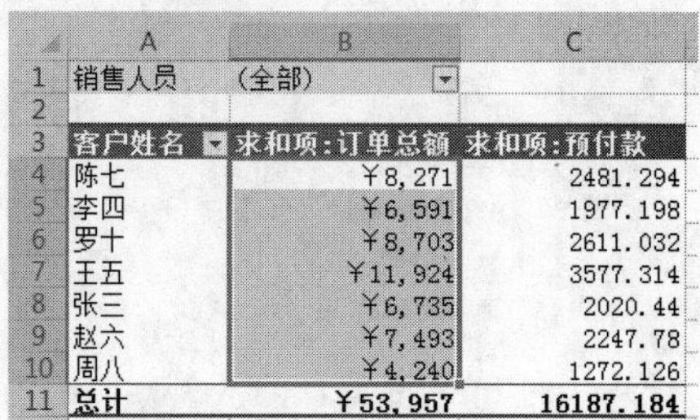

	A	B	C
1	销售人员	(全部)	
2			
3	客户姓名	求和项:订单总额	求和项:预付款
4	陈七	￥8,271	2481.294
5	李四	￥6,591	1977.198
6	罗十	￥8,703	2611.032
7	王五	￥11,924	3577.314
8	张三	￥6,735	2020.44
9	赵六	￥7,493	2247.78
10	周八	￥4,240	1272.126
11	总计	￥53,957	16187.184

图 9-31

知识常识

在透视表中选择值字段对应的任意单元格，单击“分析”选项卡中的“字段设置”按钮，也可以打开“值字段设置”对话框。除此之外，在该对话框中还可以自定义字段名称和选择字段的汇总方式。

9.3.4 设置值字段汇总方式

实例文件保存路径：配套素材\第 9 章\实例 11

实例效果文件名称：设置值字段汇总方式.xlsx

数据透视表中“值汇总方式”有多种，包括求和、计数、平均值、最大值、最小值、乘积等。下面介绍设置值字段数据格式的操作方法。

Step 01 打开名为“订单统计表”的素材表格，在数据透视表中右击 B10 单元格，在弹出的快捷菜单中选择“值字段设置”菜单项，如图 9-32 所示。

Step 02 弹出“值字段设置”对话框，在“计算类型”列表框中选择“计数”选项，单击“确定”按钮，如图 9-33 所示。

Step 03 此时“订单总额”的“值汇总方式”变成“计数”格式，如图 9-34 所示。

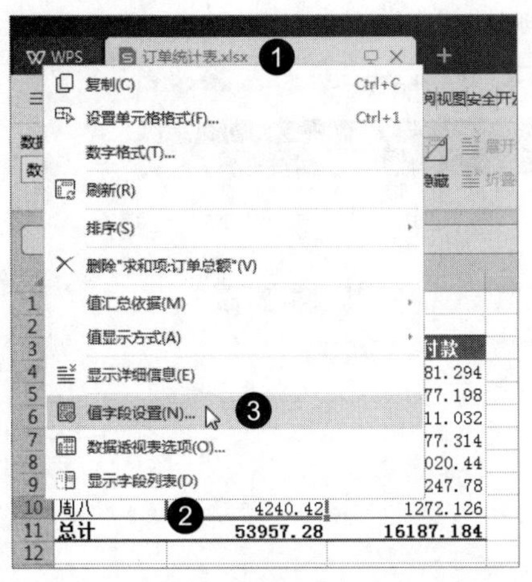

图 9-32

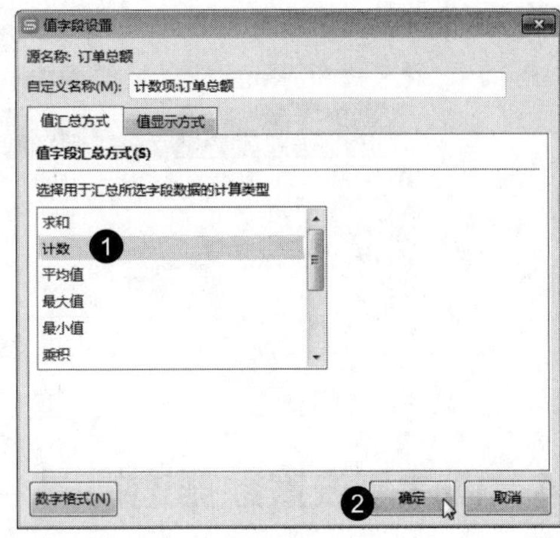

图 9-33

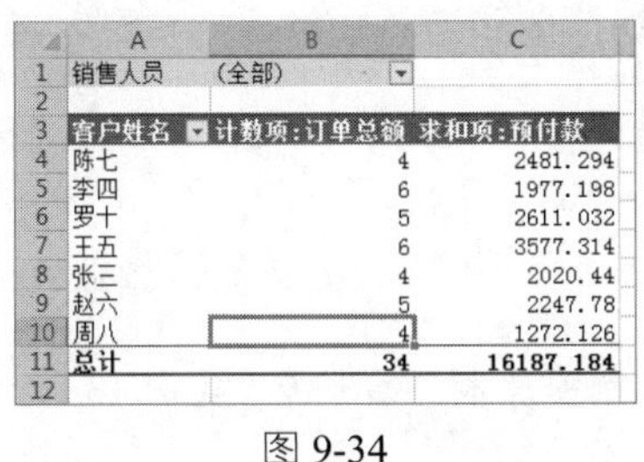

	A	B	C
1	销售人员	(全部)	
2			
3	客户姓名	计数项:订单总额	求和项:预付款
4	陈七	4	2481.294
5	李四	6	1977.198
6	罗十	5	2611.032
7	王五	6	3577.314
8	张三	4	2020.44
9	赵六	5	2247.78
10	周八	4	1272.126
11	总计	34	16187.184
12			

图 9-34

9.3.5　应用样式

实例文件保存路径：配套素材\第 9 章\实例 12

实例效果文件名称：应用样式 .xlsx

WPS 表格内置了多种数据透视表的样式，可以满足大部分数据透视表的需要，下面介绍应用并设置样式的方法。

Step 01 打开名为“办公用品采购透视表”的素材表格，在 Sheet2 表中的数据透视表内选择任意单元格，选择“设计”选项卡，单击“选择数据透视表的外观样式”下拉按钮，在弹出的样式中选择“中等深浅 3”样式，如图 9-35 所示。

图 9-35

Step 02 此时数据透视表已经应用了样式，如图 9-36 所示。

求和项:数量	办公用品名称				
部门	便利贴	档案盒	复印纸	名片盒	文件夹
财务部	50	50	40	20	
后勤部	30	20	100	10	
技术部	80	25	30	60	
销售部	20	25	35	80	
总计	180	120	205	170	

图 9-36

9.4 创建与设置数据透视图

和数据透视表不同，数据透视图可以更直观地展示出数据的数量和变化，反映数据间的对比关系，而且具有很强的数据筛选和汇总功能，用户更容易从数据透视图中找到数据的变化规律和趋势。

9.4.1 插入数据透视图

实例文件保存路径：配套素材 \ 第 9 章 \ 实例 13
实例效果文件名称：插入数据透视图 .xlsx

数据透视图可以通过数据源工作表进行创建。下面介绍插入数据透视图的操作方法。

Step 01 打开名为“办公用品采购表”的素材表格，选中 Sheet2 表中的 A1 ~ C29 单元格区域，选择“插入”选项卡，单击“数据透视图”按钮，如图 9-37 所示。

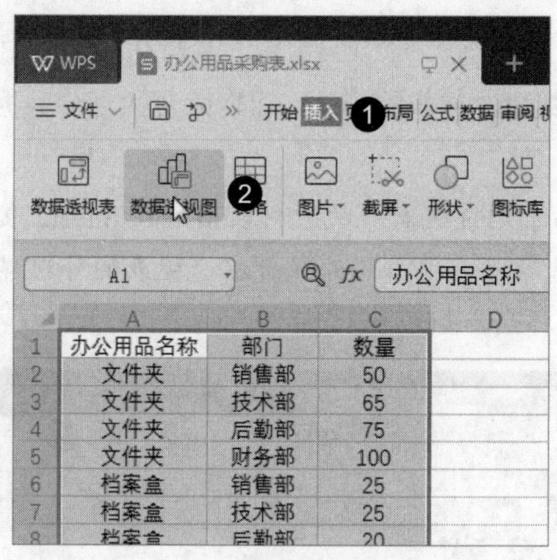

图 9-37

Step 02 弹出“创建数据透视图”对话框，单击“现有工作表”单选按钮，在表格中选择需要放置透视图的位置，单击“确定”按钮，如图 9-38 所示。

Step 03 此时即可在工作表中插入数据透视图，在“数据透视图”窗格中，将“办公用品名称”

字段拖至“图例”区域，将“部门”字段拖至“轴”区域，将“数量”字段拖至“值”区域，如图 9-39 所示。

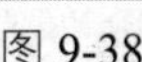

图 9-38

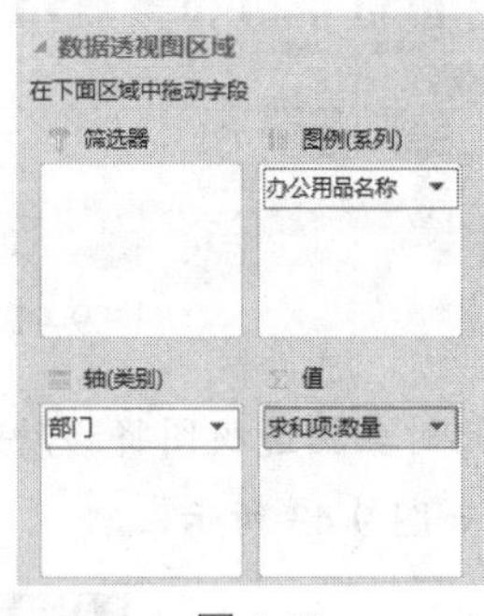

图 9-39

Step 04 此时即可生成透视图，如图 9-40 所示。

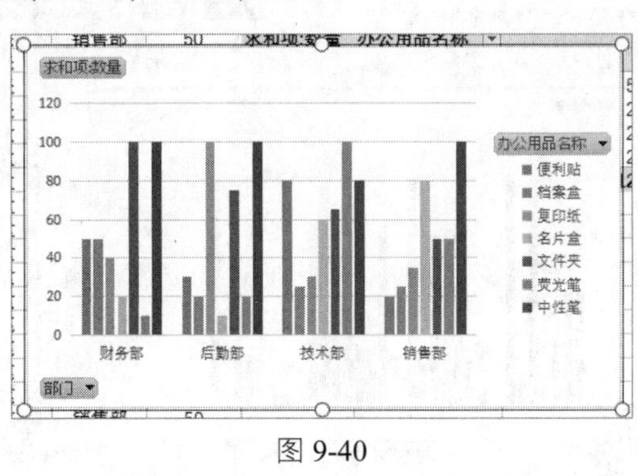

图 9-40

9.4.2　移动数据透视图

	实例文件保存路径：配套素材 \ 第 9 章 \ 实例 14
	实例效果文件名称：移动数据透视图 .xlsx

为了更好地显示图表，可以将数据透视图单独放置在一个工作表中，下面介绍移动数据透视图的操作方法。

Step 01 打开素材表格，选中透视图，选择“图表工具”选项卡，单击“移动图表”按钮，如图 9-41 所示。

Step 02 弹出“移动图表”对话框，单击“新工作表”单选按钮，单击“确定”按钮，如图 9-42 所示。

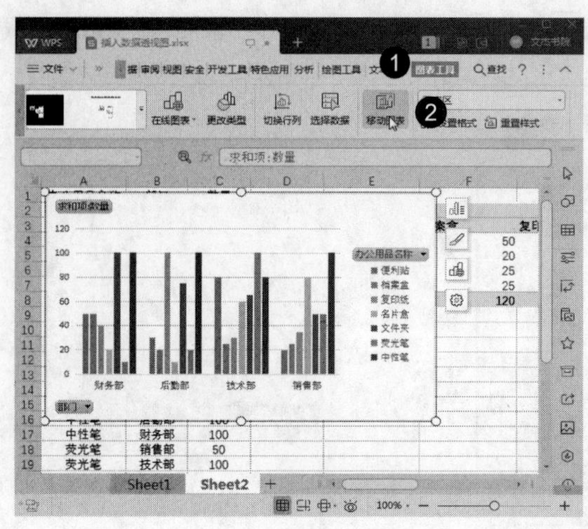

图 9-41

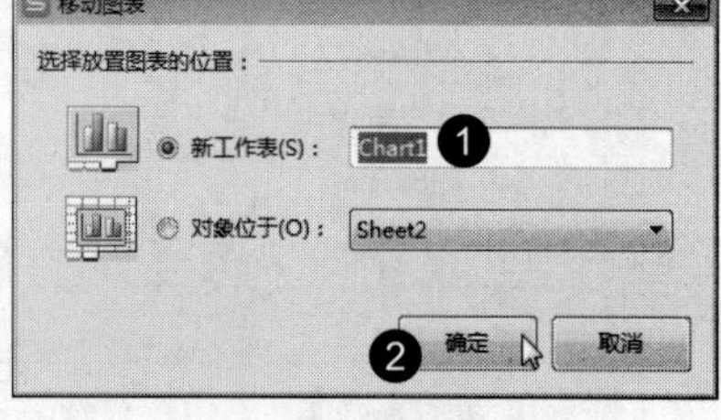

图 9-42

Step 03 此时数据透视图将移动到自动新建的“Chart1”工作表中，该图表成为工作表中的唯一对象，如图 9-43 所示。

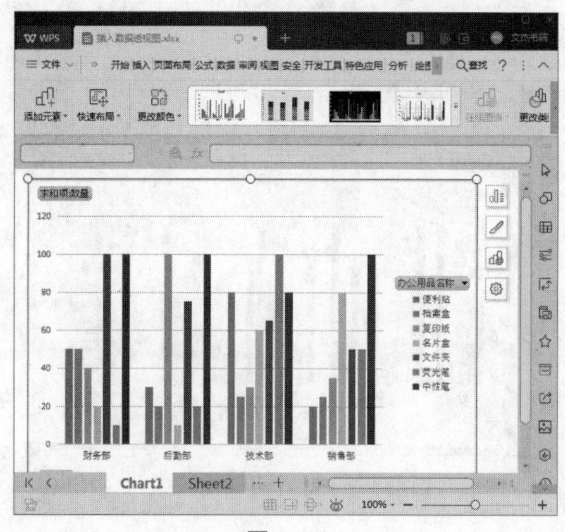

图 9-43

9.4.3 设置并美化数据透视图

实例文件保存路径：配套素材\第 9 章\实例 15

实例效果文件名称：设置并美化数据透视图 .xlsx

数据透视图可以灵活进行设置，下面介绍设置并美化数据透视图的操作方法。

Step 01 打开名为“采购数据透视图”的素材表格，选中透视图的图表区，选择“绘图工具”选项卡，单击“填充”下拉按钮，在弹出的颜色库中选择一种颜色，如图 9-44 所示。

Step 02 此时图表区已经填充完毕，选择透视图的绘图区，单击“填充”下拉按钮，在弹出的颜色库中选择一种颜色，如图 9-45 所示。

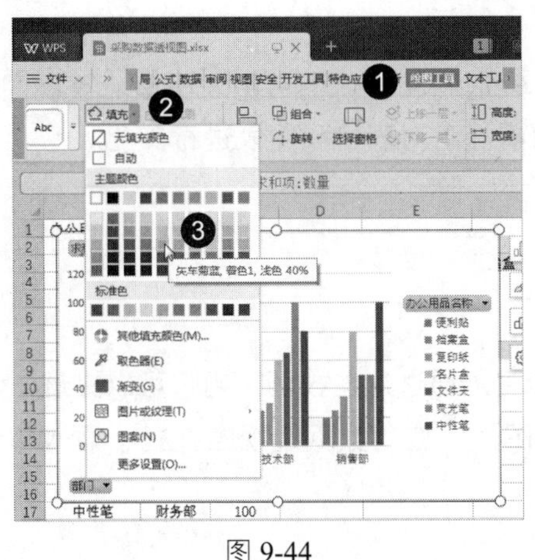

图 9-44

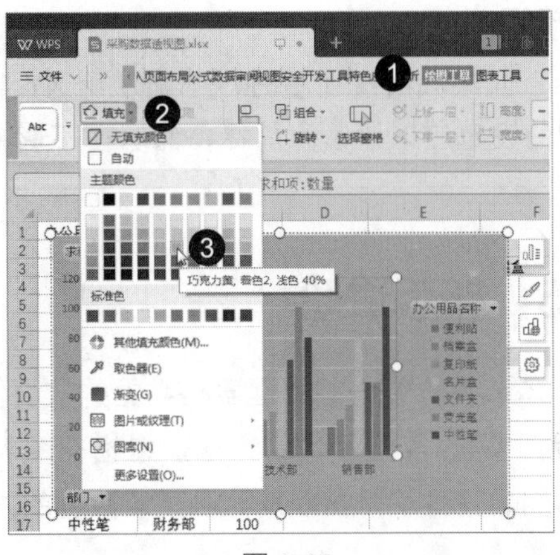

图 9-45

Step 03 此时数据透视图的图表区和绘图区都应用了设置后的颜色，选中透视图，选择“图表工具”选项卡，单击“更改类型”按钮，如图 9-46 所示。

Step 04 弹出“更改图表类型”对话框，选择“条形图”选项，选择“簇状条形图”选项，单击“确定”按钮，如图 9-47 所示。

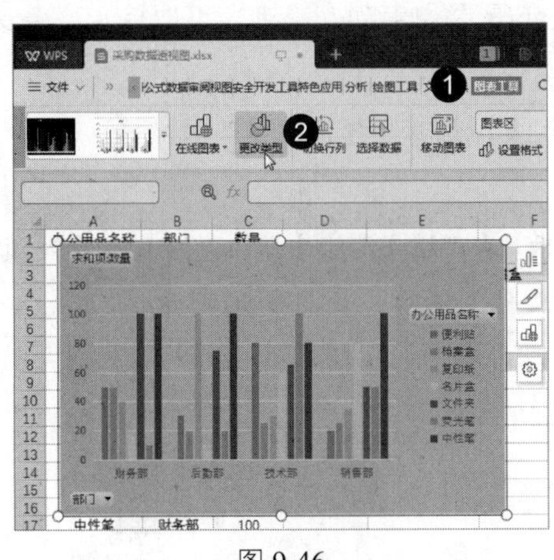

图 9-46

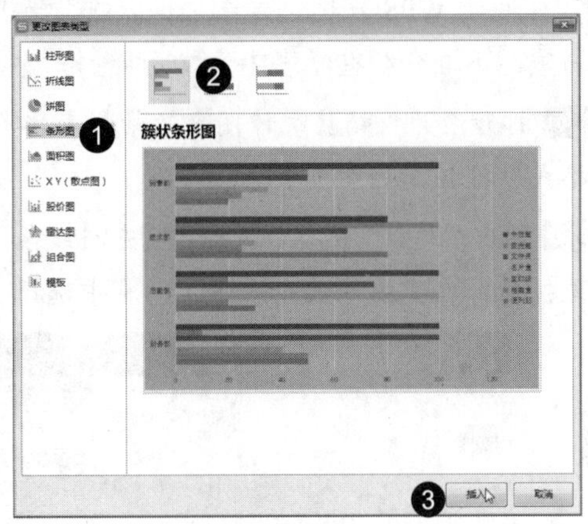

图 9-47

Step 05 数据透视图从柱形图改为条形图，如图 9-48 所示。

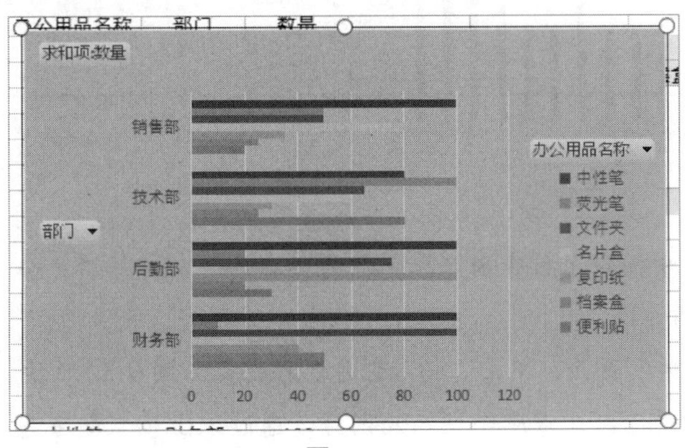

图 9-48

知识常识

创建数据透视图时，不能使用 XY 散点图、气泡图和股价图等图表类型。透视图外观的设置应以易读为前提，然后在不影响观察的前提下对表格和图表进行美化。

9.5 新手进阶

本节将介绍一些管理表格数据的技巧供用户学习，通过这些技巧，用户可以更进一步掌握使用 WPS 表格函数的方法，包括在图表中添加图片、应用数据透视图样式、插入和使用切片器、设置切片器以及分列显示数据的方法。

9.5.1 在图表中添加图片

	实例文件保存路径：配套素材\第 9 章\实例 16
	实例效果文件名称：在图表中添加图片 .xlsx

在使用 WPS 表格创建图表时，如果希望图表变得更加生动、美观，可以使用图片来填充背景，下面介绍在图表中添加图片的方法。

Step 01 打开名为“销售统计图”的素材表格，选中图表，选择“绘图工具”选项卡，单击“设置格式”按钮，如图 9-49 所示。

Step 02 弹出“属性”窗格，选择“填充与线条”选项卡，在“填充”栏中单击“图片或纹理填充”单选按钮，在“图片填充”下拉列表中选择“在线文件”选项，如图 9-50 所示。

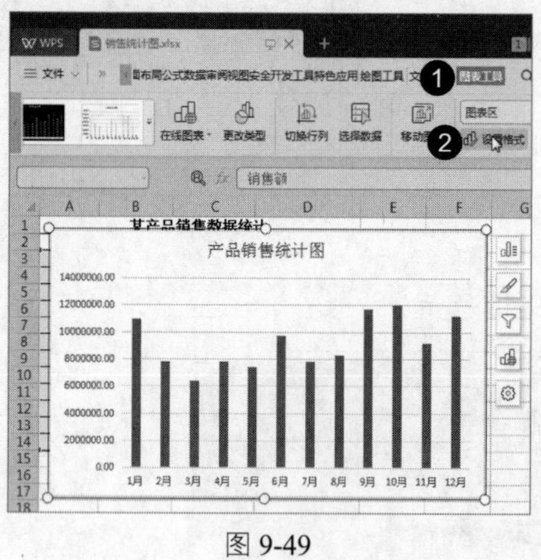

图 9-49

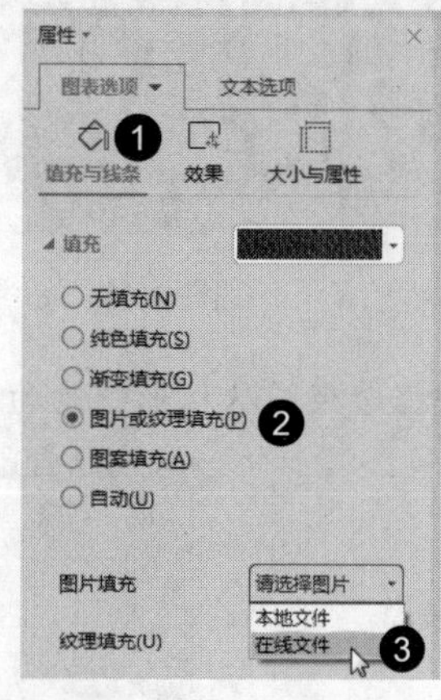

图 9-50

Step 03 在打开的页面中提供了付费图片和免费的办公图片，选择“办公专区”选项，单击一张图片，如图 9-51 所示。

Step 04 进入“图片详情”页面，单击“插入图片”按钮，如图 9-52 所示。

Step 05 此时图表的背景已经变成刚刚插入的图片，通过以上步骤即可完成在图表中添加图片的操作，如图 9-53 所示。

图 9-51

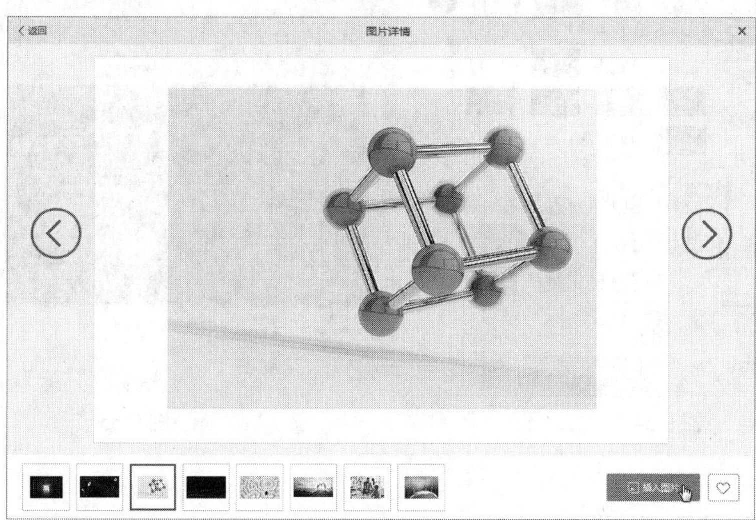

图 9-52

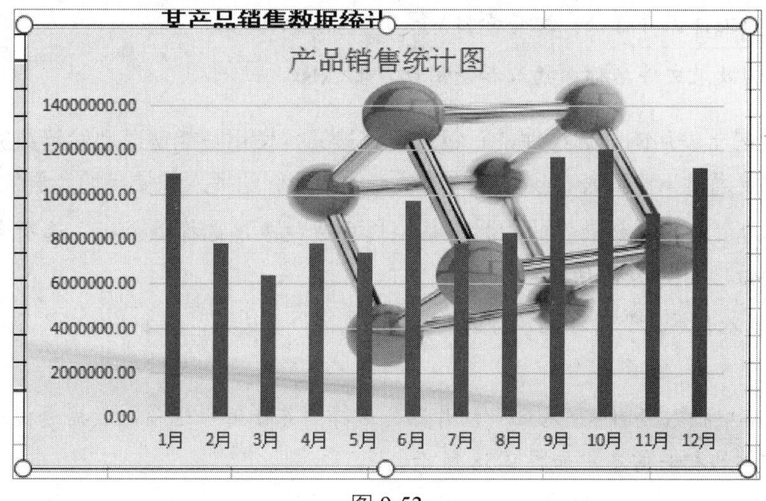

图 9-53

9.5.2 应用数据透视图样式

实例文件保存路径：配套素材\第9章\实例17
实例效果文件名称：应用数据透视图样式.xlsx

在WPS表格中预设了16种不同类型的数据透视图样式，为了快速制作出美观且专业的透视图，用户可以直接选择预设的样式进行透视图的设置。下面介绍应用数据透视图样式的方法。

Step 01 打开素材表格，选中透视图，选择“图表工具”选项卡，单击“图表样式”下拉按钮，在弹出的样式库中选择一种样式，如图9-54所示。

Step 02 此时数据透视图已经应用了图表样式，如图9-55所示。

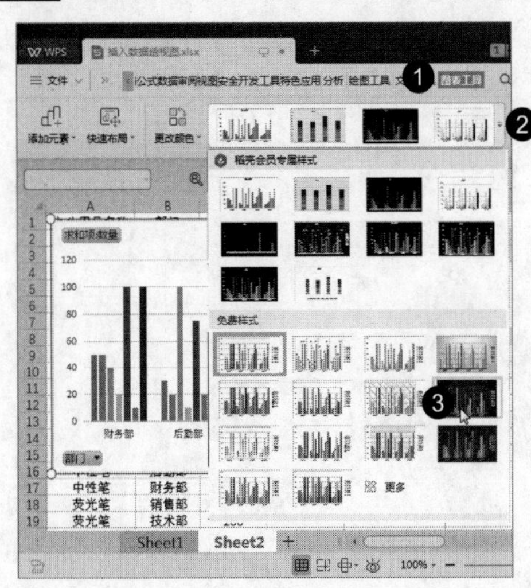

图9-54

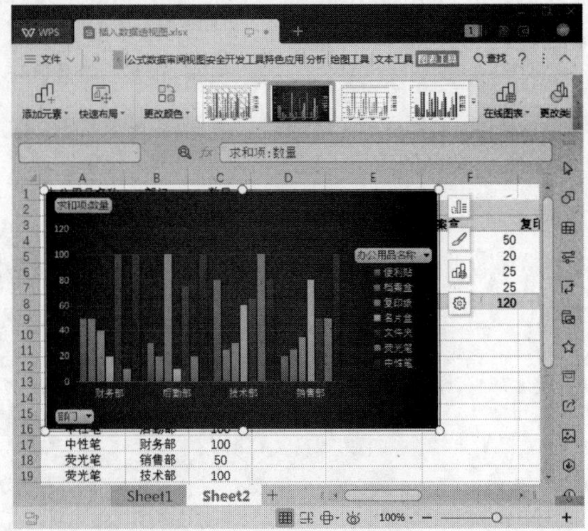

图9-55

9.5.3 插入和使用切片器

实例文件保存路径：配套素材\第9章\实例18
实例效果文件名称：插入和使用切片器.xlsx

切片器是易于使用的筛选组件，它包含一组按钮，使用户能快速地筛选数据透视表中的数据，而不需要通过下拉列表查找要筛选的项目。下面介绍插入和使用切片器的方法。

Step 01 打开名为“订单透视表”的素材表格，选中透视表，选择“分析”选项卡，单击“插入切片器”按钮，如图9-56所示。

Step 02 弹出“插入切片器”对话框，勾选“国家/地区”复选框，单击“确定”按钮，如图9-57所示。

Step 03 此时表格中插入“国家/地区”切片器，选择“东南亚”选项，数据透视表中将同步筛选出东南亚订单的相关信息，如图9-58所示。

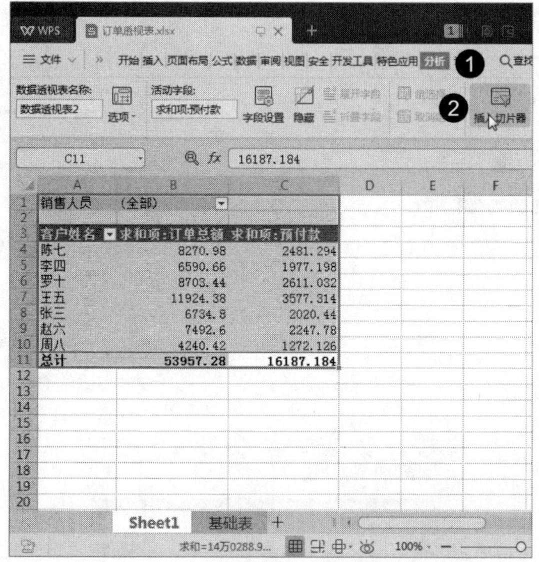

图 9-56

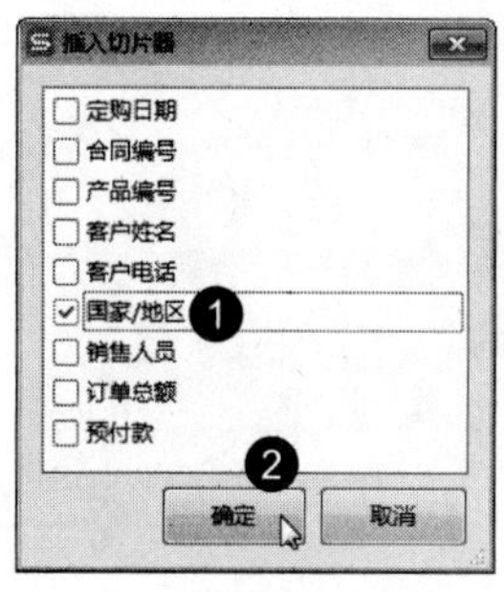

图 9-57

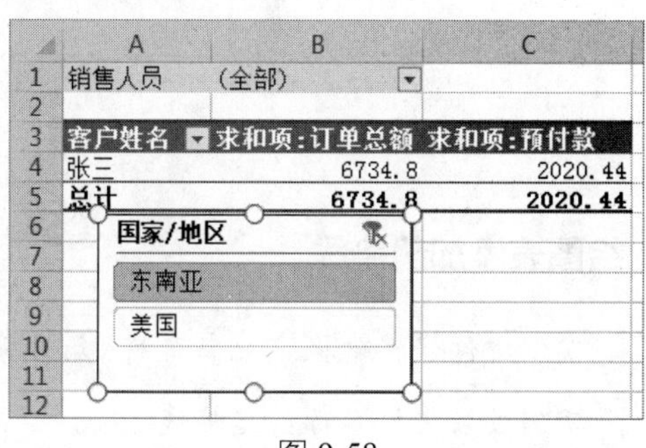

图 9-58

9.5.4　设置切片器

实例文件保存路径：配套素材\第 9 章\实例 19

实例效果文件名称：设置切片器（效果）.xlsx

在工作表中插入切片器后，可以通过设置来调整切片器中选项的排列方式，也可以设置切片器的名称。下面介绍设置切片器的方法。

Step 01 打开名为“设置切片器”的素材表格，选中切片器，选择“选项”选项卡，单击“切片器设置”按钮，如图 9-59 所示。

Step 02 弹出“插入切片器”对话框，单击“降序（最大到最小）”单选按钮，单击“确定”按钮，如图 9-60 所示。

Step 03 此时表格中插入“国家 / 地区”切片器，选择“东南亚”选项，数据透视表中将同步筛选出东南亚订单的相关信息，如图 9-61 所示。

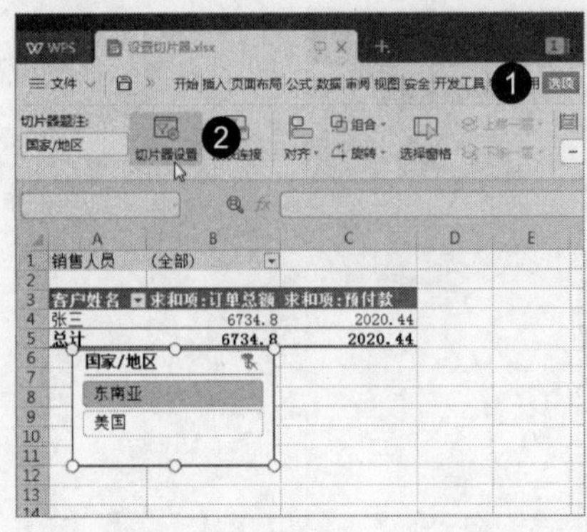

图 9-59

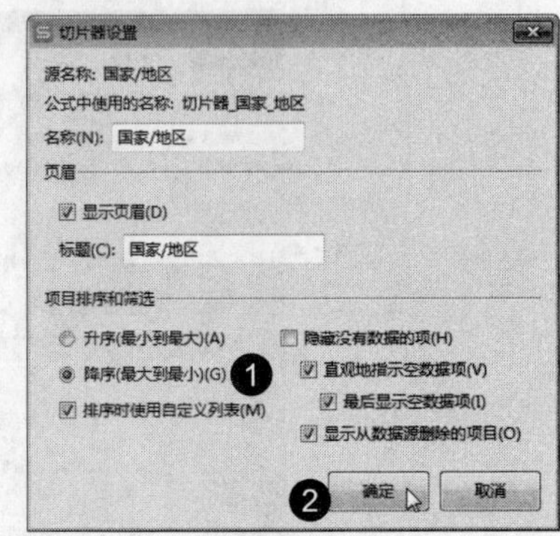

图 9-60

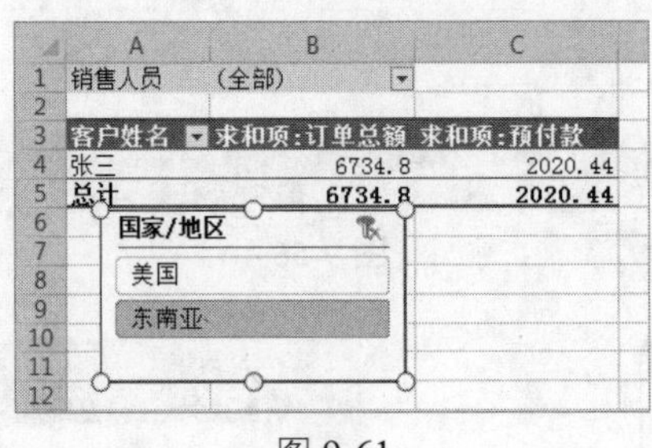

图 9-61

9.5.5 给图表添加趋势线

实例文件保存路径：配套素材\第 9 章\实例 20

实例效果文件名称：趋势线 .xlsx

一个复杂的数据图表通常包含许多数据，用户可能会不太好判断数据趋势的走向，使用“趋势线”可以清楚地看到数据趋势变化。下面介绍给图表添加趋势线的方法。

Step 01 打开名为“销售统计图”的素材表格，选中图表，选择“图表工具”选项卡，单击“添加元素”下拉按钮，在弹出的选项中选择“趋势线”→“线性”选项，如图 9-62 所示。

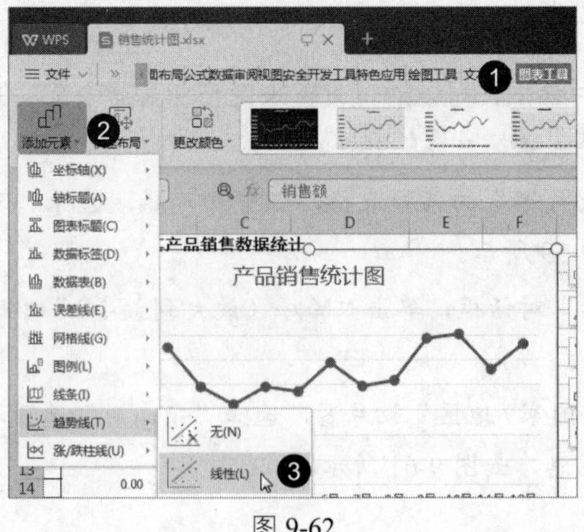

图 9-62

Step 02 此时图表中已经添加了趋势线，如图 9-63 所示。

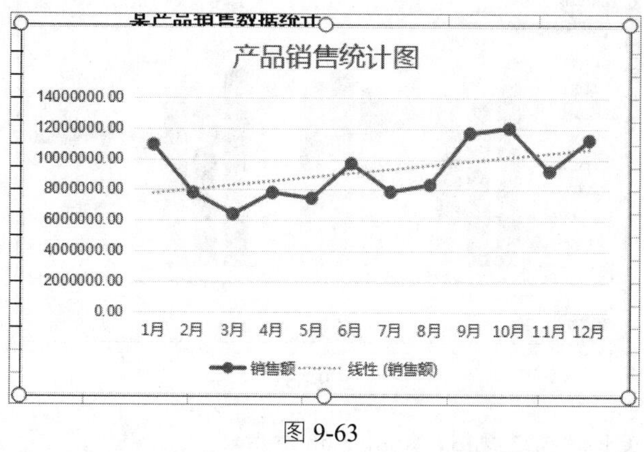

图 9-63

9.6　应用案例——制作销售业绩透视表

创建销售业绩透视表可以很好地对销售业绩数据进行分析，找到普通数据表中很难发现的规律，对以后的销售策略有很重要的参考作用。制作销售业绩透视表可以按照以下步骤进行。

实例文件保存路径：配套素材 \ 第 9 章 \ 实例 21
实例效果文件名称：销售业绩透视表（效果）.xlsx

Step 01 打开名为“销售业绩透视表”的素材表格，选中 A2 ～ D20 单元格区域，在新工作表中制作数据透视表，如图 9-64 所示。

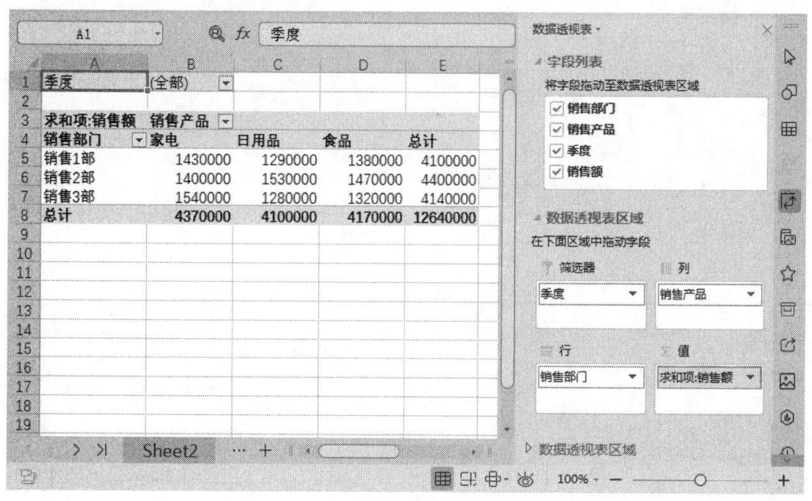

图 9-64

Step 02 根据数据透视表插入数据透视图，如图 9-65 所示。

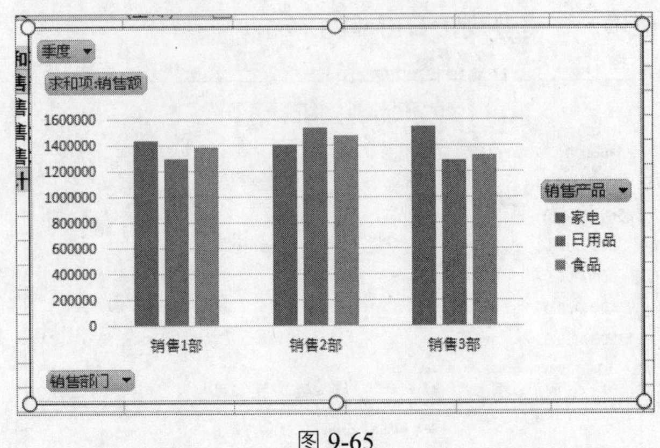

图 9-65

Step 03 应用预设样式美化数据透视图，如图 9-66 所示。

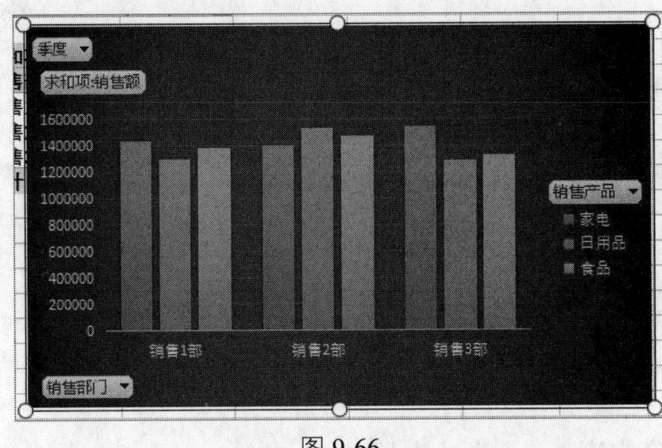

图 9-66

第 10 章
使用 WPS 创建幻灯片

本章要点☆

- 演示文稿的基本操作
- 幻灯片的基本操作
- 设计幻灯片母版
- 编辑幻灯片内容

本章主要内容☆

本章主要介绍演示文稿的基本操作、幻灯片的基本操作和设计幻灯片母版方面的知识与技巧，同时还讲解了如何编辑幻灯片内容，在本章的最后还针对实际的工作需求，讲解了快速替换演示文稿中的字体、美化幻灯片中的文本、将演示文稿保存为模板、讲义母版和备注模板等内容。通过本章的学习，读者可以掌握使用 WPS 创建幻灯片方面的知识，为深入学习 WPS 2019 知识奠定基础。

10.1 演示文稿的基本操作

PPT 用于设计和制作各类演示文稿，而且演示文稿可以通过计算机屏幕或投影机进行播放。演示文稿是由一张张幻灯片组成的。本节主要介绍演示文稿的基本操作，包括新建并保存空白演示文稿和根据模板新建演示文稿。

10.1.1 新建并保存空白演示文稿

实例文件保存路径：配套素材 \ 第 10 章 \ 实例 1

实例效果文件名称：新建并保存空白演示文稿 .pptx

新建并保存空白演示文稿的方法非常简单，下面介绍新建并保存空白演示文稿的操作方法。

Step 01 启动 WPS 2019，进入“新建”窗口，选择“演示”选项卡，选择“新建空白文档”模板，如图 10-1 所示。

Step 02 此时 WPS 已经创建了一个名为“演示文稿 1”的空白文档，单击“文件”按钮，在弹出的选项中选择“保存”选项，如图 10-2 所示。

图 10-1

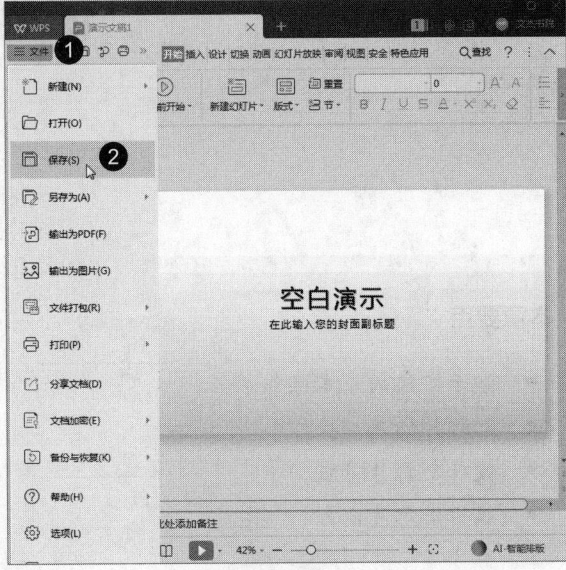

图 10-2

Step 03 弹出“另存为”对话框，选择文件保存位置，在“文件名”文本框中输入名称，单击“保存”按钮，如图 10-3 所示。

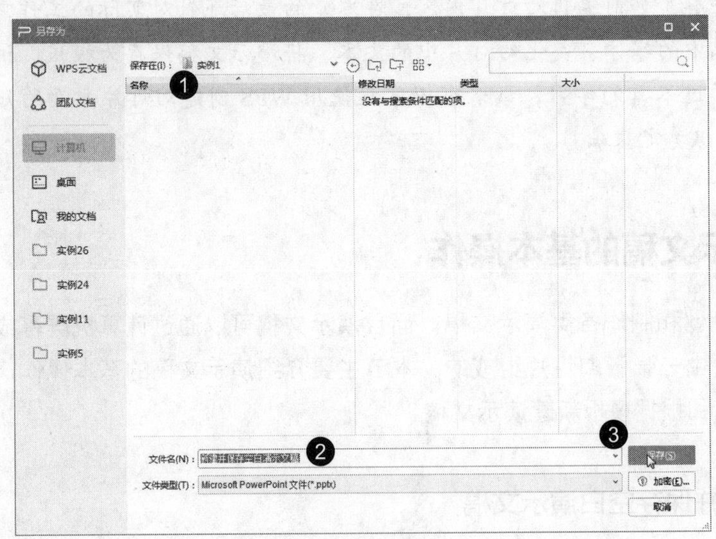

图 10-3

Step 04 返回演示文稿中，可以看到文稿名称已经改变，通过以上步骤即可完成新建并保存空白演示文稿的操作，如图 10-4 所示。

图 10-4

10.1.2　根据模板新建演示文稿

	实例文件保存路径：配套素材 \ 第 10 章 \ 实例 2
	实例效果文件名称：根据模板新建演示文稿 .pptx

WPS 为用户提供了多种演示文稿和幻灯片模板，用户也可以根据模板新建演示文稿，下面介绍根据模板新建演示文稿的操作方法。

Step 01 启动 WPS 2019，进入“新建”窗口，选择“演示”选项卡，选择“免费专区”选项，如图 10-5 所示。

图 10-5

Step 02 进入“免费专区”页面，选择一个模板，单击“免费使用”按钮，如图 10-6 所示。

Step 03 通过以上步骤即可完成根据模板新建演示文稿的操作，如图 10-7 所示。

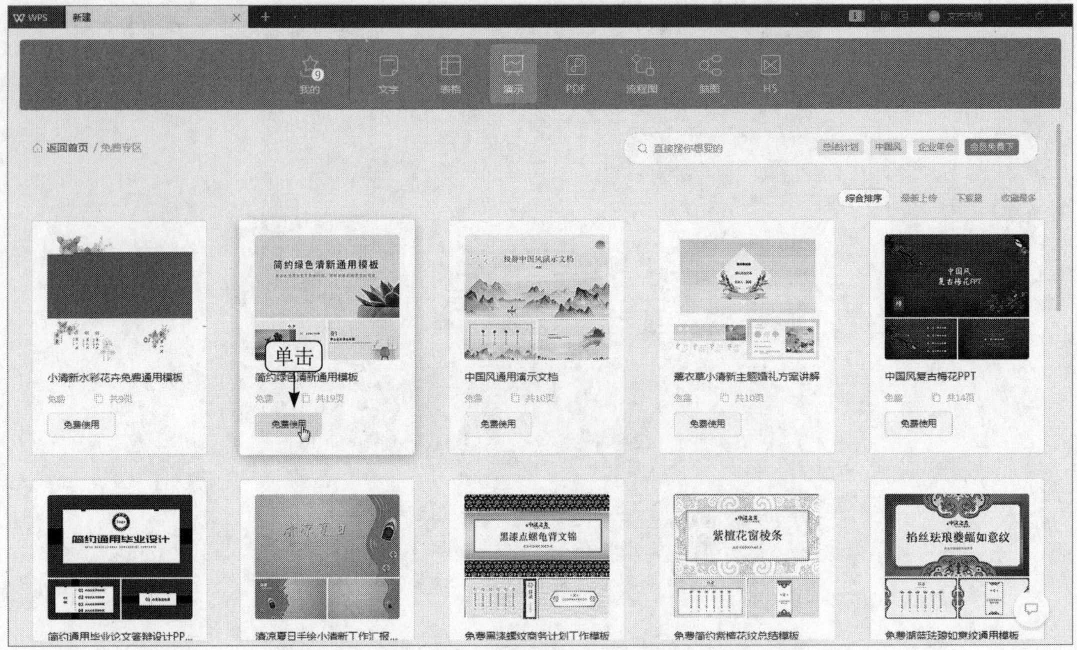

图 10-6

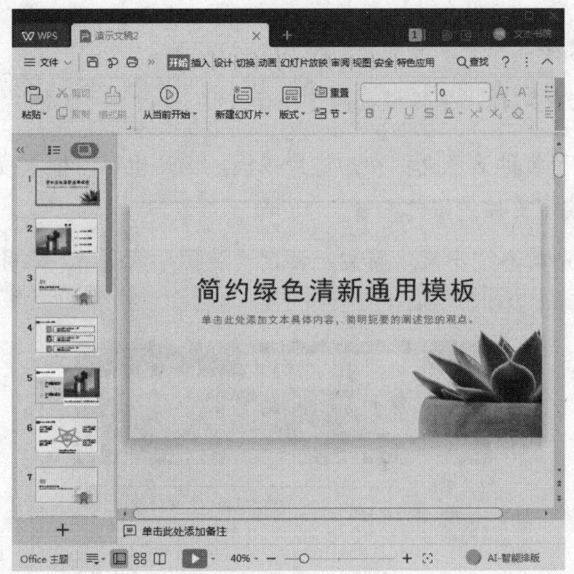

图 10-7

10.2 幻灯片的基本操作

幻灯片的基本操作是制作演示文稿的基础，因为在 WPS 演示中几乎所有的操作都是在幻灯片中完成的。幻灯片的基本操作包括插入和删除幻灯片、复制和移动幻灯片以及修改幻灯片的版式。

10.2.1　插入和删除幻灯片

实例文件保存路径：配套素材 \ 第 10 章 \ 实例 3
实例效果文件名称：插入和删除幻灯片 .pptx

创建演示文稿以后，用户可以根据需要插入或删除幻灯片。下面介绍插入和删除幻灯片的方法。

Step 01 打开名为“销售培训”的素材文件，选中第 2 张幻灯片，在“开始”选项卡中单击“新建幻灯片”下拉按钮，在弹出的列表中选择一个模板样式，如图 10-8 所示。

图 10-8

Step 02 在“幻灯片”窗格中第 2 张幻灯片的下方已经插入了一张新幻灯片，如图 10-9 所示。

Step 03 选中第 14 张幻灯片，右击该幻灯片，在弹出的快捷菜单中选择“删除幻灯片”菜单项，如图 10-10 所示。

图 10-9

单击

图 10-10

Step 04 可以看到幻灯片已经被删除，如图 10-11 所示。

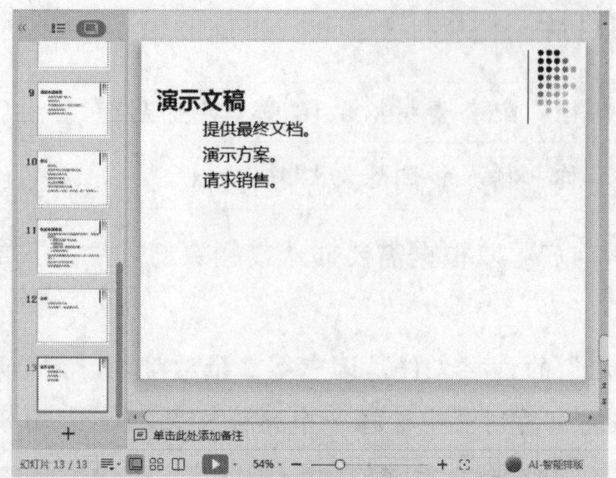

图 10-11

经验技巧

将鼠标指针移至“幻灯片”窗格中任意一张幻灯片上，此时，所选幻灯片将自动显示出“从当前开始”按钮和“新建幻灯片”按钮，单击“新建幻灯片”按钮，同样可以实现新建幻灯片的操作。

10.2.2 复制和移动幻灯片

	实例文件保存路径：配套素材\第 10 章\实例 4
	实例效果文件名称：复制和移动幻灯片 .pptx

移动幻灯片是指在制作演示文稿时，根据需要对幻灯片的顺序进行调整；而复制幻灯片则是在制作演示文稿时，若需要新建的幻灯片与某张已经存在的幻灯片非常相似，可以通过复制该幻灯片后再对其进行编辑，来节省时间和提高工作效率。下面介绍复制和移动幻灯片的方法。

Step 01 打开素材文件，右击第 2 张幻灯片，在弹出的快捷菜单中选择“新建幻灯片副本”菜单项，如图 10-12 所示。

Step 02 在“幻灯片”窗格中第 2 张幻灯片的下方已经复制出了一张相同的幻灯片，如图 10-13 所示。

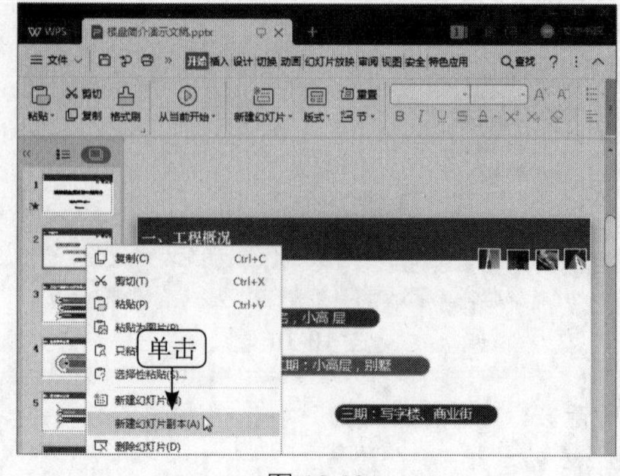

图 10-12

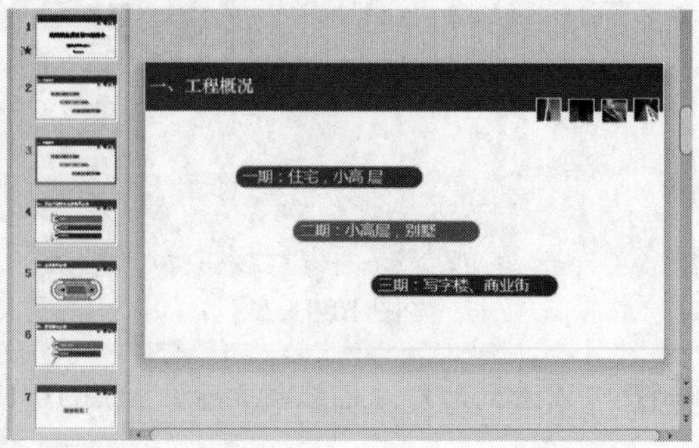

图 10-13

Step 03 将鼠标指针移动到刚刚复制的幻灯片上，按住鼠标左键不放，将其拖动到第 6 张幻灯片下方，如图 10-14 所示。

Step 04 可以看到幻灯片已经被移动，如图 10-15 所示。

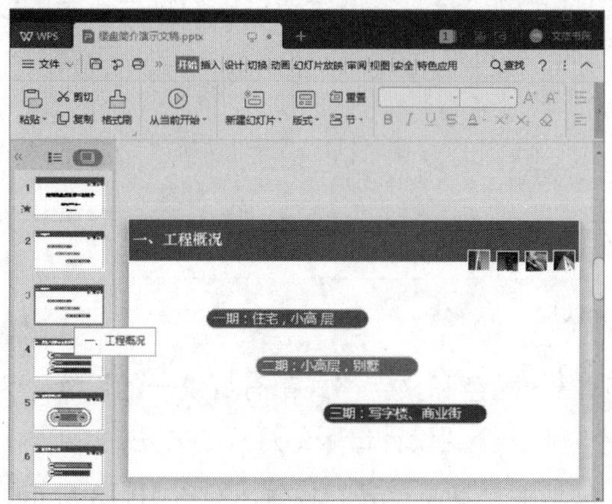

图 10-14

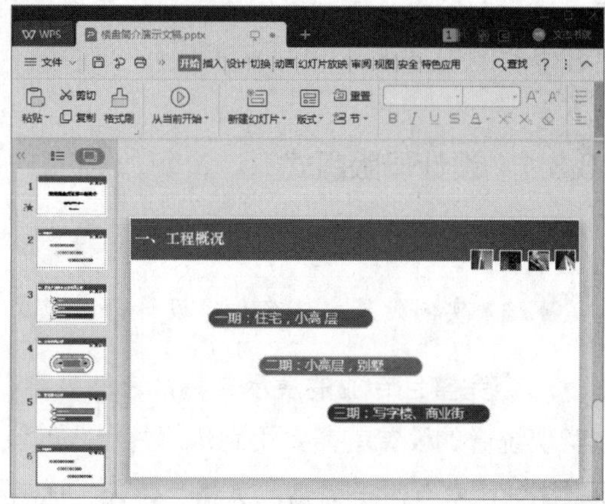

图 10-15

10.2.3　修改幻灯片的版式

实例文件保存路径：配套素材 \ 第 10 章 \ 实例 5
实例效果文件名称：修改幻灯片的版式 .pptx

版式是幻灯片中各种元素的排列组合方式，WPS 演示软件默认提供了 11 种版式。下面介绍修改幻灯片版式的方法。

Step 01 打开素材文件，选中第 4 张幻灯片缩略图，在"开始"选项卡中单击"版式"下拉按钮，在弹出的"母版版式"列表中选择一个版式，如图 10-16 所示。

Step 02 此时第 4 张幻灯片的版式已经被更改，如图 10-17 所示。

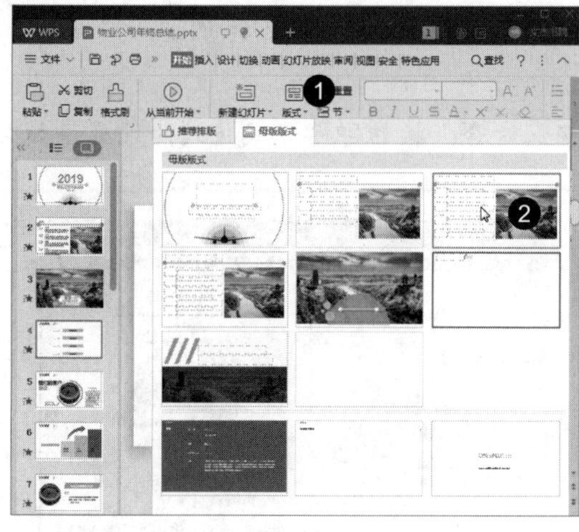

图 10-16

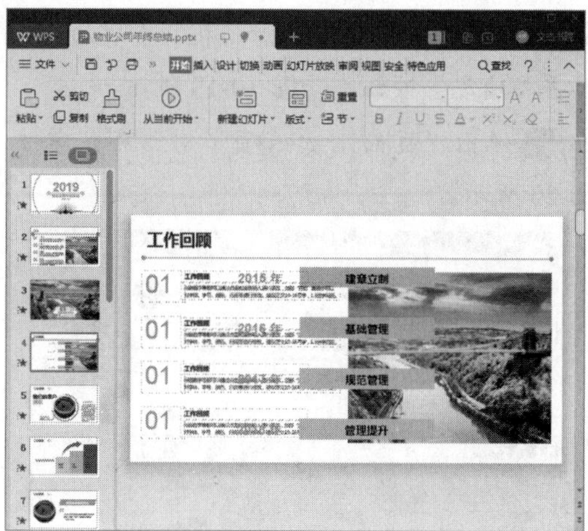

图 10-17

10.3 设计幻灯片母版

幻灯片母版是用于设置幻灯片的一种样式，可供用户设置各种标题文字、背景、属性等，只需要修改其中一项内容就可以更改所有幻灯片的设计。本节主要讲解幻灯片母版的设计和修改的相关知识。

10.3.1 设计母版版式

实例文件保存路径：配套素材\第 10 章\实例 6

实例效果文件名称：设计母版版式 .pptx

一个完整且专业的演示文稿，它的内容、背景、配色和文字格式都有着统一的设置，为了实现统一的设置就需要用到幻灯片母版的设计。下面介绍设计母版幻灯片的方法。

Step 01 新建空白演示文稿，选择“设计”选项卡，单击“页面设置”按钮，如图 10-18 所示。

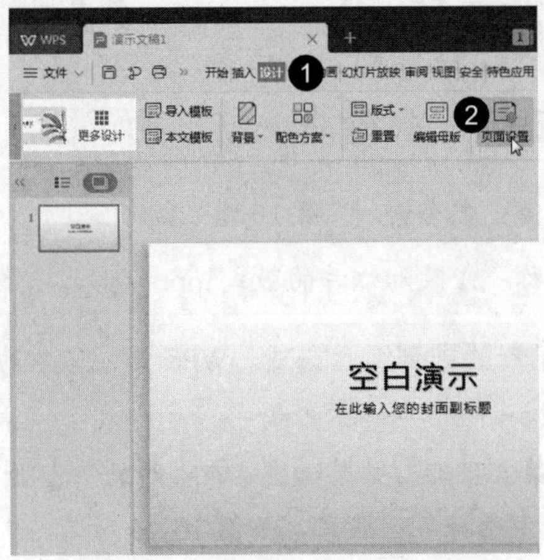

图 10-18

Step 02 弹出“页面设置”对话框，在“幻灯片大小”列表中选择“全屏显示（16 : 9）”选项，单击“确定”按钮，如图 10-19 所示。

Step 03 弹出“页面缩放选项”对话框，单击“确保适合”按钮即可完成版式的设置，如图 10-20 所示。

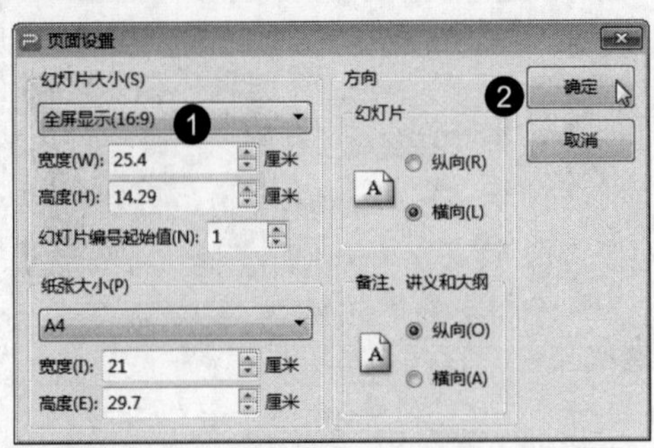

图 10-19

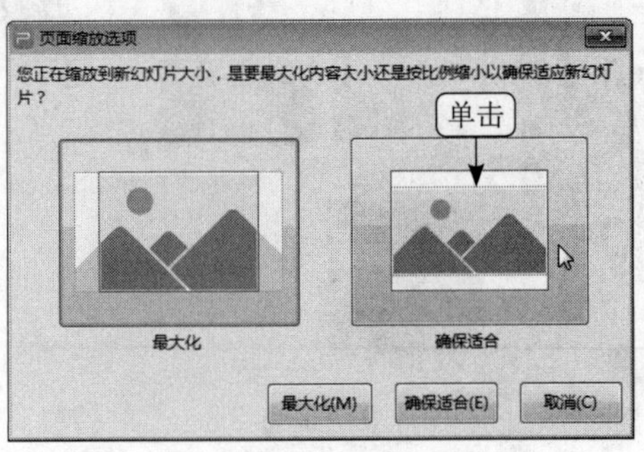

图 10-20

10.3.2　设置母版背景

实例文件保存路径：配套素材\第 10 章\实例 7

实例效果文件名称：设计母版背景（效果）.pptx

若要为所有幻灯片应用统一的背景，可在幻灯片母版中进行设置。下面介绍设计母版背景的方法。

Step 01 打开名为“设置母版背景”的素材文件，选择“设计”选项卡，单击“编辑母版”按钮，如图 10-21 所示。

Step 02 在“母版幻灯片”窗格中选择第 1 张幻灯片，单击“幻灯片母版”选项卡中的“背景”按钮，如图 10-22 所示。

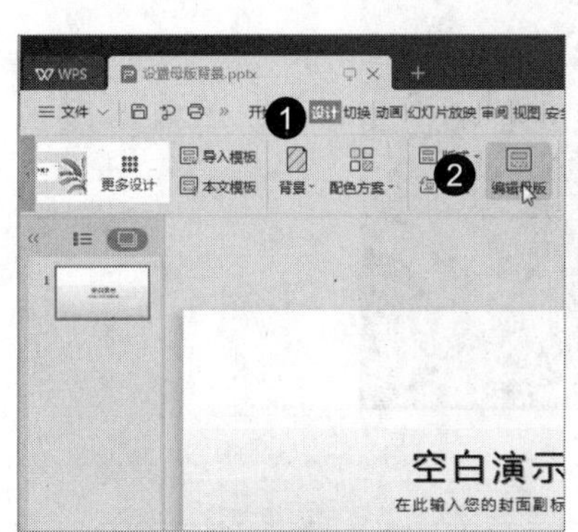

图 10-21

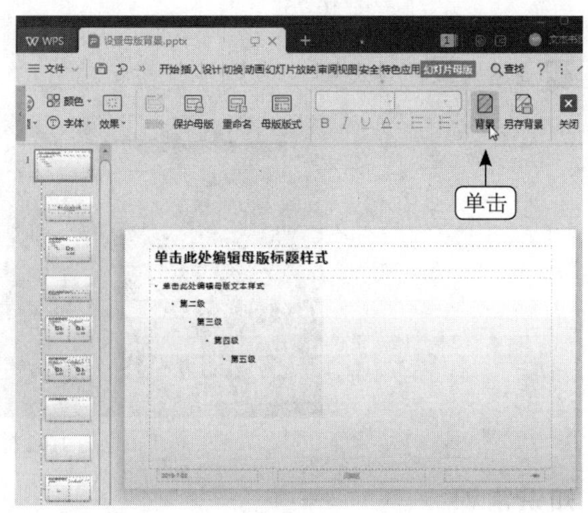

图 10-22

Step 03 打开“对象属性”窗格，在“填充”栏中单击“渐变填充”单选按钮，单击“颜色”按钮，在弹出的渐变库中选择一种渐变样式，如图 10-23 所示。

Step 04 单击“停止点 1”滑块，在“色标颜色”列表下选择“标准颜色”栏中的“橙色”选项，拖动“透明度”滑块至 31%，如图 10-24 所示。

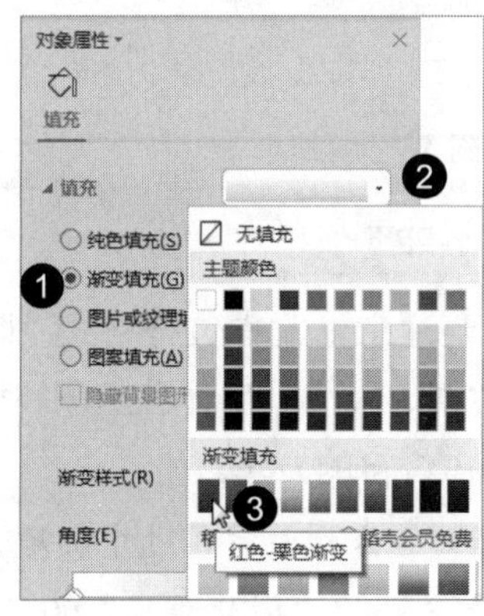

图 10-23

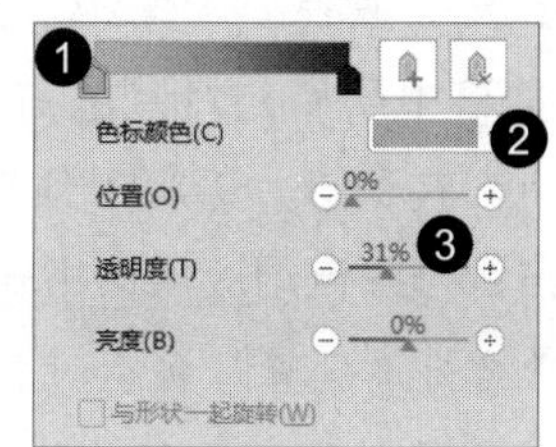

图 10-24

Step 05 单击“角度”选项下的“增加渐变光圈”按钮，为渐变效果增加一个停止点，如图 10-25 所示。

Step 06 单击“停止点 2”滑块，在“色标颜色”列表下选择“标准颜色”栏中的“深红”选项，拖动“亮度”滑块至 10%，如图 10-26 所示。

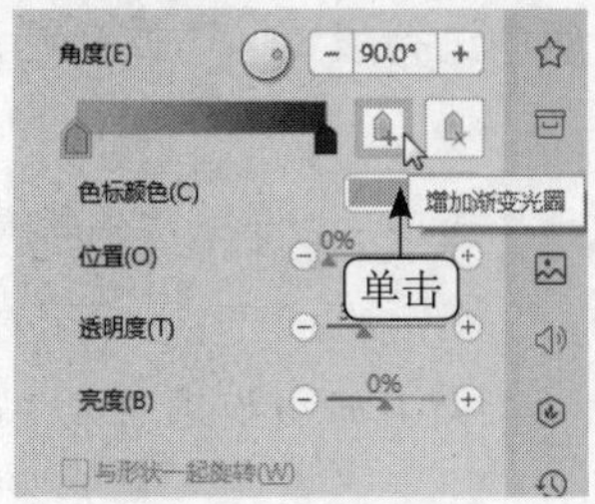

图 10-25

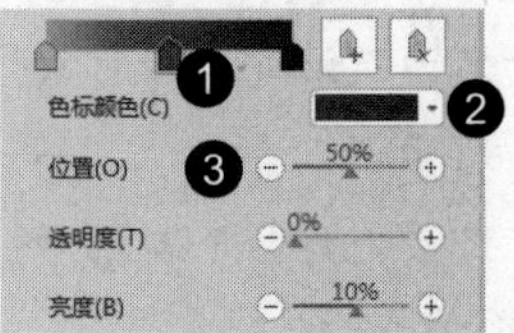

图 10-26

Step 07 查看母版背景效果，如图 10-27 所示。

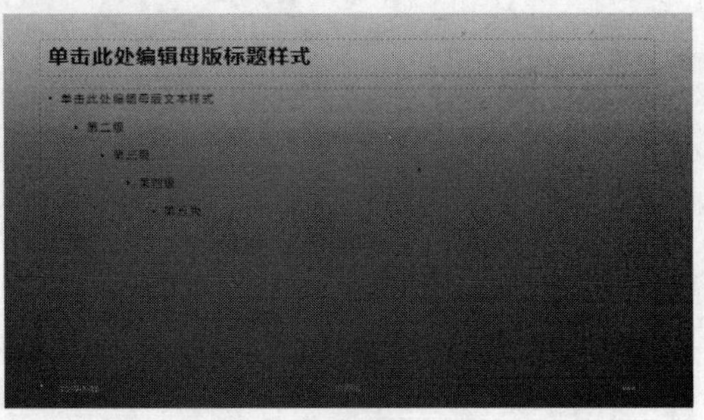

图 10-27

知识常识

如何将模板背景应用于单个幻灯片呢？进入编辑幻灯片母版状态后，如果选择母版幻灯片中的第 1 张幻灯片，那么在母版中进行的设置将应用于所有的幻灯片；如果想要单独设计一张母版幻灯片，则需要选择除第 1 张母版幻灯片外的某一张幻灯片并对其进行设计，才不会将设置应用于所有幻灯片。

10.3.3 设计母版占位符

	实例文件保存路径：配套素材\第 10 章\实例 8
	实例效果文件名称：设计母版占位符（效果）.pptx

演示文稿中所有幻灯片的占位符是固定的，如果要注意修改占位符格式，既费时又费力，用户可以在幻灯片母版中预先设置好各占位符的位置、大小、字体和颜色等格式，使幻灯片中的占位符都自动应用该格式。下面介绍设计母版占位符的方法。

Step 01 打开名为“设置母版占位符”的素材文件，选择第 2 张幻灯片，选中标题占位符，在“文本工具”选项卡中设置占位符的字体、字号和颜色分别为“微软雅黑、60、白色”，如图 10-28 所示。

Step 02 按照相同方法，将下方的副标题占位符的文本格式设置为“微软雅黑、36、白色”，如图 10-29 所示。

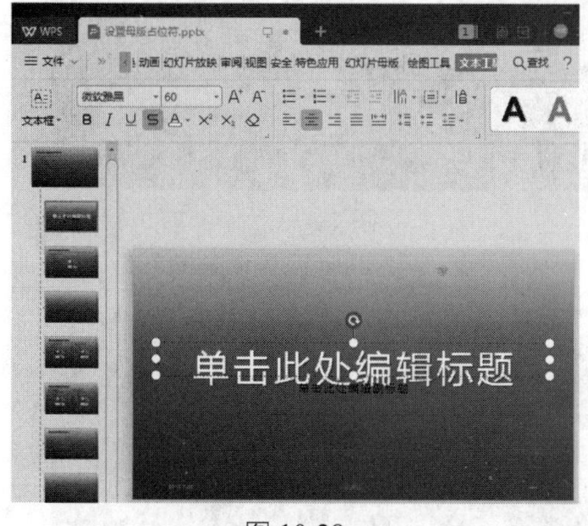

图 10-28

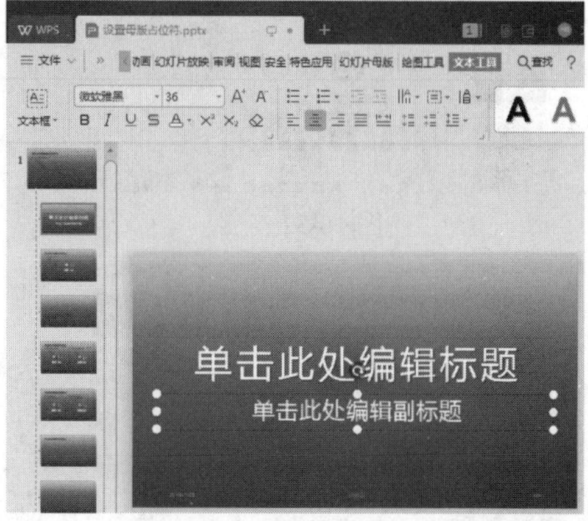

图 10-29

Step 03 选择“插入”选项卡，单击“形状”下拉按钮，在弹出的形状库中选择“矩形”样式，如图 10-30 所示。

Step 04 拖动鼠标指针在幻灯片中绘制一个高“4.8 厘米”，宽“26.9 厘米”的矩形，然后利用鼠标指针将绘制好的矩形拖动到幻灯片中的合适位置，选中矩形，在“绘图工具”选项卡中单击“轮廓”下拉按钮，在弹出的选项中选择“无线条颜色”选项，如图 10-31 所示。

图 10-30

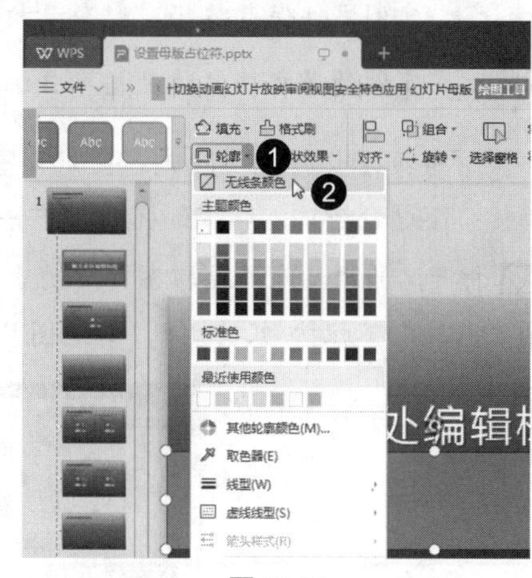

图 10-31

Step 05 单击“填充”下拉按钮，在弹出的颜色库中选择“黑色”，如图 10-32 所示。

Step 06 按照相同方法，继续在幻灯片中绘制一个高“4.8 厘米”，宽“6.19 厘米”的矩形，设置填充效果为“橙色、无线条颜色”，如图 10-33 所示。

Step 07 使用 Ctrl 键选中两个矩形，在“绘图工具”选项卡中单击“对齐”下拉按钮，在弹出的选项中选择“靠下对齐”选项，如图 10-34 所示。

Step 08 移动两个占位符位置并将其置于顶层，最后的效果如图 10-35 所示。

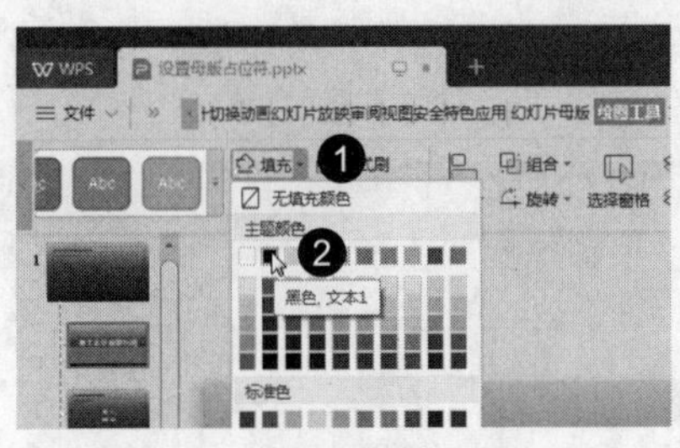
图 10-32

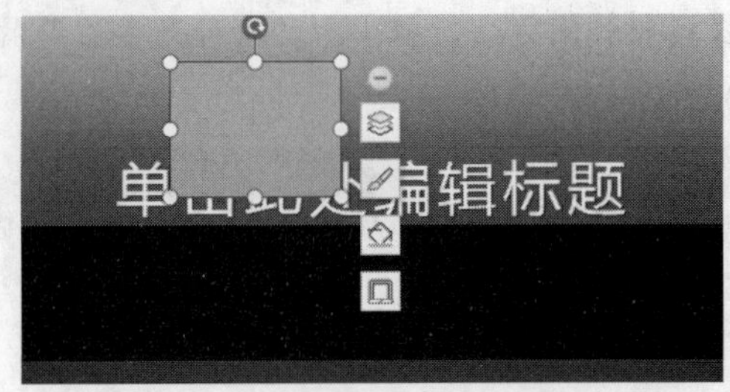
图 10-33

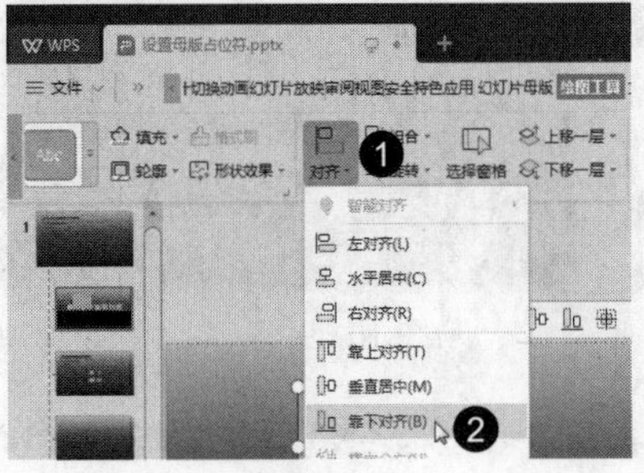
图 10-34

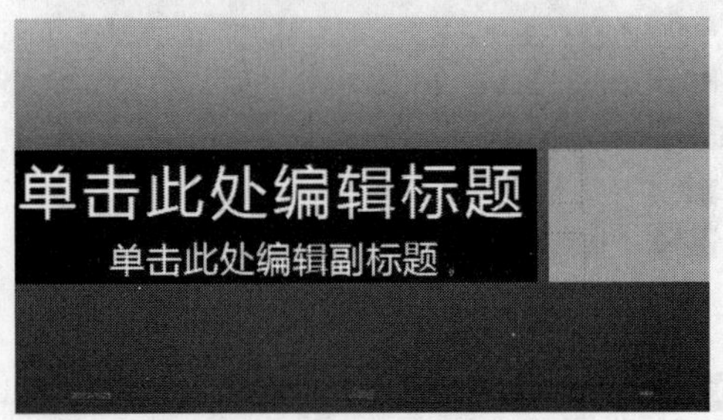

图 10-35

10.3.4 插入并编辑图片

	实例文件保存路径：配套素材\第 10 章\实例 9
	实例效果文件名称：插入并编辑图片（效果）.pptx

为了使演示文稿的母版内容更加丰富和专业，用户还可以在幻灯片中插入相关的图片进行美化。下面介绍插入并编辑图片的方法。

Step 01 打开名为“插入并编辑图片”的素材文件，选择第 4 张幻灯片，选择“插入”选项卡，单击“图片”下拉按钮，选择“本地图片”选项，如图 10-36 所示。

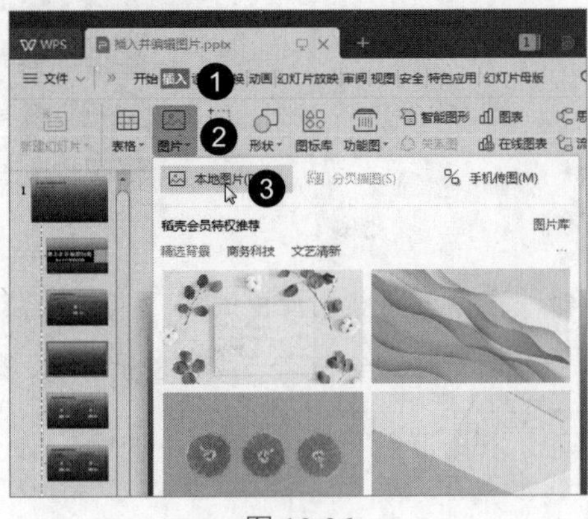
图 10-36

Step 02 弹出“插入图片”对话框，选择图片所在位置，选中图片，单击“插入”按钮，如图 10-37 所示。

图 10-37

Step 03 此时图片已经插入到幻灯片中，并将其移动到幻灯片中的合适位置，如图 10-38 所示。

图 10-38

10.4　编辑幻灯片内容

仅仅设置好母版幻灯片的版式是不够的，还需要为幻灯片添加文字、图片等信息，并突出显示重点内容。制作幻灯片的内容包括输入文本、设置文本和段落的格式等。本节将详细介绍编辑幻灯片内容的相关知识。

10.4.1　输入文本

	实例文件保存路径：配套素材 \ 第 10 章 \ 实例 10
	实例效果文件名称：输入文本 .pptx

在幻灯片中输入文本的方法非常简单，下面介绍输入文本的方法。

Step 01 打开名为“述职报告”的素材表格，选择第 1 张幻灯片，将光标定位在标题占位符中，输入“述职报告”，如图 10-39 所示。

Step 02 按下空格键完成输入，在副标题占位符中继续输入内容，如图 10-40 所示。

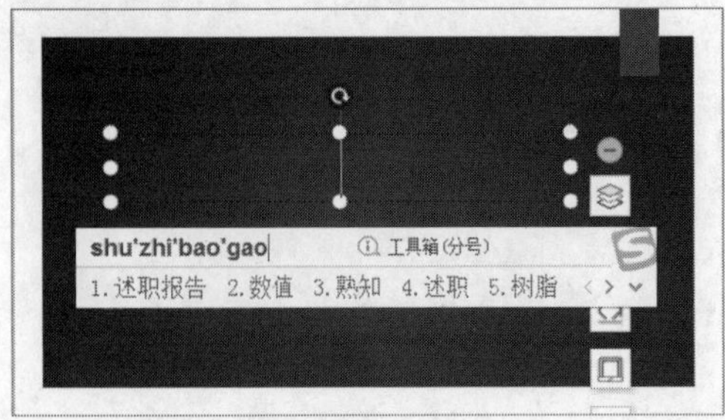

图 10-39

图 10-40

10.4.2 设置文本和段落格式

实例文件保存路径：配套素材\第 10 章\实例 11
实例效果文件名称：设置文本和段落格式 .pptx

设置文本和段落格式的方法非常简单，下面介绍设置文本和段落格式的方法。

Step 01 打开名为“述职报告”的素材表格，选择第 2 张幻灯片，选中占位符，在“开始”选项卡中单击“增大字号”按钮，如图 10-41 所示。

Step 02 此时占位符中的文字字号已经变大，再单击“开始”选项卡中的“加粗”按钮，如图 10-42 所示。

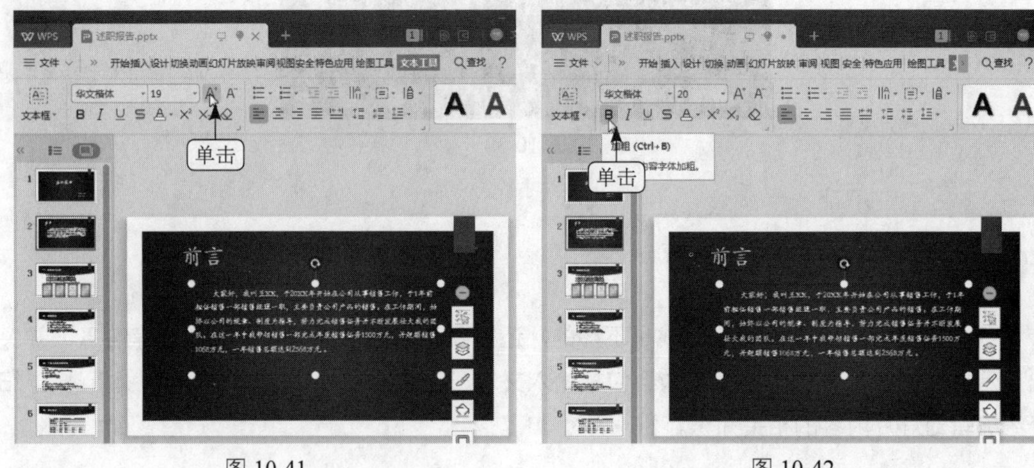

图 10-41　　图 10-42

Step 03 此时占位符中的文字已经加粗显示，单击“开始”选项卡中的“段落启动器”按钮，如图 10-43 所示。

Step 04 弹出“段落”对话框，在“缩进和间距”选项卡中设置“行距”为“双倍行距”选项，单击“确定”按钮，如图 10-44 所示。

Step 05 此时占位符中的文本段落行距已经改变，通过以上步骤即可完成设置文本和段落格式的操作，如图 10-45 所示。

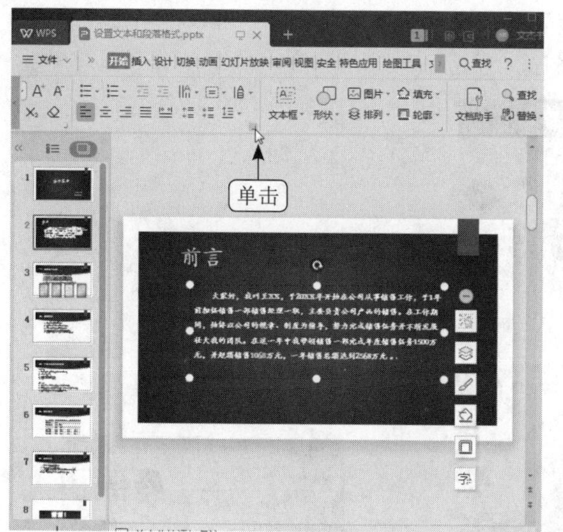

图 10-43

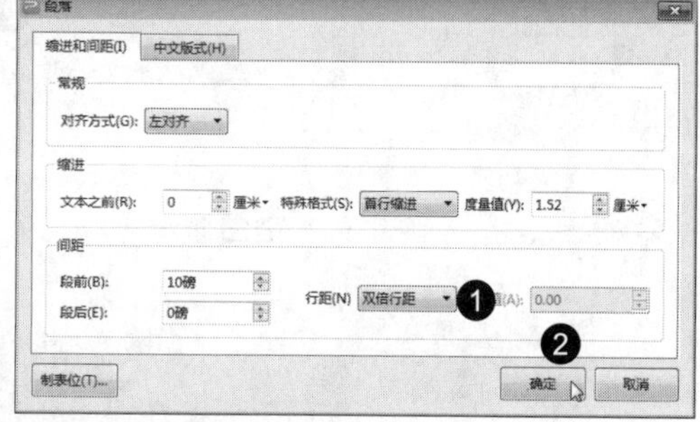

图 10-44

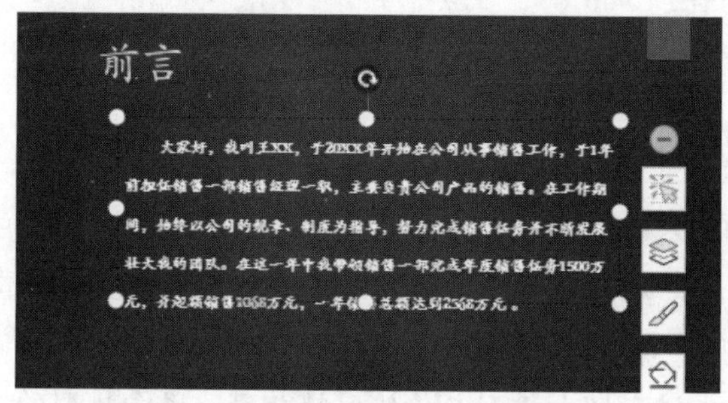

图 10-45

10.5　新手进阶

本节将介绍一些使用 WPS 创建幻灯片的技巧供用户学习，通过这些技巧，用户可以更进一步掌握使用 WPS 演示创建幻灯片的方法，包括快速替换演示文稿中的字体、美化幻灯片中的文本、将演示文稿保存为模板、讲义母版以及备注母版的功能。

10.5.1　快速替换演示文稿中的字体

	实例文件保存路径：无
	实例效果文件名称：无

这是一种根据现有字体进行一对一替换的方法，不会影响其他的字体对象，无论演示文稿是否使用了占位符，这种方法都可以调整字体，所以实用性更强，下面介绍具体操作方法。

Step 01 新建空白演示文稿，在“开始”选项卡中单击“替换”下拉按钮，在弹出的选项中选择“替换字体”选项，如图 10-46 所示。

Step 02 弹出“替换字体”对话框，在“替换为”列表中选择“华文琥珀”选项，单击“替换”按钮即可完成替换字体的操作，如图 10-47 所示。

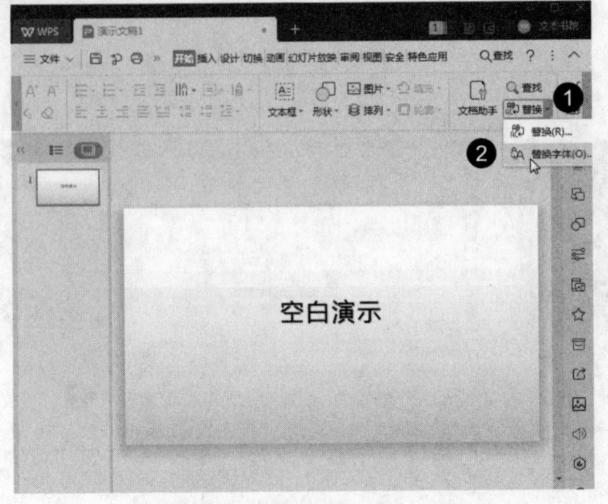

图 10-46

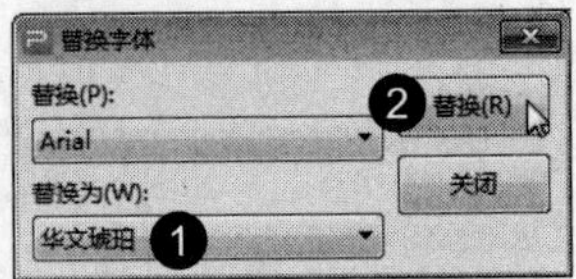

图 10-47

10.5.2 美化幻灯片中的文本

美化演示文稿中的文本可以增加观众的阅读兴趣，保证文本内容的重要性，除了设置字体、字号、颜色等格式外，用户还可以设置文本的方向。设置文本方向不但可以打破思维定式，还能增加文本的动感，使文本别具魅力。

- 竖向：中文文本进行竖向排列与传统习惯相符，竖向排列的文本更具文化感，如果加上竖式线条的修饰更加有助于观众阅读。
- 斜向：中英文文本都能斜向排列，展示时能带给观众强烈的视觉冲击力，设置斜向文本时，内容不宜过多，且配图和背景图片最好都与文本一起倾斜，让观众顺着图片把注意力集中到斜向的文本上。
- 十字交叉：十字交叉排列的文本在海报设计中比较常见，十字交叉是抓住眼球焦点的位置，通常该处的文本应该是内容的重点，这一点在制作该类型文本时应该特别注意。

10.5.3 将演示文稿保存为模板

实例文件保存路径：配套素材\第 10 章\实例 12
实例效果文件名称：将演示文稿保存为模板 .pptx

模板是一张幻灯片或一组幻灯片的图案或蓝图，其后缀名为 .dpt。模板可以包含版式、主题颜色、主题字体、主题效果和背景样式，甚至还可以包含内容。下面介绍将演示文稿保存为模板的操作方法。

Step 01 打开名为“生产总结报告”的素材文件，单击“文件”下拉按钮，在弹出的选项中选择“另存为”→“WPS 演示模板文件（*.dpt）”选项，如图 10-48 所示。

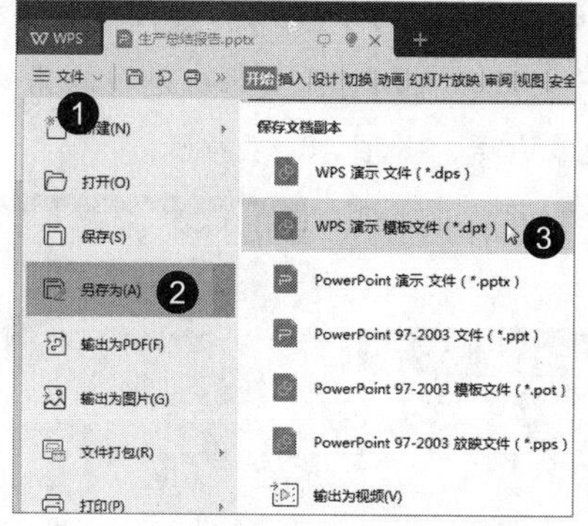

图 10-48

Step 02 弹出“另存为”对话框，选择保存位置，在“文件名”文本框中输入名称，单击“保存”按钮即可完成保存模板的操作，如图 10-49 所示。

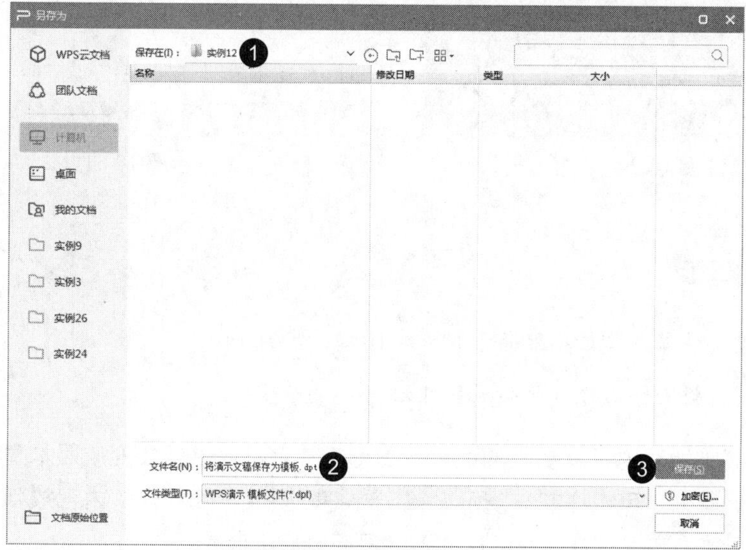

图 10-49

10.5.4　讲义母版

实例文件保存路径：配套素材 \ 第 10 章 \ 实例 13
实例素材文件名称：公司会议议程 .pptx

母版视图中包括 3 种母版：幻灯片母版、讲义母版和备注母版。前面已经详细介绍了幻灯片母版的相关知识，本节介绍讲义母版的具体内容。

讲义母版的作用是按照讲义的格式打印演示文稿，每个页面可以包含 1、2、3、4、5、6 或 9 张幻灯片，该讲义可供观众在会议中使用。

打印预览时，允许选择讲义的版式类型和查看打印版本的实际外观。用户还可以应用预览来编辑页眉、页脚和页码。其中，版式选项包含水平或垂直两个方向。

Step 01 打开素材文件，选择“视图”选项卡，单击“讲义母版”按钮，如图 10-50 所示。

Step 02 进入“讲义母版”选项卡，用户可以对讲义母版进行具体的设置，包括“讲义方向”“幻灯片大小”和“每页幻灯片数量”等，如图 10-51 所示。

图 10-50

图 10-51

10.5.5 备注母版

	实例文件保存路径：配套素材\第 10 章\实例 14
	实例素材文件名称：商品项目计划 .pptx

如果演讲者把所有内容及要讲的话都放到幻灯片上，演讲就会变成照本宣科，乏味而无趣。基于这样的原因，用户在制作演示文稿时，把需要展示给观众的内容放到幻灯片里，不需要展示给观众的内容写在备注里，这样备注母版就应运而生。

Step 01 打开素材文件，选择“视图”选项卡，单击“备注母版”按钮，如图 10-52 所示。

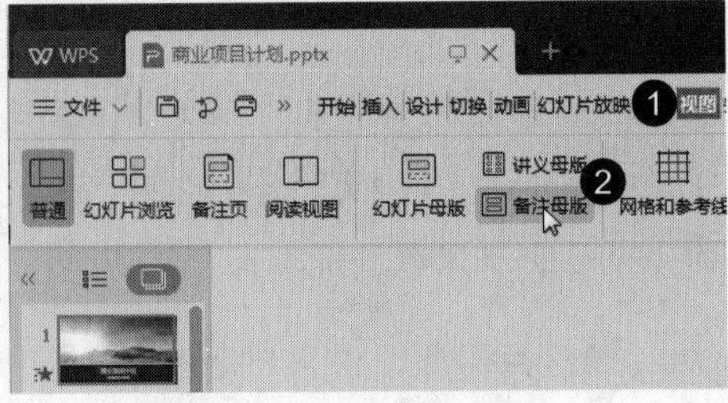

图 10-52

Step 02 进入“备注母版”选项卡，用户可以对备注母版进行具体的设置，包括“备注页方向”“幻灯片大小”等，如图 10-53 所示。

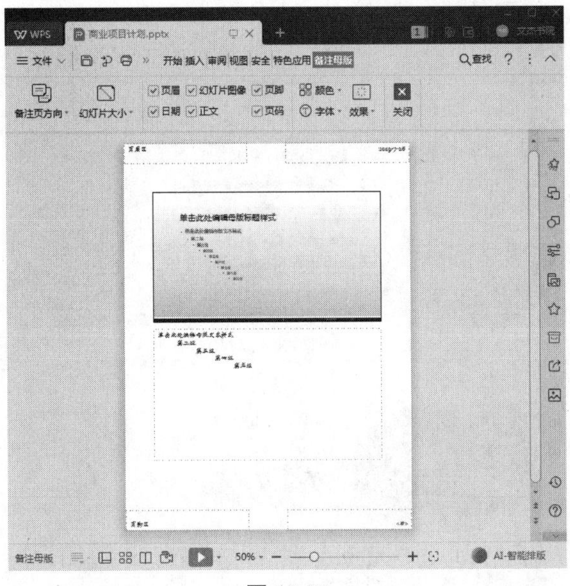

图 10-53

10.6　应用案例——制作“公司管理培训”演示文稿

制作“公司管理培训”演示文稿要做到内容客观、重点突出、个性鲜明，使公司员工能了解演示文稿的重点内容，并突出个人魅力。下面就以设计制作“公司管理培训”演示文稿为例进行介绍，具体操作步骤如下。

	实例文件保存路径：配套素材 \ 第 10 章 \ 实例 15
	实例效果文件名称：公司管理培训 .pptx

Step 01 新建空白演示文稿，为演示文稿应用主题，并设置演示文稿的显示比例，如图 10-54 所示。

图 10-54

Step 02 新建幻灯片，并在幻灯片中输入文本，设置字体格式、段落对齐方式、段落缩进等，如图 10-55 所示。

Step 03 为文本添加项目符号与编号，如图 10-56 所示。

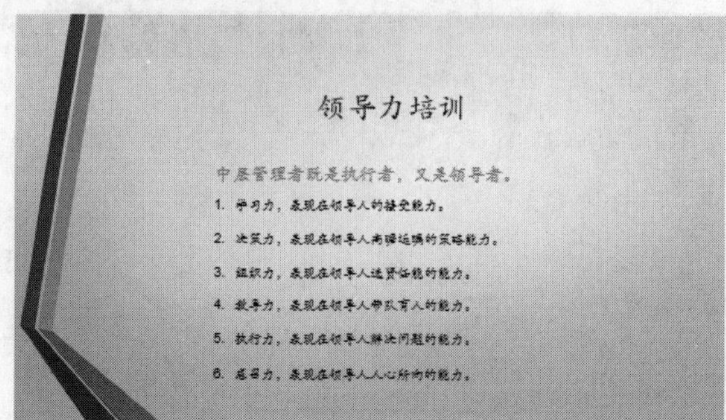
领导力培训
中层管理者既是执行者，又是领导者。
1. 学习力，表现在领导人的接受能力。
2. 决策力，表现在领导人高瞻远瞩的策略能力。
3. 组织力，表现在领导人选贤任能的能力。
4. 教导力，表现在领导人带队育人的能力。
5. 执行力，表现在领导人解决问题的能力。
6. 感召力，表现在领导人人心所向的能力。

图 10-55

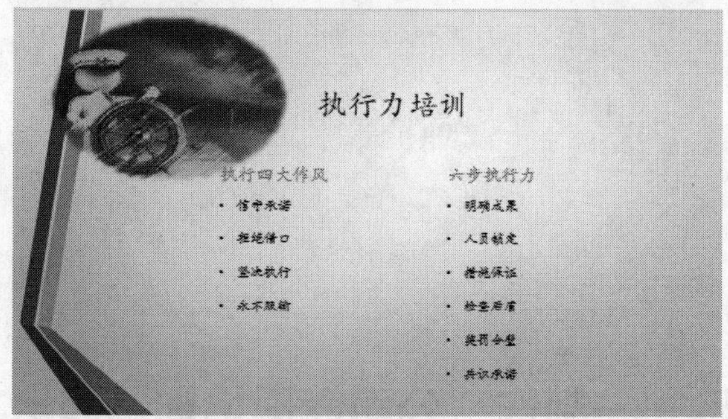
执行力培训
执行四大作风
• 信守承诺
• 拒绝借口
• 坚决执行
• 永不服输
六步执行力
• 明确成果
• 人员锁定
• 措施保证
• 检查启盾
• 奖罚分明
• 共识承诺

图 10-56

第 11 章
编辑与美化幻灯片

本章要点☆

- 插入与编辑图片
- 绘制与编辑形状
- 插入与编辑艺术字
- 插入并编辑表格
- 插入与编辑图表

本章主要内容☆

本章主要介绍插入与编辑图片、绘制与编辑形状、插入与编辑艺术字和插入并编辑表格方面的知识与技巧，同时还讲解了如何插入与编辑图表，在本章的最后还针对实际的工作需求，讲解了快速替换图片、遮挡图片、设置图片边框、设置图片轮廓和阴影等内容的方法。通过本章的学习，读者可以掌握编辑与美化幻灯片方面的知识，为深入学习 WPS 2019 知识奠定基础。

11.1　插入与编辑图片

为了使幻灯片更加绚丽和美观，需要用户在 PPT 中加入图片元素，在 WPS 演示中插入与编辑图片的大部分操作与在 WPS 文字中插入与编辑图片相同，但由于演示文稿需要通过视觉体验吸引观众的注意，对于图片的要求更高。

11.1.1　插入并裁剪图片

	实例文件保存路径：配套素材 \ 第 11 章 \ 实例 1
	实例效果文件名称：插入图片 .pptx

插入图片主要是指插入计算机中保存的图片，下面介绍在幻灯片下插入计算机中的图片的方法。

Step 01 打开名为“企业文化培训”的素材文件，选中第 2 张幻灯片，在幻灯片的文本框中单击“插入图片”按钮，如图 11-1 所示。

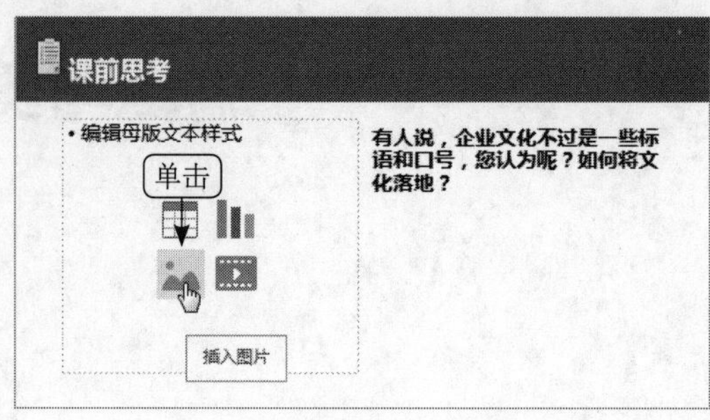

图 11-1

Step 02 弹出“插入图片”对话框，选择图片所在位置，选中图片，单击“打开”按钮，如图 11-2 所示。

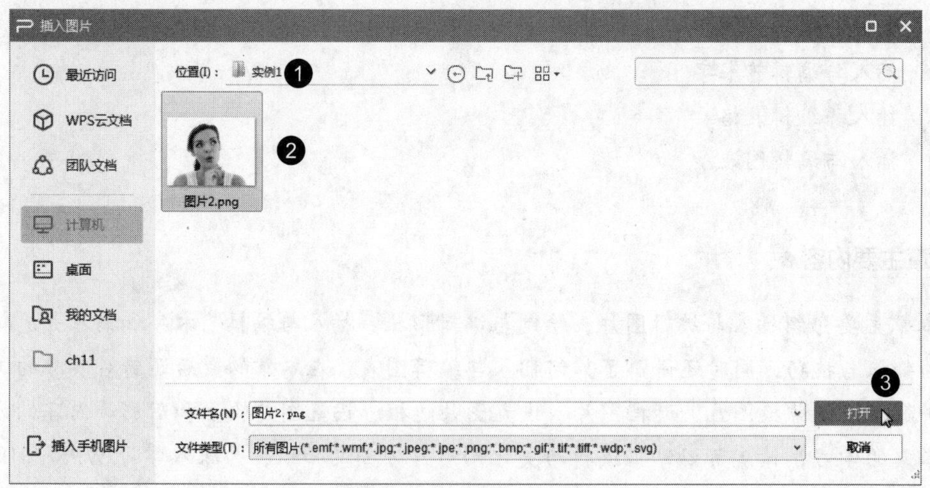

图 11-2

Step 03 此时图片已经插入到文本框中，如图 11-3 所示。

图 11-3

Step 04 选中图片，在“图片工具”选项卡中单击“裁剪”下拉按钮，在弹出的形状库中选择“椭圆”选项，如图 11-4 所示。

Step 05 在图片周围出现 8 个黑色的裁剪点，按 Enter 键或在工作界面空白处单击鼠标左键，即可完成裁剪，如图 11-5 所示。

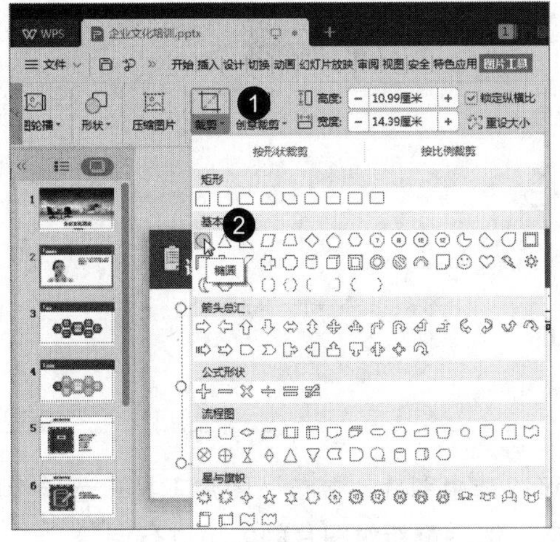

图 11-4

图 11-5

11.1.2　精确调整图片大小

实例文件保存路径：配套素材\第 11 章\实例 2

实例效果文件名称：调整图片大小 .pptx

在 WPS 演示软件中，可以精确地设置图片的高度与宽度，下面介绍精确调整图片大小的方法。

Step 01 打开名为“企业文化培训”的素材文件，选中第 2 张幻灯片，再选中幻灯片下的图片，自动进入“图片工具”选项卡，在“宽度”和“高度”微调框中输入数值，如图 11-6 所示。

图 11-6

Step 02 按 Enter 键即可完成调整图片大小的操作，如图 11-7 所示。

图 11-7

知识常识

如果用户对调整后的图片大小不满意，可以选中图片，单击“图片工具”选项卡中的“重设大小”按钮，将图片恢复至初始状态，然后重新对图片的大小进行调整。

11.2 绘制与编辑形状

演示文稿中的形状包括线条、矩形、圆形、箭头、星形以及流程图等，利用这些不同的形状或形状组合，往往可以制作出与众不同的幻灯片样式，吸引观众的注意。本节将介绍绘制与编辑形状的相关知识。

11.2.1 绘制形状

实例文件保存路径：配套素材 \ 第 11 章 \ 实例 3
实例效果文件名称：绘制形状 .pptx

绘制形状主要是通过拖动鼠标指针完成的，在 WPS 演示软件中选择需要绘制的形状后，拖动鼠标指针即可绘制该形状。

Step 01 打开名为“企业文化培训”的素材文件，选中第 3 张幻灯片，选择“插入”选项卡，单击“形状”下拉按钮，在弹出的形状库中选择“六边形”选项，如图 11-8 所示。

Step 02 当鼠标指针变为十字形状时，在幻灯片中按住鼠标左键进行拖动，至适当位置释放鼠标，即可完成绘制形状的操作，如图 11-9 所示。

知识常识

在绘制形状时，如果要从中心开始绘制形状，则按住 Ctrl 键的同时拖动鼠标；如果要绘制规范的正方形、圆形和五边形，则按住 Shift 键的同时拖动鼠标进行绘制。

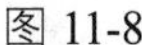

图 11-8

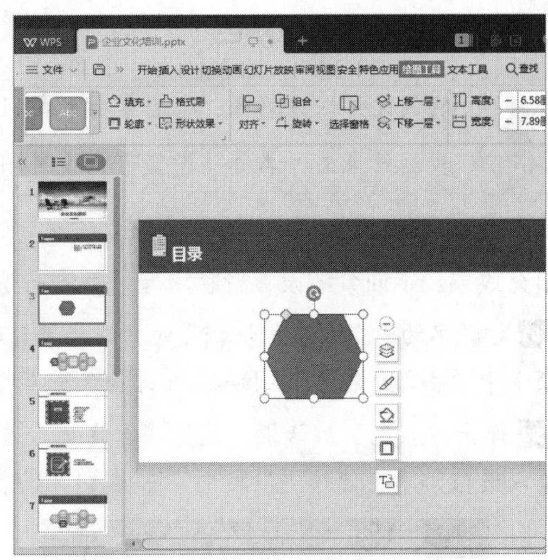

图 11-9

11.2.2　设置形状轮廓

	实例文件保存路径：配套素材 \ 第 11 章 \ 实例 4
	实例效果文件名称：设置形状轮廓 .pptx

形状轮廓是指形状的外边框，设置形状外边框包括设置其颜色、宽度及线型等，也可以将其设置为无外边框。下面介绍设置形状轮廓的方法。

Step 01 打开素材文件，选中第 3 张幻灯片，选中形状，在“绘图工具”选项卡中单击“轮廓”下拉按钮，在弹出的选项中选择“无线条颜色”选项，如图 11-10 所示。

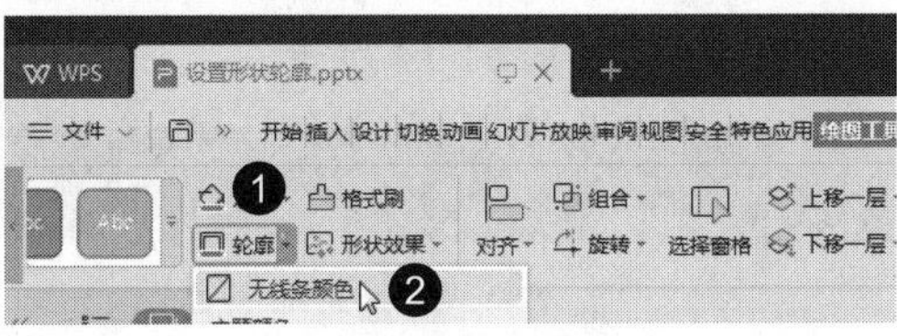

图 11-10

Step 02 此时形状已经没有了外边框，通过以上步骤即可完成所设置形状轮廓的操作，如图 11-11 所示。

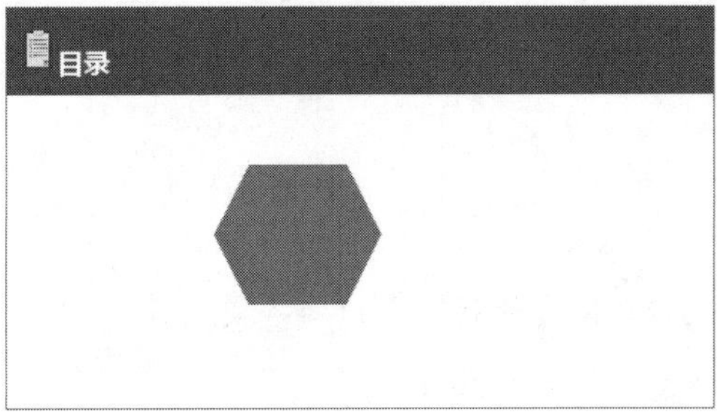

图 11-11

11.2.3 设置形状填充颜色

实例文件保存路径：配套素材\第 11 章\实例 5

实例效果文件名称：设置形状填充颜色 .pptx

形状填充颜色是指形状内部的填充颜色或效果，可以设置为纯色、渐变色、图片或纹理等填充效果。下面介绍设置形状填充颜色的方法。

Step 01 打开名为“企业文化培训”的素材文件，选中第 3 张幻灯片，选中形状，在“绘图工具”选项卡中单击“填充”下拉按钮，在弹出的选项中选择“其他填充颜色”选项，如图 11-12 所示。

Step 02 弹出“颜色”对话框，选择“自定义”选项卡，在“红色”“绿色”和“蓝色”微调框中输入数值，单击“确定”按钮，如图 11-13 所示。

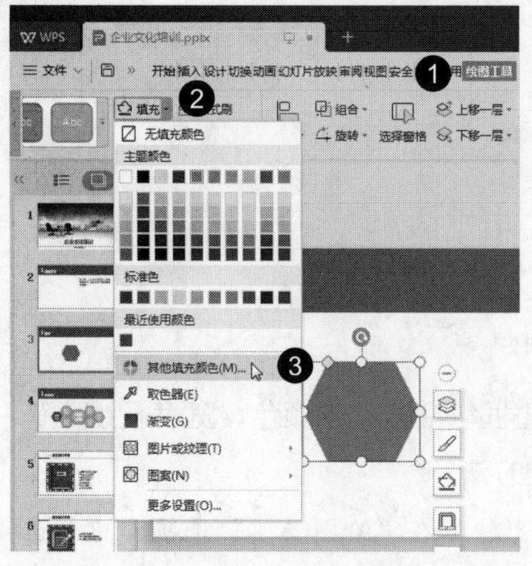

图 11-12

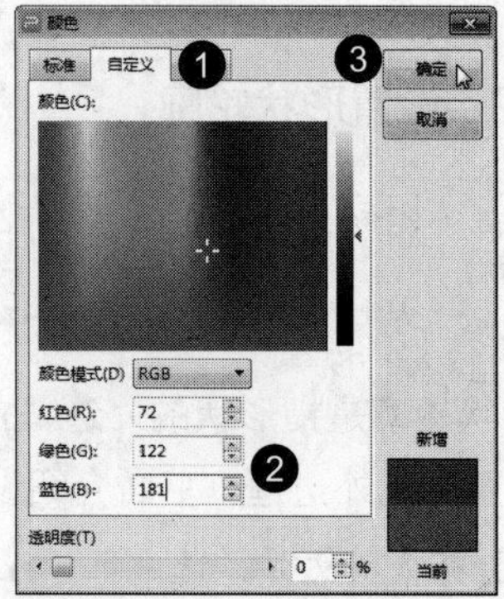

图 11-13

Step 03 此时形状的填充颜色已经改变，如图 11-14 所示。

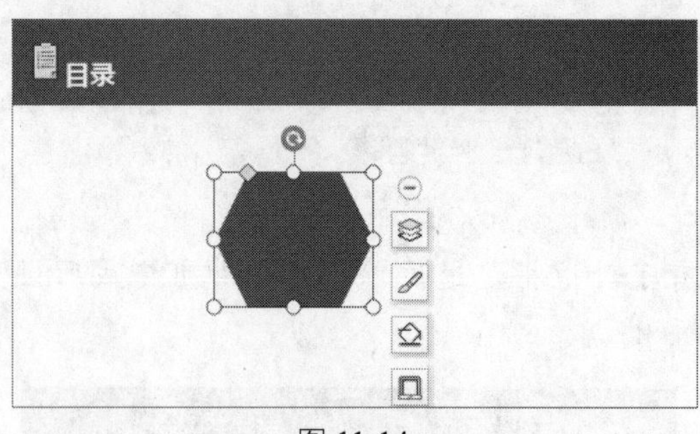

图 11-14

11.2.4 组合形状

实例文件保存路径：配套素材\第 11 章\实例 6

实例效果文件名称：组合形状 .pptx

如果一张幻灯片中有多个形状，一旦调整其中一个形状，很可能会影响其他形状的排列和对齐。通过组合形状，则可以将这些形状合成为一个整体，既能单独编辑单个形状，也可以一起调整。下面介绍组合形状的方法。

Step 01 打开名为“企业文化培训”的素材文件，选中第 3 张幻灯片，使用 Ctrl 键选中所有的形状，右击形状，在弹出的快捷菜单中选择“组合”→“组合”菜单项，如图 11-15 所示。

Step 02 所有的形状已经组合为一个整体，如图 11-16 所示。

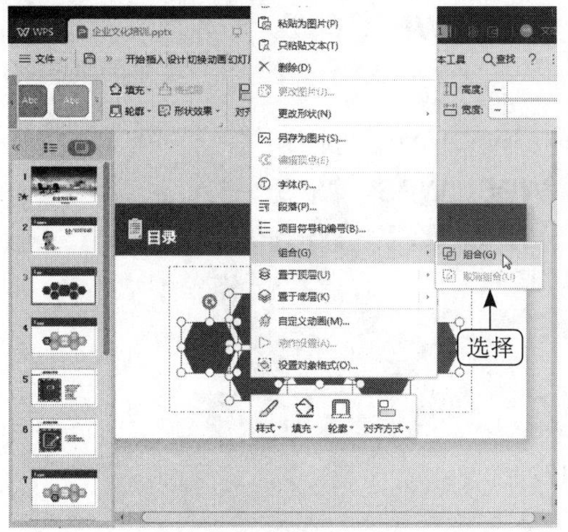

图 11-15

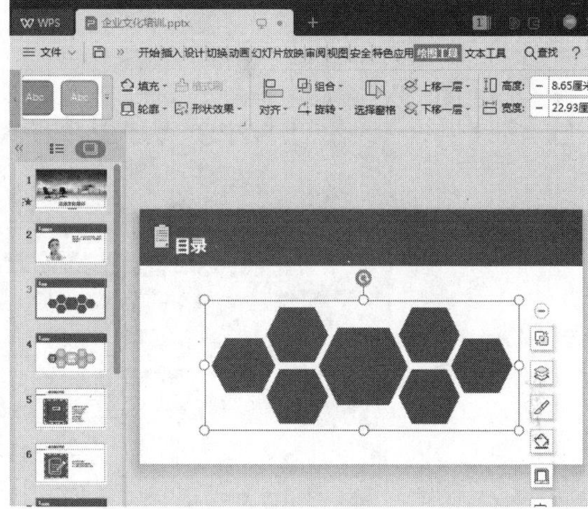

图 11-16

11.3　插入与编辑艺术字

在设计演示文稿时，为了使幻灯片更加美观和形象，常常需要用到艺术字功能，插入艺术字后，可以通过改变其样式、大小、位置和字体格式等操作来设置艺术字。本节将介绍在幻灯片中插入与编辑艺术字的相关知识。

11.3.1　插入艺术字

实例文件保存路径：配套素材 \ 第 11 章 \ 实例 7

实例效果文件名称：插入艺术字 .pptx

在幻灯片中插入艺术字的方法非常简单，下面详细介绍在幻灯片中插入艺术字的操作方法。

Step 01 打开名为“企业文化培训”的素材文件，选中第 5 张幻灯片，选择“插入”选项卡，单击“艺术字”下拉按钮，在弹出的艺术字库中选择一种样式，如图 11-17 所示。

Step 02 此时幻灯片中插入了一个艺术字文本框，如图 11-18 所示。

Step 03 使用输入法输入“企业文化手册”，如图 11-19 所示。

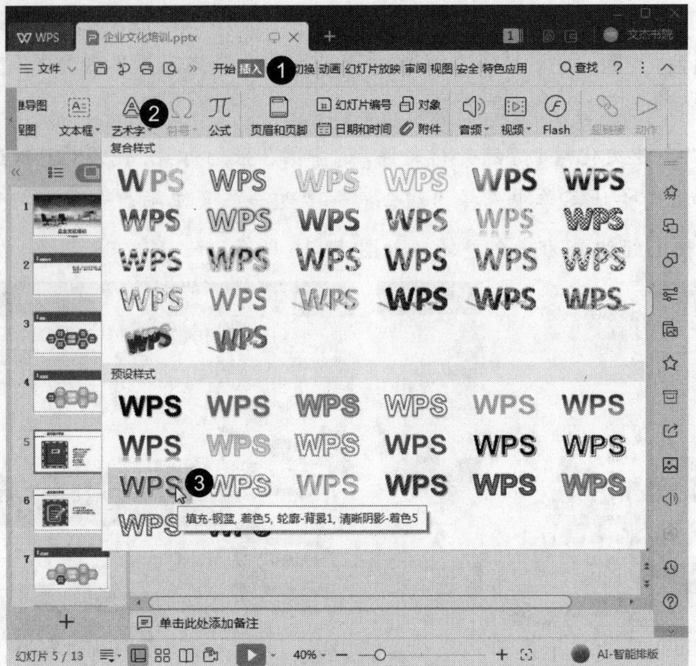

图 11-17

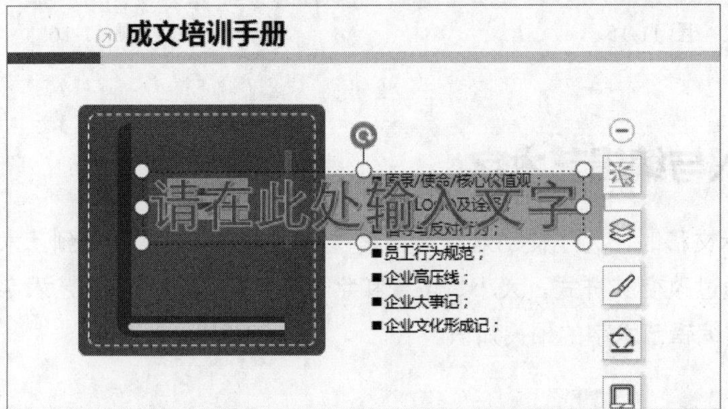

图 11-18

图 11-19

Step 04 按空格键完成输入，选中艺术字文本框，拖动鼠标左键，将艺术字移动到合适位置，如图 11-20 所示。

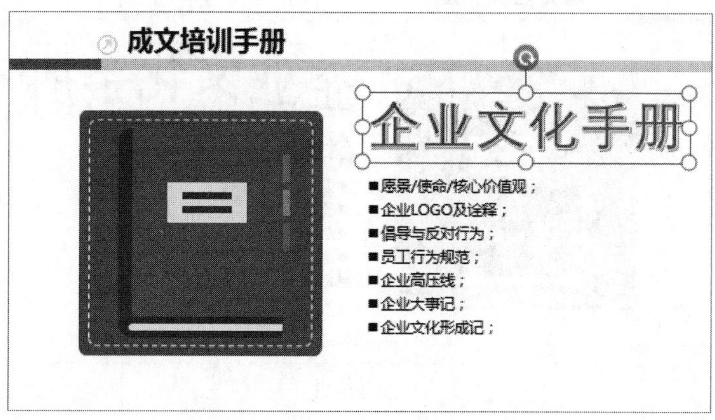

图 11-20

11.3.2　编辑艺术字

	实例文件保存路径：配套素材 \ 第 11 章 \ 实例 8
	实例效果文件名称：编辑艺术字 .pptx

在幻灯片中插入艺术字后，就可以编辑艺术字的字体、字号、填充颜色等内容了，下面详细介绍在幻灯片中编辑艺术字的操作方法。

Step 01 打开名为“企业文化培训”的素材文件，选中第 5 张幻灯片，选中艺术字文本框，在“文本工具”选项卡中单击“文本填充”下拉按钮，在弹出的艺术字库中选择一种颜色，如图 11-21 所示。

Step 02 单击“文本效果”下拉按钮，在弹出的选项中选择“转换”→“倒 V 形”样式，如图 11-22 所示。

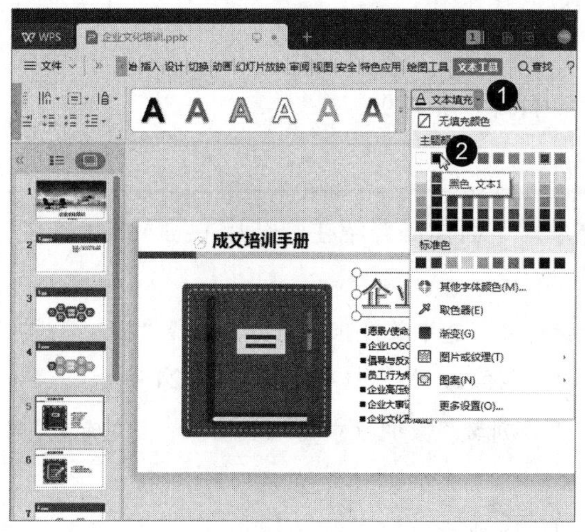

图 11-21

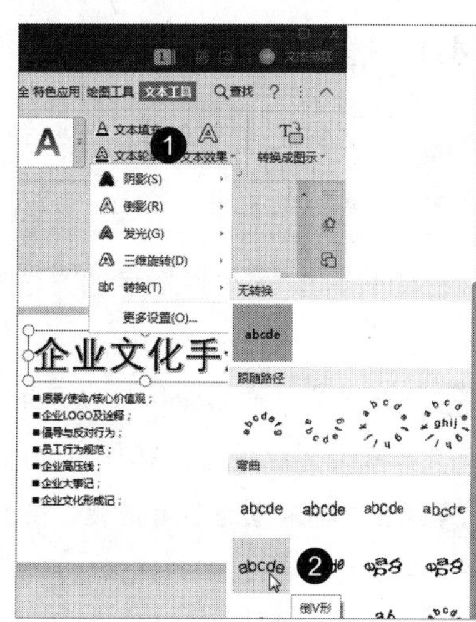

图 11-22

Step 03 通过以上步骤即可完成编辑艺术字的操作，如图 11-23 所示。

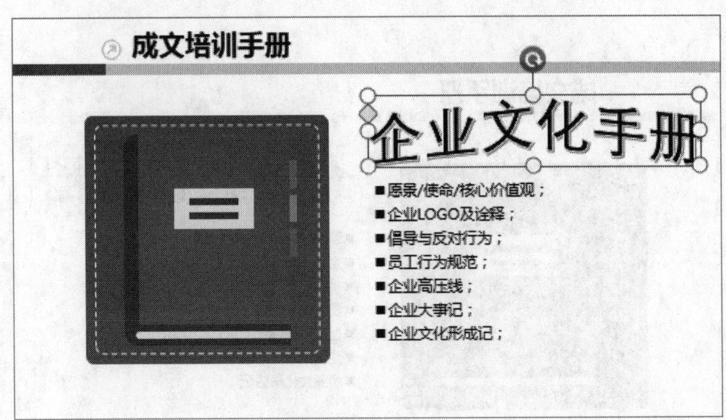

图 11-23

知识常识

在幻灯片中，如果用户对应用的文本效果不满意，则可以选中艺术字文本框，在文本框右侧会出现“转换”按钮，单击该按钮，在打开的列表中重新选择所需要的文本转换效果。选中的艺术字文本框右侧一共会出现 3 个按钮，分别是“艺术字库”按钮、“转换”按钮和“云字体”按钮

11.4 插入与编辑表格

在 WPS 演示软件中插入并编辑表格的操作与在 WPS 文字软件中插入并编辑表格的方法大致相同。在 WPS 演示软件中插入表格能使演示文稿更丰富且直观。在插入表格后，还需要对其进行编辑，使其与演示文稿的主题相符。

11.4.1 插入表格

	实例文件保存路径：配套素材 \ 第 11 章 \ 实例 9
	实例效果文件名称：插入表格 .pptx

在幻灯片中插入艺术字的方法非常简单，下面详细介绍在幻灯片中插入艺术字的操作方法。

Step 01 打开名为“产品营销推广方案”的素材文件，选中第 9 张幻灯片，选择“插入”选项卡，单击“表格”下拉按钮，在弹出的选项中选择“插入表格”选项，如图 11-24 所示。

Step 02 弹出“插入表格”对话框，在“行数”和“列数”微调框中输入数值，单击“确定”按钮，如图 11-25 所示。

Step 03 此时幻灯片中已经插入了表格，如图 11-26 所示。

图 11-24

图 11-25

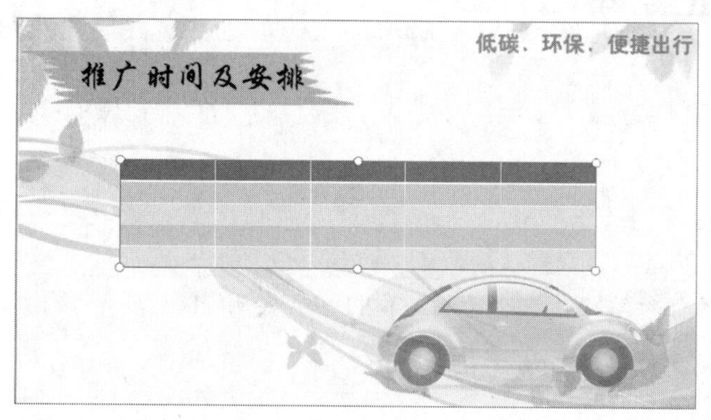

图 11-26

11.4.2　设置表格样式

	实例文件保存路径：配套素材\第 11 章\实例 10
	实例效果文件名称：设置表格样式 .pptx

在幻灯片中插入表格后，可以根据需要设置表格的样式，使其与整个演示文稿的颜色风格相统一，下面详细介绍设置表格样式的操作方法。

Step 01 打开名为“产品营销推广方案”的素材文件，选中第 9 张幻灯片，选中表格，选择“表格样式”选项卡，单击“表格样式”下拉按钮，在弹出的样式库中选择一种样式，如图 11-27 所示。

Step 02 此时表格已经应用了样式，如图 11-28 所示。

知识常识

在幻灯片中选择表格中的单元格，选择“表格样式”选项卡，单击“填充”下拉按钮，在弹出的选项中可以为单元格设置渐变、图案、图片或纹理等效果；选中整个表格，在“表格样式”选项卡中单击“填充”下拉按钮，可以为表格设置填充颜色。

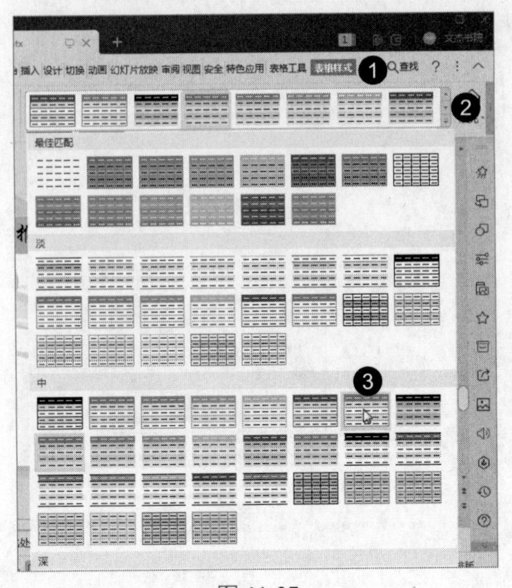

图 11-27

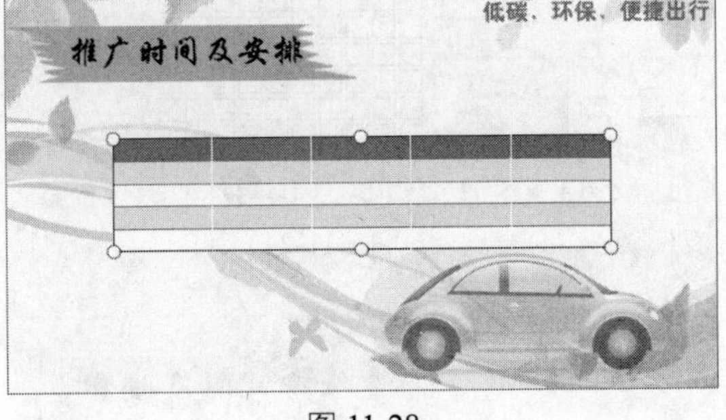

图 11-28

11.4.3 编辑表格

	实例文件保存路径：配套素材\第 11 章\实例 11
	实例效果文件名称：编辑表格 .pptx

设置完表格样式后，就可以编辑表格内容了，包括输入文本，设置文本字体格式，调整表格列宽等，下面详细介绍编辑表格的操作方法。

Step 01 打开名为“产品营销推广方案”的素材文件，选中第 9 张幻灯片，选中表格，将鼠标指针移动到列边框上，当指针变为左右方向的箭头的，向左拖动，调整表格的列宽，如图 11-29 所示。

Step 02 在表格中输入文本，如图 11-30 所示。

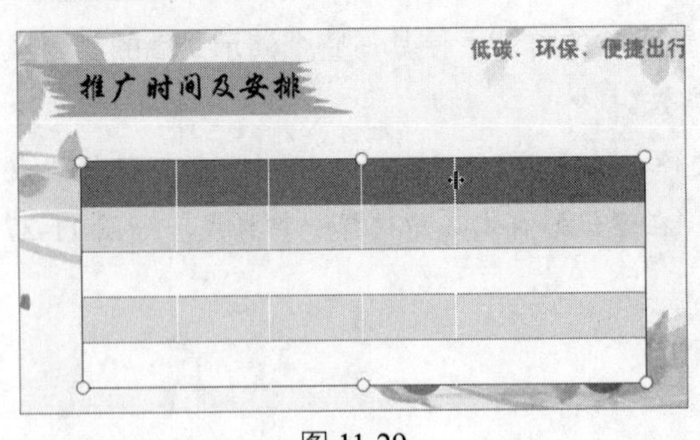

图 11-29

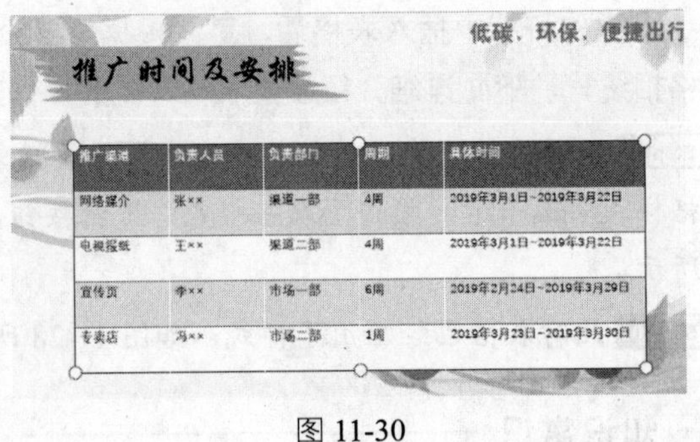

图 11-30

Step 03 设置表格行标题的字体、字号为“华文楷体，20”，表格正文的字体、字号为“楷体，14”，如图 11-31 所示。

Step 04 选中所有表格中的文本，在“表格工具”选项卡中单击“水平居中”按钮，如图 11-32 所示。

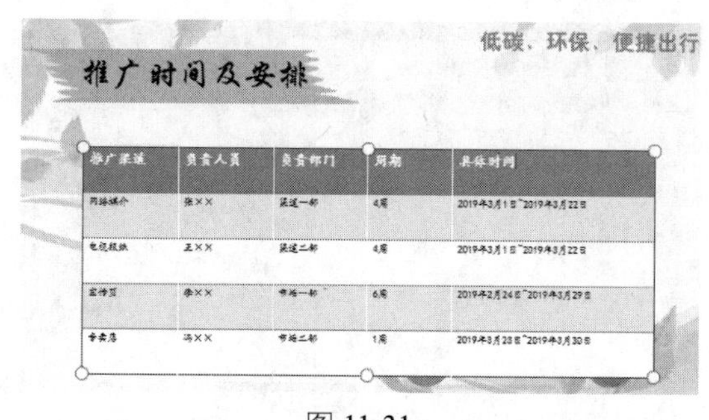

图 11-31

Step 05 此时文本已经水平居中显示，再单击“居中对齐”按钮，通过以上步骤即可完成编辑表格的操作，如图 11-33 所示。

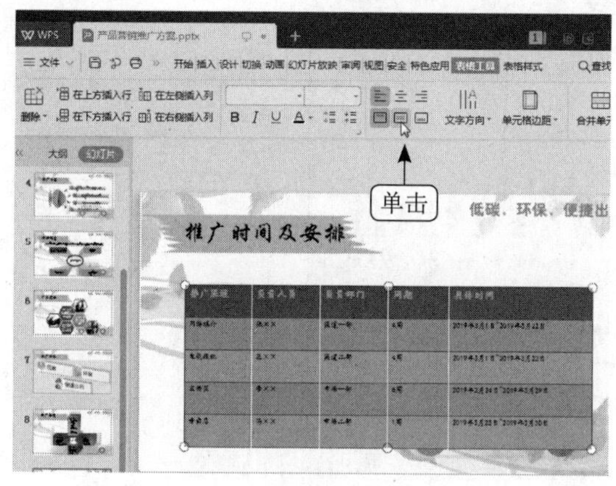

图 11-32

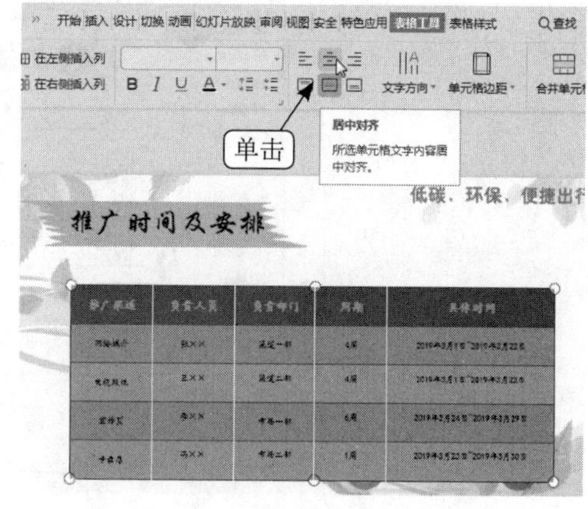

图 11-33

11.5　插入与编辑图表

当制作的演示文稿中需要用到数据时，简单的表格将显得太过单调，此时就需要在幻灯片中插入不可或缺的图表元素。常用的图表有柱形图、饼图和折线图等。本节将介绍在演示文稿中插入和编辑图表的相关知识。

11.5.1　插入图表

	实例文件保存路径：配套素材 \ 第 11 章 \ 实例 12
	实例效果文件名称：插入图表 .pptx

在幻灯片中插入图表的方法非常简单，下面详细介绍在幻灯片中插入图表的方法。

Step 01 打开名为“产品营销推广方案”的素材文件，选中第 10 张幻灯片，选择“插入”选项卡，单击“图表”按钮，如图 11-34 所示。

Step 02 弹出“插入图表”对话框，选择“柱形图”选项卡，选择“簇状柱形图”选项，选择一种图表样式，单击“插入”按钮，如图 11-35 所示。

Step 03 幻灯片中已经插入了图表，如图 11-36 所示。

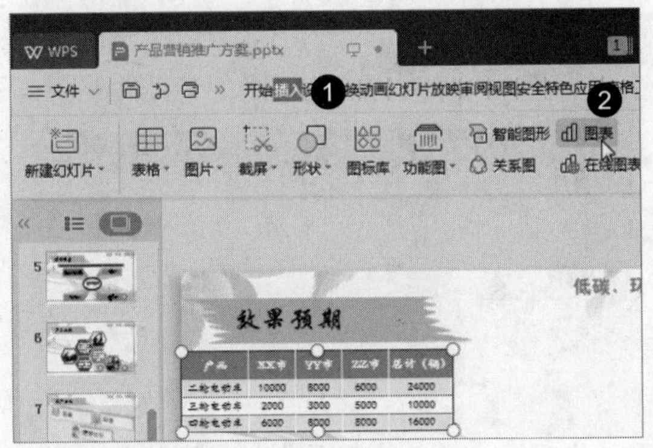

图 11-34

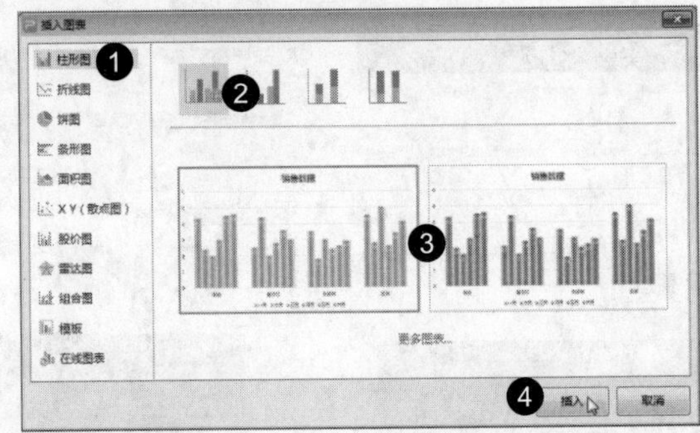

图 11-35

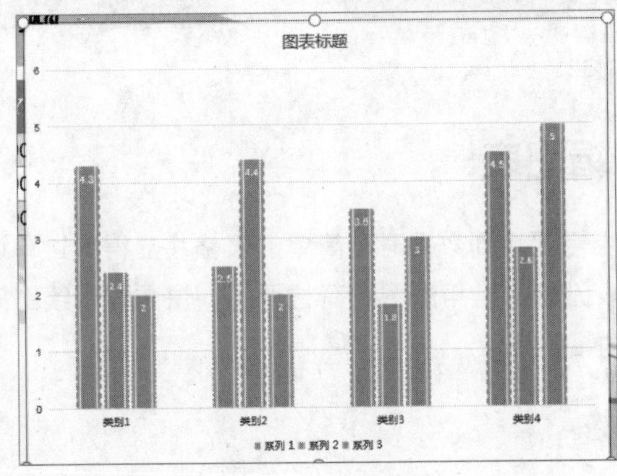

图 11-36

11.5.2 编辑图表元素

	实例文件保存路径：配套素材\第 11 章\实例 13
	实例效果文件名称：编辑图表元素 .pptx

在幻灯片中插入图表后，就可以编辑图表元素了，下面详细介绍在幻灯片中编辑图表元素的方法。

Step 01 打开名为“产品营销推广方案”的素材文件，选中第 10 张幻灯片，选中图表，在“图表工具”选项卡中单击“添加元素”下拉按钮，在弹出的选项中选择“数据标签”→“数据标签外”选项，如图 11-37 所示。

Step 02 在“图表工具”选项卡中单击“添加元素”下拉按钮，在弹出的选项中选择“数据表”→“显示图例项标示”选项，如图 11-38 所示。

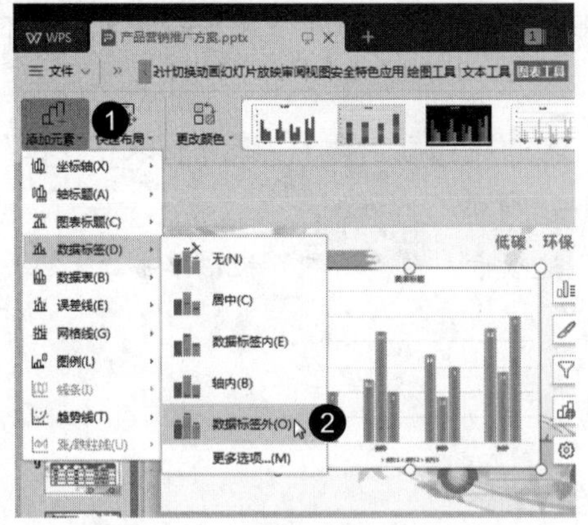

图 11-37

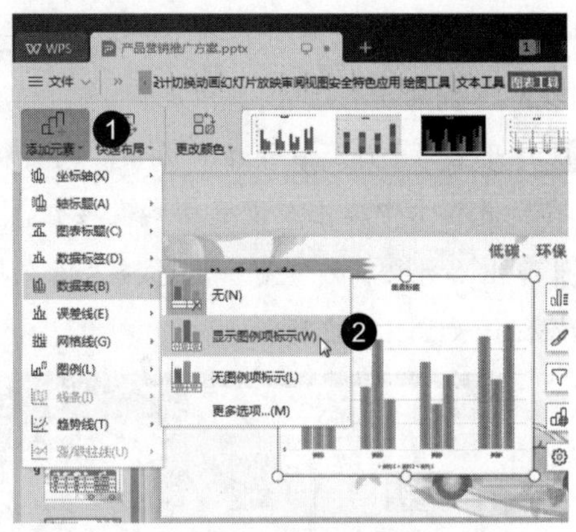

图 11-38

Step 03 查看添加了数据表和数据标签的图表效果，选中图表标题，输入新标题，如图 11-39 所示。

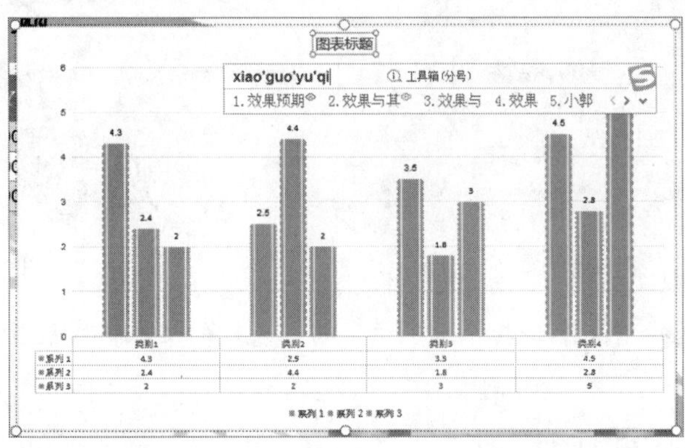

图 11-39

Step 04 按下空格键完成标题的输入，通过以上步骤即可完成编辑图表元素的操作，如图 11-40 所示。

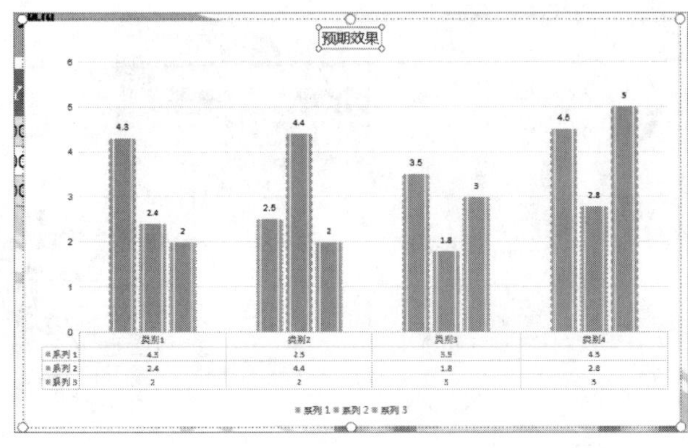

图 11-40

11.5.3 设置图表样式

实例文件保存路径：配套素材 \ 第 11 章 \ 实例 14
实例效果文件名称：设置图表样式 .pptx

用户还可以对图表中的各个元素进行自定义填充颜色、设置边框样式及形状效果，下面介绍设置图表样式的方法。

Step 01 打开名为“产品营销推广方案”的素材文件，选中第 10 张幻灯片，选中图表区，在“图表工具”选项卡中单击“设置格式”按钮，如图 11-41 所示。

Step 02 弹出“对象属性”窗口，选择“填充与线条”选项卡，在“填充”栏中单击“无填充”单选按钮，如图 11-42 所示。

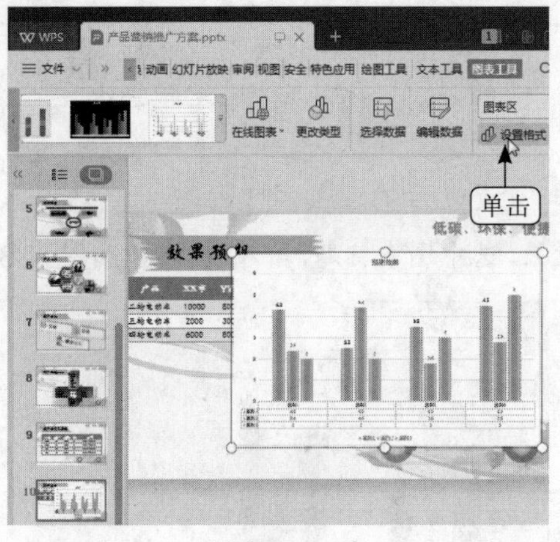

图 11-41

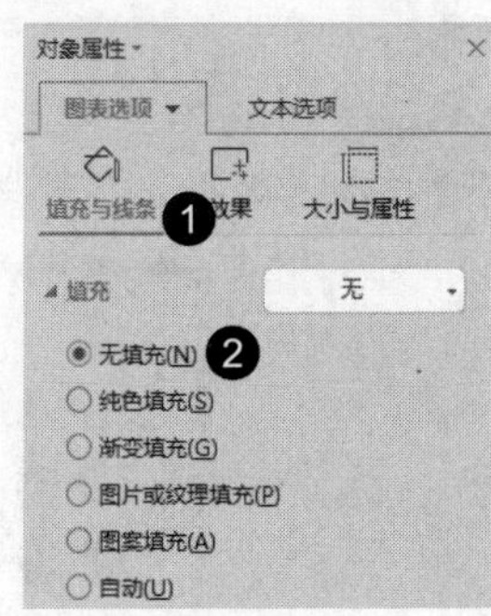

图 11-42

Step 03 选中图表区，选择“文本工具”选项卡，将图表中的文本格式设置为“微软雅黑”，如图 11-43 所示。

Step 04 图表最后的效果如图 11-44 所示。

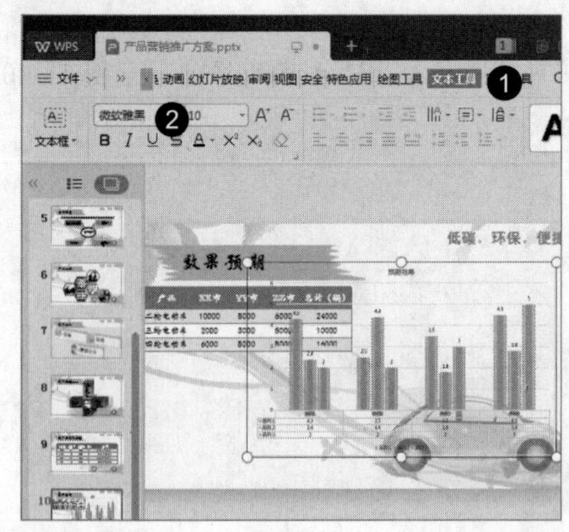

图 11-43

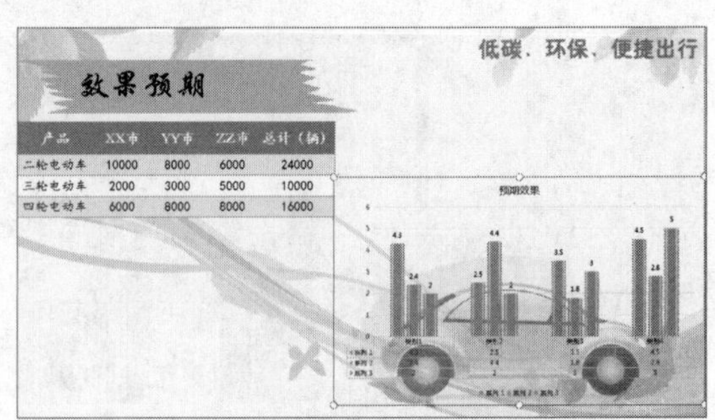

图 11-44

知识常识

在幻灯片中插入图表后，单击“图表工具”选项卡中的“快速布局”按钮，在打开的列表中选择任意一种布局，可以快速更改图表的整体布局；单击“更改颜色”下拉按钮，在弹出的颜色库中选择任意一种颜色搭配，可以改变图表的整体颜色。

11.6　新手进阶

本节将介绍一些编辑与美化幻灯片的技巧供用户学习，通过这些技巧，用户可以更进一步掌握编辑与美化幻灯片的方法，包括快速替换图片、遮挡图片、设置图片边框、设置图片轮廓和阴影效果以及给幻灯片添加批注等内容。

10.6.1　快速替换图片

实例文件保存路径：配套素材\第 11 章\实例 15
实例效果文件名称：快速替换图片 .pptx

在制作演示文稿时，经常会利用以前制作好的演示文稿作为模板，通过修改文字和更换图片就能快速制作出新的演示文稿，但在更换图片的过程中，有些图片已经编辑得非常精美，更换图片后，并不一定可以得到同样的效果，此时就需要通过快速替换图片的方法来替换图片，只是替换图片，而图片的质感、样式和位置都与原图片保持一致，下面介绍具体操作方法。

Step 01 打开名为“企业文化培训”的素材文件，选中第 2 张幻灯片，选中图片，在“图片工具”选项卡中单击“更改图片”按钮，如图 11-45 所示。

图 11-45

Step 02 弹出“更改图片”对话框，选择图片所在位置，选择图片，单击“打开”按钮，如图 11-46 所示。

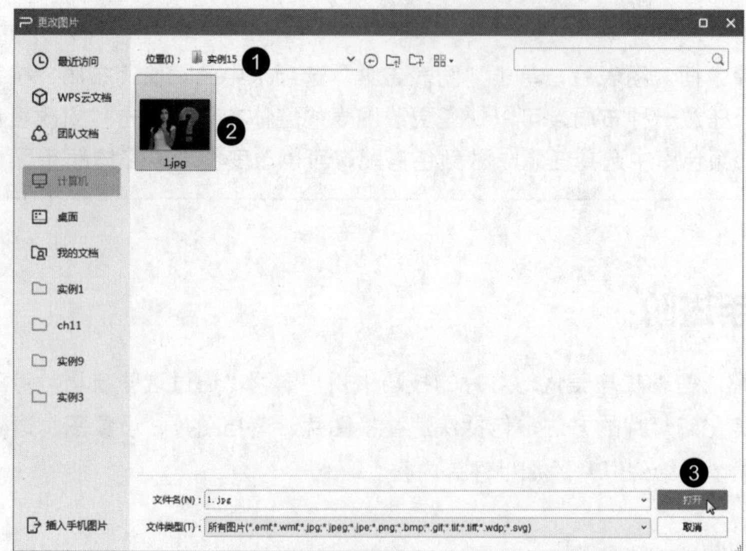

图 11-46

Step 03 通过以上步骤即可完成快速替换图片的操作，如图 11-47 所示。

图 11-47

11.6.2 遮挡图片

	实例文件保存路径：配套素材\第 11 章\实例 16
	实例效果文件名称：遮挡图片 .pptx

遮挡图片类似于裁剪图片，裁剪图片和遮挡图片都只保留图片的一部分内容，不同的是遮挡图片是利用形状来替换图片的一部分内容。下面介绍遮挡图片的方法。

Step 01 新建空白演示文稿，选择“插入”选项卡，单击“图片”下拉按钮，在弹出的选项中选择“本地图片”选项，如图 11-48 所示。

Step 02 弹出“插入图片”对话框，选择图片所在位置，选择图片，单击“打开”按钮，如图 11-49 所示。

Step 03 图片已经插入到幻灯片中，调整图片大小，使其完全覆盖幻灯片，如图 11-50 所示。

Step 04 选择“插入”选项卡，单击“形状”下拉按钮，在弹出的形状库中选择“流程图：延期”选项，如图 11-51 所示。

图 11-48

图 11-49

图 11-50

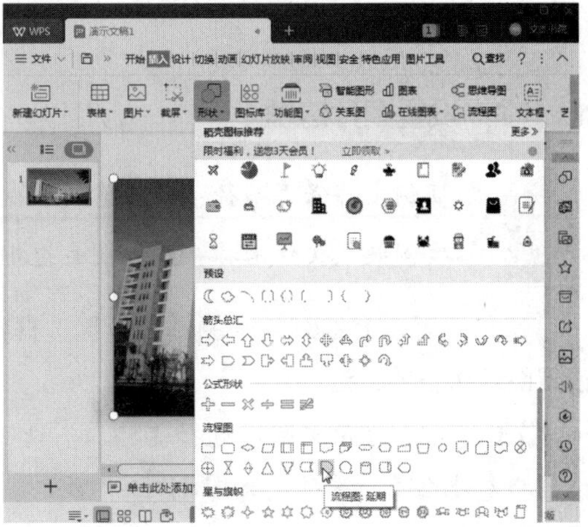

图 11-51

Step 05 拖动鼠标在幻灯片中绘制一个图形，如图 11-52 所示。

Step 06 选中图形，在“绘图工具”选项卡中单击“形状样式”下拉按钮，在弹出的样式库中选择一种样式，如图 11-53 所示。

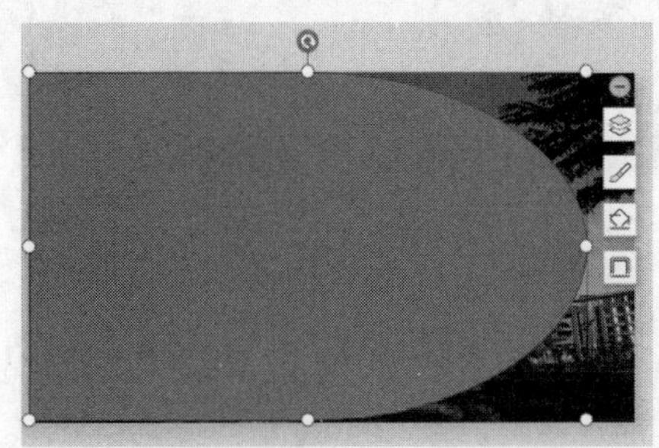

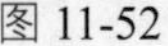

图 11-52

图 11-53

Step 07 此时绘制的图形已经引用了形状样式，如图 11-54 所示。

Step 08 在幻灯片中添加艺术字，通过以上步骤即可完成遮挡图片的操作，如图 11-55 所示。

图 11-54

图 11-55

11.6.3 设置图片边框

	实例文件保存路径：配套素材 \ 第 11 章 \ 实例 17
	实例效果文件名称：设置图片边框 .pptx

用户还可以为幻灯片中的图片设置边框样式，设置图片边框的方法非常简单，下面介绍设置图片边框的方法。

Step 01 新建空白演示文稿，选择“插入”选项卡，单击“图片”下拉按钮，在弹出的选项中选择“本地图片”选项，如图 11-56 所示。

Step 02 弹出“插入图片”对话框，选择图片所在位置，选择图片，单击“打开”按钮，如图 11-57 所示。

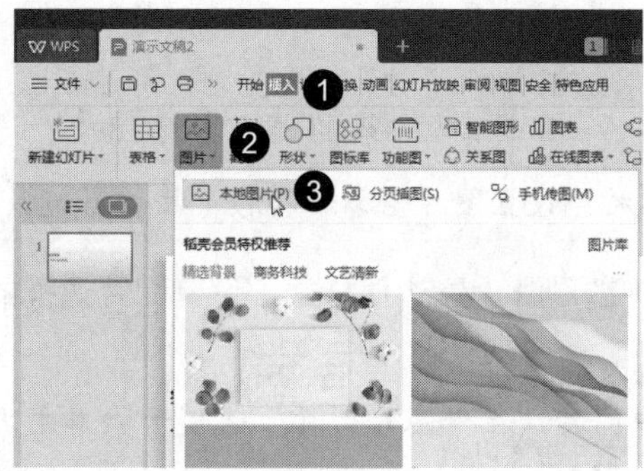

图 11-56

图 11-57

Step 03 图片已经插入到幻灯片中，单击图片右侧的“图片边框”按钮，在弹出的边框库中选择一种边框，如图 11-58 所示。

Step 04 通过以上步骤即可完成给图片添加边框的操作，如图 11-59 所示。

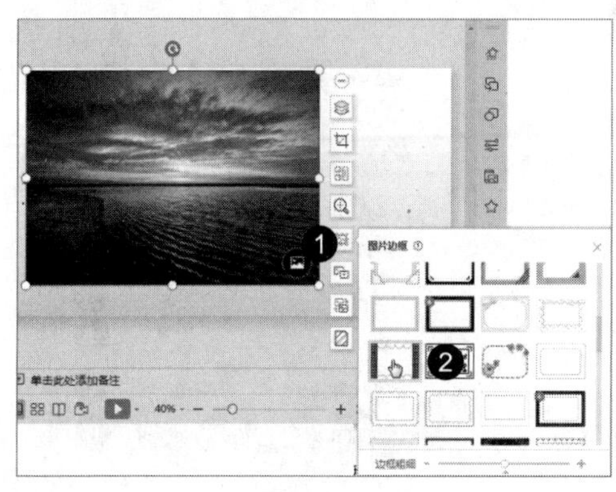

图 11-58

图 11-59

11.6.4 设置图片轮廓和阴影

实例文件保存路径：配套素材\第 11 章\实例 18

实例效果文件名称：设置图片轮廓和阴影（效果）.pptx

用户还可以为幻灯片中的图片设置边框样式，设置图片边框的方法非常简单，下面介绍设置图片边框的方法。

Step 01 打开素材文件，选中图片，在“图片工具”选项卡中单击“图片轮廓”下拉按钮，在弹出的选项中选择“虚线线型”→“方点”选项，如图 11-60 所示。

Step 02 可以看到图片的四周已经添加了虚线轮廓，如图 11-61 所示。

图 11-60

图 11-61

Step 03 选中图片，在“图片工具”选项卡中单击“图片效果”下拉按钮，在弹出的选项中选择“更多设置”选项，如图 11-62 所示。

Step 04 弹出“对象属性”对话框，在“效果”选项卡的“阴影”列表中选择“外部”→“左上斜偏移”选项，“颜色”为黑色，“透明度”为 60%，“大小”为 102%，“模糊”为 6 磅，“距离”为 9 磅，如图 11-63 所示。

图 11-62

图 11-63

Step 05 查看添加的阴影效果，通过以上步骤即可完成设置图片轮廓和阴影的操作，如图 11-64 所示。

图 11-64

11.6.5　给幻灯片添加批注

实例文件保存路径：配套素材 \ 第 11 章 \ 实例 19
实例效果文件名称：给幻灯片添加批注 .pptx

审阅他人的演示文稿时，可以利用批注功能提出修改意见，下面介绍给幻灯片添加批注的方法。

Step 01 打开素材文件，选中第 1 张幻灯片，选择“审阅”选项卡，单击“插入批注”按钮，如图 11-65 所示。

Step 02 此时幻灯片中已经插入了一个空白批注框 A1，使用输入法输入内容，如图 11-66 所示。

图 11-65

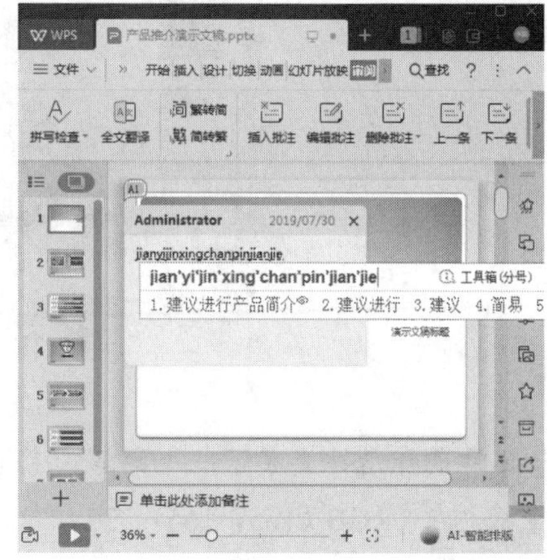

图 11-66

Step 03 按下空格键完成输入，单击幻灯片任意位置，批注框被隐藏，如果想要查看批注，单击“A1”标签即可展开批注内容，如图 11-67 所示。

图 11-67

11.6.6 使用取色器匹配幻灯片中的颜色

实例文件保存路径：配套素材\第 11 章\实例 20
实例效果文件名称：使用取色器匹配幻灯片中的颜色 .pptx

WPS 演示提供“取色器”功能，用户可以从幻灯片中的图片、形状等元素中提取颜色，将提取的各种颜色应用到幻灯片元素中，下面介绍使用取色器匹配幻灯片中颜色的方法。

Step 01 打开名为“商业项目计划”的素材文件，选中第 3 张幻灯片，选中图片，在“开始”选项卡中单击“填充”下拉按钮，在弹出的选项中选择“取色器”选项，如图 11-68 所示。

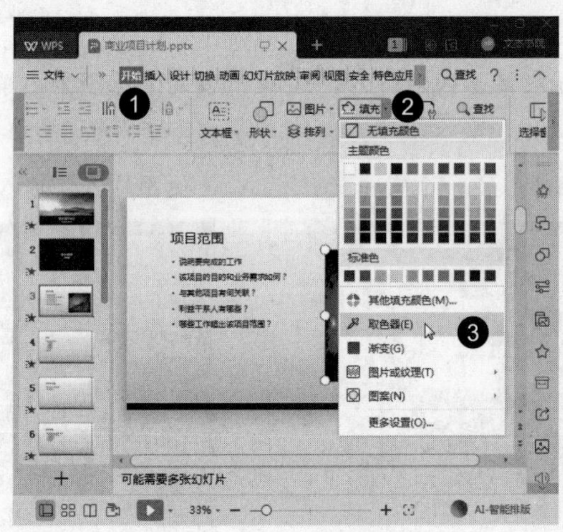

图 11-68

Step 02 此时鼠标指针变成了一个画笔，移动鼠标指针即可查看颜色的实时预览，并显示 RGB 颜色坐标，在“RGB（165，165，227）”处单击，即可将选中的颜色添加到“最近使用的颜色”列表中，如图 11-69 所示。

Step 03 选中标题文本框，选择“开始”选项卡，单击“填充”下拉按钮，在弹出的选项中选择“最近使用颜色”下刚刚提取的颜色，如图 11-70 所示。

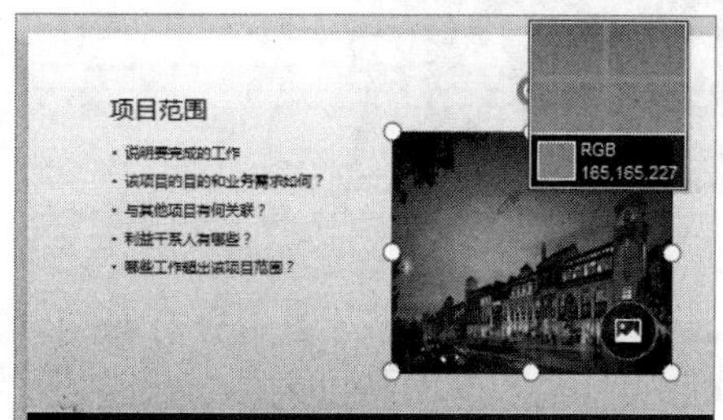

图 11-69

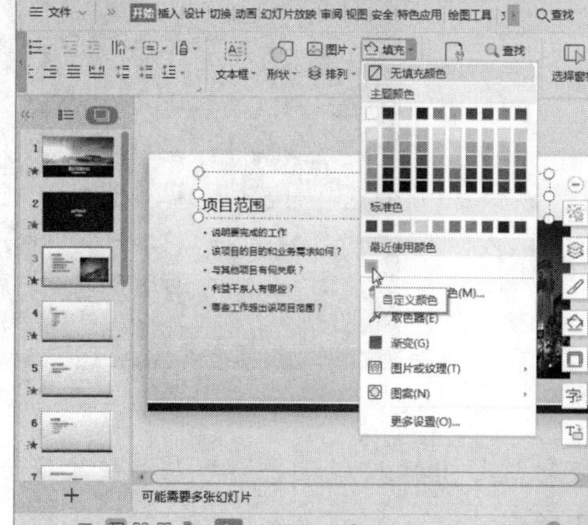

图 11-70

Step 04 此时文本框已经被颜色填充，通过以上步骤即可完成使用提取器匹配幻灯片中颜色的操作，如图 11-71 所示。

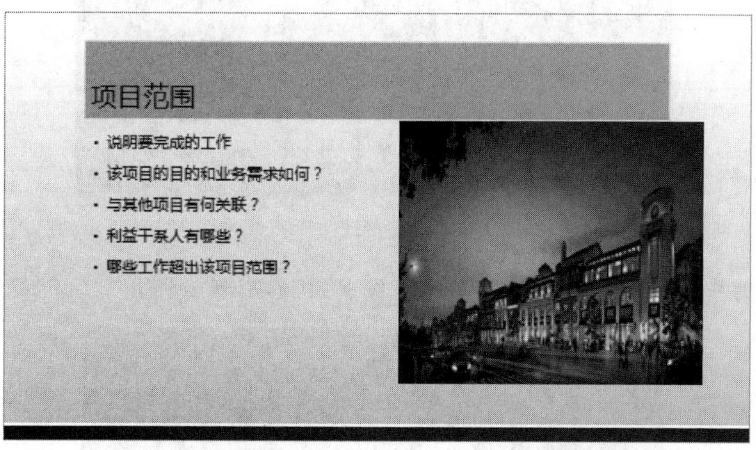

图 11-71

11.7　应用案例——制作“企业发展战略”演示文稿

在制作“企业发展战略”演示文稿时，可以使用形状、图表等来表达幻灯片的内容，不仅使幻灯片内容更丰富，还可以更直观地展示数据。下面就以设计制作“企业发展战略”演示文稿为例进行介绍，具体操作步骤如下。

	实例文件保存路径：配套素材\第 11 章\实例 21
	实例效果文件名称：企业发展战略 .pptx

Step 01 新建空白演示文稿并进行保存，自定义模板，如图 11-72 所示。

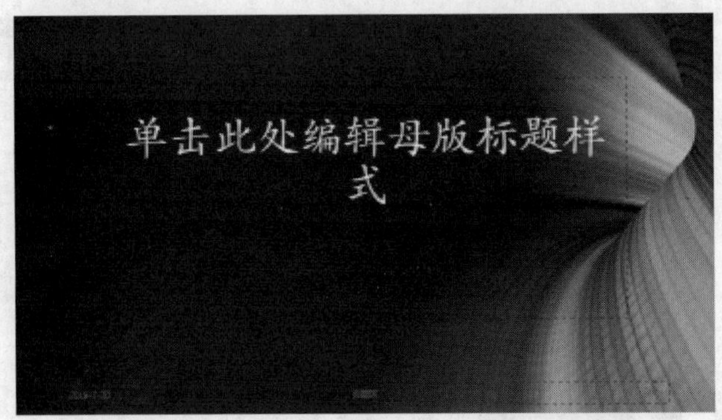

图 11-72

Step 02 在幻灯片中插入形状并为形状填充颜色，在图形上添加文字，对图形进行排列，如图 11-73 所示。

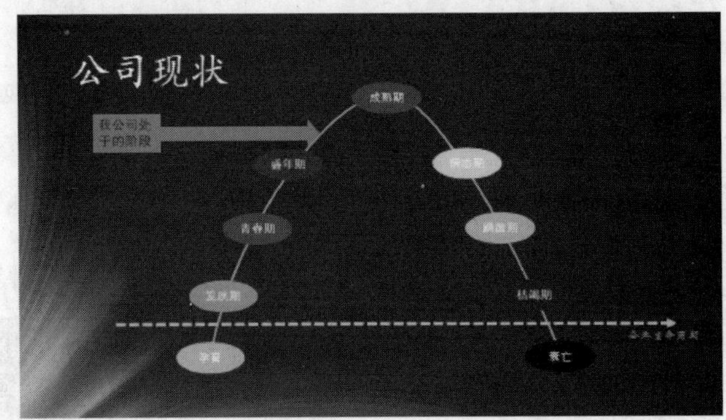

图 11-73

Step 03 在幻灯片中插入图表并进行编辑与美化，如图 11-74 所示。

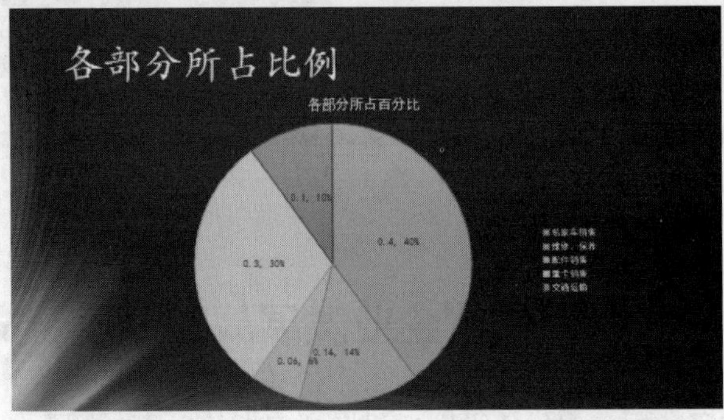

图 11-74

第 12 章 应用多媒体与制作动画

本章要点☆

- 创建和编辑超链接
- 添加音频
- 添加视频
- 设置幻灯片动画
- 设置幻灯片切换动画

本章主要内容☆

本章主要介绍了创建和编辑超链接、添加音频、添加视频和设置幻灯片动画方面的知识与技巧，同时还讲解了如何设置幻灯片切换动画，在本章的最后还针对实际的工作需求，讲解了超链接到网页、设置不断放映的动画效果、自定义动画路径、在母版中创建动画等内容。通过本章的学习，读者可以掌握在幻灯片中应用多媒体与制作动画方面的知识，为深入学习 WPS 2019 知识奠定基础。

12.1 创建和编辑超链接

为了在放映幻灯片时实现幻灯片的交互，可以通过 WPS 演示提供的超链接、动作、动作按钮和触发器等功能来进行设置。幻灯片之间的交互动画，主要是通过交互式按钮，改变幻灯片原有的放映顺序来实现。

12.1.1 链接到指定幻灯片

	实例文件保存路径：配套素材\第 12 章\实例 1
	实例效果文件名称：链接到指定幻灯片 .pptx

WPS 演示为用户提供了“超链接”功能，可以将一张幻灯片中的文本框、图片、图形等元素连接到另一张幻灯片，实现幻灯片的快速切换。

Step 01 打开名为“销售培训课件”的演示文稿，选中第 7 张幻灯片，右击图片，在弹出的快捷菜单中选择“超链接”菜单项，如图 12-1 所示。

Step 02 弹出“插入超链接”对话框，在“链接到”列表中单击“本文当中的位置”按钮，在“请选择文档中的位置”列表框中选择“10. 幻灯片 10”选项，单击“确定”按钮，如图 12-2 所示。

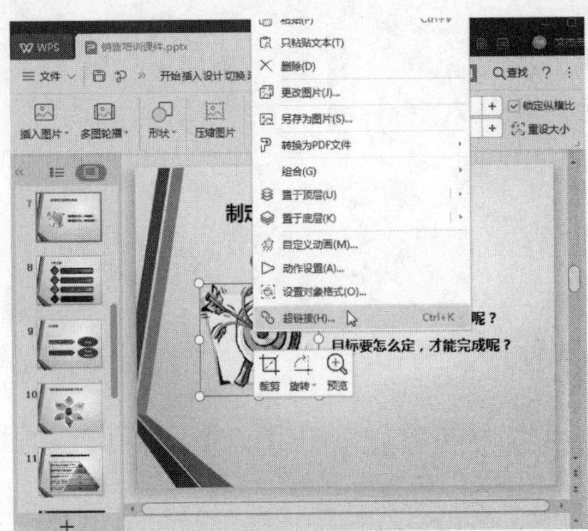

图 12-1

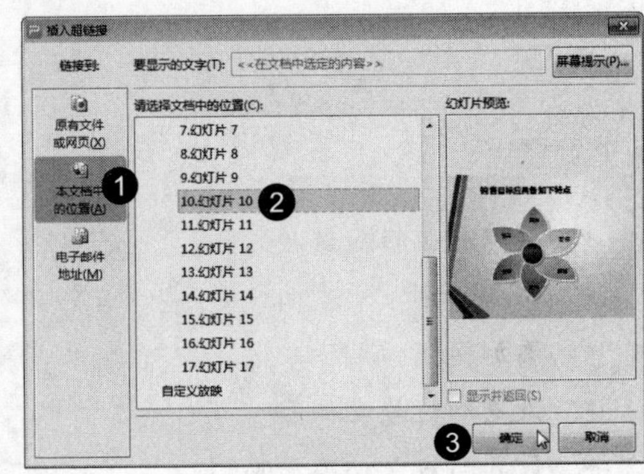

图 12-2

Step 03 此时已经为图片添加了超链接，选择“幻灯片放映”选项卡，单击“从当前开始”按钮，如图 12-3 所示。

Step 04 此时幻灯片进入放映状态，并从当前幻灯片快开始放映，单击设置了超链接的图片，如图 12-4 所示。

图 12-3

图 12-4

Step 05 此时立刻切换到第 10 张幻灯片，如图 12-5 所示。

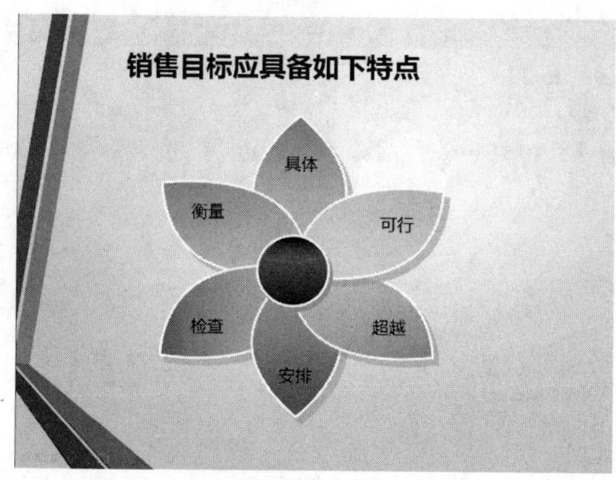

图 12-5

12.1.2　链接到其他文件

	实例文件保存路径：配套素材 \ 第 12 章 \ 实例 2
	实例效果文件名称：链接到其他文件 .pptx

WPS 演示为用户提供了“插入对象”功能，用户可以根据需要在幻灯片中嵌入 Word 文档、Excel 表格、演示文稿以及其他文件等。下面介绍将幻灯片链接到其他文件的操作方法。

Step 01 打开名为“销售培训课件”的演示文稿，选中第 9 张幻灯片，选择“插入”选项卡，单击“对象”按钮，如图 12-6 所示。

Step 02 弹出“插入对象”对话框，单击“由文件创建”单选按钮，再单击“浏览”按钮，如图 12-7 所示。

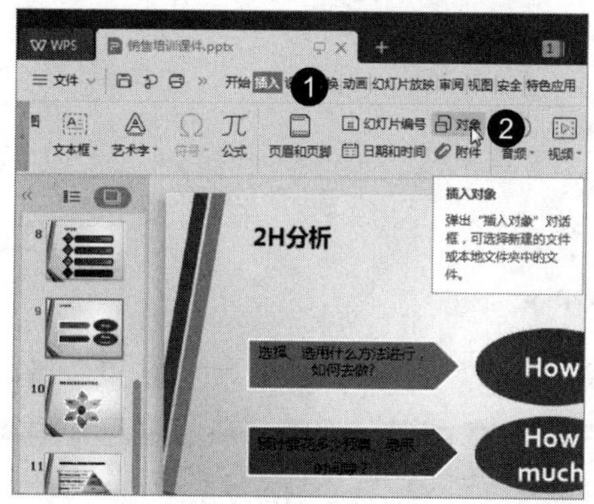

图 12-6

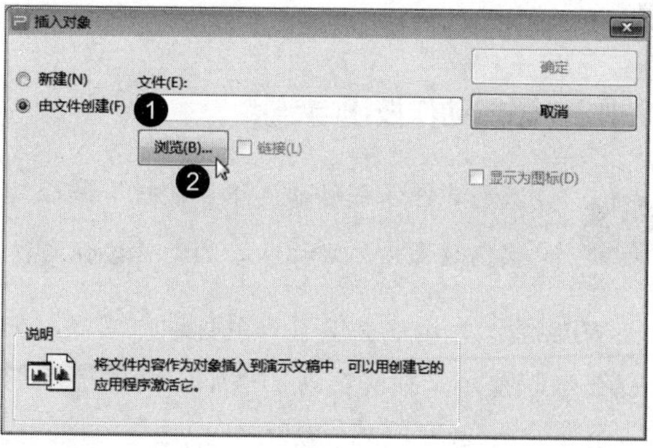

图 12-7

Step 03 弹出“浏览”对话框，选择文件所在位置，选中文件，单击“打开”按钮，如图 12-8 所示。

Step 04 返回“插入对象”对话框，勾选“显示为图标”复选框，勾选“链接”复选框，单击“确定”按钮，如图 12-9 所示。

Step 05 此时文档已经嵌入到幻灯片中，通过以上步骤即可完成链接到其他文件的操作，如图 12-10 所示。

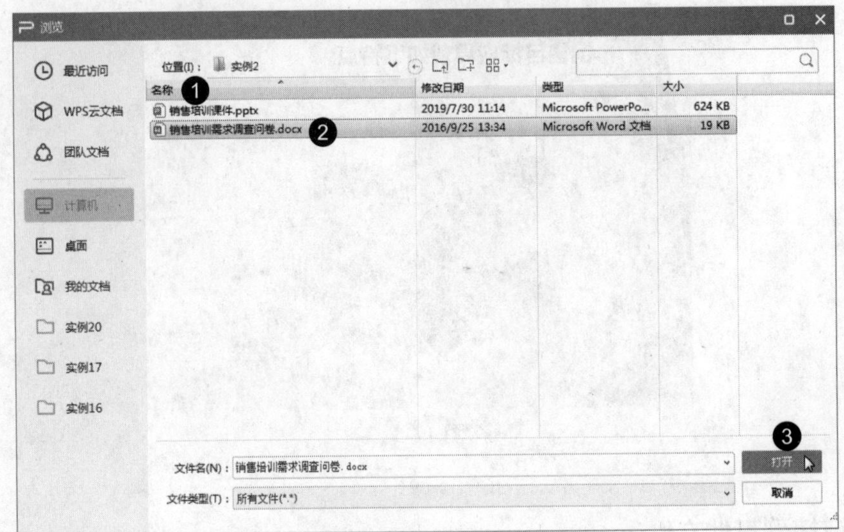

图 12-8

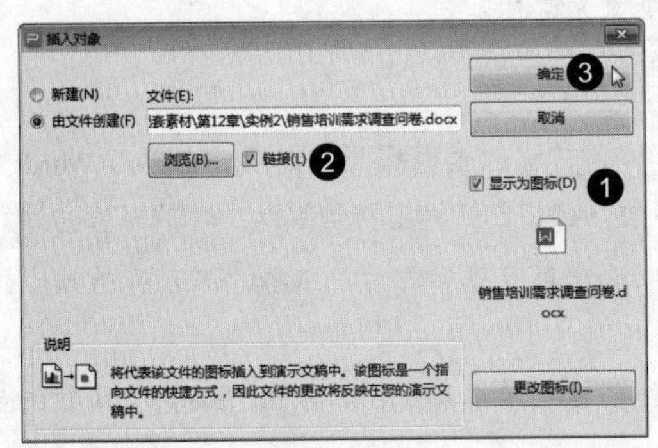

图 12-9

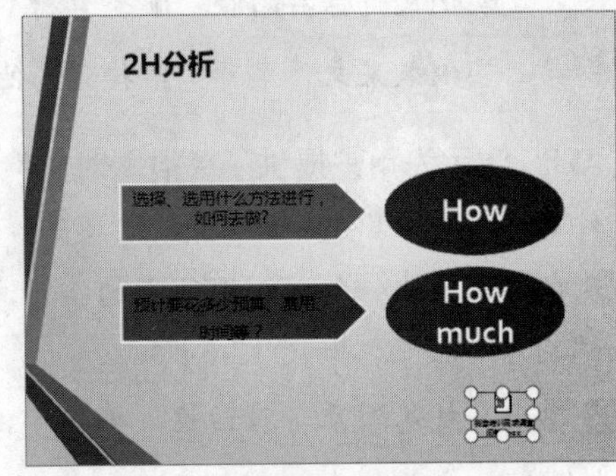

图 12-10

12.1.3 添加动作按钮与链接

	实例文件保存路径：配套素材\第 12 章\实例 3
	实例效果文件名称：添加动作按钮与链接 .pptx

WPS 演示为用户提供了一系列动作按钮，如“前进”“后退”“开始”和“结束”等，可以在放映演示文稿时快速切换幻灯片，控制幻灯片的上下翻页、视频、音频等元素的播放。下面介绍在幻灯片中添加动作按钮与链接的操作方法。

Step 01 打开名为“销售培训课件”的演示文稿，选中第 1 张幻灯片，选择“插入”选项卡，单击“形状”下拉按钮，在弹出的列表中选择“动作按钮：前进或下一项”选项，如图 12-11 所示。

Step 02 当鼠标指针变为十字形状时，拖动鼠标左键在幻灯片中绘制动作按钮，如图 12-12 所示。

Step 03 弹出“动作设置”对话框，单击“超链接到”单选按钮，选择下一张幻灯片选项，勾选“播放声音”复选框，选择“抽气”选项，单击“确定”按钮，如图 12-13 所示。

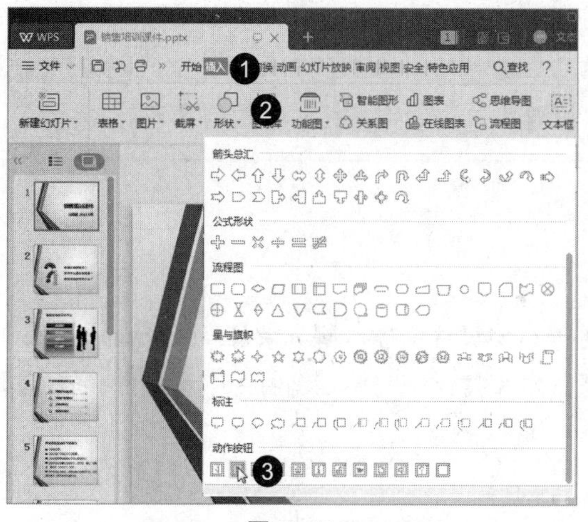

图 12-11

图 12-12

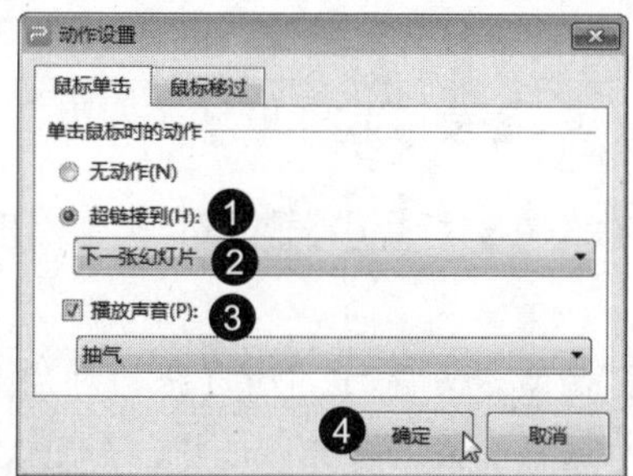

图 12-13

Step 04 返回到幻灯片，选择“绘图工具”选项卡，单击“形状样式”下拉按钮，在弹出的样式库中选择一种样式，如图 12-14 所示。

Step 05 通过以上步骤即可完成为幻灯片添加动作按钮与链接的操作，如图 12-15 所示。

图 12-14

图 12-15

知识常识

在“动作设置”对话框中勾选“播放声音”复选框，在下拉列表中还可以选择“其他声音”选项，可以将计算机中的音频文件设置为单击动作按钮时播放的声音。

12.2 添加音频

演示文稿并不是一个无声的世界，用户可以在幻灯片中插入解说录音、背景音乐等来介绍幻灯片中的内容，突出整个演示文稿的气氛。本节将详细介绍在幻灯片中添加并编辑音频的相关知识。

12.2.1 插入音频

	实例文件保存路径：配套素材\第 12 章\实例 4
	实例效果文件名称：插入音频 .pptx

在幻灯片中插入音频的方法与在幻灯片中插入图片类似，下面介绍在幻灯片中插入音频的方法。

Step 01 打开名为“企业文化培训”的演示文稿，选中第 1 张幻灯片，选择“插入”选项卡，单击“音频”下拉按钮，在弹出的选项中选择“嵌入音频”选项，如图 12-16 所示。

图 12-16

Step 02 弹出“插入音频”对话框，选择音频所在位置，选中音频文件，单击“打开”按钮，如图 12-17 所示。

Step 03 通过以上步骤即可完成插入音频的操作，如图 12-18 所示。

图 12-17

图 12-18

12.2.2　设置音频

实例文件保存路径：配套素材 \ 第 12 章 \ 实例 5
实例效果文件名称：裁剪与设置音频 .pptx

在幻灯片中插入音频的方法与在幻灯片中插入图片类似，下面介绍在幻灯片中插入音频的方法。

Step 01 打开名为“企业文化培训”的演示文稿，选中第 1 张幻灯片，选中音频图标，在“音频工具”选项卡中单击“音量”下拉按钮，在弹出的选项中选择“高”选项，如图 12-19 所示。

Step 02 保持音频图标的选中状态，单击“音频工具”选项卡中的“裁剪音频”按钮，如图 12-20 所示。

Step 03 弹出“裁剪音频”对话框，在“结束时间”微调框中输入“00:04”，单击“确定”按钮，如图 12-21 所示。

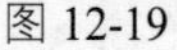
图 12-19

图 12-20

Step 04 在“淡出”文本框中输入“00.50”，即可完成对音频进行裁剪并设置的操作，如图 12-22 所示。

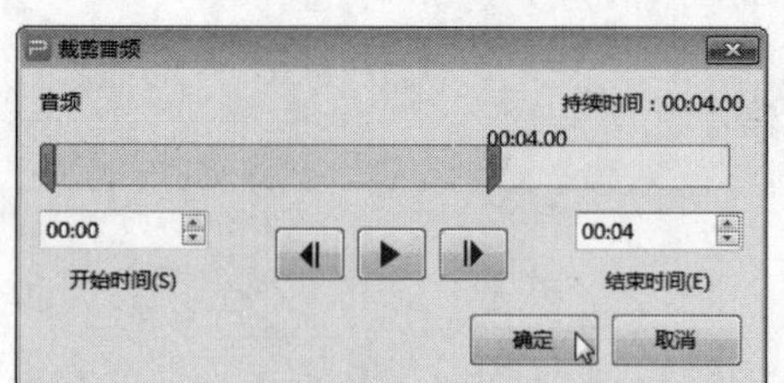

图 12-21

图 12-22

经验技巧

在“裁剪音频”对话框中，除了在“开始时间”和“结束时间”微调框中输入具体数值进行裁剪外，用户还可以拖动绿色滑块设置音频的开始时间；拖动红色滑块可以设置音频的结束时间。

12.3 添加视频

除了可以在幻灯片中插入音频，用户还可以在幻灯片中插入视频，在放映幻灯片时，便可以直接在幻灯片中放映影片，使得幻灯片更加丰富。本节将详细介绍在幻灯片中添加并编辑视频的相关知识。

12.3.1　插入视频

实例文件保存路径：配套素材\第 12 章\实例 6
实例效果文件名称：插入视频 .pptx

和插入音频类似，通常在幻灯片中插入的视频都是计算机中的视频文件，下面介绍在幻灯片中插入视频的方法。

Step 01 打开名为“企业文化培训”的演示文稿，选中第 11 张幻灯片，选择“插入”选项卡，单击“视频”下拉按钮，在弹出的选项中选择“嵌入本地视频”选项，如图 12-23 所示。

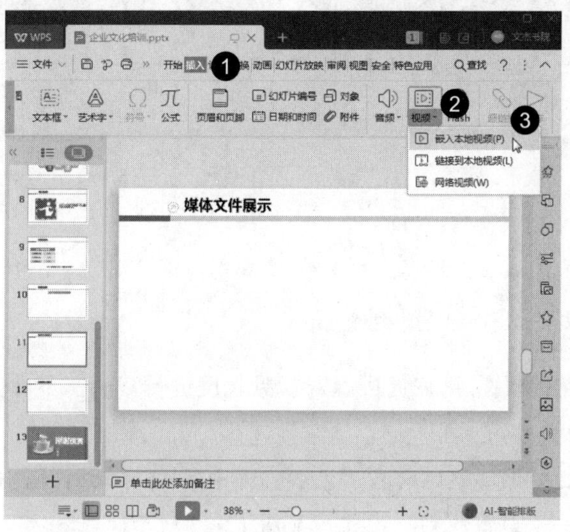

图 12-23

Step 02 弹出“插入视频”对话框，选择视频所在位置，选中视频文件，单击“打开”按钮，如图 12-24 所示。

图 12-24

Step 03 此时幻灯片中已经插入了视频文件，单击“播放”按钮，如图 12-25 所示。

Step 04 视频开始播放，并显示播放进度，如图 12-26 所示。

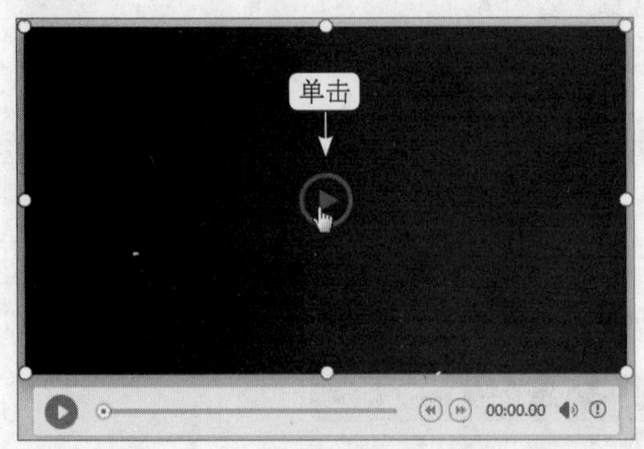

图 12-25

图 12-26

12.3.2 编辑视频

实例文件保存路径：配套素材\第 12 章\实例 7

实例效果文件名称：编辑视频 .pptx

在幻灯片中插入视频后，用户还可以对视频长度进行裁剪，下面介绍在幻灯片中编辑视频的方法。

Step 01 打开名为“企业文化培训”的演示文稿，选中第 11 张幻灯片，选中视频文件，在“视频工具”选项卡中单击“裁剪视频”按钮，如图 12-27 所示。

Step 02 弹出“裁剪视频”对话框，在视频进度条中拖动鼠标指针设置视频的“开始时间”和“结束时间”，单击“确定”按钮，如图 12-28 所示。

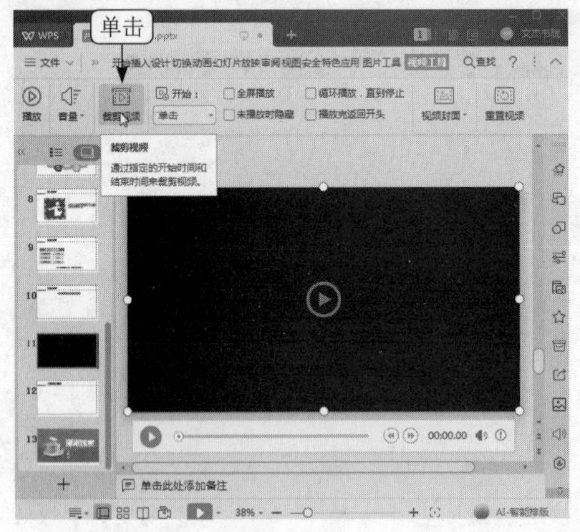

图 12-27

图 12-28

Step 03 保持视频的选中状态，单击“视频工具”选项卡中的“开始：”区域下方的“单击”下拉按钮，在弹出的选项中选择“自动”选项，即可将视频设置为自动播放，如图 12-29 所示。

Step 04 选择“图片工具”选项卡，单击“图片效果”下拉按钮，在弹出的选项中选择“发光”→“黑色，18pt 发光，着色 2”选项，如图 12-30 所示。

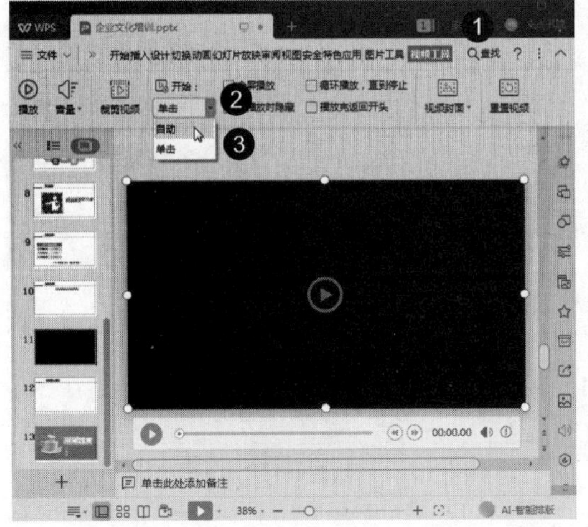

图 12-29

图 12-30

经验技巧

目前幻灯片中可插入的视频格式有 WMV、ASF、AVI、RM、RMVB、MOV 以及 MP4 等。

12.4　设置幻灯片动画

WPS 演示提供了强大的动画功能。使用带动画效果的幻灯片对象可以使演示文稿更加生动活泼，还可以控制信息演示流程并重点突出最关键的数据，帮助用户制作更具吸引力和说服力的动画效果。

12.4.1　进入动画

	实例文件保存路径：配套素材\第 12 章\实例 8
	实例效果文件名称：进入动画 .pptx

动画是演示文稿的精华，在动画中尤其以“进入动画”最为常用。“进入动画”可以实现多种对象从无到有、陆续展现的动画效果，主要包括“百叶窗”“擦除”“出现”“飞入”“盒状”“缓慢进入”“阶梯状”“菱形”“轮子”等数十种动画形式，下面以为幻灯片添加“飞入”动画效果为例，介绍进入动画的添加方法。

Step 01 打开名为“环保宣传片”的演示文稿，选择第 1 张幻灯片，选中标题文本框，选择“动画”选项卡，单击“自定义动画”按钮，如图 12-31 所示。

Step 02 打开“自定义动画”窗口，单击“添加效果”下拉按钮，在弹出的列表中选择“进入”

动画效果下的“飞入”选项，如图 12-32 所示。

图 12-31

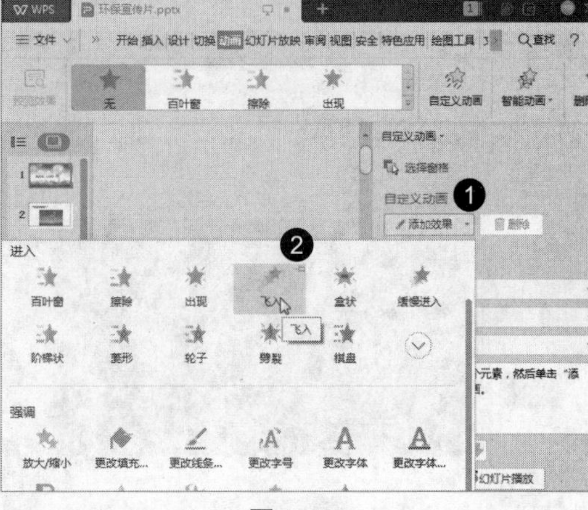

图 12-32

Step 03 单击“方向”下拉按钮，在弹出的选项中选择“自左侧”选项，如图 12-33 所示。

Step 04 单击“速度”下拉按钮，在弹出的选项中选择“中速”选项，如图 12-34 所示。

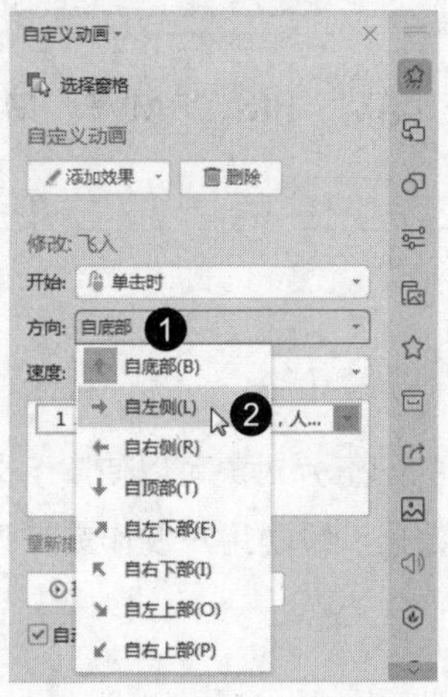

图 12-33

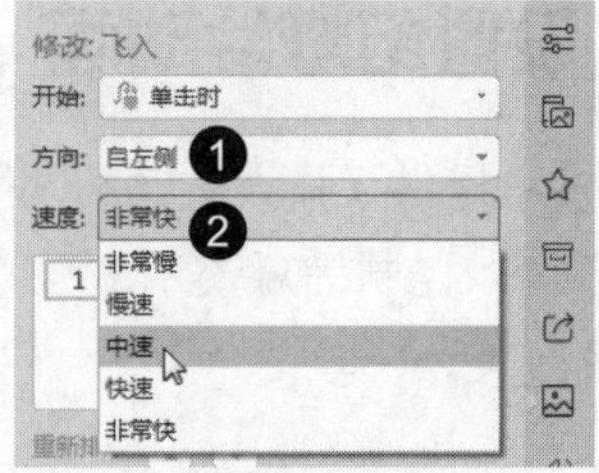

图 12-34

Step 05 设置好后关闭窗口，单击“预览效果”按钮，预览添加的“飞入”效果，如图 12-35 所示。

图 12-35

12.4.2　强调动画

实例文件保存路径：配套素材 \ 第 12 章 \ 实例 9
实例效果文件名称：强调动画 .pptx

“强调动画”是通过放大、缩小、闪烁、陀螺旋等方式突出显示对象和组合的一种动画，主要包括“放大 / 缩小”“变淡”“更改字号”“补色”“跷跷板”等数十种动画形式，下面以为幻灯片添加“跷跷板”动画效果为例，介绍强调动画的添加方法。

Step 01 打开名为“环保宣传片”的演示文稿，选择第 6 张幻灯片，选中图片，选择“动画”选项卡，单击“自定义动画”按钮，如图 12-36 所示。

Step 02 打开“自定义动画”窗口，单击“添加效果”下拉按钮，在弹出的列表中选择“强调”动画效果下的“跷跷板”选项，如图 12-37 所示。

图 12-36

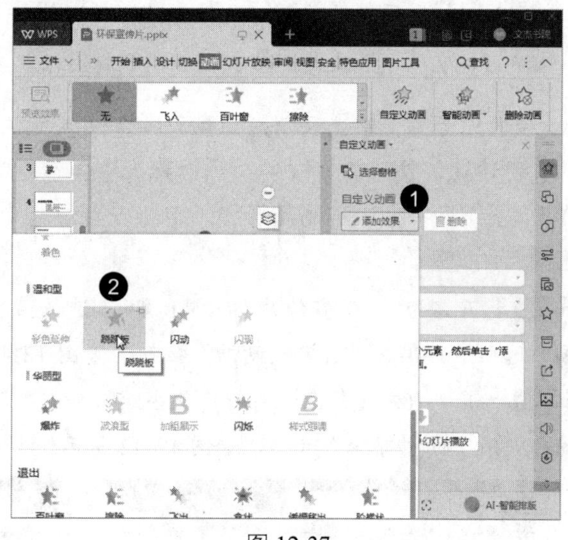

图 12-37

Step 03 单击“开始”下拉按钮，在弹出的选项中选择“之后”选项，如图 12-38 所示。

Step 04 单击“速度”下拉按钮，在弹出的选项中选择“非常快”选项，如图 12-39 所示。

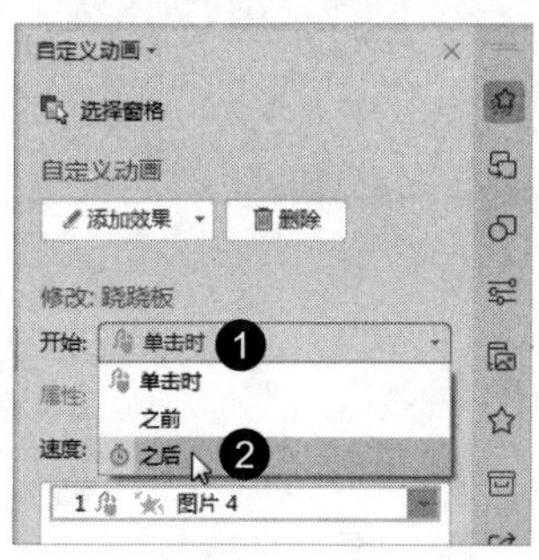

图 12-38

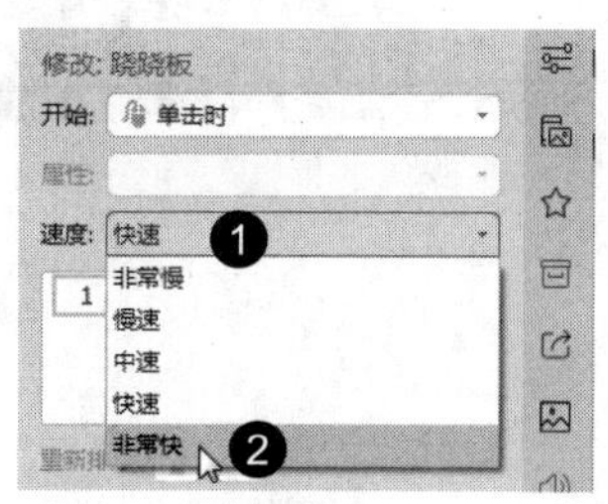

图 12-39

Step 05 设置好后关闭窗口，单击“预览效果”按钮，预览添加的“跷跷板”效果，如图 12-40 所示。

图 12-40

12.4.3 退出动画

	实例文件保存路径：配套素材 \ 第 12 章 \ 实例 10
	实例效果文件名称：退出动画 .pptx

“退出动画”是让对象从有到无、逐渐消失的一种动画效果。“退出动画”实现了换面的连贯过渡，是不可或缺的动画效果，主要包括“棋盘”“层叠”“渐变”“切出”“闪烁一次”“下沉”等数十种动画形式，下面以为幻灯片添加“擦除”动画效果为例，介绍退出动画的添加方法。

Step 01 打开名为“环保宣传片”的演示文稿，选择第 11 张幻灯片，选中左侧第 1 张图片，选择“动画”选项卡，单击“自定义动画”按钮，如图 12-41 所示。

Step 02 打开“自定义动画”窗口，单击“添加效果”下拉按钮，在弹出的列表中选择“退出”动画效果下的“擦除”选项，如图 12-42 所示。

图 12-41

图 12-42

Step 03 将“开始”设置为“之后”选项，“方向”设置为“自顶部”选项，“速度”设置为“快速”选项，如图 12-43 所示。

Step 04 选中第 2 张图片，添加“擦除”动画，将“开始”设置为“之后”选项，“方向”设置为“自底部”选项，“速度”设置为“快速”选项，如图 12-44 所示。

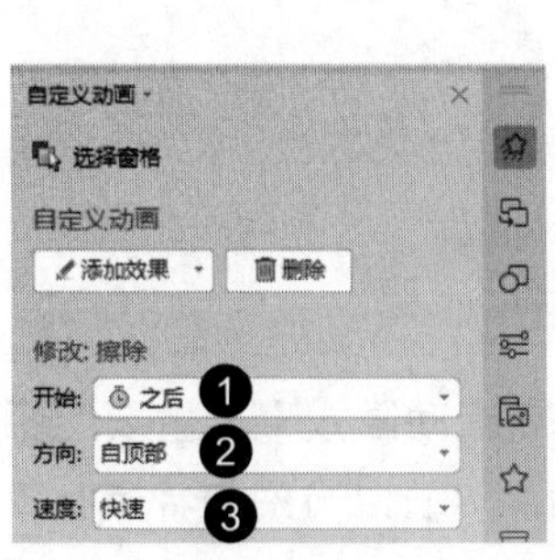

图 12-43

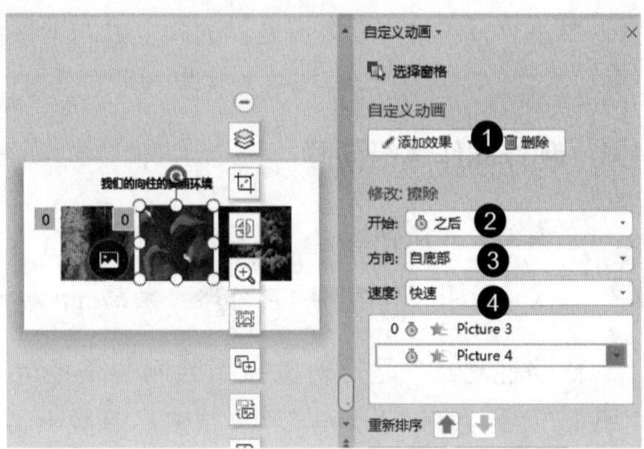

图 12-44

Step 05 单击“Picture 4”选项右侧的下拉按钮，在弹出的选项中选择“计时”选项，如图 12-45 所示。

Step 06 弹出“擦除”对话框，在“计时”选项卡的“延迟”微调框中输入数值，单击“确定”按钮，如图 12-46 所示。

图 12-45

图 12-46

Step 07 按照设置第 2 张图片的方法设置第 3 张图片，单击“预览效果”按钮，预览添加的“擦除”效果，如图 12-47 所示。

图 12-47

知识常识

如果用户想要改变动画的播放顺序，可以打开“自定义动画”窗口，在列表框选中对象，单击“重新排序”区域右侧的向上或向下按钮，调整动画的播放顺序。

12.4.4 制作动作路径动画

实例文件保存路径：配套素材 \ 第 12 章 \ 实例 11
实例效果文件名称：动作路径动画 .pptx

“动作路径动画”是让对象按照绘制的路径运动的一种高级动画效果，主要包括“直线”“弧形”“六边形”“漏斗”“衰减波”等数十种动画形式，下面以为幻灯片添加“五角星”动画效果为例，介绍动作路径动画的添加方法。

Step 01 打开名为“公司日常会议议程”的演示文稿，选择第 2 张幻灯片，选中标题文本框，选择“动画”选项卡，单击“自定义动画”按钮，如图 12-48 所示。

Step 02 打开“自定义动画”窗口，单击“添加效果”下拉按钮，在弹出的列表中选择“动作路径”动画效果下的“五角星”选项，如图 12-49 所示。

图 12-48

图 12-49

Step 03 将“开始”设置为“之后”选项，“路径”设置为“解除锁定”选项，“速度”设置为“中速”选项，如图 12-50 所示。

图 12-50

Step 04 单击“预览效果”按钮，预览添加的“五角星”效果，如图 12-51 所示。

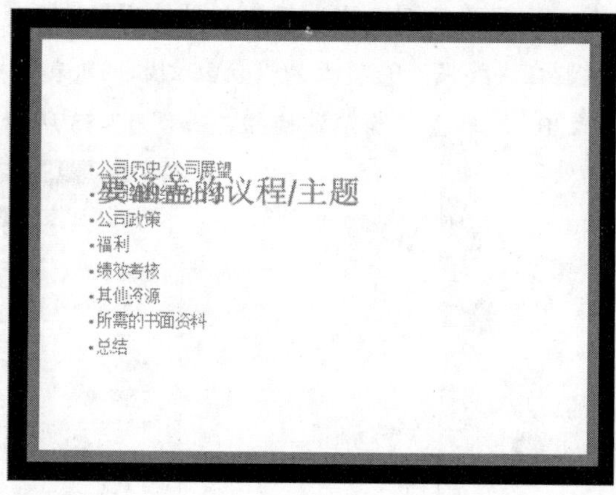

图 12-51

12.4.5　组合动画

实例文件保存路径：配套素材\第 12 章\实例 12

实例效果文件名称：组合动画 .pptx

除了为对象添加单独的动画效果外，用户还可以为对象添加多个动画效果，且这些动画效果可以一起出现，或先后出现。下面以为文字添加“飞入”和“着色”效果为例，介绍组合动画的添加方法。

Step 01 打开名为“产品介绍”的演示文稿，选择第 1 张幻灯片，选中标题文本框，选择“动画”选项卡，单击“自定义动画”按钮，如图 12-52 所示。

Step 02 打开“自定义动画”窗口，单击“添加效果”下拉按钮，在弹出的列表中选择“进入”动画效果下的“飞入”选项，如图 12-53 所示。

图 12-52

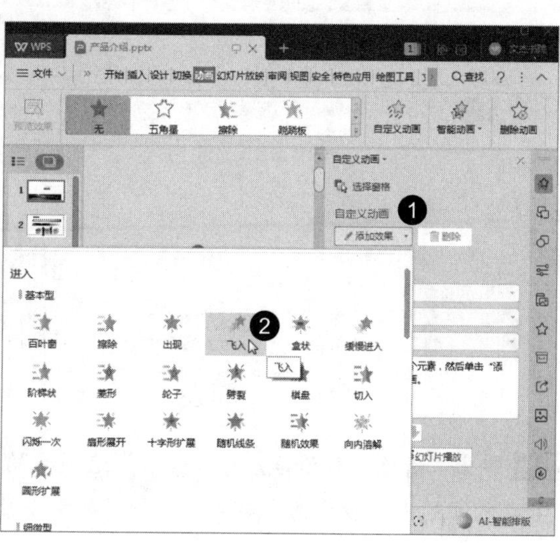

图 12-53

Step 03 “方向”设置为“自顶部”选项，“速度”设置为“快速”选项，在下方列表框中单击“标题 1”右侧的下拉按钮，在弹出的列表中选择“效果选项”选项，如图 12-54 所示。

Step 04 弹出“飞入”对话框，在“效果”选项卡的“动画文本”列表框中选择“按字母”选项，“字母之间延迟”设置为“20”，单击“确定”按钮，如图 12-55 所示。

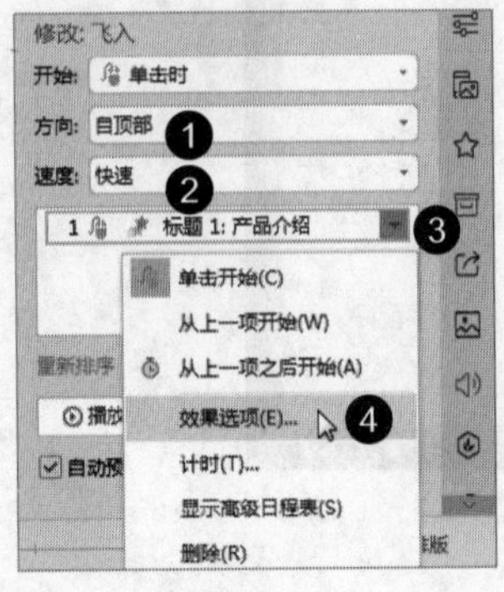

图 12-54

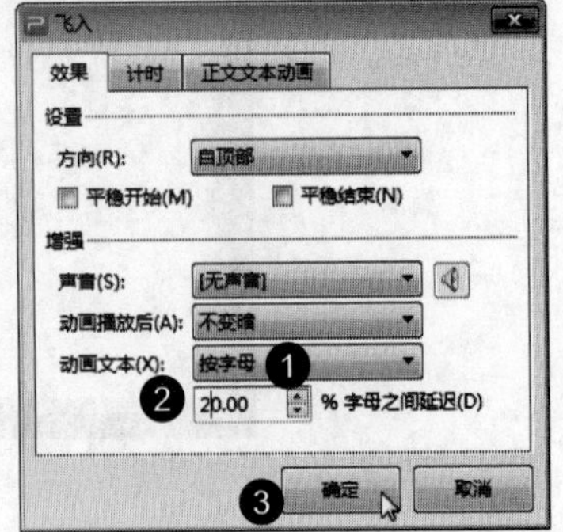

图 12-55

Step 05 继续设置动画效果，单击“添加效果”下拉按钮，在弹出的列表中选择“强调”动画效果下的“着色”选项，如图 12-56 所示。

Step 06 “开始”设置为“之前”选项，“颜色”设置为“橙色”选项，在下方列表框中单击第 2 个“标题 1”右侧的下拉按钮，在弹出的列表中选择“效果选项”选项，如图 12-57 所示。

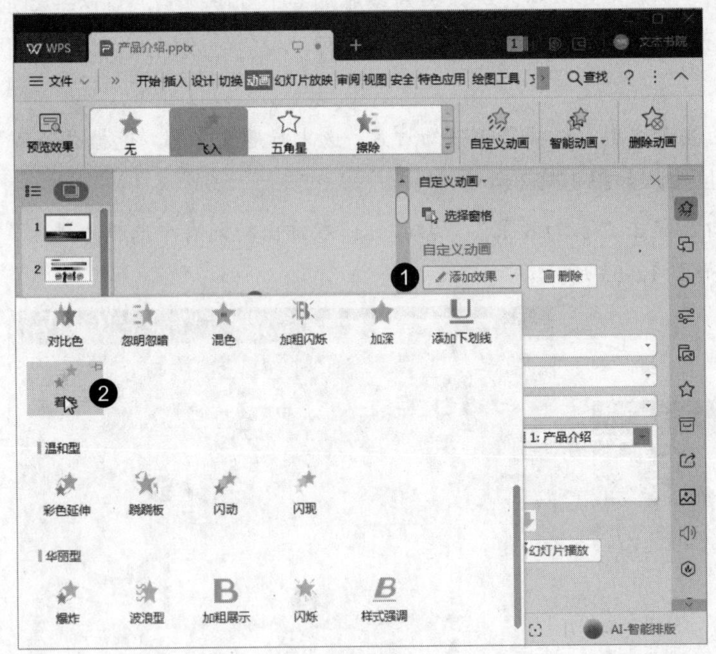

图 12-56

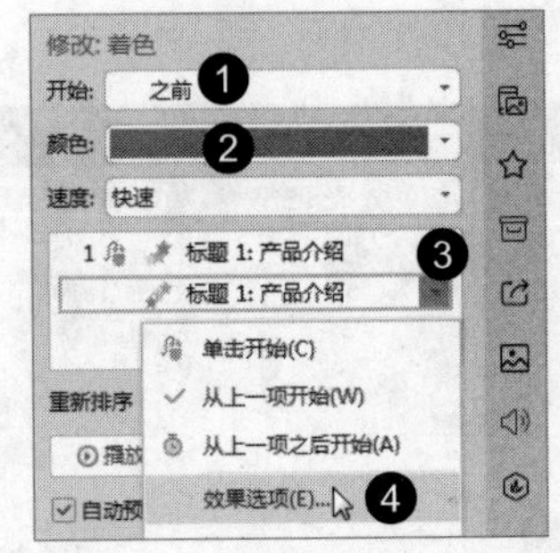

图 12-57

Step 07 弹出“着色”对话框，在“效果”选项卡的“动画文本”列表框中选择“按字母”选项，“字母之间延迟”设置为“40”，单击“确定”按钮，如图 12-58 所示。

Step 08 单击“预览效果”按钮，预览添加的“飞入”和“着色”效果，如图 12-59 所示。

图 12-58

图 12-59

12.5　设置幻灯片切换动画

页面切换动画是指在幻灯片放映过程中从一张幻灯片切换到下一张幻灯片时出现的动画效果。添加页面切换动画不仅可以轻松实现画面之间的自然切换，还可以使 PPT 真正动起来。本节主要介绍设置幻灯片切换动画的相关知识。

12.5.1　页面切换效果的类型

WPS 演示提供了 16 种幻灯片切换效果，包括“淡出”“切出”“擦除”“形状”“溶解”“新闻快报”“轮辐”“随机”“百叶窗”“梳理”“抽出”“分割”“线条”“棋盘”“推出”“插入”，如图 12-60 所示。

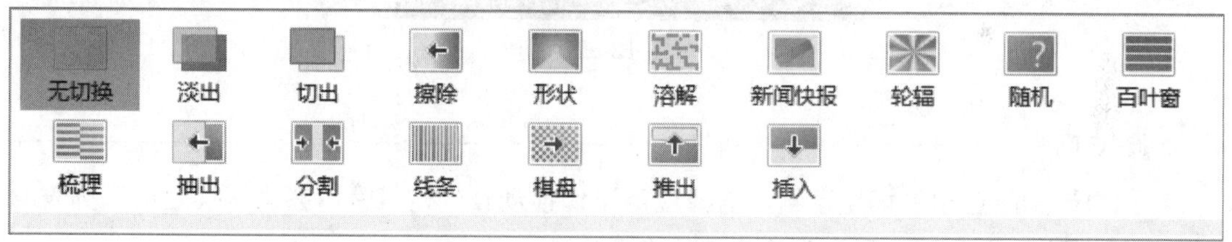

图 12-60

12.5.2　设置页面切换效果

	实例文件保存路径：配套素材 \ 第 12 章 \ 实例 13
	实例效果文件名称：设置页面切换效果 .pptx

普通的两张幻灯片之间没有设置切换动画，但在制作演示文稿的过程中，用户可根据需要添加切换动画，这样可以提升演示文稿的吸引力。下面介绍设置页面切换效果的操作方法。

Step 01 打开名为“员工培训方案”的演示文稿，选择第 2 张幻灯片，选择“切换”选项卡，单击“效果”下拉按钮，在弹出的列表中选择“轮辐”选项，如图 12-61 所示。

Step 02 单击“预览效果”按钮，预览添加的“轮辐”效果，如图 12-62 所示。

图 12-61

图 12-62

经验技巧

如果要删除应用的切换动画，选择应用了切换动画的幻灯片，在“切换效果”列表中选择“无切换”选项，即可删除应用的切换效果。

12.5.3 设置页面切换方式

实例文件保存路径：配套素材 \ 第 12 章 \ 实例 14
实例效果文件名称：设置页面切换方式 .pptx

为幻灯片页面应用切换效果后，用户还可以设置其他切换方式，下面介绍设置页面切换方式的操作方法。

Step 01 打开名为“员工培训方案”的演示文稿，选择第 2 张幻灯片，选择“切换”选项卡，单击“切换效果”按钮，如图 12-63 所示。

Step 02 打开“幻灯片切换”窗口，在“换片方式”区域勾选“每隔”复选框，在微调框中输入数值，单击“应用于所有幻灯片”按钮，如图 12-64 所示。

图 12-63

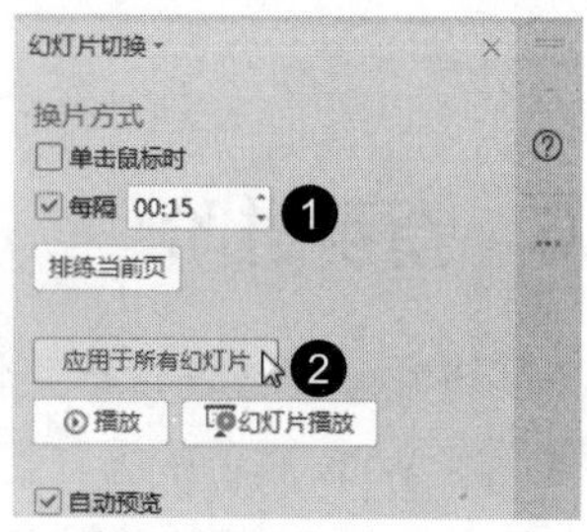

图 12-64

12.5.4 编辑切换速度和声音

	实例文件保存路径：配套素材\第 12 章\实例 15
	实例效果文件名称：编辑切换速度和声音 .pptx

除了设置切换方式外，用户还可以为幻灯片添加适合场景的切换声音以及切换速度，下面介绍编辑切换速度和声音的操作方法。

Step 01 打开名为“员工培训方案”的演示文稿，选择第 2 张幻灯片，选择“切换”选项卡，单击“切换效果”按钮，如图 12-65 所示。

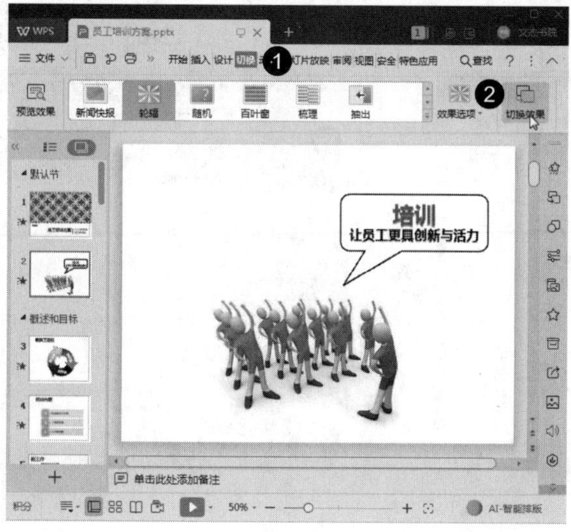

图 12-65

Step 02 打开“幻灯片切换”窗口，在“修改切换效果”区域下的“速度”微调框中输入数值，在“声音”下拉列表中选择“风铃”选项，如图 12-66 所示。

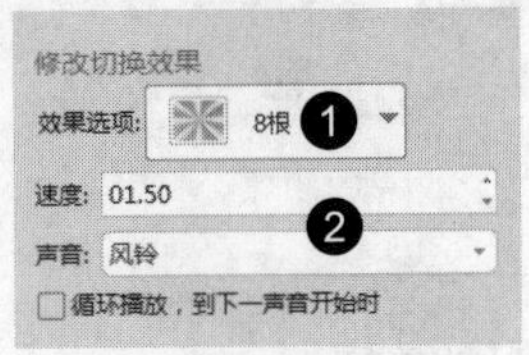

图 12-66

12.6 新手进阶

本节将介绍一些编辑与美化幻灯片的技巧供用户学习，通过这些技巧，用户可以更进一步掌握使用 WPS 演示的方法，包括链接到网页、设置不断放映的动画效果、自定义动画路径、在母版中创建动画以及使用触发器控制动画等内容。

12.6.1 超链接到网页

	实例文件保存路径：配套素材 \ 第 12 章 \ 实例 16
	实例效果文件名称：超链接到网页 .pptx

在放映幻灯片时，为了扩大信息范围，可以为文本设置链接到网页的超链接，下面介绍设置链接到网页的超链接方法。

Step 01 打开名为“产品宣传展示”的演示文稿，选择第 2 张幻灯片，选中标题文本，右击文本，在弹出的快捷菜单中选择“超链接”菜单项，如图 12-67 所示。

Step 02 弹出“编辑超链接”对话框，在“链接到”列表框中选择“原有文件或网页”选项，在“地址”文本框中输入网页地址，单击“确定”按钮，如图 12-68 所示。

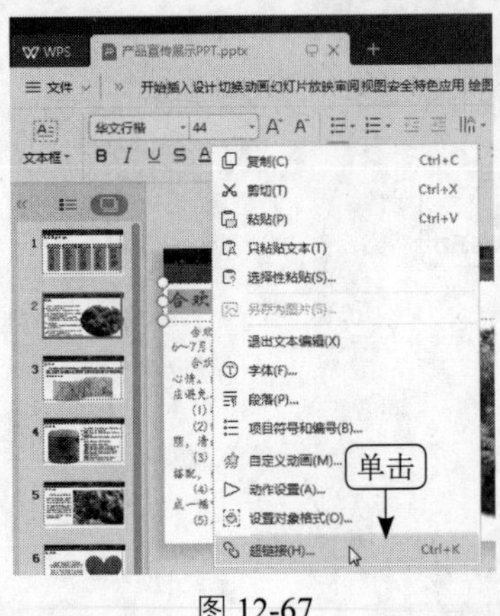

图 12-67

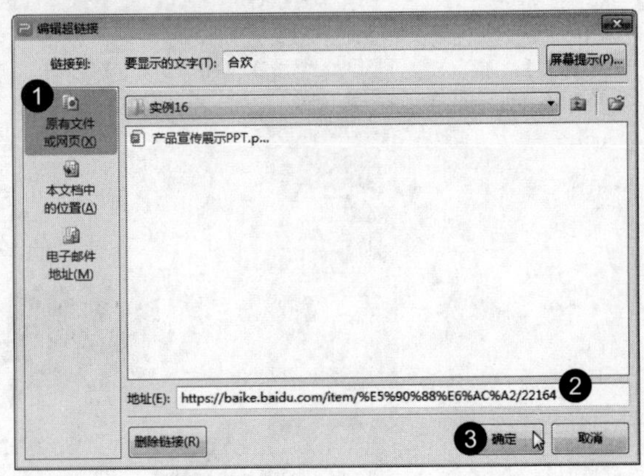

图 12-68

Step 03 放映幻灯片，单击设置了超链接的文本，如图 12-69 所示。

图 12-69

Step 04 链接到相关网页，如图 12-70 所示。

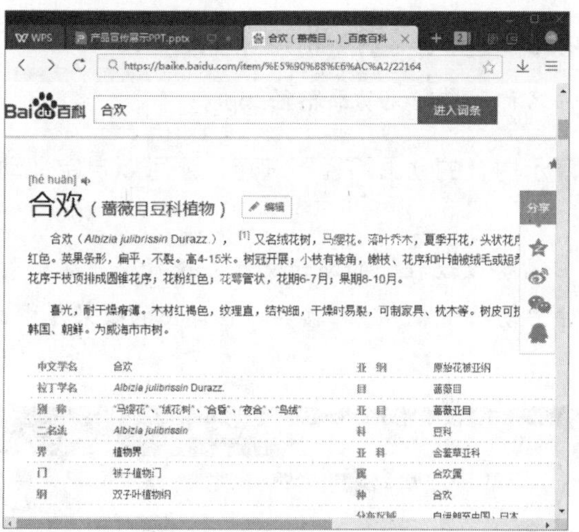

图 12-70

12.6.2　设置不断放映的动画效果

实例文件保存路径：配套素材 \ 第 12 章 \ 实例 17
实例效果文件名称：不断放映的动画效果 .pptx

为幻灯片中的对象添加动画效果后，该动画效果将采用系统默认的播放方式，即自动播放一次，而在实际工作中有时需要将动画效果设置为不断重复放映，下面介绍设置不断放映动画效果的方法。

Step 01 打开名为“环保宣传片”的演示文稿，选择第 1 张幻灯片，选中标题文本，并打开“自定义动画”窗口，单击动画右侧的下拉按钮，在弹出的选项中选择“效果选项”选项，如图

12-71 所示。

Step 02 弹出“飞入”对话框，选择“计时”选项卡，在“重复”列表中选择“直到下一次单击”选项，单击“确定”按钮，如图 12-72 所示。

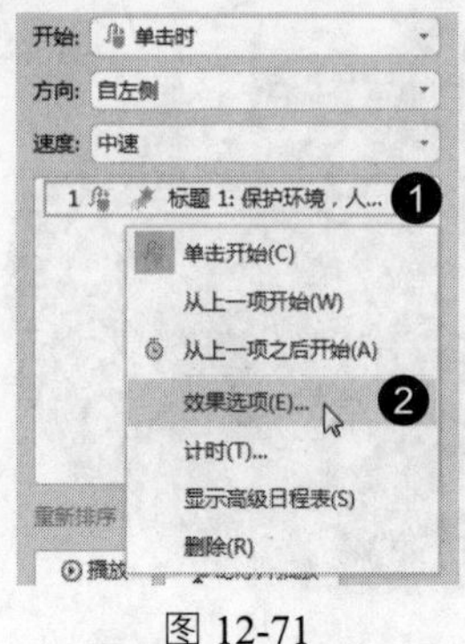

图 12-71

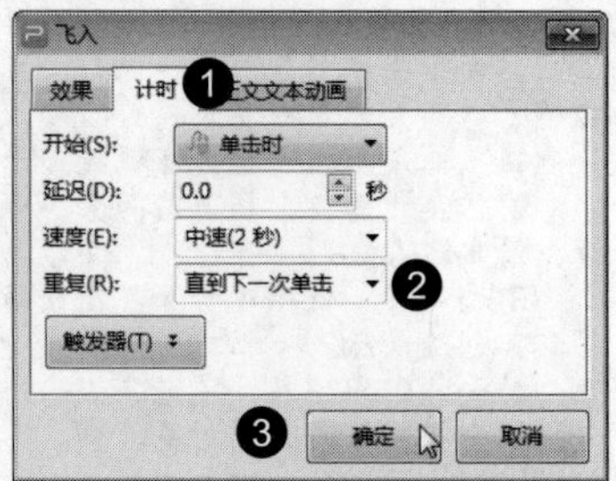

图 12-72

12.6.3 自定义动画路径

	实例文件保存路径：配套素材\第 12 章\实例 18
	实例效果文件名称：自定义动画路径 .pptx

如果用户对 WPS 演示内置的动画路径不满意，还可以自定义动画路径，下面介绍自定义动画路径的方法。

Step 01 打开名为“公司日常会议议程”的演示文稿，选择第 2 张幻灯片，选中标题文本，选择“动画”选项卡，单击“动画效果”下拉按钮，在弹出的效果库中选择“自由曲线”选项，如图 12-73 所示。

图 12-73

Step 02 在幻灯片中按住并拖动鼠标左键绘制动画路径，即可将选中的对象按照绘制的路径进行移动，如图 12-74 所示。

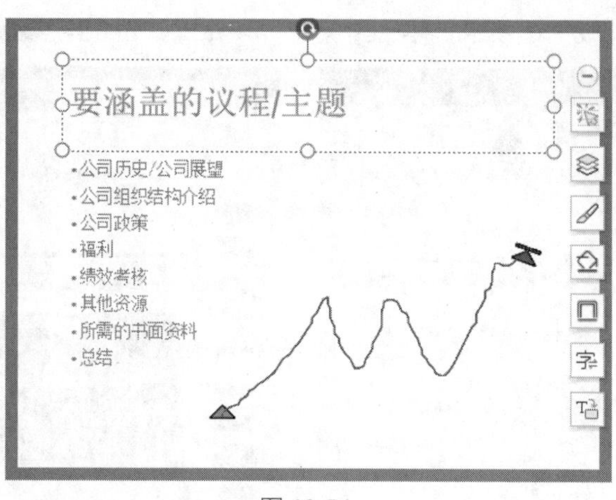

图 12-74

12.6.4　在母版中创建动画

	实例文件保存路径：配套素材 \ 第 12 章 \ 实例 19
	实例效果文件名称：在母版中创建动画 .pptx

在“幻灯片母版”视图状态下，选中第 1 张幻灯片母版，为其中的任意对象设置模板动画，可以将母版动画应用到所有幻灯片中，下面介绍在母版中创建动画的方法。

Step 01 打开名为“公司销售提案”的演示文稿，选择第 2 张幻灯片，选中标题文本，选择“视图”选项卡，单击“幻灯片母版”按钮，如图 12-75 所示。

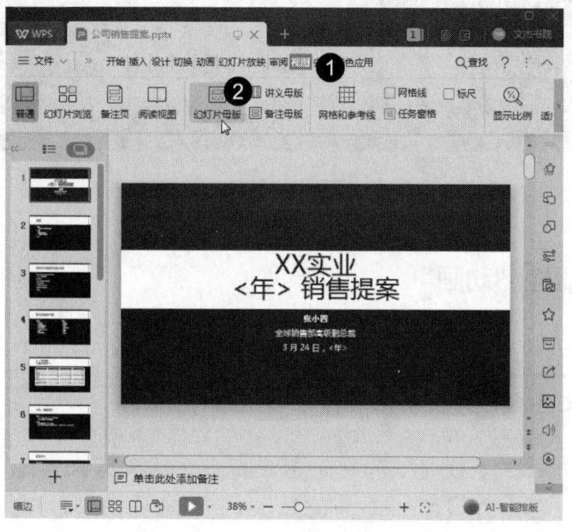

图 12-75

Step 02 进入“幻灯片母版”界面，选中第 1 张幻灯片母版，选中母版标题文本框，选择“动画”选项卡，单击“动画效果”下拉按钮，在弹出的效果库中选择“进入”效果下的“轮子”选项，如图 12-76 所示。

Step 03 选择“幻灯片母版”选项卡，单击“关闭”按钮，如图 12-77 所示。

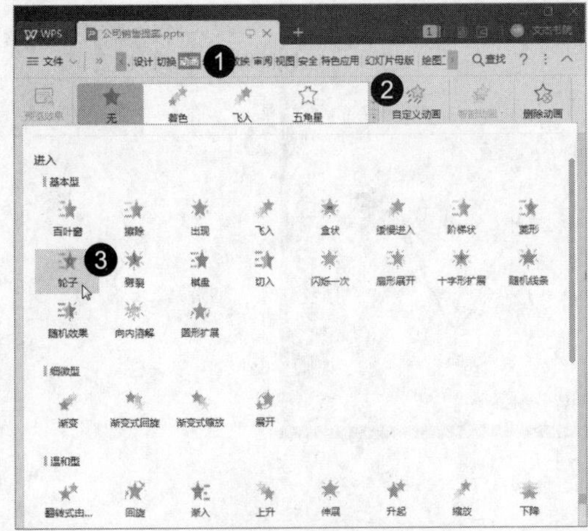

图 12-76

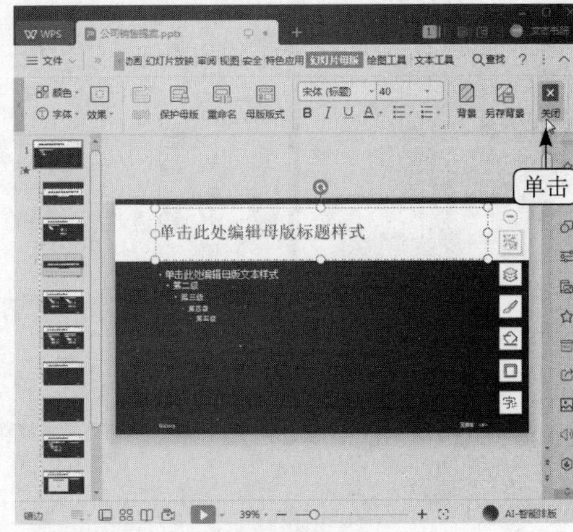

图 12-77

Step 04 放映幻灯片，查看效果，如图 12-78 所示。

图 12-78

12.6.5 使用触发器控制动画

	实例文件保存路径：配套素材 \ 第 12 章 \ 实例 20
	实例效果文件名称：使用触发器控制动画 .pptx

PPT 触发器可以是图片、图形、按钮，甚至是一个段落或文本框，单击触发器时会触发一个操作，该操作可能是声音、电影或动画等，下面介绍使用触发器控制动画的方法。

Step 01 打开名为“年度工作总结”的演示文稿，选择第 1 张幻灯片，在“动画”选项卡中单击“自定义动画”按钮，打开“自定义动画”窗口，可以看到在第 1 张幻灯片中设置了 2 个动画，单击第 2 个动画右侧的下拉按钮，在弹出的选项中选择“计时”选项，如图 12-79 所示。

Step 02 弹出“飞旋”对话框，在“计时”选项卡中单击“触发器”按钮，单击“单击下列对象时启动效果”单选按钮，在后面的下拉列表中选择“文本占位符 2”选项，单击“确定”按钮，如图 12-80 所示。

图 12-79

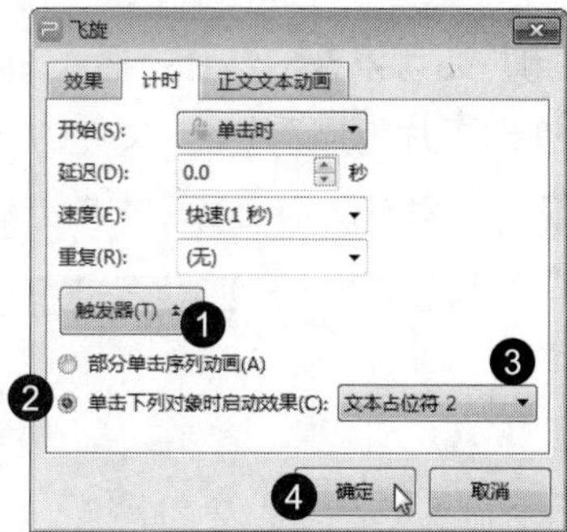

图 12-80

Step 03 放映演示文稿，单击“年度工作总结”文字，如图 12-81 所示。

图 12-81

Step 04 此时“2019”文字才出现，如图 12-82 所示。

图 12-82

12.6.6 插入Flash文件

实例文件保存路径：配套素材\第 12 章\实例 21

实例效果文件名称：插入 Flash 文件 .pptx

用户还可以在幻灯片中插入 Flash 文件，在幻灯片中插入 Flash 文件的方法很简单，下面介绍在幻灯片中插入 Flash 文件的方法。

Step 01 新建空白演示文稿，选择“插入”选项卡，单击 Flash 按钮，如图 12-83 所示。

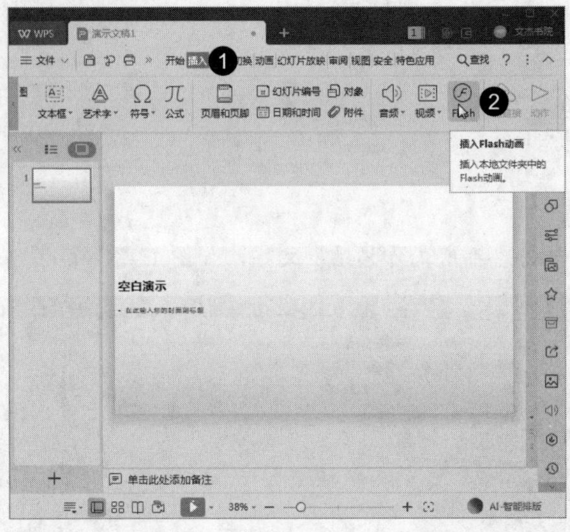

图 12-83

Step 02 弹出“插入 Flash 动画”对话框，选择文件所在位置，选中文件，单击“打开”按钮，如图 12-84 所示。

图 12-84

Step 03 此时幻灯片中已经插入了视频，通过以上步骤即可完成在幻灯片中插入 Flash 文件的操作，如图 12-85 所示。

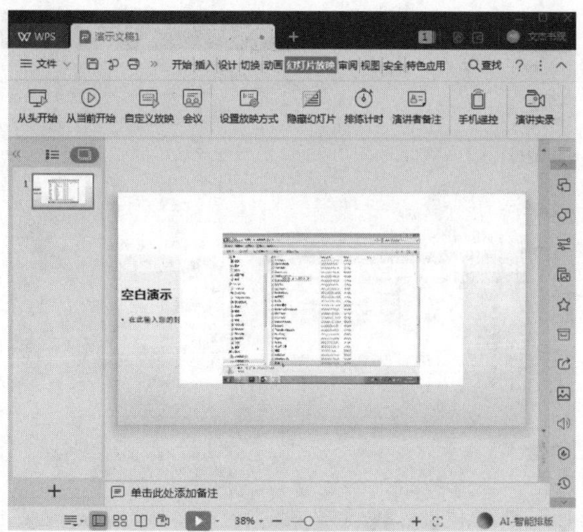

图 12-85

12.7　应用案例——制作“公司宣传展示”演示文稿

在制作“公司宣传展示”演示文稿时，可以利用为幻灯片添加切换效果、为对象添加动画效果、为演示文稿添加背景音乐等手段来展现幻灯片的内容，具体操作步骤如下。

	实例文件保存路径：配套素材 \ 第 12 章 \ 实例 22
	实例效果文件名称：公司宣传展示 .pptx

Step 01 为演示文稿制作封面页，在封面输入宣传展示的主题和其他信息，并制作动作按钮，如图 12-86 所示。

图 12-86

Step 02 为第 2 张幻灯片中的图形组合添加“进入”→“上升”动画效果，如图 12-87 所示。

Step 03 为第 3 张幻灯片添加“溶解”切换效果，如图 12-88 所示。

Step 04 选择第 1 张幻灯片，为演示文稿添加背景音乐，插入背景音乐与插入音频的区别是插入背景音乐可以在幻灯片放映时自动播放，当切换到下一张幻灯片时不会中断播放，一直循环播放到幻灯片放映结束，如图 12-89 所示。

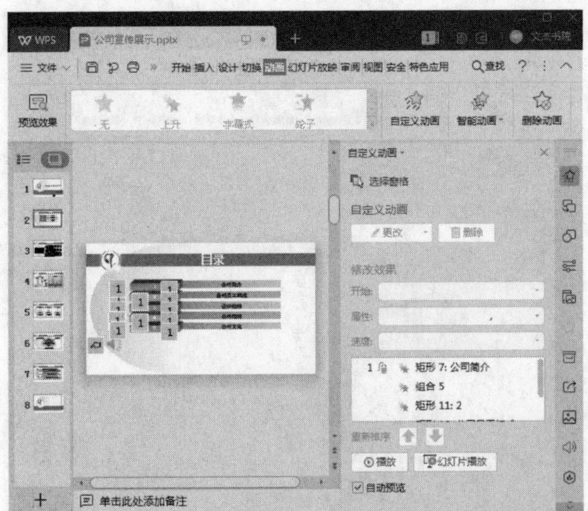

图 12-87

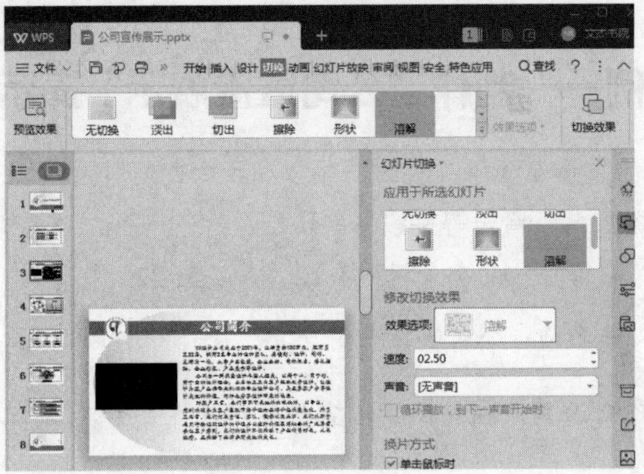

图 12-88

图 12-89

第 13 章 交互与放映演示文稿

本章要点☆

- 放映演示文稿
- 输出演示文稿

本章主要内容☆

本章主要介绍放映演示文稿方面的知识与技巧，同时还讲解了输出演示文稿，在本章的最后还针对实际的工作需求，讲解了快速定位幻灯片、为幻灯片分节、隐藏幻灯片、将演示文稿保存为自动播放的文件和放映演示文稿时隐藏鼠标指针的方法。通过本章的学习，读者可以掌握交互与放映演示文稿方面的知识，为深入学习 WPS 2019 知识奠定基础。

13.1 放映演示文稿

制作演示文稿的最终目的就是将演示文稿中的幻灯片都放映出来，PPT 演示文稿制作完成后，有的由演讲者播放，有的让观众自行播放，这需要通过设置放映方式来进行控制。本节将介绍放映演示文稿的相关知识。

13.1.1 自定义演示

	实例文件保存路径：配套素材 \ 第 13 章 \ 实例 1
	实例效果文件名称：自定义演示 .pptx

在放映演示文稿时，可能只需要放映演示文稿中的部分幻灯片，此时可通过设置幻灯片的自定义演示来实现，下面介绍设置自定义演示的方法。

Step 01 打开名为“物业公司年终总结”的演示文稿，选择“幻灯片放映”选项卡，单击“自定义放映”按钮，如图 13-1 所示。

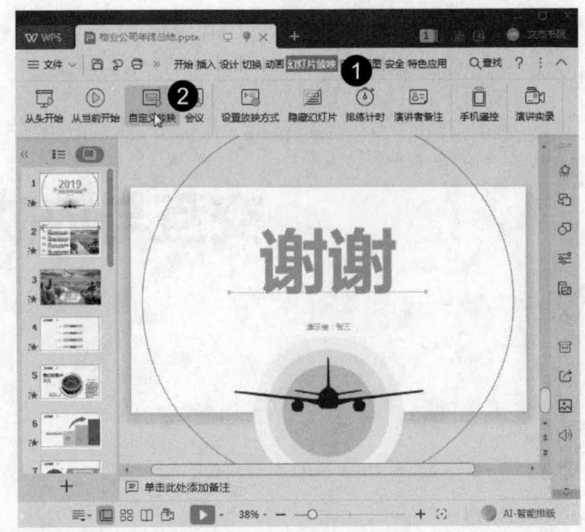

图 13-1

Step 02 弹出“自定义放映”对话框，单击“新建”按钮，如图 13-2 所示。

Step 03 弹出“定义自定义放映”对话框，在“在演示文稿中的幻灯片”列表框中选择幻灯片，单击“添加”按钮，在“自定义放映中的幻灯片”列表框中即可显示选中的幻灯片，如图 13-3 所示。

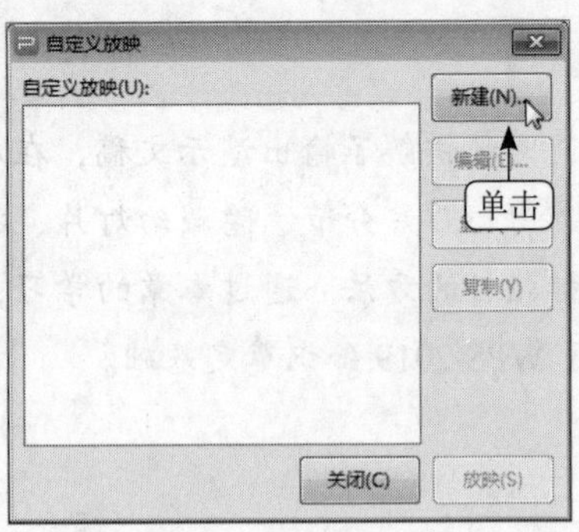

图 13-2

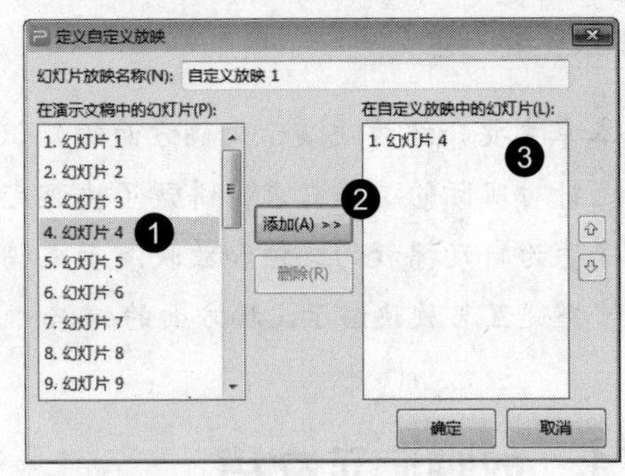

图 13-3

Step 04 添加所有需要放映的幻灯片后，单击“确定”按钮，如图 13-4 所示。

Step 05 返回“自定义放映”对话框，已经创建了名为“自定义放映 1”的放映，单击“放映”按钮即可开始放映选中的几张幻灯片，如图 13-5 所示。

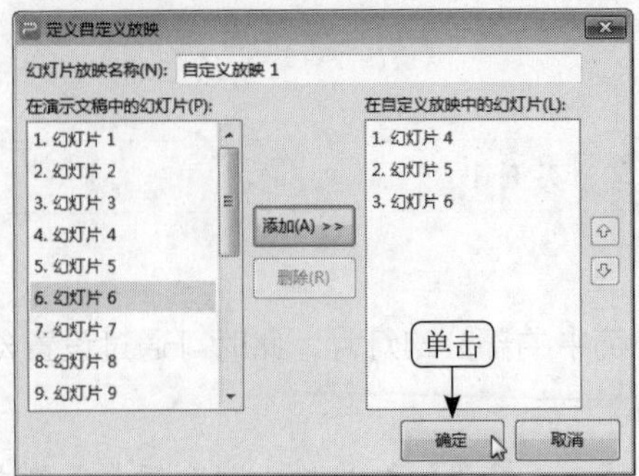

图 13-4

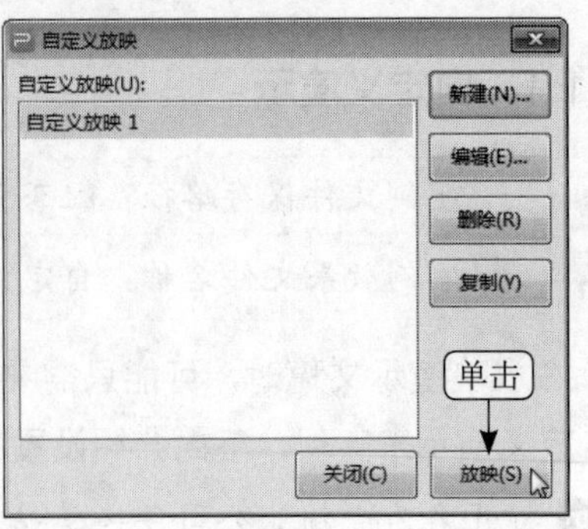

图 13-5

13.1.2　设置放映方式

实例文件保存路径：配套素材\第 13 章\实例 2

实例效果文件名称：设置放映方式 .pptx

设置幻灯片放映方式主要包括放映类型、放映幻灯片的数量、换片方式和是否循环放映等，下面介绍设置放映方式的方法。

Step 01 打开名为“物业公司年终总结”的演示文稿，选择“幻灯片放映”选项卡，单击“设置放映方式”按钮，如图 13-6 所示。

Step 02 弹出“设置放映方式”对话框，在“放映选项”区域中勾选“循环放映，按 Esc 键终止”复选框，在“放映幻灯片”区域中单击“自定义放映”单选按钮，在“换片方式”区域中单击“手动”单选按钮，单击“确定”按钮即可完成放映方式的设置，如图 13-7 所示。

图 13-6

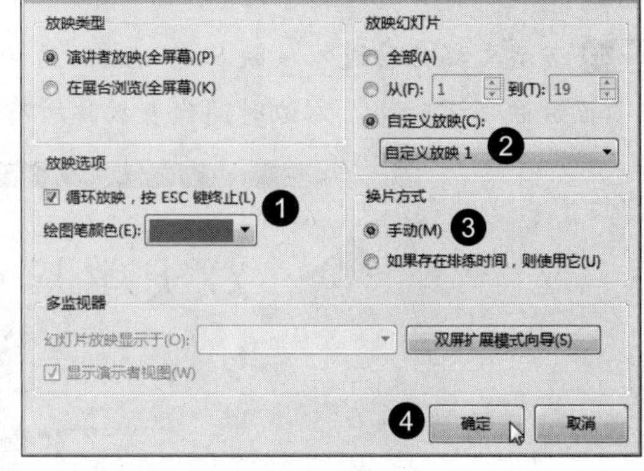

图 13-7

知识常识

幻灯片的放映类型包括：演讲者放映（全屏幕），便于演讲者演讲，演讲者对幻灯片具有完整的控制权，可以手动切换幻灯片和动画；在展台浏览（全屏幕），这种类型将全屏模式放映幻灯片，并且循环放映，不能单击鼠标手动演示幻灯片，通常用于展览会场或会议中运行无人管理幻灯片演示的场合中。

13.1.3　设置排练计时

实例文件保存路径：配套素材\第 13 章\实例 3

实例效果文件名称：设置排练计时 .pptx

如果用户想要控制演示文稿的放映时间，可以为演示文稿设置排练计时，下面介绍设置排练计时的方法。

Step 01 打开名为“论文答辩”的演示文稿，选择“幻灯片放映”选项卡，单击“排练计时”按钮，如图 13-8 所示。

图 13-8

Step 02 演示文稿自动进入放映状态，左上角会显示“预演”工具栏，中间时间代表当前幻灯片页面放映所需时间，右边时间代表放映所有幻灯片累计所需时间，如图 13-9 所示。

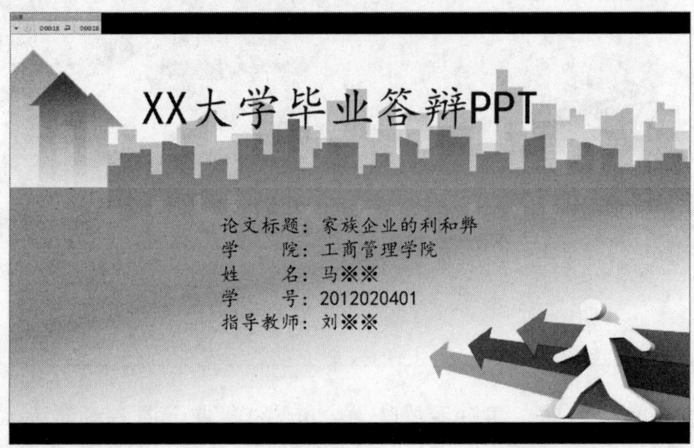

图 13-9

Step 03 根据实际需要，设置每张幻灯片的停留时间，反倒最后一张时，单击，会弹出“WPS 演示”对话框，询问用户是否保留新的幻灯片排练时间，单击“是”按钮，如图 13-10 所示。

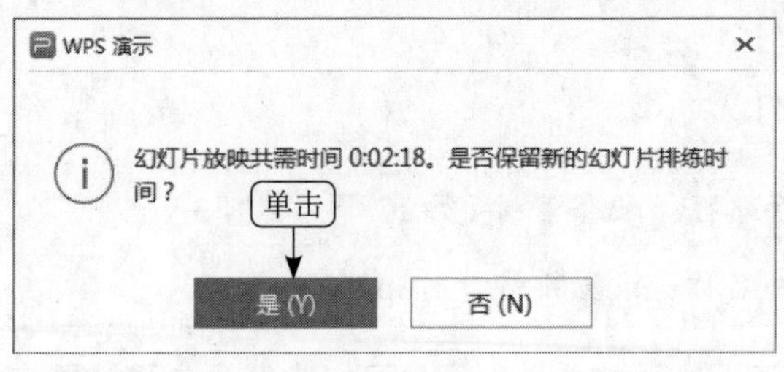

图 13-10

Step 04 返回至演示文稿，自动进入幻灯片浏览模式，可以看到每张幻灯片放映所需的时间，如图 13-11 所示。

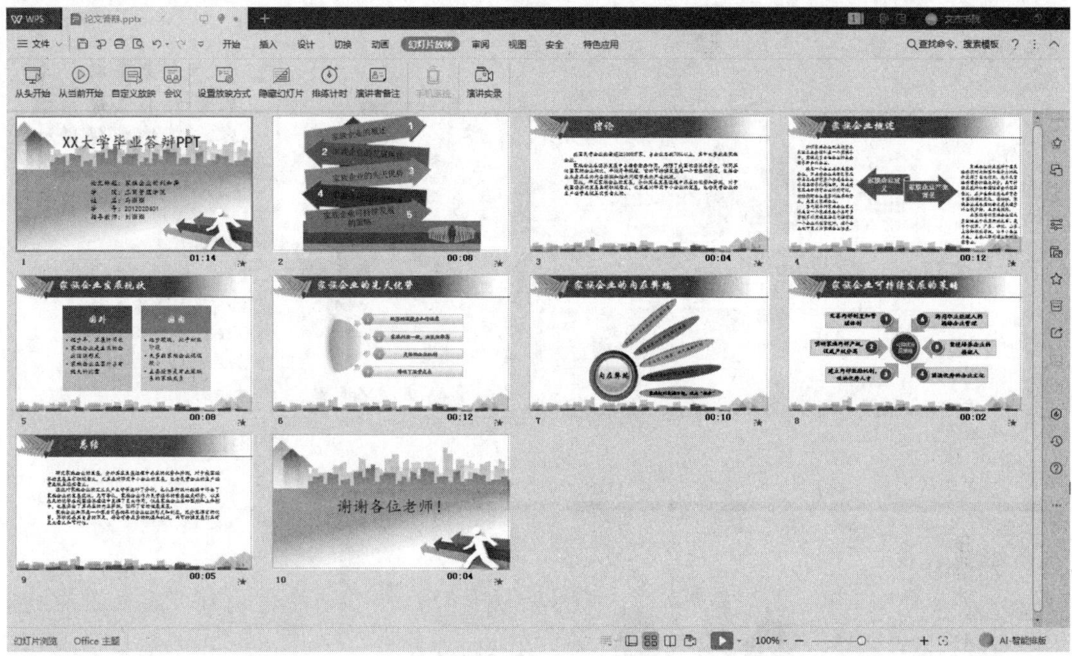

图 13-11

13.1.4　对重点内容进行标记

	实例文件保存路径：配套素材 \ 第 13 章 \ 实例 4
	实例效果文件名称：对重点内容进行标记 .pptx

在演讲的过程中，如果用户需要对重点内容进行标记，可以使用荧光笔功能，下面介绍对重点内容进行标记的方法。

Step 01 打开名为“商务会议礼仪”的演示文稿，选择第 4 张幻灯片，选择“幻灯片放映”选项卡，单击“排练计时”按钮，如图 13-12 所示。

Step 02 演示文稿从第 4 张幻灯片开始放映，右击幻灯片，在弹出的快捷菜单中选择“指针选项”→“荧光笔”菜单项，如图 13-13 所示。

Step 03 当鼠标指针变为黄色方块时，按住鼠标左键不放，拖动鼠标即可在需要标记的内容上进行标记，如图 13-14 所示。

Step 04 标记完成后按 Esc 键退出，弹出一个对话框，询问用户是否保留墨迹注释，单击“保留”按钮，如图 13-15 所示。

Step 05 返回到幻灯片普通视图，即可看到已经保留的注释，如图 13-16 所示。

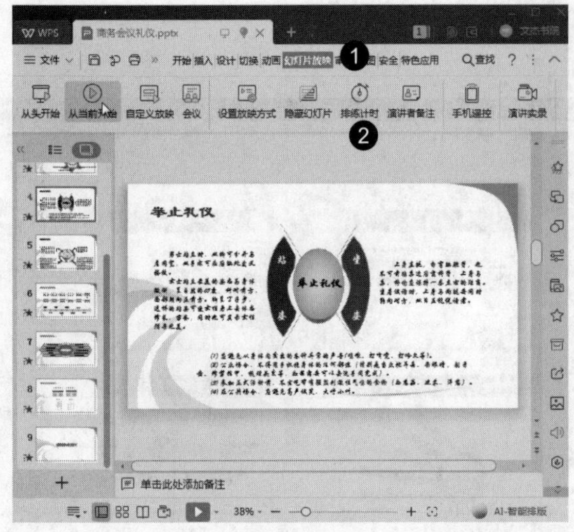

图 13-12

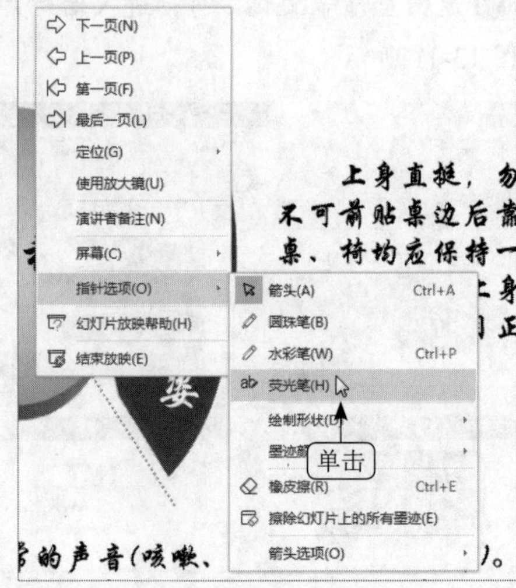

图 13-13

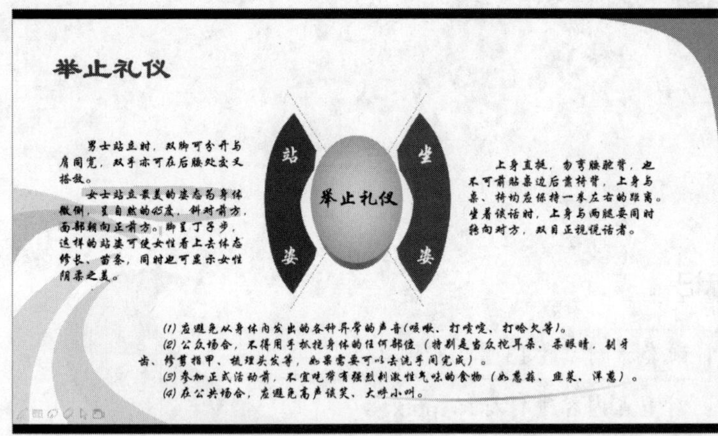

图 13-14

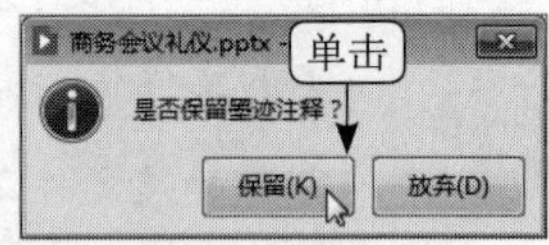

图 13-15

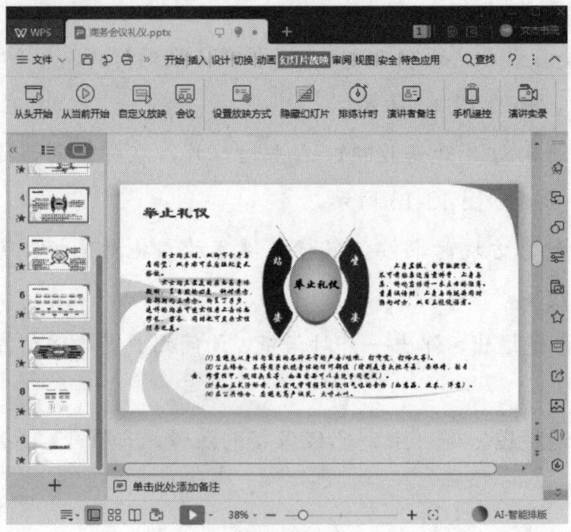

图 13-16

13.2　输出演示文稿

制作好演示文稿后，可将其制作成视频文件，以便在别的计算机中播放，也可以将演示文稿另存为 PDF 文件、模板文件、文档或图片。WPS 演示软件中输出演示文稿的相关操作主要包括打包、打印和发布。

13.2.1　打包演示文稿

	实例文件保存路径：配套素材 \ 第 13 章 \ 实例 5
	实例效果文件名称：打包演示文稿 .pptx

将演示文稿打包后，复制到其他计算机中，即使该计算机中没有安装 WPS Office 软件，也可以播放该演示文稿，下面介绍打包演示文稿的方法。

Step 01 打开名为“面试培训”的演示文稿，单击“文件”下拉按钮，在弹出的选项中选择“文件打包”选项，选择“将演示文档打包成文件夹”选项，如图 13-17 所示。

Step 02 弹出“演示文件打包”对话框，在“文件夹名称”文本框中输入名称，在“位置”文本框中输入保存位置，单击“确定”按钮，如图 13-18 所示。

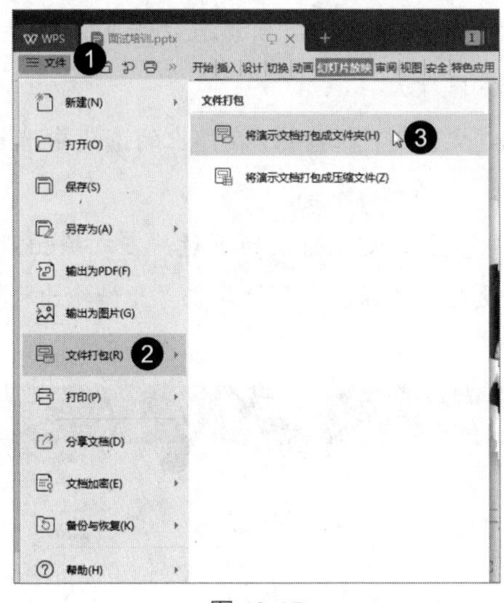

图 13-17

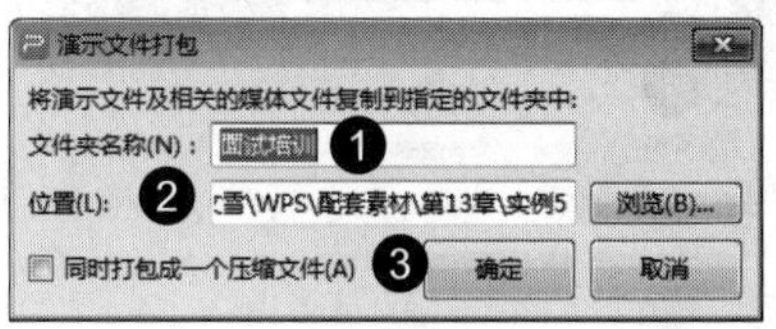

图 13-18

Step 03 完成打包操作，弹出“已完成打包”对话框，单击“打开文件夹”按钮，如图 13-19 所示。

Step 04 打开文件所在文件夹，可以查看打包结果，如图 13-20 所示。

知识常识

除了可以将演示文稿打包成文件夹外，还可以将其打包为压缩文件，方法为：单击“文件”下拉按钮，选择“文件打包”→“将演示文档打包成压缩文件”选项，打开“演示文件打包”对话框，设置名称和保存位置，单击“确定”按钮。

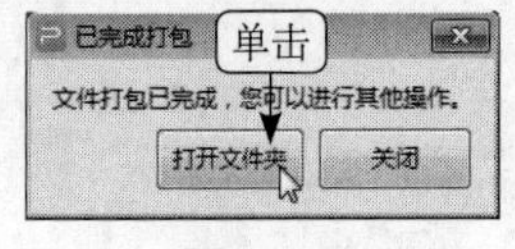

图 13-19

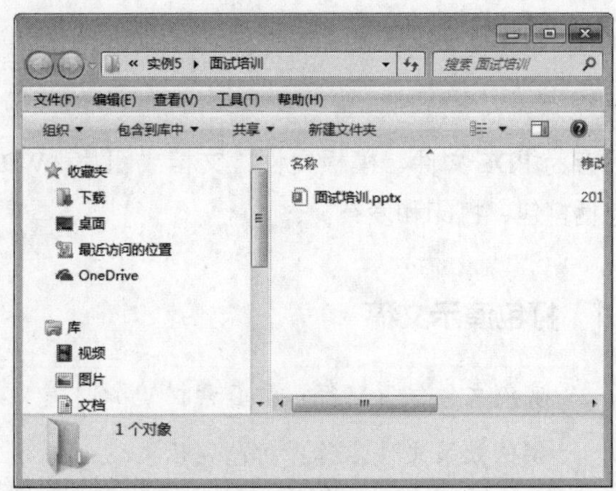

图 13-20

13.2.2 将演示文稿转换为 PDF 文档

实例文件保存路径：配套素材 \ 第 13 章 \ 实例 6
实例效果文件名称：将演示文稿转换为 PDF 文档 .pptx

若要在没有安装 WPS Office 软件的计算机中放映演示文稿，可将其转换为 PDF 文件，再进行播放，下面介绍将演示文稿转换为 PDF 文档的方法。

Step 01 打开名为“企业文化宣传”的演示文稿，单击“文件”下拉按钮，在弹出的选项中选择“输出为 PDF”选项，如图 13-21 所示。

Step 02 弹出“输出为 PDF”对话框，在“输出范围”区域设置输出的页数，在“输出设置”区域选择“普通 PDF”选项，在“保存目录”区域设置文件保存位置，单击“开始输出”按钮，如图 13-22 所示。

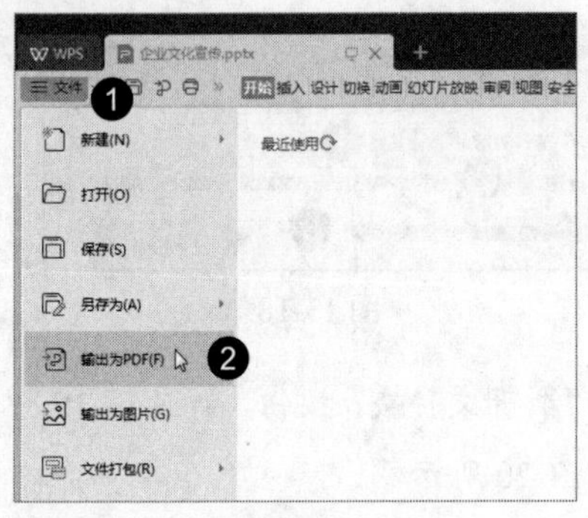

图 13-21

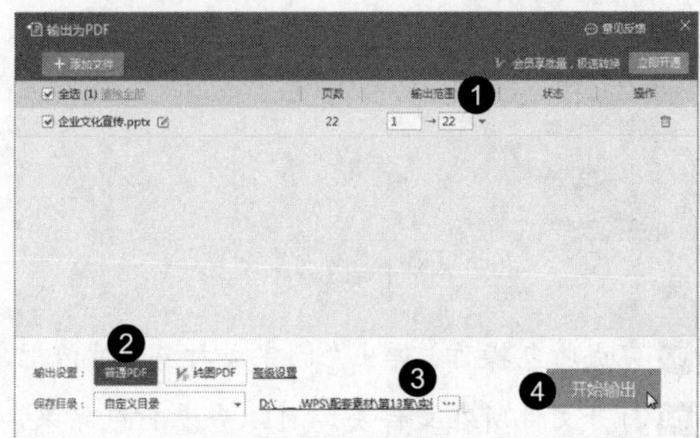

图 13-22

Step 03 输出成功，单击“打开文件夹”按钮，如图 13-23 所示。

Step 04 打开文件所在文件夹，可以查看输出结果，如图 13-24 所示。

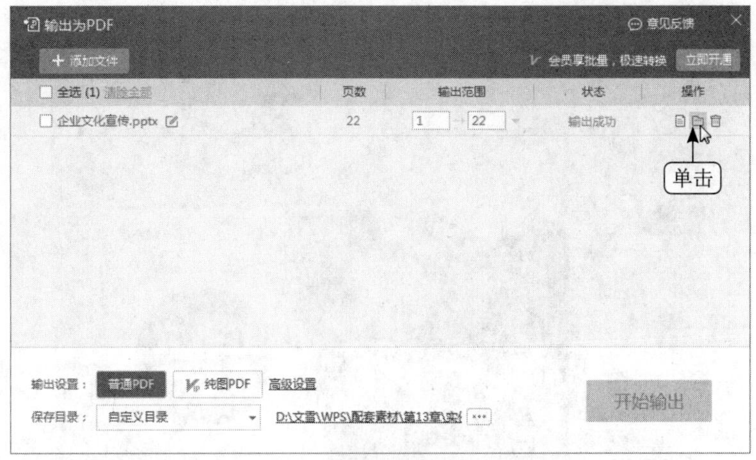

图 13-23

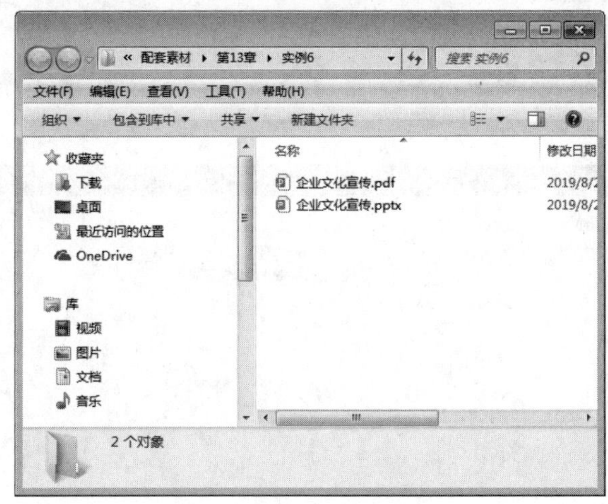

图 13-24

13.2.3　输出为视频

实例文件保存路径：配套素材 \ 第 13 章 \ 实例 7
实例效果文件名称：输出为视频 .pptx

用户还可以将演示文稿输出为视频格式，下面介绍将演示文稿输出为视频的方法。

Step 01 打开名为“企业文化宣传”的演示文稿，选择“特色应用”选项卡，单击“输出为视频”按钮，如图 13-25 所示。

Step 02 弹出“另存为”对话框，选择文件保存位置，单击“保存”按钮，如图 13-26 所示。

Step 03 弹出“正在输出视频格式（WebM 格式）”对话框，等待一段时间，如图 13-27 所示。

Step 04 提示输出视频完成，单击“打开视频”按钮，如图 13-28 所示。

Step 05 演示文稿以视频形式开始播放，如图 13-29 所示。

图 13-25

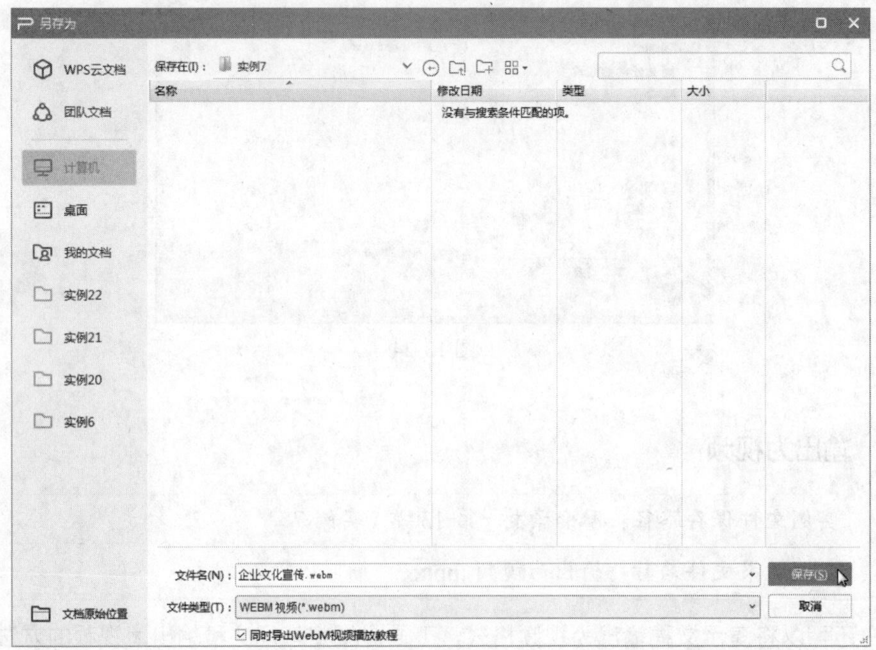

图 13-26

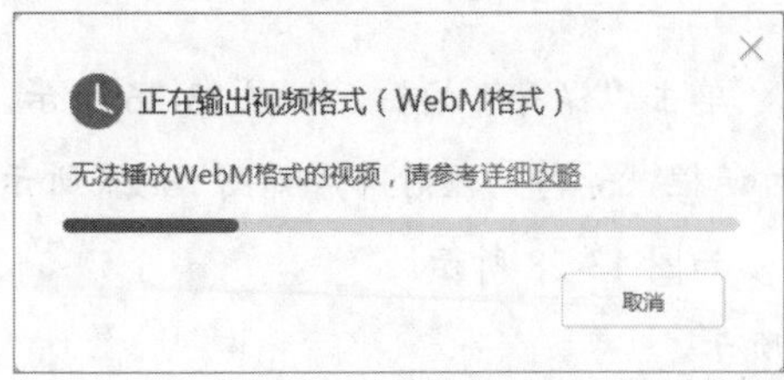

图 13-27

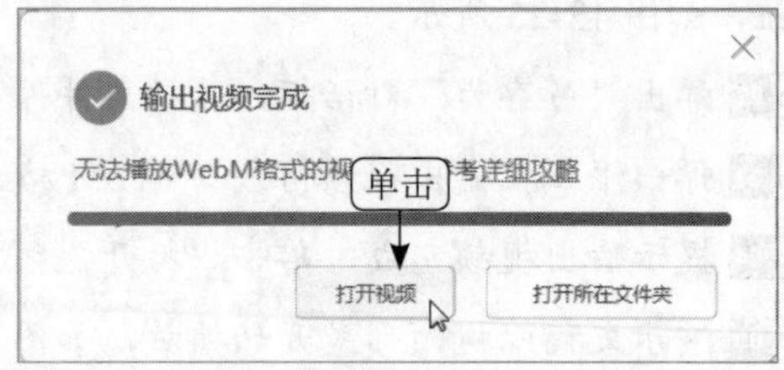

图 13-28

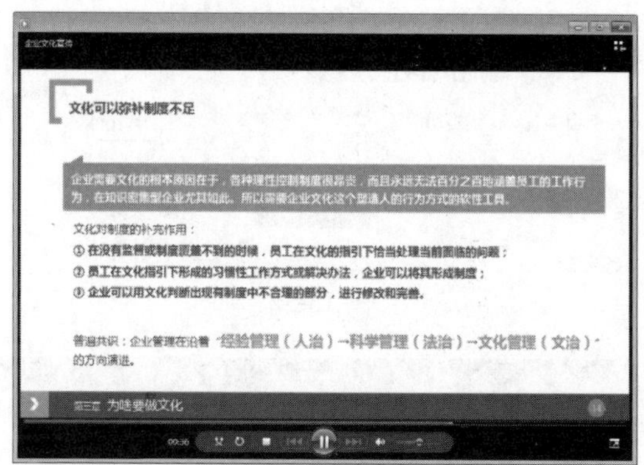

图 13-29

13.2.4　输出为图片

实例文件保存路径：配套素材 \ 第 13 章 \ 实例 8
实例效果文件名称：输出为图片 .pptx

有时为了宣传和展示需要，要将 PPT 中的多张幻灯片导出并进行打印，此时可以先将幻灯片保存为图片，下面介绍将演示文稿输出为图片的方法。

Step 01 打开名为“企业文化宣传”的演示文稿，选择“特色应用”选项卡，单击“输出为图片”按钮，如图 13-30 所示。

Step 02 弹出“输出为图片”对话框，在“图片质量”区域选择“普通品质（100%）”选项，在“输出方式”区域选择“逐页输出”选项，在“格式”区域选择“PNG”选项，在“保存到”文本框中输入保存路径，单击“输出”按钮，如图 13-31 所示。

图 13-30

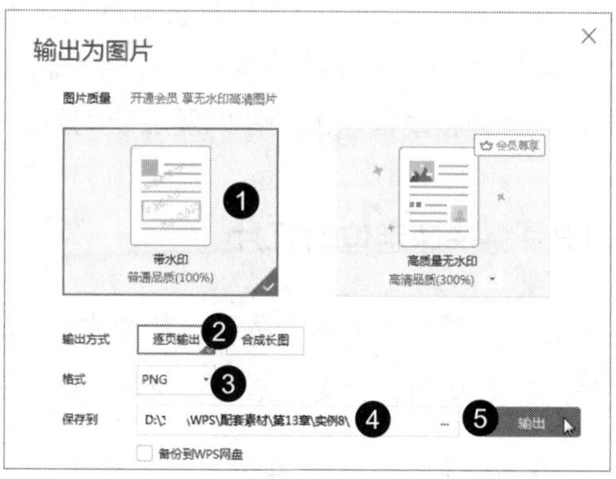

图 13-31

Step 03 弹出“输出成功”对话框，单击“打开文件夹”按钮，如图 13-32 所示。

Step 04 打开图片所在文件夹，即可查看保存的图片，如图 13-33 所示。

图 13-32

图 13-33

13.3 新手进阶

本节将介绍一些交互与放映演示文稿的技巧供用户学习，通过这些技巧，用户可以更进一步掌握放映演示文稿的方法，包括快速定位幻灯片、为幻灯片分节、隐藏幻灯片、将演示文稿保存为自动播放的文件以及放映幻灯片时隐藏鼠标指针。

13.3.1 快速定位幻灯片

	实例文件保存路径：配套素材 \ 第 13 章 \ 实例 9
	实例素材文件名称：快速定位幻灯片 .pptx

在放映幻灯片时，通过一定的技巧，可以快速、准确地将播放画面切换到指定的幻灯片中，以达到精确定位幻灯片的目的，下面介绍快速定位幻灯片的方法。

Step 01 打开名为“商业项目计划”的演示文稿，选择“幻灯片放映”选项卡，单击“从头开始”按钮，如图 13-34 所示。

Step 02 幻灯片开始从头放映，右击幻灯片，在弹出的快捷菜单中选择“定位”菜单项，在弹出的子菜单中选择“按标题”菜单项，在弹出的子菜单中选择“7 项目团队角色与职责”选项，如图 13-35 所示。

图 13-34

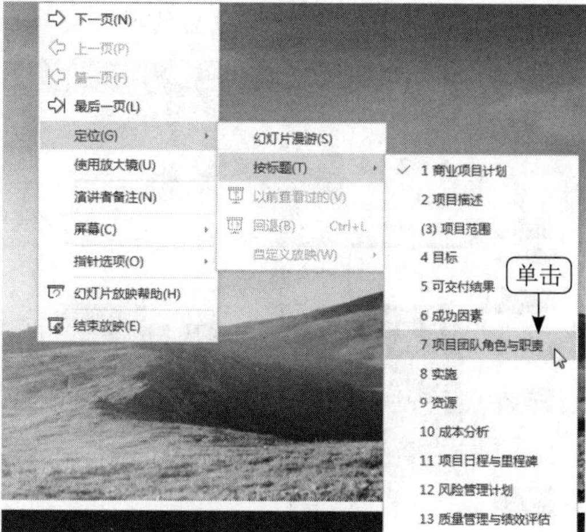

图 13-35

Step 03 幻灯片跳转到第 7 张，如图 13-36 所示。

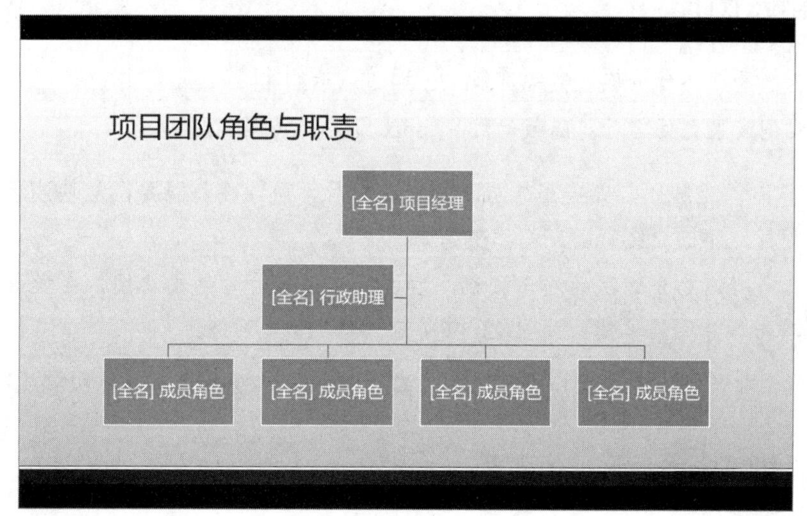

图 13-36

13.3.2　为幻灯片分节

	实例文件保存路径：配套素材 \ 第 13 章 \ 实例 10
	实例效果文件名称：快速定位幻灯片 .pptx

为幻灯片分节后，不仅可使演示文稿的逻辑性更强，还可以与他人协作创建演示文稿，如每人负责制作演示文稿一节中的幻灯片，下面介绍为幻灯片分节的方法。

Step 01 打开名为“公司销售提案”的演示文稿，选中第3张幻灯片，选择“开始”选项卡，单击“节”下拉按钮，在弹出的选项中选择“新增节”选项，如图 13-37 所示。

Step 02 幻灯片分成两部分，并在第 3 张幻灯片上方出现“无标题节”选项，单击该选项，即可选中从第 3 张幻灯片开始往后的所有幻灯片，如图 13-38 所示。

图 13-37　　　　图 13-38

13.3.3 隐藏幻灯片

	实例文件保存路径：配套素材\第 13 章\实例 11
	实例效果文件名称：隐藏幻灯片 .pptx

演示文稿制作完成后，如果不想放映某张幻灯片，可以将其隐藏，放映演示文稿时会跳过隐藏的幻灯片，下面介绍隐藏幻灯片的方法。

Step 01 打开名为“产品介绍”的演示文稿，右击第 4 张幻灯片的缩略图，在弹出的快捷菜单中选择“隐藏幻灯片”菜单项，如图 13-39 所示。

Step 02 第 4 张幻灯片缩略图左侧出现隐藏标志，通过以上步骤即可隐藏幻灯片，如图 13-40 所示。

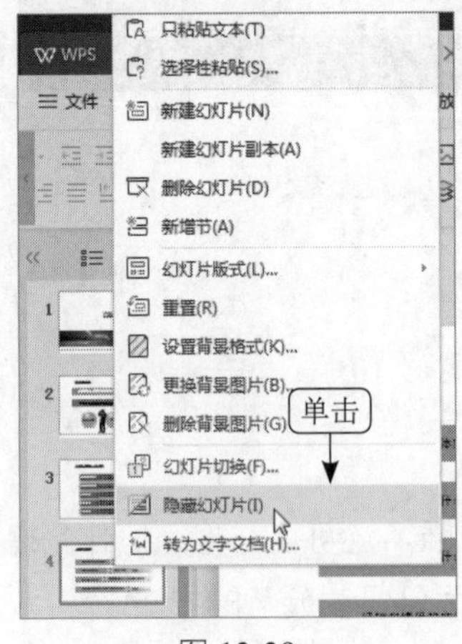

图 13-39

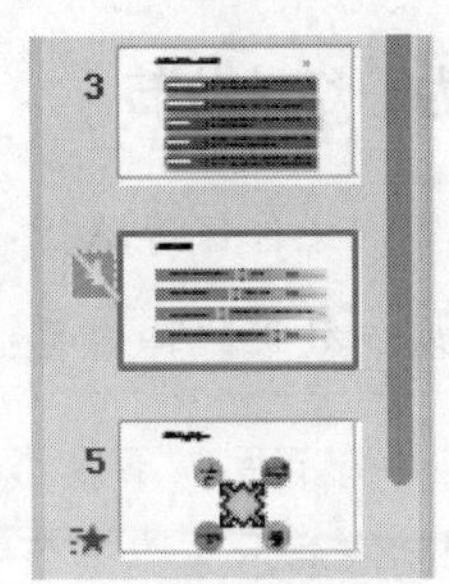

图 13-40

13.3.4　将演示文稿保存为自动播放的文件

实例文件保存路径：配套素材\第 13 章\实例 12
实例效果文件名称：隐藏幻灯片 .pptx

演示文稿制作完成后，用户可以将其保存为自动播放的文件，下面介绍将演示文稿保存为自动播放的文件的方法。

Step 01 打开名为“产品介绍”的演示文稿，单击“文件”下拉按钮，在弹出的选项中选择“另存为”选项，在弹出的子菜单中选择“PowerPoint 97-2003 放映文件（*.pps）”选项，如图 13-41 所示。

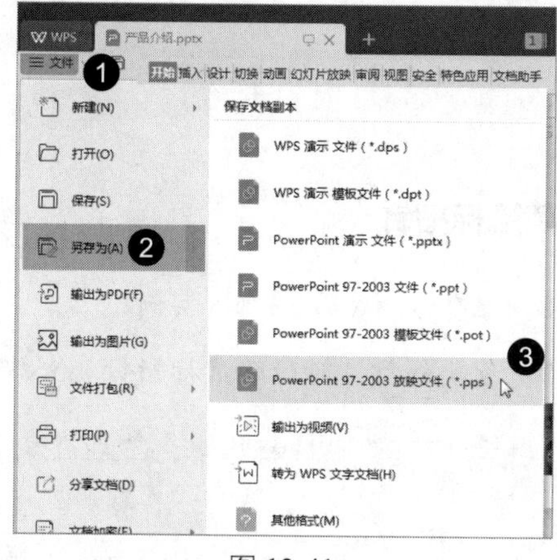

图 13-41

Step 02 弹出“另存为”对话框，选择保存位置，单击“保存”按钮，如图 13-42 所示。

图 13-42

Step 03 打开文件所在文件夹，打开“产品介绍 .pps”的文件即可自动播放，如图 13-43 所示。

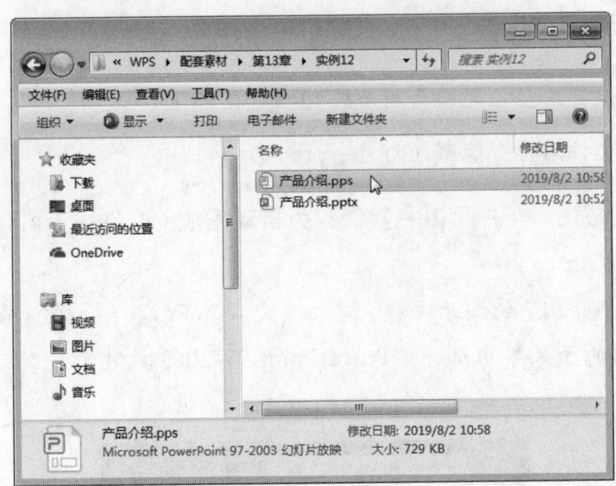

图 13-43

13.3.5 放映幻灯片时隐藏鼠标指针

实例文件保存路径：配套素材\第 13 章\实例 13
实例效果文件名称：放映幻灯片时隐藏鼠标指针 .pptx

放映幻灯片时，用户可以根据需要隐藏鼠标指针，下面介绍放映幻灯片时隐藏鼠标指针的方法。

Step 01 打开名为“产品介绍”的演示文稿，选择“幻灯片放映”选项卡，单击“从头开始”按钮，如图 13-44 所示。

Step 02 幻灯片开始从头放映，右击幻灯片，在弹出的快捷菜单中选择“指针选项”菜单项，在弹出的子菜单中选择“箭头选项”菜单项，在弹出的子菜单中选择“永久隐藏”菜单项即可将鼠标指针隐藏，如图 13-45 所示。

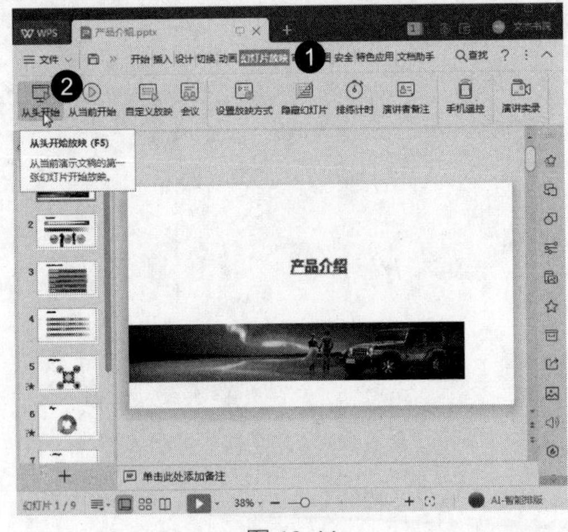

图 13-44

图 13-45

13.4 应用案例——设置“垃圾分类知识宣传”演示文稿的放映

本节以设置“垃圾分类知识宣传”演示文稿的放映为例，练习交互与放映演示文稿的知识，包括打包演示文稿、使用 WPS 演示提供的排练计时、自定义幻灯片放映、使用添加墨迹注释等，具体操作步骤如下。

实例文件保存路径：配套素材\第 13 章\实例 14

实例效果文件名称：垃圾分类知识宣传（效果）.pptx

Step 01 打开名为“垃圾分类知识宣传 PPT”的演示文稿，单击“文件”下拉按钮，在弹出的选项中选择“文件打包”选项，选择“将演示文档打包成压缩文件”选项，如图 13-46 所示。

Step 02 弹出“演示文件打包”对话框，在“压缩文件夹名”文本框中输入名称，在“位置”文本框中输入保存位置，单击“确定”按钮，如图 13-47 所示。

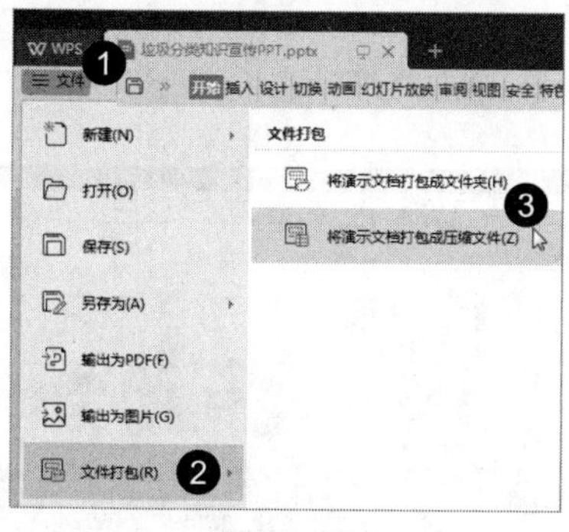

图 13-46

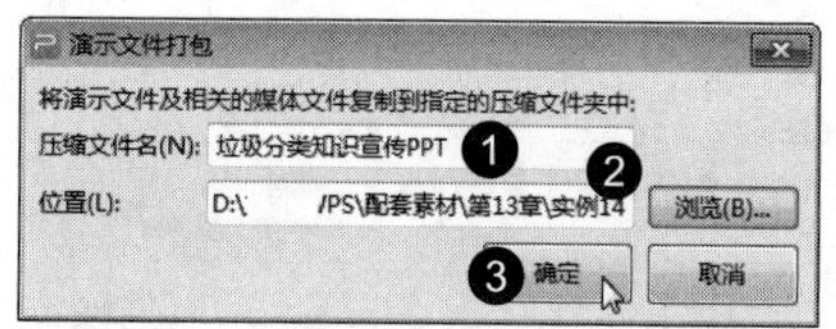

图 13-47

Step 03 打包完成，弹出“已完成打包”对话框，单击“打开压缩文件”按钮，如图 13-48 所示。

Step 04 打开文件所在文件夹，打开“产品介绍 .pps”的文件即可自动播放，如图 13-49 所示。

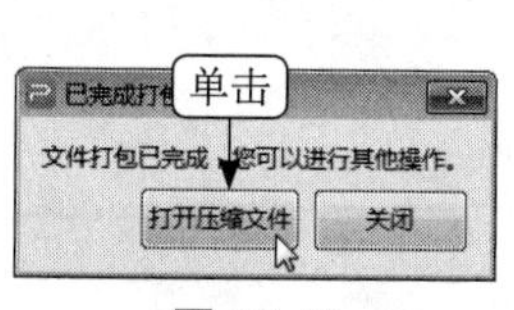

图 13-48

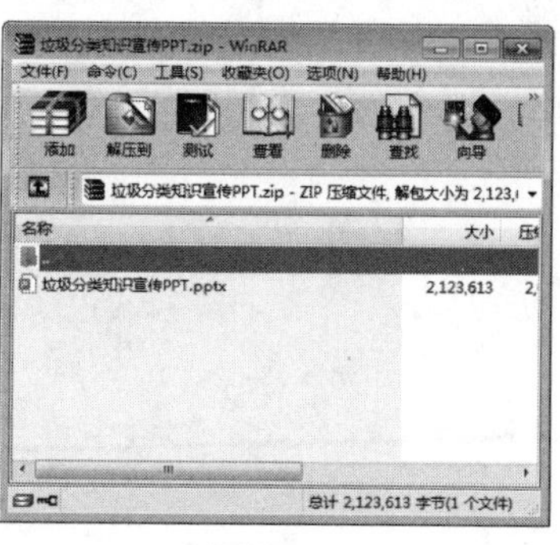

图 13-49

Step 05 返回到幻灯片中，对幻灯片进行排练计时，如图 13-50 所示。

Step 06 放映结束，显示每张幻灯片的排练计时结果，在“幻灯片放映”选项卡中单击“设置放映方式”按钮，如图 13-51 所示。

Step 07 弹出“设置放映方式”对话框，在其中设置放映方式，如图 13-52 所示。

Step 08 为第 2 张幻灯片添加由水彩笔画出的墨迹注释，如图 13-53 所示。

图 13-50

图 13-51

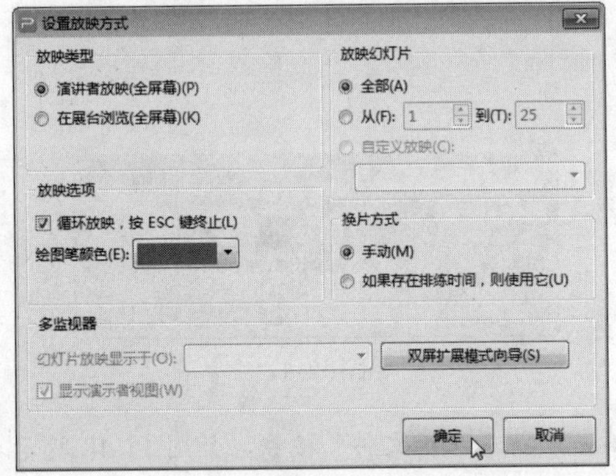

图 13-52

图 13-53